# 低压断路器的建模仿真技术

李兴文　著

机　械　工　业　出　版　社

本书强调理论密切联系工程应用，并且特别重视物理建模的科学性以及仿真分析结果有效性的实验验证。

本书涉及电磁机构、发热和电动力、电弧电接触等电器基础理论，并将其体现在操作机构、脱扣器和触头灭弧系统等三个低压断路器主要组成部分的建模仿真技术上，主要包括：操作机构的运动特性优化设计与寿命评估，不同结构形式的电磁脱扣器和热脱扣器保护特性的优化设计，触头系统的电动稳定性和热动稳定性计算，电弧演变过程的数学建模与仿真和短路开断过程的仿真分析等，其中大部分内容来自低压断路器实际产品的工程设计，结构及设计参数描述具体、翔实，对工程技术人员进行产品设计和科技人员了解低压断路器的建模仿真技术有很大帮助。

本书可供从事低压电器设计、制造、试验和运行方面的有关工程技术人员参考，也可作为高等院校相关专业本科生、研究生的参考教材。

**图书在版编目（CIP）数据**

低压断路器的建模仿真技术/李兴文著. —北京：机械工业出版社，2017.11

ISBN 978-7-111-58417-9

Ⅰ.①低… Ⅱ.①李… Ⅲ.①低压断路器-系统建模②低压断路器-系统仿真 Ⅳ.①TM561

中国版本图书馆CIP数据核字（2017）第270095号

机械工业出版社（北京市百万庄大街22号 邮政编码100037）
策划编辑：林春泉 责任编辑：林春泉
责任印制：常天培 责任校对：刘丽华 任秀丽
北京京丰印刷厂印刷
2018年1月第1版·第1次印刷
184mm×260mm·15印张·360千字
标准书号：ISBN 978-7-111-58417-9
定价：59.00元

凡购本书，如有缺页、倒页、脱页，由本社发行部调换

| 电话服务 | 网络服务 |
| --- | --- |
| 服务咨询热线：010-88361066 | 机 工 官 网：www.cmpbook.com |
| 读者购书热线：010-68326294 | 机 工 官 博：weibo.com/cmp1952 |
| 010-88379203 | 金 书 网：www.golden-book.com |
| **封面无防伪标均为盗版** | 教育服务网：www.cmpedu.com |

# 前　　言

我国低压电器行业经过了60多年的发展，目前已成为全球低压电器最大制造国。新能源发电系统、低压直流电网等也为低压电器行业的跨越式发展和自主创新提供了难得的机遇，同时与国际知名低压电器公司的竞争也日趋激烈。因此，在低压电器小型化、智能化、高性能、节能环保的发展趋势下，如何提高企业的核心竞争力，使我国进一步成为低压电器强国，是低压电器行业所面临的重要问题和现实需求。

低压断路器的性能在很大程度上反映了一个国家低压电器的设计与生产水平。我国低压断路器行业目前正处于摆脱以仿制为主、“经验设计+试验验证”相结合研发模式的关键时刻，进一步推广低压断路器的数字化建模和仿真技术对推动整个行业的技术进步至关重要。

本书是西安交通大学低压电器科研组近15年来在低压断路器的建模仿真技术领域研究工作的系统总结。通过与国内外低压电器企业的产学研合作，将建模仿真技术应用于已有产品开断性能的提升和新系列产品的研发，并在大量的工程实践中不断完善、总结，形成了具有一定特色的技术体系。

本书第1章绪论，主要介绍了低压断路器的建模仿真技术发展概况；第2章和第3章围绕低压断路器操作机构，介绍了操作结构动态特性仿真分析以及疲劳寿命的评估方法；第4章和第5章主要介绍了电磁、热脱扣器保护特性的计算方法，低压断路器及系统的热分析技术；第6章、第7章和第8章围绕低压断路器的触头灭弧系统，分别介绍了吹弧磁场、电动斥力和气动斥力的建模仿真方法，短时耐受电流的计算方法及不同因素的影响，低压断路器开断过程的建模方法以及电弧磁流体动力学仿真的应用。本书在内容上注重理论联系工程实际，力求能够使读者对电器基础理论有更深刻的认识，并帮助读者提高将理论应用于低压电器产品设计的能力。

本书是在陈德桂教授与作者2009年合著出版的《低压断路器的虚拟样机技术》基础上，结合低压断路器建模仿真技术的发展趋势和新近研究成果，以及读者的反馈，做了较大的删减和补充，力求更好地为产品设计提供有益参考，更有效地服务于人才培养。

陈德桂教授长期担任中国电工技术学会低压电器专委会主任和荣誉主任、西安交通大学电器教研室主任，在科研方向开拓、人才培养、成果推广应用等方面为低压电器行业的发展做出了突出的贡献，也对本书做出了历史性的贡献。此时此刻，尤为怀念在先生指导下的学习和工作时光，先生慈祥的目光、谆谆的教诲永留心间，激励着作者在教学科研的道路上砥砺前行。也谨以此书深切缅怀恩师！

本书的内容包括了本科研组毕业的博士孙海涛、张敬菽、向洪刚、戴瑞成、汪倩、屈建宇和硕士黄琳敏、王云峰、康艳、童争光、宋浩永、段建家、陈轲娜、胡书通、李欣、吴刚等的部分研究成果，特此表示感谢。

本书的工作是在多项国家自然科学基金项目、人才计划支持项目、电力设备电气绝缘国家重点实验室自主课题及与国内外低压电器企业的合作项目等支持下完成的，特此表示感谢。

由于作者水平有限，不妥和错误之处在所难免，敬请读者批评指正。

李兴文

2017年10月于西安

# 目　录

# 第1章　绪　　论

## 1.1　概述

从19世纪末爱迪生（T. Edison）建立世界上第一套电力系统开始，人们就开始了以空气为灭弧与绝缘介质的开关电器研究。一个多世纪以来，已经由在大气中自然拉长电弧而分断电路的简单开关，发展到门类齐全的现代低压电器，主要包括断路器、熔断器、继电器、接触器、起动器等，被广泛地应用于交流1200V、直流1500V及以下的系统中。低压电器涉及等离子体物理、电磁学、流动与传热、机械、电子信息等多门学科，是机、电、热等相互作用下的耦合物理系统。

以空气为灭弧和绝缘介质的低压电器具有强限流能力，开断容量大，有可见的明显断口，尺寸小，价格低，承受过电压和过电流能力强，功率损耗低等特点，在人类生活的各个角落发挥着其不可替代的电力控制和保护功能，从而在国民经济发展中占据着重要的地位。据统计，80%以上的发电电量是通过低压电器分配使用的。我国低压电器行业经过了60多年的发展，目前年产值超过600亿元，已成为全球低压电器最大制造国。

我国低压电器行业经过多年的努力，创新研发能力不断提高，拥有完全自主知识产权的新产品也越来越多，其整体技术指标已达到国际先进水平，部分指标甚至实现了国际领先，而且正逐步摆脱以仿制为主的设计模式。但是，应该看到长期以来，以ABB、施耐德、西门子、三菱、伊顿等为代表的国际知名低压电器公司拥有丰富的研发经验、雄厚的研发经费、良好的市场认可度和品牌美誉度，使得低压电器的市场竞争非常激烈。因此，如何进一步提高我国低压电器的自主创新与研发水平，掌握关键的核心技术，增强产品的国际竞争力，促进低压电器事业的不断向前发展，实现产品技术上的超越、引领，成为低压电器领域的研究机构和生产企业所面临的重要问题。

在低压电器产品中，无论是从产值、产量，还是技术复杂程度上来看，作为配电电器的低压断路器无疑是最重要的，其性能在很大程度上反映了一个国家低压电器的设计与生产水平。根据国际电工委员会的IEC标准和我国的国家标准，低压断路器按使用类别划分为A类和B类两种。A类断路器在短路情况下、无明确指明具有选择性保护功能，B类断路器则明确指明具有选择性保护功能。低压断路器按结构又可以分为三大类：框架断路器（ACB）、塑壳断路器（MCCB）和微型断路器（MCB）。

在低压断路器小型化、智能化、高性能、节能环保的发展趋势下，如何缩短新产品上市周期，降低研发成本，提高产品性能，对市场需求的快速灵活反应成为生产企业的核心竞争力。传统的低压断路器设计，首先是通过调研确定初步设计方案，然后依靠简单的经验公式做产品的设计计算，并通过反复的样机制作和试验验证来最后确定设计方案，达到设计要求和性能，这种“经验设计+试验验证”的设计模式一方面设计周期长、经济性不高，更重要的是很难达到最优化设计。

针对这一问题，自20世纪50年代以来，人们就将数值计算应用于低压断路器的产品研发中，而“建模与仿真”也一直是低压电器领域的两个具有悠久历史的国际会议：IEEE Holm Conference on Electrical Contacts、International Conference on Electrical Contacts 的永恒主题之一。

操作机构、脱扣器和触头灭弧系统是低压断路器的主要组成部分，这三部分的性能及其之间的优化匹配在很大程度上决定了低压断路器的开断能力及运行可靠性，而开断能力是考核低压断路器产品的关键指标，运行可靠性是对低压断路器的根本要求，因此这也成为长期以来低压断路器建模仿真技术的研究重点。本书也正是重点介绍了操作机构的运动特性优化设计与寿命评估、不同结构形式的电磁脱扣器和热脱扣器保护特性优化设计、触头系统的电动稳定性和热动稳定性计算、电弧演变过程的数学建模与仿真、短路开断过程的仿真分析等几个方面的研究成果。

## 1.2 低压断路器的建模仿真技术发展概况

基于低压断路器建模仿真技术取得的长足进步，国际上各个主要公司纷纷建立并不断完善具有各自技术特点的专用仿真系统，并在新产品研发中得到了广泛应用。如ABB公司与德国德累斯顿技术大学自20世纪50年代就电器温度场仿真和热分析开展合作以来，一直在电器建模仿真领域与多个大学保持密切的科研合作关系，包括德国亚琛工业大学、瑞士苏黎世联邦理工学院、英国利物浦大学等，为ABB公司实现行业的技术领先提供了重要支撑；三菱电机在研发WS-V系列产品时，也对触头灭弧系统的电动力和压力、外壳的应力应变等进行了细致的仿真与对比分析，在产品小型化的同时有效实现了高性能。

我国在研发新一代低压断路器的过程中，也充分利用了相关的建模仿真技术，提高了设计的科学性、准确性，并有效地解决了产品设计过程中的技术难题，如双断点MCCB中双断点触头接触平衡与触头斥开后可靠卡住机构设计、操作机构疲劳寿命提升、可调磁脱扣器反力弹簧参数设计等问题。

从发展历史来看，我国在20世纪70年代末即开始有限元分析在电磁铁特性仿真和优化设计方面的研究和应用；随后在80年代后期，我国低压电器行业引进了国外著名的三维CAD软件，如UG-II、Pro/E等，极大地促进了行业的技术进步和快速发展；接着90年代以来，国际上著名工程仿真软件公司陆续推出了一系列商用仿真分析软件，如电磁场仿真方面有ANSYS、Vector Field、Ansoft等，流体动力学仿真软件有Fluent、CFX、Phoenics等，多体动力学仿真软件ADAMS（Automatic Dynamic Analysis of Mechanical Systems，机械系统动力学自动分析）等。基于这些商用软件，结合低压断路器的设计需求，西安交通大学低压电器科研组在陈德桂教授的带领下，通过紧密的产学研合作，理论联系实际，经过近20年的不懈努力，在很大程度上改变了我国低压电器行业“经验设计 + 试验验证”的产品设计模式，探索出了符合低压电器行业特点及我国实际需求的低压断路器数字化设计方法和技术，这对于我国低压电器行业的发展具有重要的意义和深远的影响。

值得一提的是，在这一过程中，西安交通大学低压电器科研组与时俱进、不断创新，结合研究生培养（包括在职工程硕士和全日制硕士生、博士生）、开办短期培训班等不同形式，为低压电器行业输送和培养了大量具有低压断路器建模仿真专门技术的人才，不懈致力于推动行业的技术进步。在研究生课程设置方面：20世纪90年代起陈德桂教授就开设“电器现代设计方法”，专门讲授电器优化设计方法及相关数值计算技术；后来结合低压电器学科方向的发展和自身科研工作的成果，自2006年起，在陈德桂教授的支持和鼓励下，李兴文将“电器现代设计方法”课程改为“软件设计及大型仿真计算系统应用”，进一步突出大型仿真计算系统在低压电器产品优化设计中的应用以及相关二次开发技术；经过几年的教学实践，面对我国低压电器行业发展的新阶段和电器方向研究生培养的新需求，并结合对国际上电器科学与技术发展趋势的理解，在2013年，李兴文又将“软件设计及大型仿真计算系统应用”课程调整为“电器新技术”，在讲授低压电器建模仿真的同时，进一步加入气体开关电弧基础理论（包括低压空气电弧和高压 $SF_6$ 电弧）、低压电器的先进测试技术、新型电器等相关内容。

自2010年以来，在已有工作的基础上，国内外在低压断路器的建模仿真技术方面取得的重要进展如下：

1）电弧磁流体动力学建模仿真取得突破。可计算数十千安短路电流、双断点结构等条件下电弧动态演变过程，并可考虑电弧与非线性铁磁栅片、产气材料、电极相互作用的影响，通过与实验结果对比，在很大程度上具备了分析“多组分、强电流、复杂结构”低压断路器电弧开断过程的能力，基本满足了工程设计的需求。

2）完善了操作机构疲劳寿命评估与优化技术。在实现了操作机构不同操作条件下的动态特性仿真分析的基础上，基于多物理场耦合仿真技术及多个大型商用仿真软件的协同，通过多个部件的同时“柔性化”，分析各部件在操作机构高速运动过程中的应力应变特性，并可考虑材料、电动力等因素的影响，通过在ACB和双断点MCCB操作机构寿命评估与工程优化的实践表明，该技术是有效的。

3）完善了短时耐受电流能力的计算方法。建立了描述触头间接触电阻动态变化的模型，可考虑相间对各并联支路电流分布的作用、扭转与侧偏力矩的作用及其对电动稳定性和热动稳定性的影响，并通过实验一方面验证了方法的有效性，另一方面也阐明了短时耐受电流过程中触头间不稳定电接触状态的演变规律。

4）建立了可调磁脱扣器反力弹簧参数的设计方法。基于多物理场耦合仿真技术，根据不同的保护特性要求，考虑弹簧分散性的影响，实现了最优反力弹簧参数的选取，满足了可调磁脱扣器、产品系列化设计的要求，已在多个新产品研发中得到成功应用。

5）建立了电磁场-温度场-气流场耦合作用下的发热分析方法。与传统的温度场有限元计算方法相比，该方法避免了基于经验、设置部件表面散热系数带来的计算误差和不确定性，可直接采用导体、绝缘件、空气等的物性参数来描述传热过程，为低压断路器及其系统的热分析提供了有效手段。

应该指出：面向新能源发电系统、低压直流电网发展等对低压断路器不断提出的新的、更高的要求，在低压断路器的建模仿真方面仍有大量的工作需要去研究，如：

1）低压断路器与系统相互作用的建模方法与仿真技术；

2）低压断路器全寿命周期的建模与先进分析技术；

3）低压断路器弧后电击穿、热击穿过程建模方法与评估技术；

4）更高电压、非工频条件下高性能低压断路器的优化设计技术；

5）混合式直流断路器开断特性的分析方法；

6）交、直流故障电弧的数学模型及其在监测系统中的应用技术。

# 第 2 章　低压断路器操作机构动态特性的仿真与优化设计

断路器操作机构的动作速度与断路器开断特性有很大关系，断路器操作机构动作速度越快，电弧拉长得越快，使电弧越容易进入栅片，电弧停滞时间也越短，提高了电弧电压的增长速度，对限流断路器来说，操作机构动作越快，有利于动触头斥开过程与机构动作的合理配合，防止发生动触头跌落和熔焊现象。这一章将介绍塑壳断路器和框架断路器操作机构的刚体动力学仿真分析与以动作速度最快为目标的优化设计。

## 2.1　低压塑壳断路器操作机构的仿真建模

### 2.1.1　低压塑壳断路器操作机构简介

首先取一额定电流为250A 某型号低压限流式塑壳断路器（Moulded Case Circuit Breaker，MCCB）为例来说明操作机构的工作原理，如图 2-1 所示。其操作机构是典型的五连杆机构，其分合闸过程是一个瞬间的动作过程，包含高速的碰撞，涉及因素较多，故要精确建模。机构的结构简图如图 2-2 所示，它由触头支架 f、下连杆 g、上连杆 h、跳扣 k、锁扣 m、操作手柄 1 和分断弹簧 2 等部分组成。动触头转轴 O 上的扭簧（图上未注明）约束了动导电杆和触头支架的相对运动。当处于图示合闸位置时，分断弹簧 2 虽有贮能，但因上连杆 g 和下连杆 h 处于挺直状态（死区位置），C 点固定不动，下连杆 g、上连杆 h、触头支架 f 和机构构成四连杆机构，处于稳定静止状态，此时触头完全闭合。手动分闸时，分断弹簧随着手柄的转动被伸长贮能，当弹簧力的作用线与上连杆重合时，处于最大位能状态，一旦超过上连杆，B 点向左运动脱离死区，触头支架被下连杆迅速上提，绕主轴 $O_1$ 转动，从而带动动导电杆和其上的动触头向上运动而分断。在短路电流到来而脱扣器未动作之前，如果电动斥力足够克服触头预压力和触头重力，动触头可被斥开一定的角度，当短路电流引起锁扣 m 转动，在分断弹簧作用下，跳扣 k 绕 $O_2$ 轴顺时针转动，C 点成为活动点，同时上连杆 g、下连杆 h 脱离死区，于是变成五连杆机构。因为五连杆机构有两个自由度，触头继续分断，同手柄位置无关。

图 2-1　仿真模型图

### 2.1.2　操作机构仿真模型的建立

建立操作机构仿真模型的最简便的方法是从常用的三维实体造型软件中导入，如从

SolidWorks、UG 和 Pro/E 等建立的实体模型完整地导入到 ADAMS 软件，中间文件格式最好的是 Parasolid，以 *.x_t 和 *.xmt_txt 文件名导入，断路器操作机构的结构比较复杂。考虑到所关心的问题和仿真的方便，对其作适当简化，将从 UG 等三维软件导入的低压塑壳断路器操作机构和触头系统的模型进行了删减，在 ADAMS/View 中重新建立了关键构件的模型，其主要由连杆机构组成。只要仿真构件几何形体的质量、质心位置、惯性矩和惯性积同实际构件相同，仿真结果是等价的。样机约束的正确施加很重要，在建模时主要用到连杆和轴之间的转动约束、两构件之间的接触约束、轴和地之间的固定约束等。以断路器中跳扣的轴为例，它和地之间是固定约束，和跳扣之间是转动约束，同时和上连杆有接触约束。在施加约束前必须对构件之间的连接关系很清楚，才能保证在仿真时系统以预想的方式运动，建模过程所用到的一些重要参数见表 2-1。

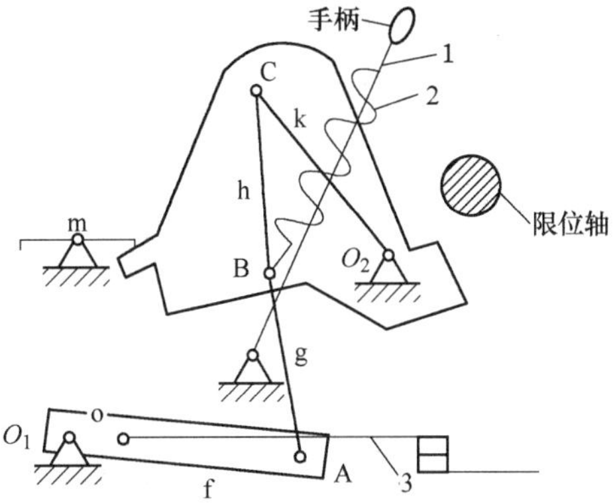


图 2-2　MCCB 操作机构结构简图
1—手柄杠杆　2—分断弹簧　3—动导电杆
f—触头支架　g—下连杆　h—上连杆
k—跳扣　m—锁扣

**表 2-1　ADAMS 建模过程中用到的参数值**

| | | | |
|---|---|---|---|
| 主弹簧（分断弹簧） | 刚度系数/(N/mm) | 动触头扭簧 | 合闸位置变形角度/deg(°)① |
| | 自由长度/mm | | 合闸位置扭矩/(N · mm) |
| | 合闸位置拉力/N | 静触头扭簧（对静触头也可斥开的两面斥触头系统） | 刚度系数/(N · mm) |
| | 分闸位置拉力/N | | 初始角度/deg |
| 动触头扭簧 | 刚度系数/(N/mm) | | 合闸位置变形角度/deg |
| | 初始角度/deg | | 合闸位置扭矩/(N · mm) |

①　该符号是在软件中默认为 deg，仿真图同此。

建模过程中应注意的关键之处：

1）动力的合理施加　在短路故障发生后，短路电流流经低压断路器时，触发其脱扣机构，机构在此分闸过程的驱动力主要来自于分断弹簧，其输出特性决定了分闸过程主要参数的值（如刚分速度、平均分闸速度、分闸时间等）。由于弹簧的输出力特性由刚度系数和预作用力以及预作用力下的长度决定，因此只要准确定义这三个参数即可。

2）反力的合理施加　决定断路器分合闸特性的不仅有驱动力的大小，还与机构中存在的众多的反力有关。这其中包括动触头重力、触头弹簧的反力以及各运动部件之间的摩擦力等。

3）约束关系　操作机构中的约束关系包括固定约束（fixed joint）、转动约束（revolute joint）和碰撞（contact）等。约束关系的添加要充分考虑实际操作机构中可能存在的约束，遗漏任何一个约束关系都会严重影响到输出结果。

在添加约束时，应逐步对构件施加各种约束，并经常对施加的约束进行试验，保证没有约束错误，尤其要注意选择对象的顺序和约束方向是否正确，错误的约束方向可以导致某些自由度没有被约束而使运动混乱；另外，尽量用一个运动副来完成所需的约束，如果使用多个，每个运动副实现的自由度约束有可能重复，可能会导致无法预料的结果。

对于单断点塑壳断路器，尽管不同型号的断路器有着不一样的机构，但是有些约束一般都会用到，见表2-2。

**表2-2 单断点塑壳断路器约束关系类型**（参见图2-2）

| 约束关系 | 连接构件1名称 | 连接构件2名称 | 作用 |
|---|---|---|---|
| 弹簧约束 | 手柄杠杆(1) | 下连杆的连接轴(B) | 主拉力 |
| | 动触头转轴(O) | 动导电杆(3) | 触头压力 |
| 碰撞约束 | 动导电杆(3) | 主轴 | 限位 |
| | 动导电杆(3) | 灭弧室或其他构件 | 限位 |
| | 动触片 | 静触片 | 接触压力 |
| | 手柄杠杆(1) | 跳扣(K)或其他构件 | 限位 |
| 固定约束 | 动导电杆(3) | 动触片 | 固定 |
| | 静触片 | 地 | 固定 |
| 转动约束 | 主轴 | 地 | 转动 |

另外，在单断点塑壳断路器中一般都会有一些固定的构件，对于这些构件，添加约束关系也有一定的规律，见表2-3。

**表2-3 塑壳断路器某些构件的约束关系**

| 构件名称 | 约束关系 | 被连接构件 | 作用 |
|---|---|---|---|
| 手柄杠杆 | 转动约束 | 地 | 转动 |
| | 固定约束 | 手柄 | 固定 |
| | 弹簧 | 上下连杆之间的轴B | 主拉力 |
| | 碰撞约束 | 跳扣或其他构件 | 限位 |
| 上连杆 | 转动约束 | 上下连杆之间的轴B | 转动 |
| | 转动约束 | 上连杆与跳扣之间的轴C | 转动 |
| 下连杆 | 转动约束 | 上下连杆之间的轴B | 转动 |
| | 转动约束 | 下连杆与主轴之间的轴A | 转动 |
| 主轴 | 转动约束 | 地 | 转动 |
| | 碰撞、扭簧、或转动 | 动导电杆 | |
| | 固定约束 | 下连杆与主轴之间的轴A | 固定 |
| 跳扣 | 转动约束 | 固定于地的轴$O_2$ | 转动 |
| | 碰撞约束 | 上下连杆之间的轴B或其他构件 | 限位 |
| | 碰撞约束 | 手柄杠杆 | 限位 |
| 动导电杆 | 转动、弹簧、碰撞 | 主轴 | |
| | 碰撞约束 | 灭弧室或其他构件 | 限位 |
| | 固定约束 | 其他，如动触片 | 固定 |

在以上两个表中，仅是针对一些共性的约束进行了归纳，作为添加约束的一种参考，对于不同的断路器，还应该具体问题具体分析。

4）仿真过程的控制　考虑到仿真过程的方便性以及仿真结果的直观性，结合操作机构运动特点，应对断路器分合闸过程分别建模，分闸过程的起始时刻对应三相触头处于闭合状态，合闸过程的起始时刻对应三相触头分开状态。在 ADAMS 软件中，有交互式仿真（Interactive Simulation）和脚本仿真（Scripted Simulation Simulation）两种方法，为了实现对仿真过程的控制，需要添加传感器（sensor），若单纯控制仿真过程的自动终止，采用交互式仿真，则可简单利用仿真输入菜单下拉列表框中终止时间（End Time）来控制，在短路脱扣条件下，额定电流 630A 以下的塑壳断路器的机构动作时间一般在 10ms 以内，所以可设仿真终止时间为 10 ~ 12ms。在计及电动斥力作用时，需采用脚本控制仿真来启动或停止执行仿真过程中的电动力的施加。

## 2.2　单断点塑壳断路器操作机构的仿真分析

### 2.2.1　单断点塑壳断路器操作机构动态特性的仿真

首先进行手动合闸过程的仿真，以图 2-1 的塑壳断路器为研究对象，建立三相触头处于分开状态的仿真模型，如图 2-3 所示，为了进行手动合闸，仿真时要防止跳扣动作，需在跳扣与地之间加一固定约束，其次在手柄上加上操作力，考虑对 250A 的断路器，一般操作力在 40 ~ 60N 之间，可以一个较小的值开始，逐步增加，直至机构动作为止，事先建立主轴转角和手柄操作力的测量，通过仿真可获得机构刚能动作时这两者随时间的变化曲线，如图 2-4 所示，图中实线为主轴转角变化（MEA_ANGLE_CONTACT），虚线为操作力变化（SFORCE_7_MEA_1），从图中可见，使机构动作的最小手柄操作力为 56N。

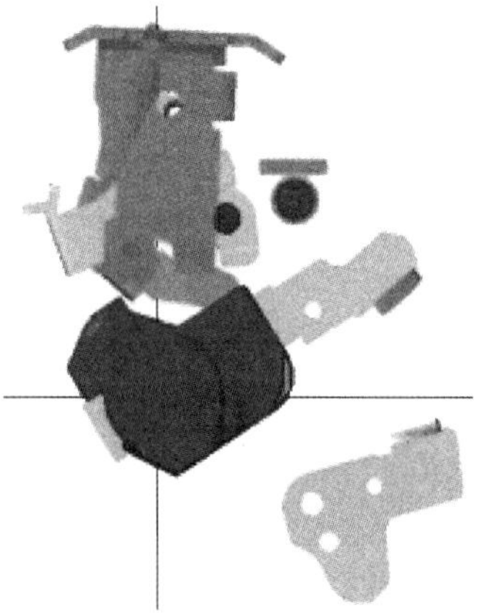

图 2-3　分闸位置的模型

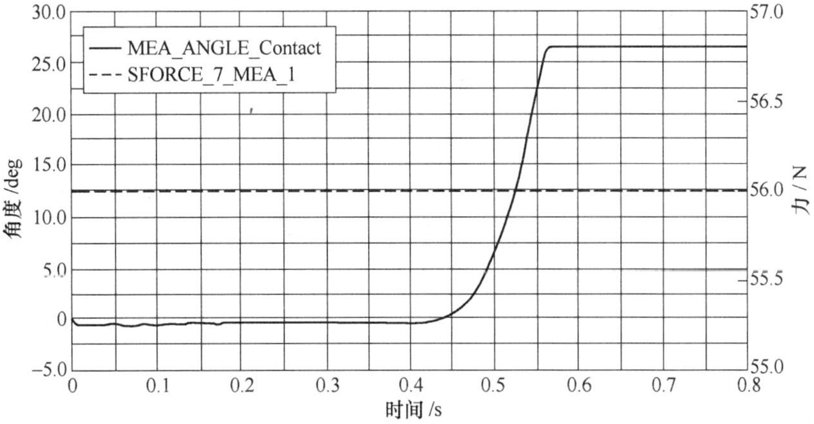


图 2-4　断路器合闸过程与操作力的确定

分闸过程的仿真要建立三相触头处于合闸位置的模型，如图 2-3 所示，分闸过程可由两种操作来实现，一种是依靠脱扣器，另一种是由手柄操作，后者仿真过程类似手动合闸，为防止脱扣器动作要在跳扣与地之间建立固定约束，而由脱扣器动作则要去掉这一固定约束，让跳扣一开始就动作，图 2-5 为脱扣器动作的分闸过程仿真曲线，图中虚线为主轴转角与时间关系，实线为角速度随时间的变化曲线，在角速度曲线上可看到有两个突变点，分别为 $t_1$ 和 $t_2$，当主轴旋转到走完超程，即到达 $t_1$ 瞬间，主轴开始接触动导电杆，并带动动导电杆向触头分断方向旋转，由于突然加了负载，因而转速在 $t_1$ 有一个突降。当主轴转动到瞬间 $t_2$，跳扣 k 与其限位轴图 2-2 发生碰撞，跳扣 k 的运动被限制不再转动，此后 C 点成为固定点，机构运动从五连杆变为四连杆如图 2-6 所示。在瞬间 $t_2$ 前，机构运动为由 $O_1O_2$、k、h、g、f 构成的五连杆系统（图 2-6a），到 $t_2$ 瞬间跳扣被限位轴限制，变成由 $O_1$C、h、g、f 构成的四连杆系统（图 2-6b），四连杆系统的运动速度较五连杆慢，所以图上的速度曲线在瞬间 $t_2$ 有一个降低。通常限位轴或限位挡块是和手柄杠杆连在一起，在 $t_2$ 瞬间以后，当跳扣与限位轴或挡块接触后，在开断过程后期可依靠开断弹簧力，让手柄杠杆和固定在其上的手柄移动到中间位置，塑壳断路器手柄处于中间位置是指示断路器由于故障而脱扣。

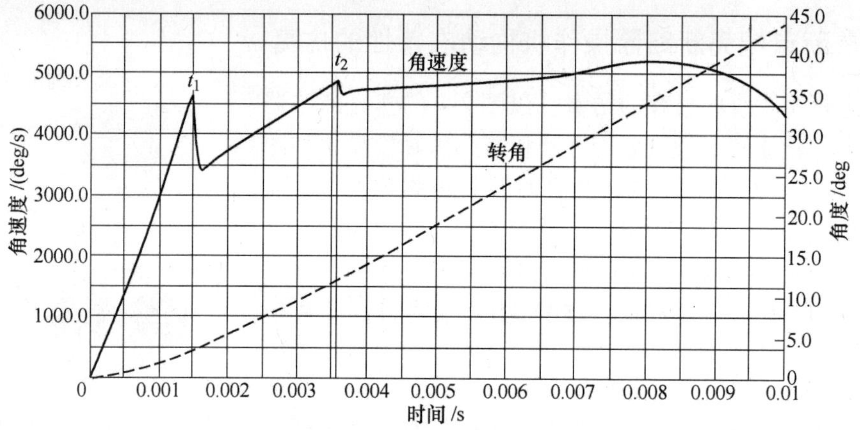


图 2-5　脱扣器动作的分闸过程仿真曲线

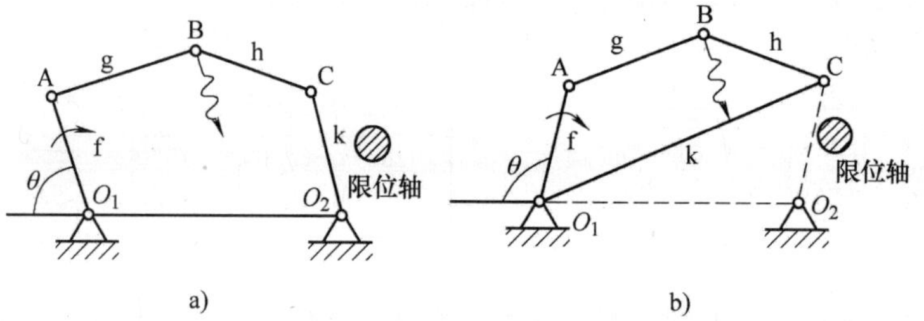


图 2-6　主轴转动过程中由五连杆到四连杆的转变

a）$t_2$ 前为五连杆系统　b）$t_2$ 后为四连杆系统

为了确定仿真模型是否符合实际情况，与塑壳断路器样机的物理特性是否一致。设计了一组实验，分别测试了断路器手动分合闸和脱扣分断过程中主轴角位移曲线。实验中采用 WDD35D4 型精密导电塑料角位移传感器测量角位移。测量角位移的实验线路如图 2-7 所示，角位移传感器是通过轴套与断路器触头支架的主轴相连的。

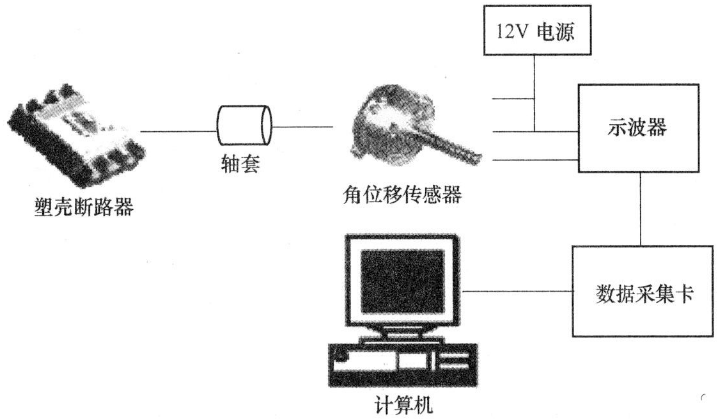


图 2-7　测量角位移的实验线路

图 2-8 给出了脱扣分闸过程触头支架主轴角度变化仿真与实测曲线对比结果，机构动作时间约为 9ms。从图 2-8 中可以看出，仿真模型的输出曲线与实际样机的输出曲线吻合得较好，证明了仿真模型的正确性。由于动触头臂到达最大角度与档块碰撞后，造成曲线最后阶段的起伏变化。考虑到我们关心的主要是断路器机构的分断速度，对触头臂与挡块碰撞后的运动不作深入研究。因此，以动触头臂运动到最大角度为仿真结束时刻。由图 2-8 可见仿真过程中考虑和不考虑摩擦力对仿真的准确性影响很大，轴间和有接触零部件之间的摩擦力与这些零部件加工工艺有关，要准确计算摩擦力，除依靠有关手册上介绍的摩擦系数和阻尼系数外，更重要的是通过大量实验来确定。

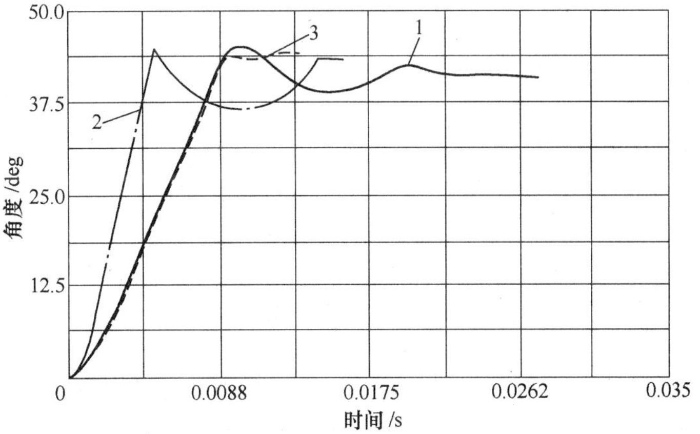


图 2-8　脱扣分闸过程中仿真与实测曲线的对比

1—实测曲线　2—不考虑摩擦力的仿真曲线　3—考虑主轴摩擦力后的仿真曲线

## 2. 2. 2　ADAMS 软件中触头参数的测量方法

低压断路器中关于触头的参数主要有三个：触头终压力、触头超程以及触头开距。触头终压力是指动触头和静触头完全闭合时，加在接触面上的压力，它的作用是保证触头通过额定工作电流时，触头温升不超过允许值以及通过规定的过载或短路电流时触头不发生熔焊；触头超程是指当触头完全闭合后，若将静触头移去，动触头所能移动的距离，它的作用主要是保证触头在磨损以后还能可靠接触；触头开距是指触头处于打开位置时动、静触头之间的最短距离，它的主要作用是保证可靠地熄灭电弧以及触头处于打开位置时，保证触头间隙的可靠绝缘。

了解了上述触头参数的定义和作用后，就可以利用 ADAMS 软件对这三个参数进行测量。以某型号 250A 塑壳断路器为例（见图 2-9），具体说明测量方法。需要注意的是进行的测量工作，是在虚拟样机的所有约束已经添加完成，模型的自由脱扣过程已经仿真结束的基础上进行的。

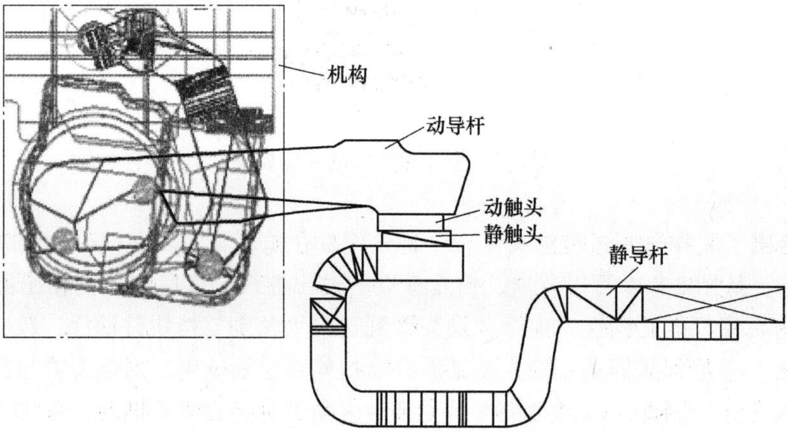


图 2-9　某型号 250A 塑壳断路器触头部分

（1）触头终压力的测量

在 ADAMS 软件中，对虚拟样机进行仿真的时候，动静触头之间存在一个“接触（CONTACT）”约束，使得动静触头在触头压力的作用下紧密闭合。在本模型中，动触头和静触头之间的“接触”约束是 CONTACT_1，根据定义，这个“接触”力的大小就是触头压力。按触头压力的定义，有两种测试方法，一种由脱扣器进行分闸，作一次开断过程的仿真，然后进入 ADAMS 软件后处理界面，左上角下拉框中选择 plotting 选项，然后根据图 2-10 颜色加深部分所示选择相应的选项，最后单击 Add Curves，便可以得到触头压力的测量曲线，如图 2-11 虚线所示，仿真开始，触头处于闭合位置，对应的测量值即为触头终压力，随着主轴的旋转，触头压力逐步降低，当触头走完超程，这一瞬间的触头压力即为初压力，如图 2-11 所示测得的触头终压力为 16. 6N，触头初压力为 11. 4N，另一种测量方法是让断路器处于合闸位置，建立一个跳扣与大地之间的固定约束，使跳扣不能动作，在此条件下作一

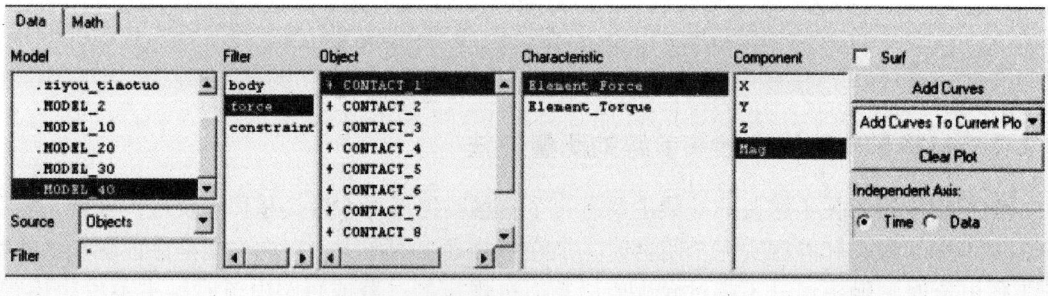


图 2-10　测量触头压力的后处理界面

次仿真，由于机构没动作，所测得的 CONTACT_1 即为触头终压力，如图 2-11 的实线所示，两种方法测得的触头终压力值相同。

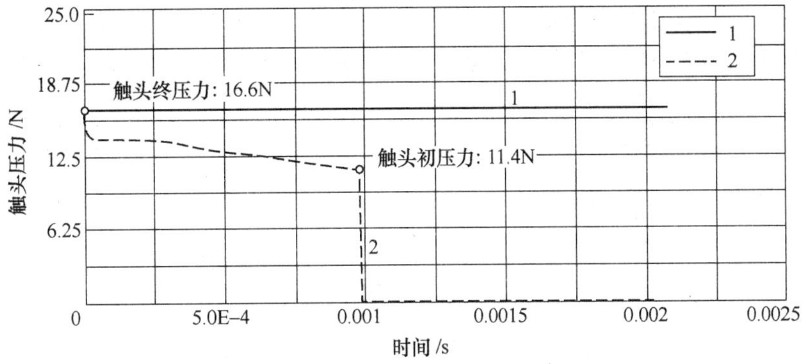


图 2-11　触头压力测量曲线

（2）触头超程的测量

触头超程是指当触头完全闭合后，若将静触头移去，动触头所能移动的距离。在 ADAMS 软件中，不需要移去静触头，只要移去动静触头之间的“接触”约束——CONTACT_1，就可以测量触头超程。继续保持机构不动作，删除 CONTACT_1（或使之无效），创建一个地面的标记 MARKER 作为测量的参考点，其坐标与断路器处于闭合状态时动触头的质心坐标相同。定义一个点到点的测量，在 ADAMS 软件界面主菜单中选择 Build—Measure—Point to point—New，在弹出的对话框中的 To MARKER 和 From MARKER 中分别选择动触头的质心和刚刚建立的 MARKER 点，定义一个点到点距离的测量，确定之后就可以运行一次仿真过程，由于动静触头之间的约束已经不存在，可以看到动触头在触头压力的作用下向静触头的方向转动，直到走完整个超程，就可得到动触头的超程测量曲线如图 2-12 所示，对该断路器测得的超程为 5.75mm。

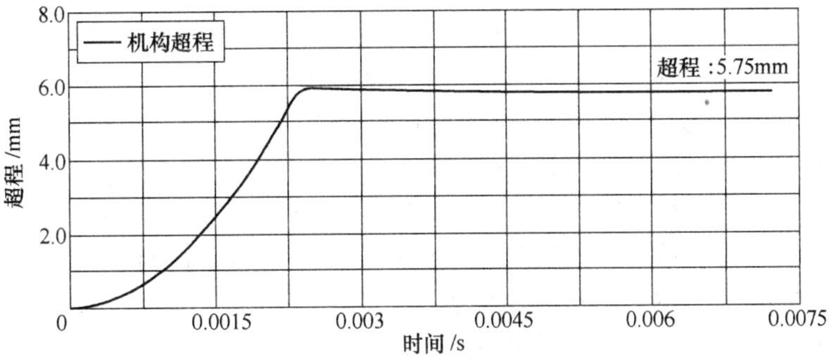


图 2-12　超程测量曲线

（3）触头开距的测量

触头开距是指触头处于打开位置时动、静触头之间的最短距离，闭合位置动、静触头之间的距离为零。在 ADAMS 软件中触头开距实际上就是动触头处于闭合位置和打开位置时两个位置之间的距离。与测量触头超程同样的方法，创建一个地面的 MARKER 作为测量的参考点，其坐标与断路器处于闭合状态时动触头的质心坐标相同。取消跳扣与大地之间的固定约束，恢复 CONTACT_1，运行一次自由脱扣的仿真过程，定义一个点到点的测量。在 ADAMS 软件界面主菜单中选择 Build—Measure—Point to point—New，在弹出的对话框中的 To MARKER 和 From MARKER 中分别选择动触头的质心和刚刚建立的 MARKER 点的质心，确定之后就可以得到触头开距的测量曲线如图 2-13 所示，图 2-13 测得的超程为 25. 7mm。

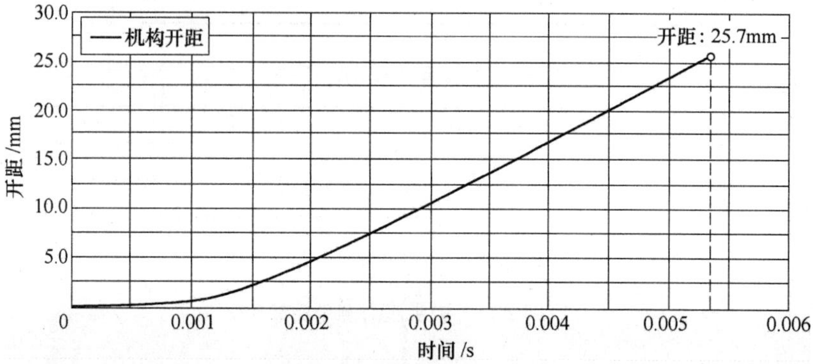


图 2-13 触头开距测量曲线

## 2.3 计及电动斥力效应的断路器分断过程仿真分析

开关电器中的电动力直接影响着电器的工作性能。当发生短路故障时，断路器要迅速分断短路电流，在此过程中，动静触头之间产生很大的电动力，这个力必然会影响断路器的机械特性，尤其是分断速度。本节主要结合实验的短路电流波形，分析电动斥力对断路器分断过程的影响。

### 2.3.1 分断短路电流的实验研究

实验中的故障电流是利用单频振荡回路提供的，主要是将大型电容器组充电后使之对电感放电以产生工频电流。图 2-14 是本实验的原理图，振荡频率为 50Hz。其中 SP 为实验样机 MCCB，$C_i$ 和 $L_i$ 分别为电流回路的充电电容和振荡电感，F 是一个经过严格标定的无感采样电阻，其阻值为 90μΩ，误差范围为 0. 2 级，$S_1$ 为主合闸开关。实验开始前，$S_1$ 打开，通过整流器对电容器组 $C_i$ 充电，当达到实验所需的电压后，断开充电电路，即可开始实验。闭合 $S_1$、$C_i$、$L_i$、$S_1$、$S_3$ 和 F 就构成了一个典型的单频振荡回路。通过分流器 F 测量电弧电流，高压探头和角度位移传感器测量电弧、电压的触头支架转轴的转角波形。

图 2-15 是预期电流 10kA 时对断路器进行实测的短路试验波形，图中通道 $CH_1$、通道 $CH_2$ 和通道 $CH_3$ 分别为短路电流、电弧电压和主轴转角。假定短路发生时刻为 $t_0=0$，在 $t_0\sim t_1$ 时间内动触头和动导电杆上受到电动斥力的作用，这个电动斥力由两部分组成：霍姆力 $F_H$（Holm force）和洛伦兹力 $F_L$（Lorentz force），霍姆力是由动、静触头接触点引起的电流线收缩造成的，而洛伦兹力则由于动导电杆和静导电杆通过短路电流后相互作用产生的，在 $t_0\sim t_1$ 时间段内由于

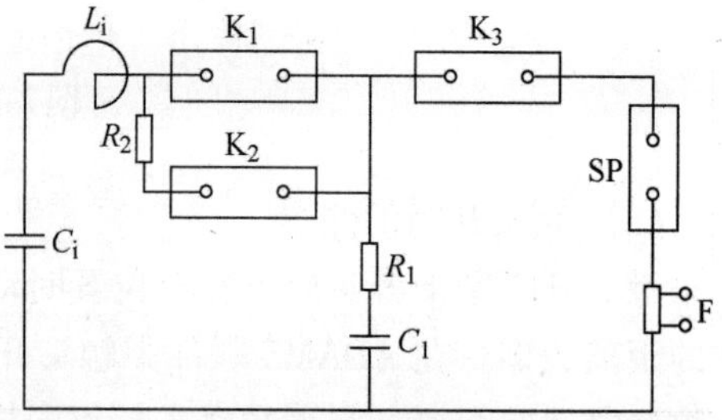


图 2-14 实验电路图

电动斥力小于触头压力，因而动静触头保持闭合位置。电动斥力随短路电流增大而增大，在 $t_1$ 瞬间电动斥力增大到等于触头压力，这以后动、静触头开始分离，动、静触头一分离，接触点不存在，因而没有霍姆力，这时作用在动触头上的力是洛伦兹力和因为电弧呈现而产生的气动斥力，在这两个力作用下，动触头斥开距离越来越大，但随着斥开距离增大，这两种力随之减小，而相反触头上作用的触头弹簧反力却随开距增大而变大，因此若机构不能及时动作，则动触头可能会在触头弹簧作用下回落。短路电流来到后，瞬时脱扣器开始动作，到 $t_2$ 瞬间，通过锁扣 m，使跳扣 k 带动机构动作（图 2-2），机构动作后就带动导电杆和动触头直至触头完全打开。

根据实验条件，以下仅分析单相短路情况，并认为短路电流作用在中相触头系统。

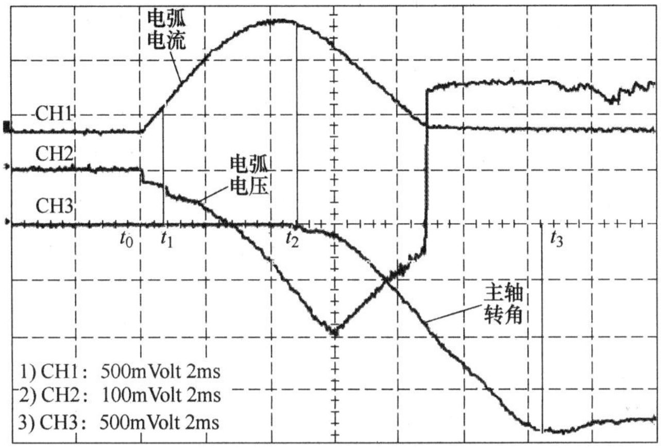


图 2-15　短路实验波形（预期电流为 10kA）

CH1—短路电流　CH2—电弧电压　CH3—主轴转角

## 2.3.2　对动触头所受电动斥力的分析

如上所述，在触头未斥开前，作用在动触头上的电动斥力包括触头间由于电流收缩产生霍姆力 $F_H$ 和导电回路产生的洛伦兹力 $F_L$。计算电动力时，必须同时考虑以上两个力。由于洛伦兹力和霍姆力的产生机理不尽相同，在计算时需要分别考虑。

动静触头接触处具有如图 2-16 所示的电流-电位场，并满足如下假设：

1）接触内表面中心只有一个导电斑点，或者认为全部导电斑点集中在中心形成一个大的导电斑点；

2）接触面上的导电斑点不是一个平面而是一个超导小球，此超导小球为一个等位体。

令导电斑点超导小球的半径为 $r$，圆柱形接触导体的截面半径为 $R$，则触头间由于电流线收缩产生的电动斥力 $F_H$ 满足公式：

$$F_H = \frac{\mu_0}{4\pi} \times \ln\left(\frac{R}{r}\right) \times i^2 \tag{2-1}$$

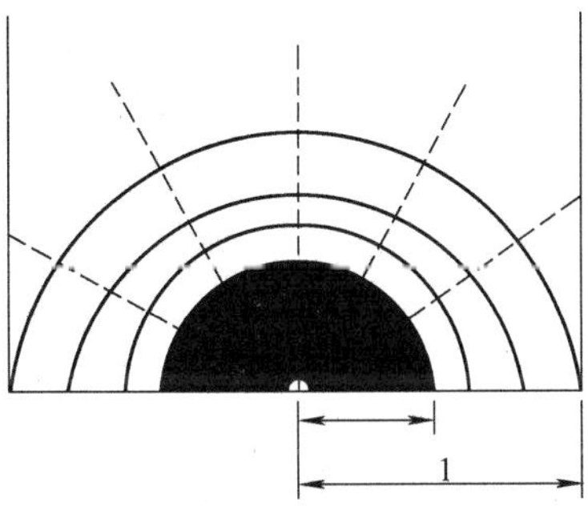


图 2-16　假定的电流-电位场

导电斑点的半径可用式（2-2）来描述：

$$r = \sqrt{\frac{F_K}{\pi \xi H}} \tag{2-2}$$

式中 $i$——流经收缩区导体的电流（A）；

$\xi$——与触头表面接触状况有关的系数，其范围在0.3～0.6之间；

$H$——材料的布氏硬度（$N/mm^2$）；

$F_K$——接触力（N）。

对于银钨材料AgW（50），故式2-2中$H$取$900N/mm^2$；$\xi$取0.45；触头半径$R$为2.8mm；接触力$F_K = 18N$。

由电流线收缩产生的电动力$F_H$只存在于动静触头保持金属接触状态的时间里，即在分断过程中接触压力$F_K$在不断减小。因此，在分断短路电流的过程中，$F_H$仅存在于超行程阶段并随着$i$和$F_K$不断变化，动静触头分开后，该力就不存在了。

断路器导电回路上洛伦兹力$F_L$一直存在至电弧熄灭，与电流的平方近似成正比关系。在传统的近似计算中，常把动、静导电杆看作平行导体来计算斥力，这种方法在工程实际中常因触头系统的复杂性造成很大误差，因此采用有限元分析软件ANSYS计算回路洛伦兹力，可提高计算结果的准确性，其具体计算流程如图2-17所示。忽略涡流的影响，采用恒定场的方程来计算电流密度和磁通密度的分布，这样可以分三步来完成电动斥力的计算。首先根据导电回路和导电斑点的情况进行三维电流密度分布仿真，此时仅需对导电部分进行剖分；接着，对同一个模型，将电流分布当作激励，对整个模型区域进行剖分，计算其产生的三维磁场；最后，根据式（2-3）计算出作用在每一个单元上的电动斥力$\boldsymbol{F}_i$。

$$\boldsymbol{F}_i = \boldsymbol{J}_i \times \boldsymbol{B}_i \tag{2-3}$$

式中 $\boldsymbol{J}_i$——每个单元的电流体密度；

$\boldsymbol{B}_i$——单元磁感应强度。

对于孤立触头来说，可以用式（2-4）来计算作用在触头上的电动力，也就是力密度$F_i$对整个触头区域$V$的体积分。

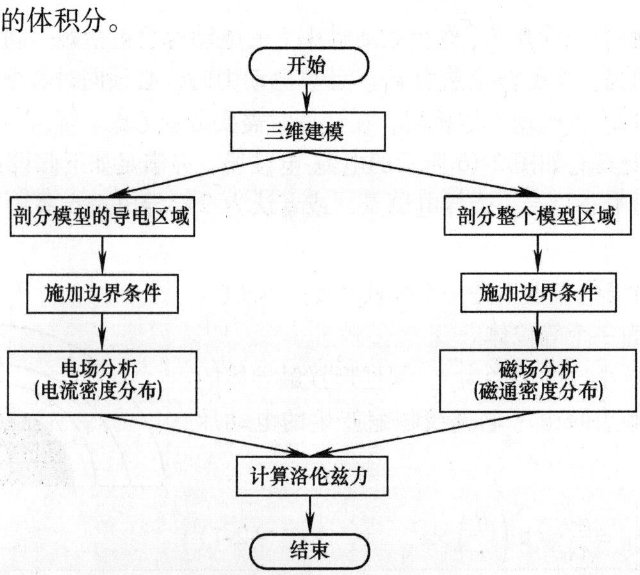


图2-17 洛伦兹力计算流程图

$$\boldsymbol{F} = \int_V \boldsymbol{F}_{\mathrm{i}} \cdot \mathrm{d}V \tag{2-4}$$

而对于低压断路器来说，动触头一般是在一个对转动轴的力矩 $\boldsymbol{M}$ 的作用下打开的，如图 2-18 所示。作用在其上的等效电动力可以通过式（2-5）求得。也就是说，对任何一个单元 $i$ 来说，其对于转轴 O 的转矩 $\boldsymbol{M}_{\mathrm{i}}$ 为 $\boldsymbol{d}_{\mathrm{i}}$ 和力密度 $\boldsymbol{F}_{\mathrm{i}}$ 的向量积，那么在整个动导电杆区域对 $\boldsymbol{M}_{\mathrm{i}}$ 进行体积分运算，则可得到作用在其上相对于 O 的力矩，力矩除以力臂 $l$ 就可以得到等效电动力。

$$\boldsymbol{M} = \int_V \boldsymbol{d}_{\mathrm{i}} \times \boldsymbol{F}_{\mathrm{i}} \mathrm{d}v\boldsymbol{F} - \boldsymbol{M}l \tag{2-5}$$

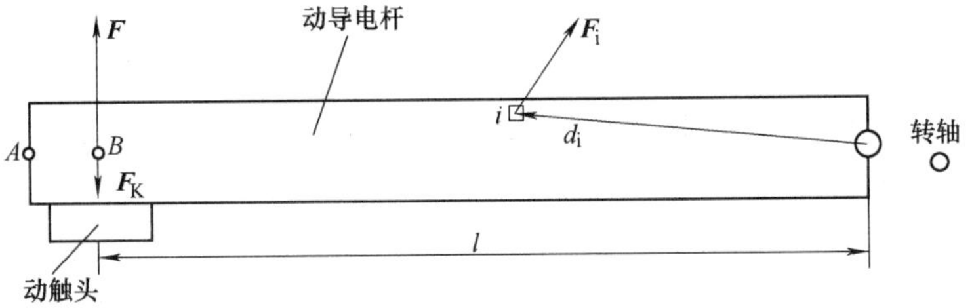


图 2-18　作用在动导电杆上的电动斥力计算示意图

在导电体区域，也就是触头导电回路中，电流密度 $J$ 满足式（2-6）和式（2-7）所示的边界条件。

$$\mathbf{rot}\left(\frac{1}{\sigma}\mathbf{rot}\boldsymbol{T}\right) = 0,\ J = \mathbf{rot}\boldsymbol{T} \tag{2-6}$$

$$\oint_s \boldsymbol{T} \cdot \mathrm{d}L = I \tag{2-7}$$

式中　$\sigma$——导体的电导率；

$\boldsymbol{T}$——矢量电位；

$I$——流过导体的电流。

在得到了电流密度 $\boldsymbol{J}$ 的分布后，在整个场域中，根据磁通密度 $B$ 和 $\boldsymbol{J}$ 之间的关系式(2-8)。

$$\mathbf{rot}\left(\frac{1}{\mu}\mathbf{rot}\boldsymbol{A}\right) = J,\ B = \mathbf{rot}\boldsymbol{A} \tag{2-8}$$

式中　$\boldsymbol{A}$——矢量磁位；

$\mu$——磁导率；即可得到 $\boldsymbol{B}$ 的分布。

由于模型具有对称性，因而选其一半进行计算分析。图 2-19 是三维模型闭合位置和打开位置时的有限元剖分图。当触头间产生电弧，动静触头间的气体被强烈加热，产生膨胀力，该力是粒子热运动对触头的撞击力，而触头间的气体受到触头的阻挡，不能迅速逸出时，该力就会产生，因此该力与触头开距和电弧能量有很大关系，很难用数学模型来描述。为简化计算，不考虑电弧气动斥力对断路器分断特性的影响，认为动静触头间的弧柱的截面积与触头截面积尺寸相等。从图 2-20 中可以清楚地观察到导电回路上电流密度的分布情况。本章的有限元分析都是相对于该图所示的坐标系进行的，该坐标系符合右手法则。

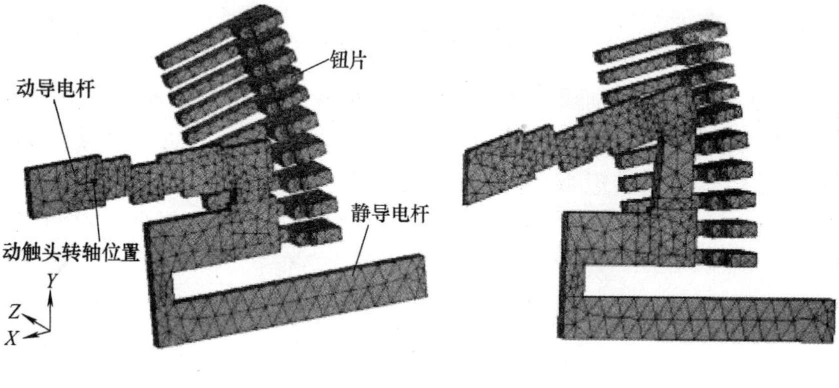


a) b)

图 2-19 三维模型有限元剖分图

a）闭合位置 b）打开位置

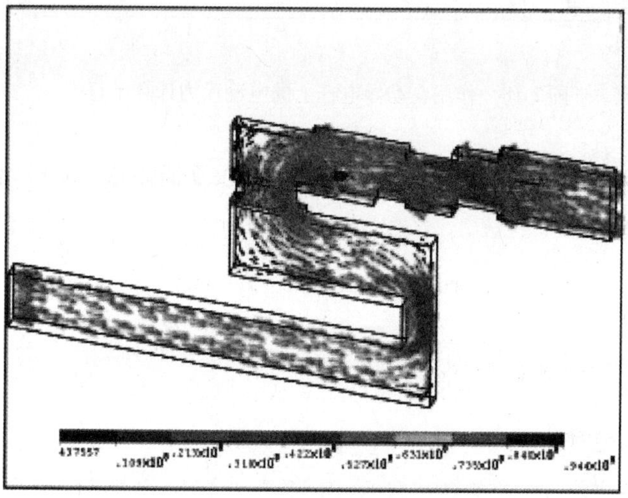

图 2-20 电流密度分布

### 2.3.3 计及电动斥力效应的断路器分断过程仿真分析

对断路器分断短路电流的动态过程进行仿真，需要耦合电路、电磁场和机械运动方程进行求解，通过对 ADAMS 软件进行二次开发，实现了这种耦合求解的问题。

如图 2-21 所示，曲线 1 是试验短路电流波形（预期电流为 10kA），曲线 2 是短路电流的拟合曲线，得到拟合曲线的计算公式为

$$I(t)=10386.51443\sin(3.14t/0.00829) \tag{2-9}$$

洛伦兹力是电流 $i$ 和触头转角 $a$ 的函数，即 $F_c=f(a,\ i)$。将触头转角和电流值在其范围内各分成几段，利用 ANSYS 求出不同转角时的每一个电流值所对应的有限元模型的洛伦兹力，将计算得到一个二维数据表格，图 2-22 是不同触头转角下，洛伦兹力随电流变化的关系曲线。在动态仿真过程中，任何时刻触头转角、短路电流值下的洛伦兹力可通过数据表格中结果，运用二元插值技术求得。设触头转角 $a$ 为 $x$ 方向，电流值 $i$ 为 $y$ 方向，$w$ 为插值点对应的洛伦兹力值，对于任意给定的不是节点的插值点 $w(u,\ v)$，选取最靠近其的 9 个节

点，其两个方向上的坐标分别为 $x_p < x_{p+1} < x_{p+2}$，$y_q < y_{q+1} < y_{q+2}$，然后用二元三点插值公式（2-10）计算插值点（$u$，$v$）处的函数近似值 $w$。此外，计算程序也对计算过程中可能会出现的几种边值情况进行了处理，二元三次插值计算的流程图如图 2-23 所示。

$$w = \sum_{i=p}^{p+2}\sum_{j=q}^{q+2}\left(\prod_{\substack{k=p\\k\neq i}}^{p+2}\frac{u-x(k)}{x(i)-x(k)}\right)\left(\prod_{\substack{l=q\\l\neq j}}^{q+2}\frac{v-y(l)}{y(j)-y(l)}\right)z(i,j) \tag{2-10}$$

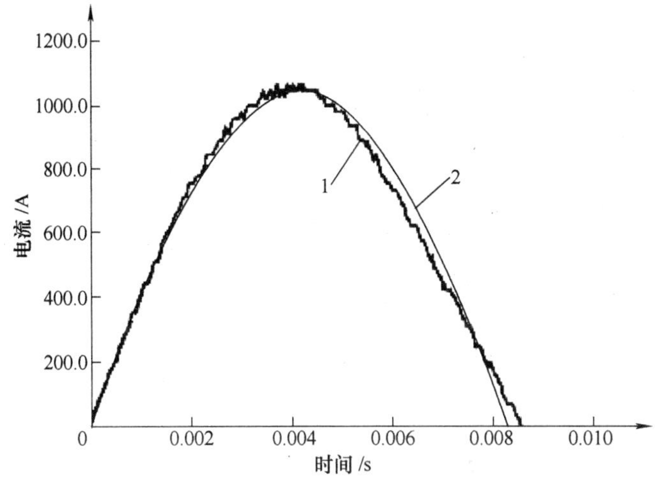


图 2-21　试验短路电流波形及其拟合曲线

1—试验短路电流波形　2—短路电流的拟合曲线

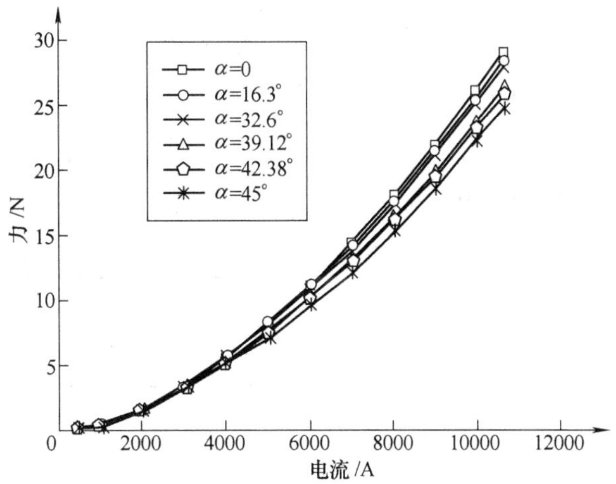


图 2-22　不同触头开距下，洛伦兹力与电流的关系曲线

ADAMS 软件二次接口程序主要由以下步骤完成电动斥力的计算：

1）由解析式（2-1）计算霍姆力；

2）由式（2-9）计算对应该瞬间 $t$ 的电流值；

3）在已知该瞬间电流和转角条件下，采用二元三点插值方法查取洛伦兹力；

4）将以上霍姆力和洛伦兹力计算结果之和，即电动斥力通过二次接口函数返回到 ADAMS。

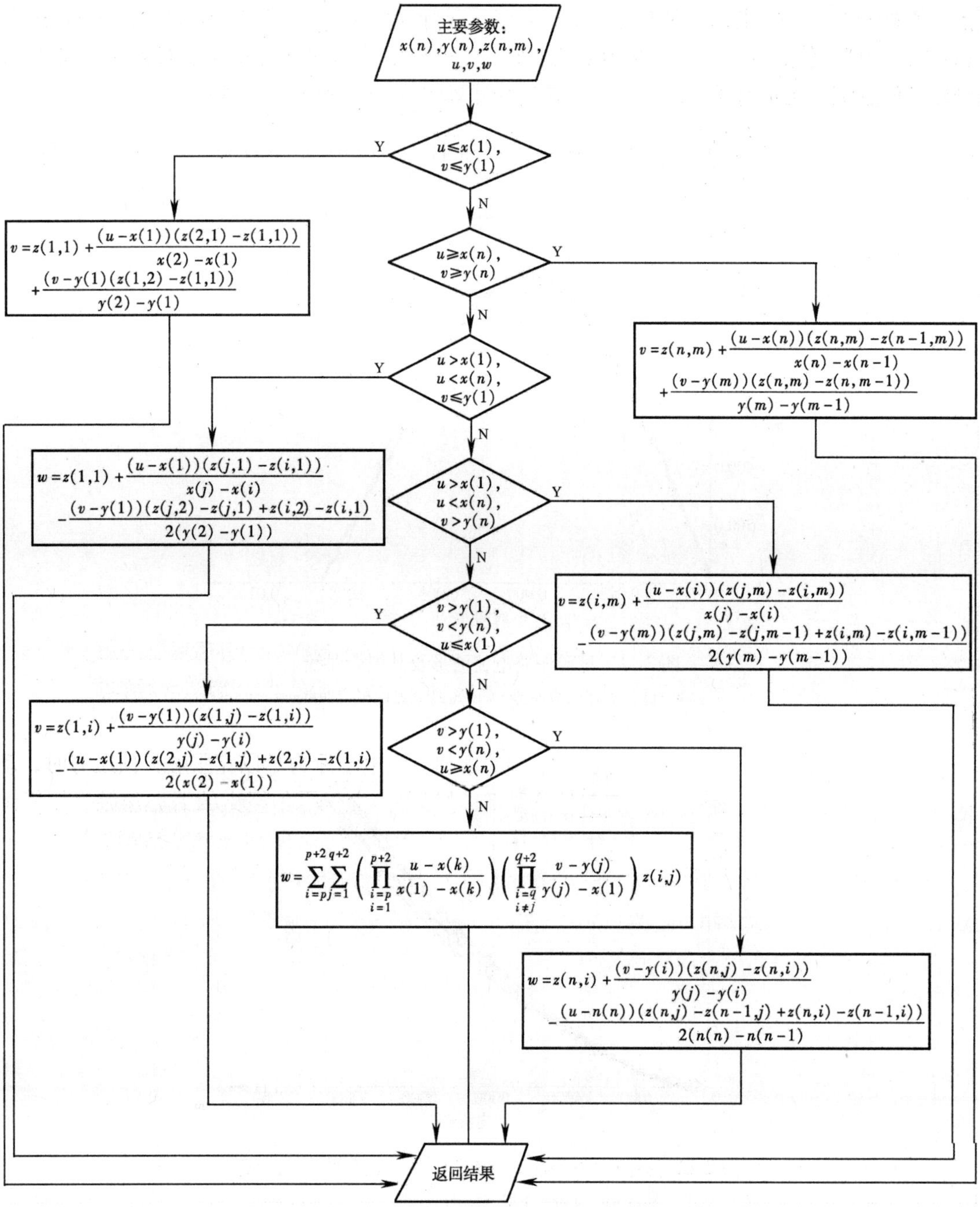


图 2-23　二元三次插值计算的流程图

在机构分断过程的仿真中，可以从 ADAMS 软件中读到 $t$ 时刻的触头转角值，通过接口程序求得一个可作为 $t+\Delta t$ 时刻的电动斥力值，并带回到 ADAMS 软件中，如图 2-24 所示。同时，该力施加在断路器仿真模型中间相动触头中心位置上，通过这种双向不断的迭代计算，可仿真出分断短路电流的整个动态运动过程。

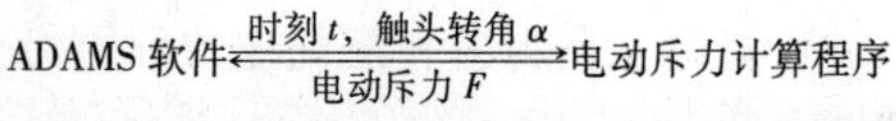


图 2-24　分断过程的电动斥力的计算方法

图 2-25 是分断过程作用在动触头上的电动斥力的仿真曲线。造成电动斥力在 $t_1$ 时刻，由 A 点突跳到 B 点是因为电动斥力克服触头扭簧，造成动静触头分离，霍姆力消失，之后洛伦兹力随短路电流发生近似正弦规律的变化。

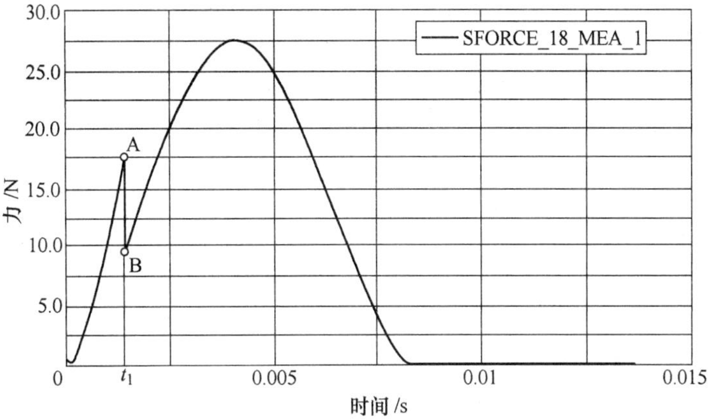


图 2-25　电动斥力的仿真曲线

图 2-26 是计及电动斥力作用下的触头主轴角位移的仿真结果与实验结果对比，造成仿真曲线与实验曲线在最后阶段有差异的原因是没有考虑电弧气动斥力。图 2-27 是分断过程的触头主轴角位移和动触头角位移仿真曲线对比图。短路电流出现时刻是仿真分断过程的起点，由短路试验波形可知操作机构约在短路电流出现 5ms 后才开始动作，因此短路电流刚出现的一段时间内，脱扣器没有动作，所以机构没有动作，触头主轴也没有转动，主轴角位移曲线是条零值水平直线，但是随着电流的增加，当电动斥力足以克服触头预压力时，动触头被斥开一定角度。在短路电流起始阶段 $T_a$ 时间内，由于霍尔姆力的消失和触头扭簧的扭矩作用，触头会发生回落现象，当脱扣器动作，机构冲过死区后，动触头将随着机构一起运动，从图 2-27 可清楚观察到在 $T_a$ 阶段后，触头主轴角位移曲线与动触头角位移曲线重合，表明在 $T_a$ 之后的动触头与机构是同步转动的如图 2-28 所示。与手动脱扣比较，由于短路情况下电动斥力的作用，提高了动触头分断速度，机构的动作时间缩短了约 1ms。

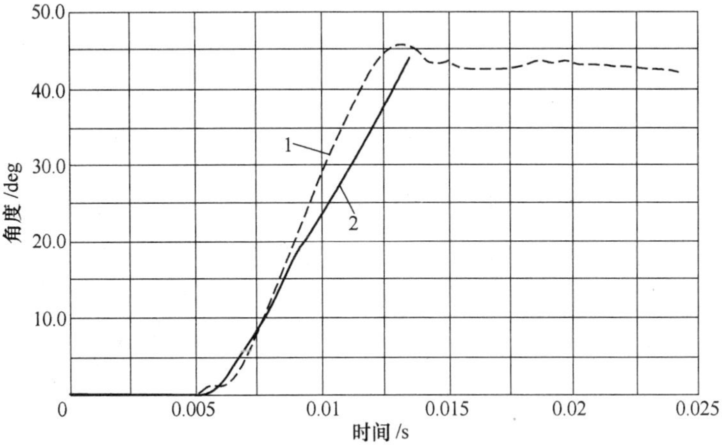


图 2-26　触头主轴角位移仿真与实验曲线的对比（预期电流为 10kA）

1—实验曲线　2—仿真曲线

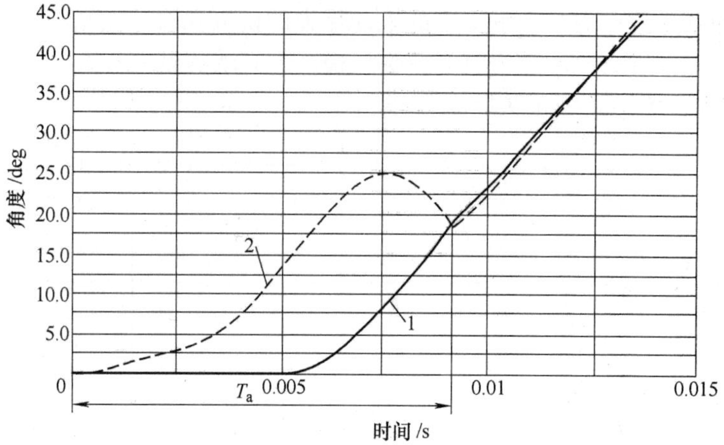


图 2-27 计及电动斥力角位移的仿真曲线

1—触头主轴角位移仿真曲线 2—动触头角位移仿真曲线

如前面 2.1.2 节所述，计及电动斥力的开断过程仿真要采用脚本仿真，这是因为计及了电动斥力，开断过程分成两个阶段，第一阶段是跳扣不动作，动触头在电动斥力作用下与静触头分离，与此同时瞬时脱扣器在短路电流作用下，经过一定时间解开扣锁，使跳扣动作；随后进行第二阶段，第二阶段由于跳扣动作，机构主轴开始转动，带动动触头支架，当动触头支架追上动导电杆，动触头就在主轴带动下，向打开位置转动，直至开断过程结束。采用脚本仿真来实现上述开断过程，在第一阶段要在跳扣与地建立固定约束，让电动斥力去斥开动触头，经过 5ms 时间，瞬时脱扣器使跳扣动作，这时应解除跳扣与地的固定约束，让跳扣和机构主轴可以动作，这一过程直到开断过程结束。在 ADAMS 软件上实现上述脚本仿真可采用 ADAMS/Solver 命令集，即 ACF（ADAMS/Solver Command File），具体操作：在执行菜单中选 Simulate/Simulation Script/New 命令，打开 Create Simulation Script 对话框，在下拉列表框中选取 ADAMS/Solver Commands，呈现的对话框中系统提示：Insert ACF Commands here:，接着输入命令，可用手动输入方式也可用系统提供的命令列表中选取，完成计及电动斥力的开断过程脚本仿真的 ACF 命令集如下：

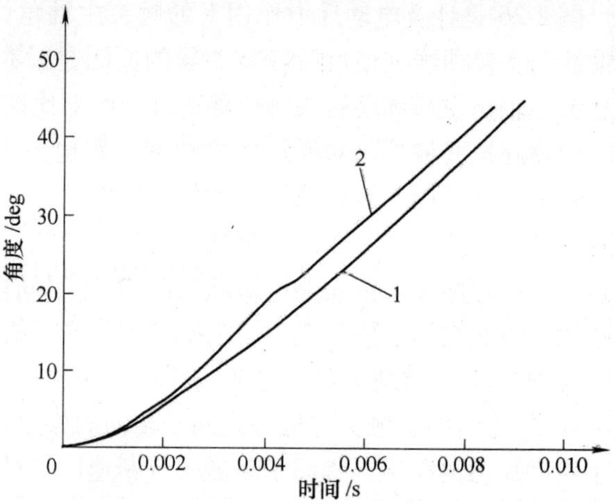


图 2-28 手动脱扣与分断短路电流的触头主轴角位移曲线对比图

1—手动脱扣 2—短路脱扣（预期电流为 10kA）

```
! Insert ACF Commands here:
SIMULATE/DYNAMIC, DURATION = 5e-3, STEPS = 100
DEACTIVATE/JOINT, ID = 57
```

SIMULATE/DYNAMIC, DURATION = 0.2, STEPS = 300

仿真建模时，首先让跳扣对地建立一个固定约束，上述命令集中第一条为动力学仿真，DURATION 为仿真持续时间，STEPS 为仿真总步数，仿真持续时间取从短路开始到机构开始动作所需时间，即 5ms；第二条为解除 ID 号为 57 的跳扣对地的固定约束的作用；第三条是在跳扣和主轴动作条件下进行动力学仿真，持续时间取得较长，即 0.2s，是为了保证完成整个开断过程。

以上尽管只讨论了单相短路电流对机构动特性的影响，但类似方法也可引伸用于三相短路电动力的影响。

## 2.4　低压塑壳断路器操作机构的优化设计

### 2.4.1　影响断路器分断速度的主要因素

提高分断能力及其使用寿命一直是低压断路器研究的一个重点内容，可以通过改进灭弧室结构提高灭弧能力、优化与改进操作机构和缩短触头弹跳时间等方法来达到提高分断性能的目的。在分断过程中，触头的分断速度主要影响电弧电压上升速度，电弧停滞时间和电弧进入栅片的快慢。因此，以提高主轴的平均角速度为目的，进行机构的优化设计，对提高断路器开断性能有重要作用。在对机构优化前，先来分析一些影响断路器操作机构分断速度的主要因素，例如：分断弹簧的刚度和杆件形状。

增大主弹簧的刚度系数可以提高断路器的分断速度。图 2-29 和图 2-30 分别为分断弹簧不同刚度系数下的主轴角位移和角速度随时间的变化曲线，曲线 1 到曲线 3 刚度系数分别为 17.5N/mm、27.5N/mm、37.5N/mm，主轴转到最大角度所用时间分别约为 10.7ms、9ms、8ms。可见，增大弹簧刚度可提高触头打开速度，但手动分合闸所需的力也会随弹簧刚度增大而增加。仿真表明，在系数为 17.5N/mm 时，所需的闭合力为 30N 左右，在 37.5N/mm 时，闭合力为 60N 左右。可见，主弹簧刚度系数的提高能增大机构的开断速度，但同时增加了手动分合闸所需操作力，因而弹簧刚度的增加受到断路器手动操作力增大的约束。

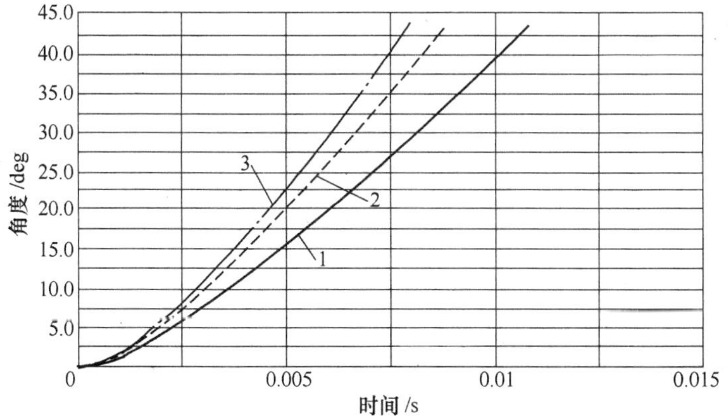


图 2-29　不同弹簧刚度系数操作机构主轴角位移随时间的变化曲线

1—17.5N/mm　2—27.5N/mm　3—37.5N/mm

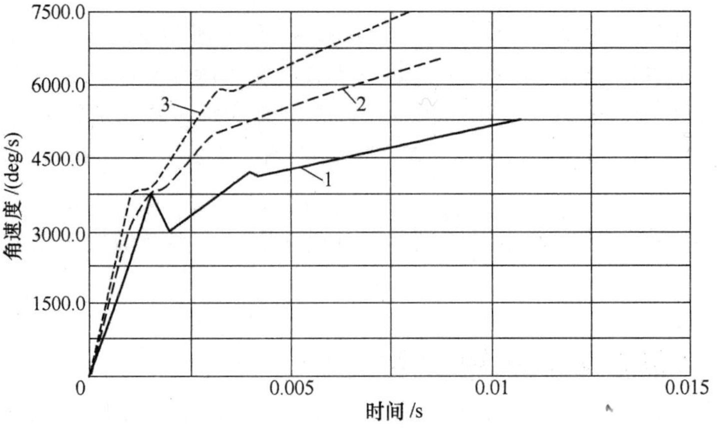


图 2-30 不同分断弹簧刚度系数操作机构主轴角速度随时间的变化曲线
1—17.5N/mm 2—27.5N/mm 3—37.5N/mm

在参数化分析过程中，ADAMS/View 采用不同的设计参数值，自动地运行一系列的仿真分析，然后返回分析结果。通过对结果的分析，可以研究一个或多个参数变化对样机性能的影响。获得最危险的操作工况以及最优化的样机。类似于实际物理样机的设计、试验和优化过程，ADAMS 软件提供了参数化分析方法——设计研究，是在特定范围内对某个设计变量设置不同的若干值，进行一系列的自动仿真分析，各次的分析结果以报告形式列出，通过设计研究结果可知：

1）在设计变量变化过程中虚拟样机性能的变化情况；

2）在给定分析范围内找到设计变量的最佳参数值；

3）设计变量对虚拟样机性能的近似敏感度。敏感度是前后两次试验中设计敏感度的平均值，该值可以表示为 $S_i$：

$$S_i = \frac{1}{2}\left(\frac{O_{i+1} - O_i}{V_{i+1} - V_i} + \frac{O_i - O_{i-1}}{V_i - V_{i-1}}\right) \tag{2-11}$$

式中 $O$——目标值；

$V$——设计变量的数值；

$i$——迭代次数。

可以通过敏感度值了解某个参数在变化时，对目标函数的影响程度。敏感度为正值，表示目标值在迭代过程中逐渐增大，反之亦然。

在 ADAMS 软件中，刚体的运动状态是根据构件质心在计算坐标系的位置，采用修正的 Newton-Raphson 迭代算法迅速分析求解。虽然不同型号的低压断路器操作机构的原理相同，但是杆件形状却有很大的不同。图 2-31 是直角坐标系下的塑壳断路器机构模型，触头支架旋转轴 $O_1$ 作为主轴是直角坐标系原点，轴 A、轴 B、轴 C 和轴 $O_2$ 是操作机构关键轴。改变杆件形状相当于改变杆件的质心位置和质量，因此将跳扣 k、上连杆 h、下连杆 g、触头的质量和质心 $X$、$Y$ 坐标设为变量，进行设计研究，研究它们对主轴分断角速度的影响。表 2-4 为杆件质量的设计研究结果，表 2-5 为杆件质心位置的设计研究结果。

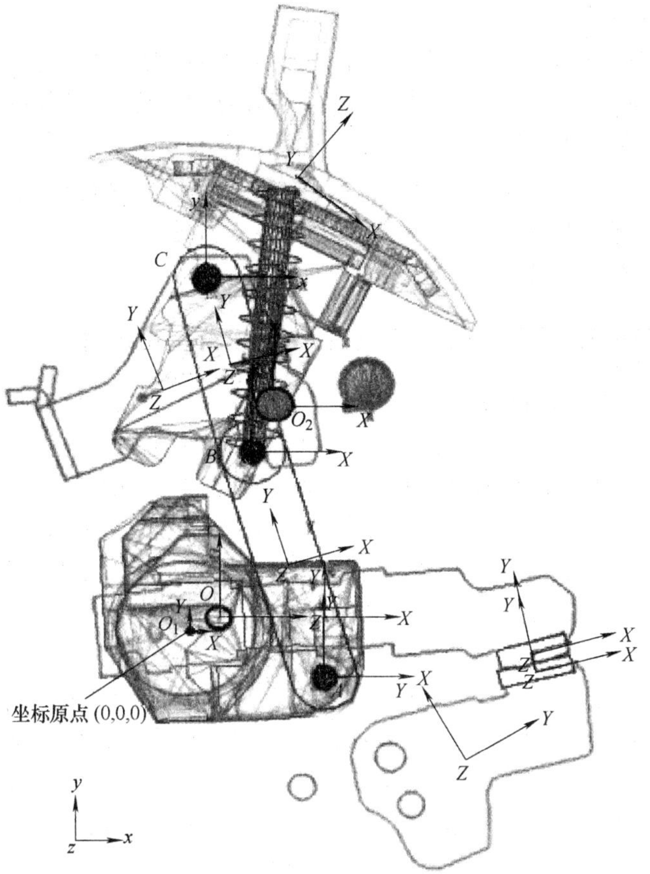


图 2-31　直角坐标系下的塑壳断路器机构模型

**表 2-4　杆件质量设计研究结果**

| 设计变量 | 含　　义 | 初始值/g | 变化范围/g | 敏感度 |
|---|---|---|---|---|
| DV_9 | 跳扣质量 | 12.2498408107 | -5,5 | -16.405 |
| DV_10 | 上连杆质量 | 5.814 | -2,2 | -39.203 |
| DV_11 | 下连杆质量 | 5.111 | -2,2 | 4.9916 |
| DV_12 | 动触头质量 | 12.7357579138 | -5,5 | -22.616 |

**表 2-5　杆件质心位置设计研究结果**

| 设计变量 | 含　　义 | 初始值/mm | 变化范围/mm | 敏感度 |
|---|---|---|---|---|
| DV_13 | 跳扣质心 X 坐标 | 4.3666068477 | -1.5,1.5 | 71.202 |
| DV_14 | 跳扣质心 Y 坐标 | 22.7133872733 | -1.5,1.5 | -5.4686 |
| DV_15 | 上连杆质心 X 坐标 | 2.951077867 | -1.5,1.5 | 1.8069 |
| DV_16 | 上连杆质心 Y 坐标 | 22.4807089429 | -1.5,1.5 | -25.416 |
| DV_17 | 下连杆质心 X 坐标 | 5.5348957951 | -1.5,1.5 | -2.8379 |
| DV_18 | 下连杆质心 Y 坐标 | 7.177482814 | -1.5,1.5 | 2.3444 |
| DV_19 | 动触头质心 X 坐标 | 6.608976016 | -1.5,1.5 | -18.229 |
| DV_20 | 动触头质心 Y 坐标 | -7.7429002553 | -1.5,1.5 | 26.741 |

从表 2-5 中可以看出：

1）跳扣的质心位置 $X$ 坐标和质量对主轴平均角速度影响最大，它的质心 $X$ 坐标离图 2-31 中的 $O_1$ 轴（坐标原点）越远，角速度越大，在设计时，应在不影响机构运动的情况下，通过改变它的形状使质心位置尽量远离触头主轴中心点 $O_1$。

2）上连杆的质心 $Y$ 坐标和质量影响较大，应注意采取适当措施，减轻其质量。

3）动触头质心的坐标和质量也有一定影响，不能忽视。

4）下连杆质心位置和质量影响最小。

## 2.4.2 以关键轴的位置作为设计变量的操作机构优化设计

优化设计是 ADAMS 软件提供的一种复杂的分析工具。优化分析问题可归结为：在满足各种设计条件和在指定的变量变化范围内，通过自动地选择设计变量，由分析程序求取目标函数的最大值或最小值。优化的目标函数是一个数值表达式，可以表示质量、效率、总材料成本、运行时间和所需的能量等。可以选择在优化分析中是求取最大值还是最小值。设计变量可以是构件的质量、几何尺寸和力的大小等。优化分析中的约束是有条件的，这些边界条件能够直接或间接地消除无法接受的计算结果。

ADAMS 软件内嵌的优化算法有 DOT 优化算法，OPTDES 算法，这些算法已得到了世界范围内的广泛认可，对用户而言，进行优化设计只需要确定收敛容差和最大迭代次数即可。此外，用户还可自编写优化算法嵌入到 ADAMS 软件中。断路器机构优化设计所选用的优化算法是 OPTDES-GRG（Generalized Reduced Gradient）算法。

以图 2-31 中的触头主轴 $O_1$ 为参考点，操作机构关键轴 A、B、C，$O_2$ 的中心 $X$，$Y$ 坐标为设计变量，进行设计研究。设置设计变量的变化范围见表 2-6，观察每个变量对平均分断角速度的影响。

**表 2-6 轴的位置设计研究结果**

| 设计变量 | 含　义 | 初始值/mm | 变化范围/mm | 在初始值时的敏感度 |
|---|---|---|---|---|
| DV_1 | $O_2$ 轴 $X$ 坐标 | 10.295 | -1.5,1.5 | 312.68 |
| DV_2 | $O_2$ 轴 $Y$ 坐标 | 26.010 | -1.5,1.5 | 122.19 |
| DV_3 | C 轴 $X$ 坐标 | 2.6652 | -1.5,1.5 | 126.60 |
| DV_4 | C 轴 $Y$ 坐标 | 41.193 | -1.5,1.5 | 11.365 |
| DV_5 | B 轴 $X$ 坐标 | 7.7640 | -1.5,1.5 | -141.60 |
| DV_6 | B 轴 $Y$ 坐标 | 20.821 | -1.5,1.5 | -551.58 |
| DV_7 | A 轴 $X$ 坐标 | 15.776 | -1.5,1.5 | 136.42 |
| DV_8 | A 轴 $Y$ 坐标 | -5.7992 | -1.5,1.5 | 7.0675 |

以轴 $O_2$ 的 $X$ 坐标变化为例，当轴 $O_2$ 离坐标原点 $O_1$ 最近时，触头转轴达到最大角度所需时间为 10.73ms，当其离坐标原点 $O_1$ 最远时，到达触头主轴最大角度所需时间为 8.89ms。

从表 2-6 中可以看出，变量 DV_1、DV_3、DV_6、DV_7 的敏感度相对较大，即轴 $O_2$、C、A 中心的 $X$ 轴坐标和轴 B 中心的 $Y$ 轴坐标对分断过程中动触头主轴平均角速度影响较大。这一结论为进一步优化设计奠定了基础。

优化分析可以考虑多个设计变量同时发生变化时对样机性能的影响，并给出多个变量的最优配合，即使目标函数达到所要求的最佳值。优化分析的三个步骤如下：

1）确定最小化或最大化的目标函数。

2）选定要调整的设计变量。

3）定义必须满足的约束函数。

以触头主轴的平均角速度最大为目标函数，设计变量在指定的范围内变化。在优化过程中，ADAMS 自动调整设计变量，以获得最佳目标函数值。表 2-7 为考虑 DV_1、DV_3、DV_6、DV_7 4 个变量时机构的优化分析结果。

**表 2-7　优化设计结果**

| | 平均角速度/(deg/s) | DV_1/mm | DV_3/mm | DV_6/mm | DV_7/mm |
|---|---|---|---|---|---|
| 初始值 | 4825.22 | 10.295 | 2.66516 | 20.8213 | 15.7759 |
| 优化值 | 5566.4 | 11.7756 | 4.16516 | 19.3213 | 15.7051 |

从表 2-7 中可以看出，在考虑 4 个变量同时变化的情况下，经过优化设计的迭代运算，找到每个变量的最优点，使动触头主轴的运动速度从 4825.22deg/s 提高到 5566.4deg/s，所用时间由 9ms 缩短到 7.753ms，并能自动生成新的样机模型。在分断过程中，优化前后的动触头主轴角速度随时间变化的曲线如图 2-32 所示，1 是优化前的角速度曲线，2 是优化后的角速度曲线。以上分析结果可以作为设计五连杆型的塑壳断路器操作机构时的参考。

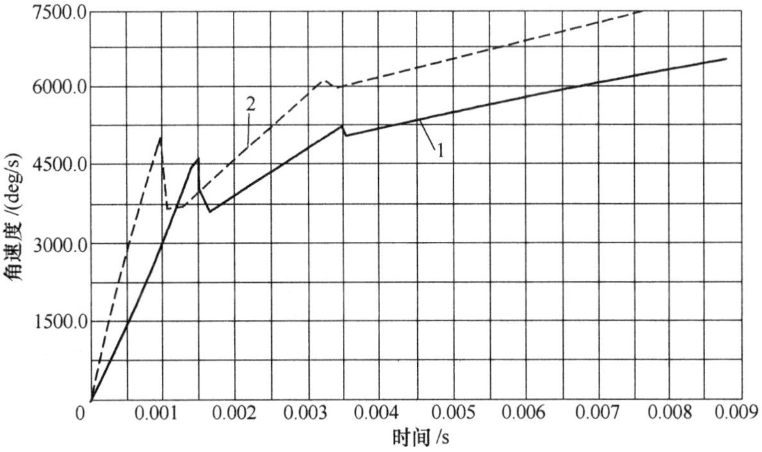


图 2-32　优化前后的动触头主轴角速度变化

1—优化前　2—优化后

表 2-8 是优化前后一些仿真结果对比情况，仿真研究表明，一般需在手柄施加 43N 的力才能使该型号塑壳断路器合闸，机构优化后最小合闸力减小到 39N，刚分速度由原来的 1.15m/s 提高到 2.08m/s，说明了优化结果是合理可取的。

**表 2-8　优化前后结果对比**

| | 平均角速度/(deg/s) | 触头主轴到达最大角度所需时间/ms | 手动合闸力/N | 刚分速度/(m/s) |
|---|---|---|---|---|
| 优化前 | 4825.22 | 9 | 43 | 1.15 |
| 优化值 | 5566.4 | 7.753 | 39 | 2.08 |

## 2.5 旋转双断点塑壳断路器操作机构的仿真与优化设计

进入新世纪之后，国外著名低压电器公司纷纷推出了新一代低压断路器产品，如 ABB 公司的 TMAX 系列和施耐德公司的 NS 系列，在触头系统的设计上都采用了旋转式双断点型式，不仅可以很容易做成模块，导电部分连接非常可靠，而且明显提高了分断能力，在塑壳断路器的产品结构设计上可以说是一次重大的突破。

利用 ADAMS 软件建立的额定电流为 630A 的旋转式双断点塑壳断路器机构动力学模型及其简化模型如图 2-33 所示。

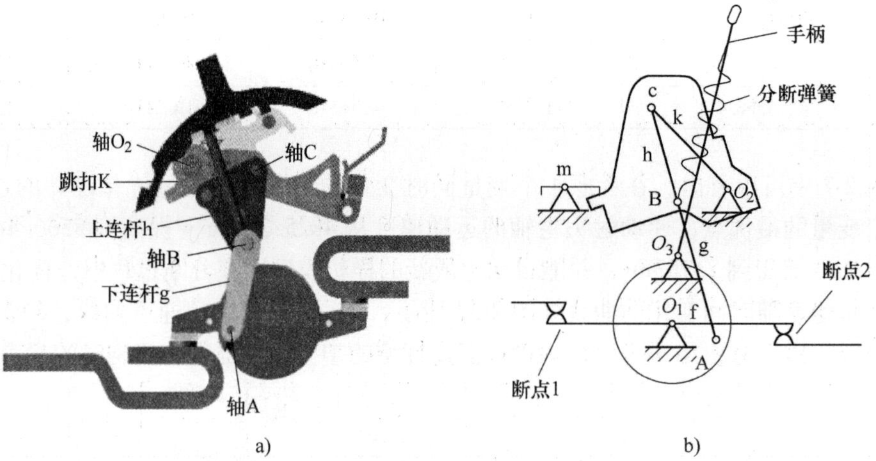


图 2-33 旋转双断点断路器动力学模型及其简化模型图
a）断路器模型 b）简化模型

低压塑壳断路器的操作机构是典型的五连杆机构。由触头支架 f、下连杆 g、上连杆 h、跳扣 k、锁扣 m、操作手柄 1 和分断弹簧等部分组成。当处于图示合闸位置时，分断弹簧虽有贮能，但因下连杆 g 和上连杆 h 处于挺直状态（死区位置），C 点固定不动，下连杆 g、上连杆 h、触头支架 f 和机构构成四连杆机构，处于稳定静止状态，此时触头完全闭合。当手动分合闸时，分断弹簧将随着手柄的转动而受到拉升并储能，当弹簧力的作用线与上连杆 h 重合时，处于最大位能状态，一旦超过上连杆 h，在弹簧力的作用下，下连杆 g 将推动触头快速运动至闭合或打开位置；当短路电流引起锁扣 m 转动，在分断弹簧作用下，跳扣 k 绕 $O_2$ 轴顺时针转动，C 点成为活动点，同时下连杆 g、上连杆 h 脱离死区，于是变成五连杆机构。因为五连杆机构有两个自由度，触头继续分断，同手柄位置无关。

### 2.5.1 影响断路器机构运动速度的主要因素

通过对连杆机构模型的分析，可知影响断路器机构运动速度的因素有三方面：

1）分断弹簧的刚度系数，它对于分断速度的影响最明显。

2）以 $O_1$ 为参考点，轴 A、B、C、$O_2$ 的位置对分断速度的影响。

3）在轴的位置确定后，杆件质量发生变化时对分断速度的影响。

增大分断弹簧刚度系数可以提高断路器的分断速度。分断弹簧在 50N/mm、55N/mm 和

60N/mm 的刚度系数下，动触头达到最大打开角度所用时间分别为 6.62ms、6.38ms 和 6.18ms，分断时间逐渐减小，分断过程中角速度测量曲线如图 2-34 所示。但是随着弹簧刚度系数的增大，手动合闸需要的合闸力也会随之增大，仿真结果表明，在上述三个刚度系数下所需的手动合闸力分别为 76N、84N 和 92N。可见，通过提高刚度系数来提高分断速度是以手动合闸力的增大为代价的，所以单纯提高刚度系数是不可取的，要兼顾对手动合闸力的影响。

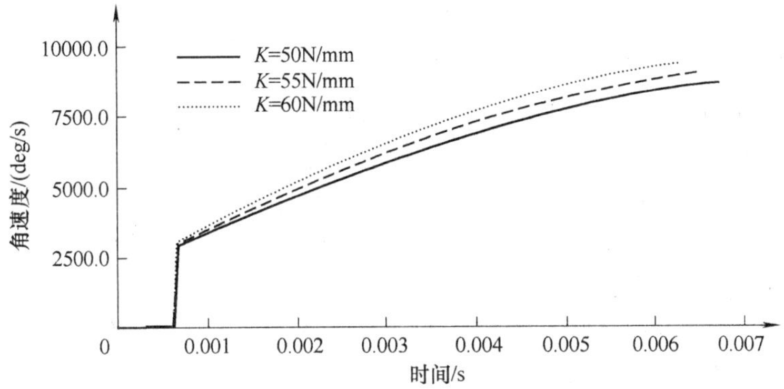


图 2-34　不同刚度系数下的分断过程角速度曲线

改变连杆机构的长度以及他们的相互位置关系可以改变运动速度，本次优化机构的主要工作就是从这方面入手。以图 2-33 中轴 A、B、C、$O_2$ 的 $x$、$y$ 坐标为单独的设计变量，首先进行设计研究（Design Study）。

结合实际，对每个设计变量设定好变化范围，通过设计研究来观察其对角速度的影响情况，结果见表 2-9。

**表 2-9　轴的位置设计研究结果**

| 设计变量 | 含　义 | 变化范围/mm | 敏感度 |
|---|---|---|---|
| DV_1 | A 轴 $X$ 坐标 | -1.5,1.5 | -2.9125 |
| DV_2 | A 轴 $Y$ 坐标 | -1.5,1.5 | 22.420 |
| DV_3 | B 轴 $X$ 坐标 | -1.5,1.5 | 120.04 |
| DV_4 | B 轴 $Y$ 坐标 | -1.5,1.5 | -448.45 |
| DV_5 | C 轴 $X$ 坐标 | -1.5,1.5 | -15.619 |
| DV_6 | C 轴 $Y$ 坐标 | -1.5,1.5 | -19.446 |
| DV_7 | $O_2$ 轴 $X$ 坐标 | -1.5,1.5 | 32.047 |
| DV_8 | $O_2$ 轴 $Y$ 坐标 | -1.5,1.5 | -106.15 |

从表中可以看出，变量 DV_3、DV_4 和 DV_8 的敏感度相对较大，即轴 B 的 $x$ 坐标和轴 B、轴 $O_2$ 的 $y$ 坐标对分断过程的平均角速度影响较大。可以进一步对这几个变量进行调整，进行优化分析（Optimization）以获得进一步的优化设计结果。

对此旋转式双断点断路器进行优化时，目标函数取动触头的平均角速度最大化；设计变量为在以上设计研究中敏感度较大的变量 DV_3、DV_4、DV_8；约束关系为变量在规定的范围内变化。通过 ADAMS 软件的优化分析，在考虑三个变量同时变化的情况下，经过优化设计的迭代运算，找到每个变量的最优点，使动触头的平均运动角速度从5678.33deg/s提高到6162.84deg/s，提高幅度为8.55%，触头达到最大打开角度所用时间由6.38ms缩短到5.78ms，减小了0.6ms。优化前后的角速度曲线对比如图2-35所示。

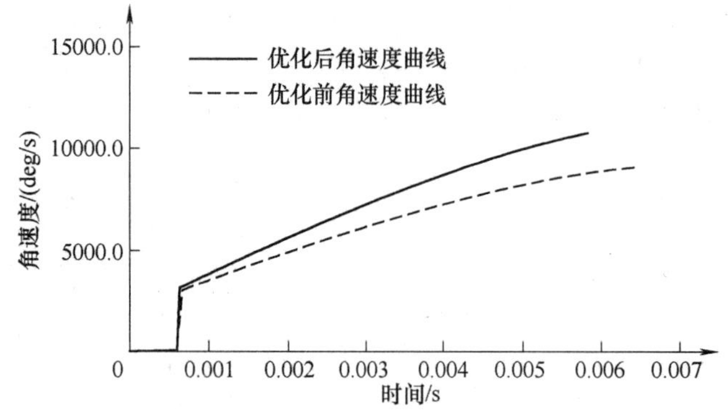


图2-35 优化前后分断过程的角速度曲线

在不同型号的低压断路器中，虽然操作机构的原理是相同的，但杆件形状有很大的不同，所采用的材料也可能不同，所以杆件的质量也是不同的。因此，以图2-33中的杆件f（动触头）、g（下连杆）、h（上连杆）和k（跳扣）的质量为设计变量，进行如上述所介绍的设计研究。各杆件的质量根据杆件本身质量的大小在不同的范围内变化，研究它们对分断过程角速度的影响。表2-10为杆件质量对角速度影响的设计研究结果。

表2-10 杆件质量设计研究结果

| 设计变量 | 含义 | 变化范围/g | 敏感度 | 设计变量 | 含义 | 变化范围/g | 敏感度 |
|---|---|---|---|---|---|---|---|
| DV_9 | 跳扣质量 | -10,10 | -5.2760 | DV_11 | 下连杆质量 | -1.5,1.5 | 1.7487 |
| DV_10 | 上连杆质量 | -2,2 | -12.964 | DV_12 | 动触头质量 | -5,5 | -62.781 |

从表2-10中可以看出：

1）下连杆的质量对分断过程角速度的影响最弱。

2）跳扣的质量对分断过程角速度的影响较弱。

3）上连杆和动触头的质量对分断过程角速度的影响最大，应注意采取适当措施，减轻其质量。

## 2.5.2 旋转双断点塑壳断路器触头卡住机构的研究分析

在前文中已经提到，随着电流的增加，当电动斥力足以克服触头预压力时，动触头将被斥开一定角度，若此时操作机构动作不及时，还未带动动触头开始运动，触头将有可能由于霍尔姆力的消失和触头弹簧的作用下发生回落甚至重新闭合而造成熔焊。为了解决这一问题，卡住机构应运而生。

本节以额定电流为250A的旋转双断点塑壳断路器某一种卡住机构为研究对象，建立多体动力学模型，仿真分析了卡住机构的运动过程，并且进行了实验验证，最后分析了卡住机构的可靠性。

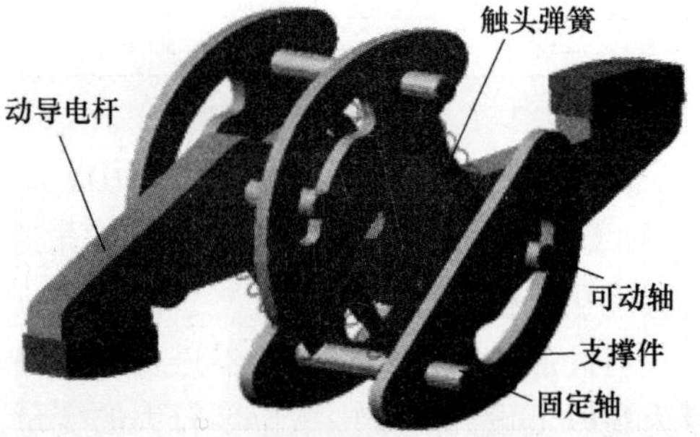


图2-36 触头卡住机构模型

触头卡住机构模型如图2-36所示，断路器触头系统的动触头通过可动轴和固定轴以及触头弹簧安装在主轴上；一组通过固定轴安装在主轴的支撑件，该组支撑件上具有月牙形轨道槽，可动轴安装在支撑件的月牙形轨道槽内，并可沿着月牙形轨道槽运动。

如图 2-37 所示，在电气线路中出现短路电流时，可使断路器的动触头在短路电流产生的电动斥力下迅速斥开，并卡住支撑件的月牙形轨道槽的末端，有效地防止了动触头跌落，提高了断路器的限流效果。

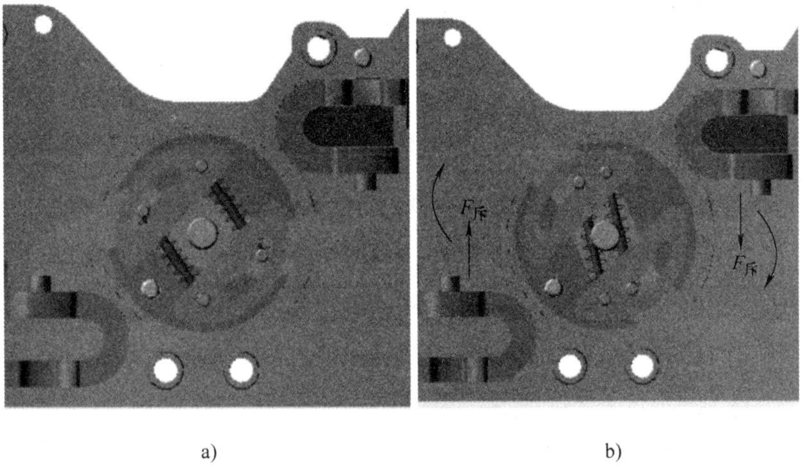


图 2-37　动触头卡住前后对比

a）合闸状态　b）卡住状态

为了仿真验证断路器卡住机构的可行性，不考虑脱扣器的作用，当较大的短路电流到来时，动导电杆在电动斥力的作用下迅速斥开到卡住位置，并在卡住机构的作用下不会跌落。由于机构没有脱扣过程，所以动导电杆不能复位，始终处于卡住状态。

将短路电流（预期 20kA）、霍姆力动态特性和洛伦兹力动态特性作为机构动力学仿真的输入，导入到 ADAMS 软件中，进行卡住机构运动过程的仿真分析，仿真结果如图 2-38 所示。

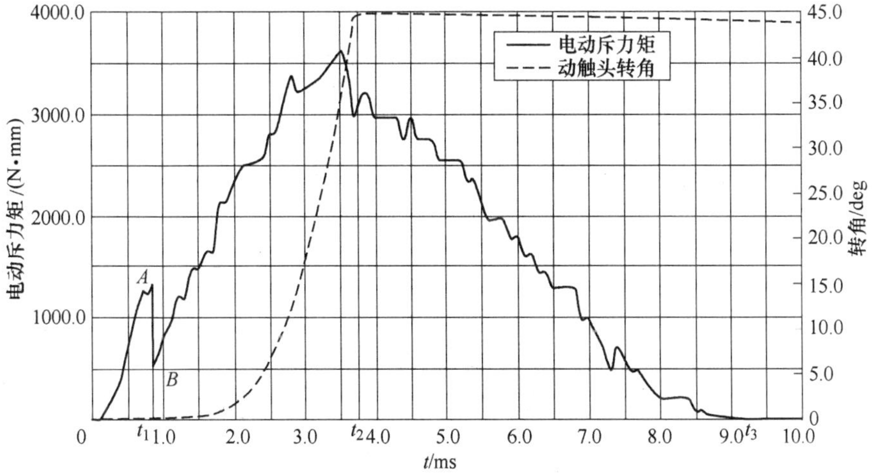


图 2-38　卡住机构运动过程的仿真结果图

由图 2-38 中可以看出：

$0-t_1$ 时间段中，触头压力不为 0，动静触头依然接触没有分开，电动斥力为洛伦兹力和霍姆力之和，即 $F_{斥}=F_L+F_H$。

$t_1-t_2$ 时间段中，随着电流的增加，电动斥力足以克服触头预压力，触头压力为 0，动静触头分开，霍姆力消失，即 $F_{斥}=F_L$。$t_2$ 时刻动触头被斥开至最大角度，由于卡住机构作用，动触头不会发生回落现象，此时动触头被斥开的开距为 18mm。

$t_2-t_3$ 时间段中，随着电流的减小，电动斥力不断减小，直至 $t_3$ 时刻电动斥力减小至 0，动触头在卡住机构的作用下基本保持开距为 18mm，进而验证了卡住机构设计的合理性。

为了实验验证卡住机构的可行性，本节以未带脱扣器的 250A 旋转双断点 MCCB 为实验对象，对其开断过程进行了实验研究，并取预期短路电流为 15kA 和 20kA，实验方法如 2.3.1 中所述。图 2-39 和图 2-40 为试验波形。

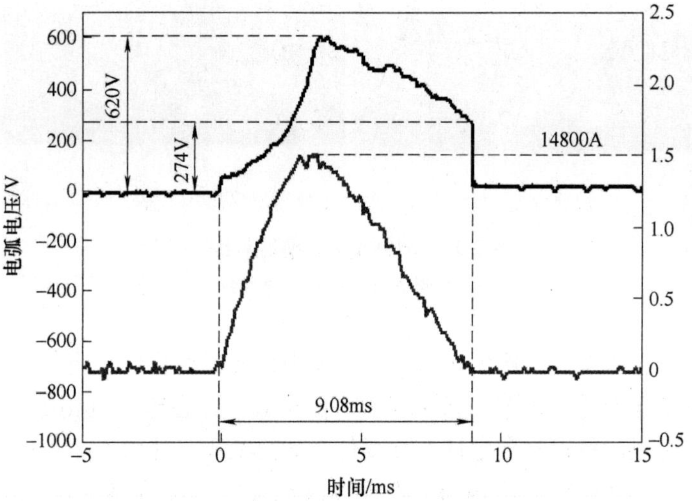


图 2-39 预期短路电流 15kA 的电压电流波形

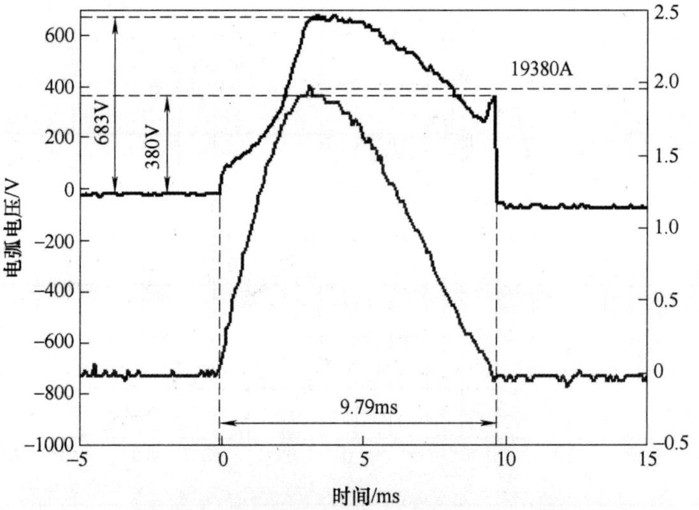


图 2-40 预期短路电流 20kA 的电压电流波形

从实验波形看，两种预期短路电流下均没有发现电弧重燃现象，说明该样机卡住机构设计良好，没有回落现象，且能开断较高的额定电压。

塑壳断路器的卡住机构虽然解决了较大短路电流的动触头斥开后跌落现象，但是当短路电流较小时，动触头能够斥开但不能斥开到卡住位置，这时如果操作机构不能及时动作，动触头会发生跌落现象。即存在临界的电流，使得动导电杆处于是否卡住的临界状态。

研究发现，在分断过程中，动导电杆被斥开后能否卡住不仅与电流的大小有关，还与燃弧时间有关。假设电弧电流波形是正弦波，只需确定其峰值 $I_m$ 和燃弧时间 $t_{燃}$，即可获得电弧电流波形，如图 2-41a 所示。将电弧电流的峰值 $I_m$ 和燃弧时间 $t_{燃}$ 设为变量，通过 ADAMS 软件进行分断仿真，可以得到如图 2-41b 所示的动触头最小卡住电流的曲线。

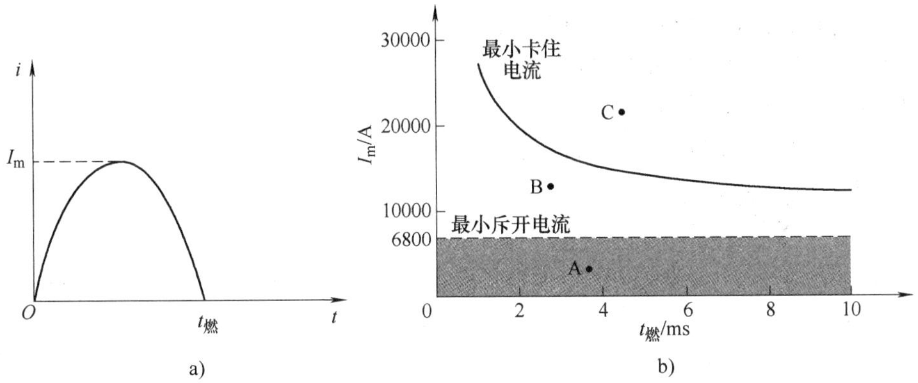


图 2-41　电弧波形和最小卡住电流曲线

a）电弧电流波形　b）最小卡住电流曲线

仿真研究表明：

1）当电弧电流波形的峰值 $I_m$ 小于最小斥开电流（图中 A 点）时，由于电弧电流较小，产生的电动斥力不足以克服触头预压力而使触头打开，只有当机构的转角超过超行程以后，在机构的带动下，动导电杆才开始运动。

2）当电弧电流波形的峰值 $I_m$ 和燃弧时间 $t_{燃}$ 落在最小斥开电流和最小卡住电流曲线之间（图中 B 点）时，产生的电动斥力克服触头预压力而使触头打开，但是触头斥开后，电动斥力不足以克服触头弹簧反力的增加，动触头不能被斥开到卡住位置，这时如果机构不能及时动作，则斥开的动触头就会向静触头方向返回发生回落现象，造成电弧电压的降低，严重情况下会使动静触头重新闭合，甚至发生触头熔焊。这一现象会使分断过程延长，影响断路器的限流性能。

3）当电弧电流波形的峰值 $I_m$ 和燃弧时间 $t_{燃}$ 落在最小卡住电流曲线上方（图中 C 点）时，产生的电动斥力足以使动导电杆克服触头预压力和触头弹簧反力的增加而高速运动，最终动触头被斥开到卡住位置被锁住使之不能回落。

对于上述 1)，触头没有被斥开，分断能力取决于机构的动作速度，所以提高机构动作速度，有利于提高电弧电压上升速度，减小电弧停滞时间和加快电弧进入栅片，进而可以提高断路器的分断能力。

对于上述 2)，触头被斥开但存在回落现象，提高机构的动作速度，并与卡住机构合理配合，有利于减小触头回落的幅度，减小动触头跌落和熔焊的几率，提高断路器的限流性能和分断性能。

对于上述3)，触头被斥开到卡住位置而被卡住，此时触头弹簧的拉力最大，随后在操作机构的带动下动触头到终端位置时，与设在动触头行程终端的复位止挡相碰，而使这种卡住机构复位。在复位的过程中，动触头在触头弹簧的作用下会回落，因此提高机构的动作速度，有利于减小复位过程中触头回落的幅度，减小电弧重燃的概率。

在上述仿真的基础上，加上电磁脱扣器的作用，即可进行断路器分断过程的仿真。图2-42和图2-43示出了20kA和150kA分断过程仿真结果。可以发现，卡住机构在复位过程中，如果主轴动作不及时，动触头可能会发生回落现象。

$t_1$ 时刻：动触头刚刚被斥开。

$t_2$ 时刻：动触头刚刚被斥开到卡住位置。

$t_3$ 时刻：动触头行程终端的复位止挡相碰。

$t_4$ 时刻：动触头开始回落。

$t_5$ 时刻：动触头完全复位，之后与机构同步转动。

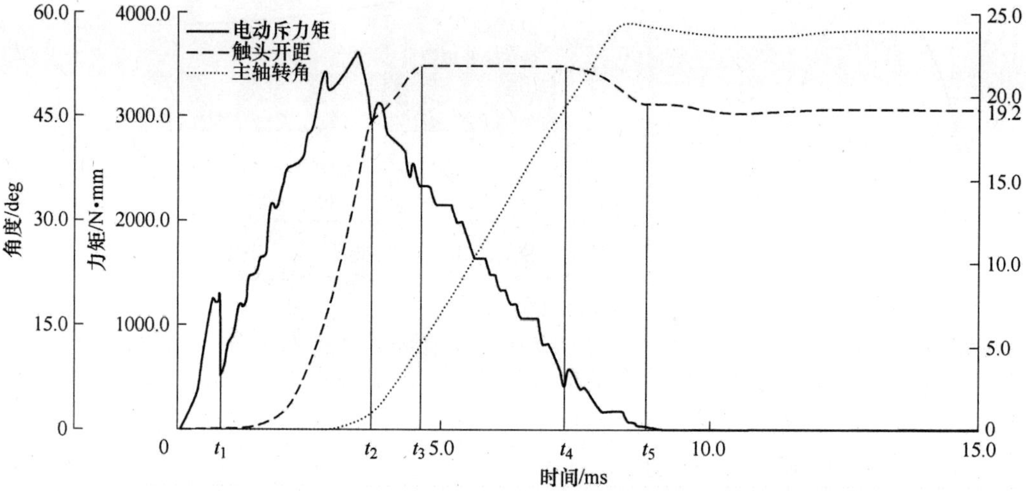


图2-42　20kA分断仿真结果

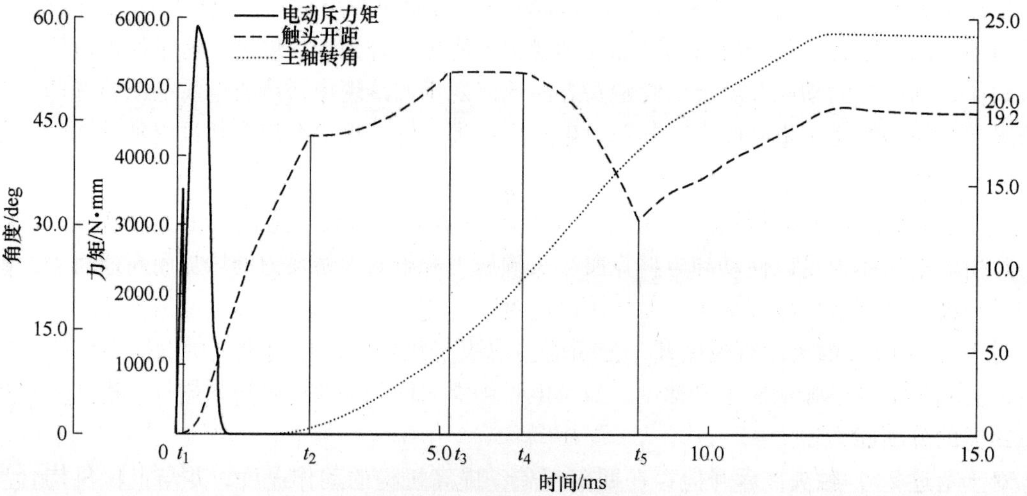


图2-43　150kA分断仿真结果

为了减小动触头回落带来的不利影响，设计复位止挡位置较高，即动触头与其相碰是开距为 22mm。20kA 分断过程动触头没有发生大的回落，是由于燃弧时间较长，触头受电动斥力作用时间较长。

## 2.6　框架断路器操作机构的仿真与优化设计

### 2.6.1　框架断路器的操作机构

框架式断路器（Air Circuit Breaker，简称 ACB）主要在配电网络中用来分配电能和保护线路及电源设备免受过载、欠电压、短路、单相接地等的故障危害。以国内某厂生产额定电流为 2000A 的框架式断路器（DW45）为研究对象，这种断路器既有完善的保护功能，又能实现选择性保护，避免了不必要的停电，提高了供电可靠性。它采用立体布置形式，具有结构紧凑、体积小的特点。如图 2-44 所示。

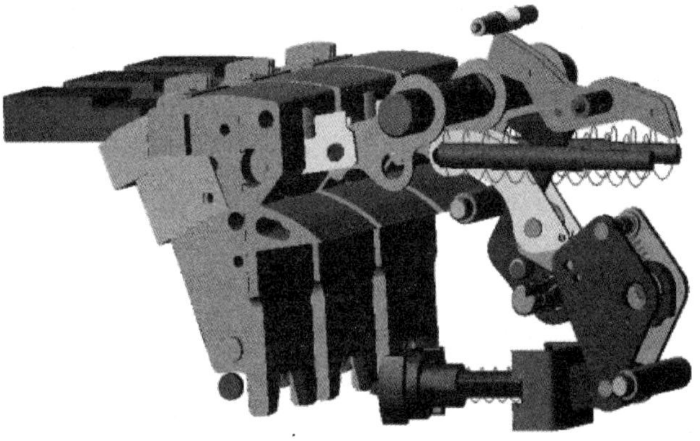

图 2-44　智能型框架式低压断路器

框架式断路器主要由触头系统、智能型脱扣器、手动操作机构、电动操作机构、固定板或抽屉座组成。电动操作和手柄操作两种方式装在一起，但互不干涉，位于断路器正面右侧，触头系统封闭在绝缘底板内，且每相触头都用绝缘板隔开，形成一个个小室，其上方是灭弧室。而智能脱扣器、手动脱扣器机构、电动操作机构依次排在其前面形成各自独立的模块单元，若其中某一模块损坏，可将其更换。触头系统用连杆与绝缘板外的主轴连接，操作机构通过连杆驱动动触头，完成闭合、断开的动作，为了降低电动斥力，每相触头系统均采用多片触头并联形式，多片触头安装在一个触头支持上。触头接触片的一端用软联结与母排连接。断路器采用弹簧贮能闭合，闭合速度与电动或者手动的操作速度无关。断路器利用凸轮压缩一级弹簧达到贮能的目的，并具有自由脱扣功能。一般对于实际复杂结构建立仿真模型时要进行一定的简化，简化的合理性取决于能否取得关心的数据，并且与实际相近。DW45 型断路器操作机构的结构比较复杂，有上百个零部件，不可能所有零件都参与建模，考虑到所关心的问题和仿真的方便，对其做了适当的简化，如图 2-45 所示。

断路器有三种操作位置：贮能、闭合和分断位置，操作机构由五连杆-四连杆机构组成，它们是主轴上的 AB、连杆 1（BC）、连杆 2（CD）、连杆 3（DOa）和两个固定轴之间形成的连杆（OaA）。当机构位于再扣位置时，D 可视为固定点，这时机构是四连杆机构，当按动释能按钮后，贮能杠杆逆时针转动，恰好其上的轴销猛力地打在连杆 2 上，使连杆 2 转动，并带动连杆 1 动作，使主轴悬臂顺时针方向转动，从而触头闭合，且轴 C 进入死点，保持触头在闭合位置。当按下断开按钮或来自过电流、欠电压或分励信号使分断脱扣半轴 4 转动，顶杆 1 脱扣，压在顶杆 2 上的力消失，四连杆变成了五连杆，连杆处于自由状态，在触头反力和复位弹簧力的作用下，断路器迅速断开。

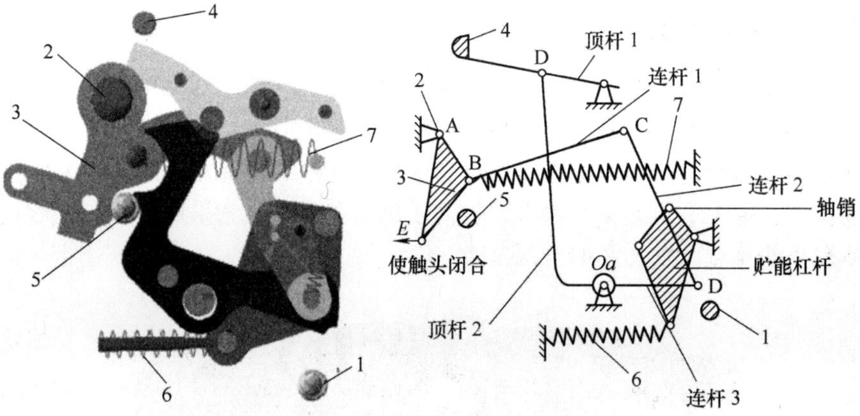


a)　　b)

图 2-45　操作机构简图（贮能位置）

a）操作机构　b）简图

1—贮能杠杆限位件　2—主轴　3—主轴悬臂　4—分断脱扣半轴

5—主轴限位器　6—贮能弹簧　7—复位弹簧

三维实体机构空间布局设计是机构设计中的关键问题之一，借助动力学 ADAMS 分析软件，设计人员在屏幕上通过机构的三维动态显示，不仅可以直接地看到整个机构的运动过程，而且可以分析运动的极限位置转角、干涉情况、空间运动位置及运动参数，为产品设计提供了科学依据。

## 2. 6. 2　操作机构仿真模型的建立

通过 ADAMS 软件提供的图形接口模块，将三维实体造型软件 UG 中建立的机构三维模型导入到 ADAMS 软件中的。考虑到所关心的问题和仿真的方便，对操作机构作适当简化后，用 ADAMS 软件包建模。建模过程所用到的一些重要参数见表 2-11。

**表 2-11　建模过程中用到的部分参数**

| | | | |
|---|---|---|---|
| 分断弹簧 | 刚度系数/(N/mm) | 合闸弹簧 | 储能位置压力/N |
| | 分断位置拉力/N | | 储能位置长度/mm |
| | 分断位置长度/mm | 触头弹簧 | 刚度系数/(N/mm) |
| | 合闸位置拉力/N | | 预压力/N |
| | 合闸位置长度/mm | | 预压长度/mm |
| 合闸弹簧 | 刚度系数/(N/mm) | | 合闸位置压力/N |
| | 分断位置压力/N | | 合闸位置长度/mm |
| | 分断位置长度/mm | | |

建模过程中应注意的关键之处简述如下：

1）动力及反力的合理施加　在短路故障发生后，短路电流流经框架断路器时，脱扣机构动作，机构在分断弹簧和触头反力的作用下，断路器迅速断开。分断弹簧的输出特性决定了分断过程主要参数的值（如刚分速度、平均分断速度、分断时间等），因此需要注意准确定义弹簧参数。合闸过程相对复杂一些，在此过程中，不仅涉及分断弹簧的反力，还涉及合闸弹簧以及贮能杠杆上的轴销对下连杆 2 的猛力敲击，此过程中的诸多碰撞力不能遗漏。在分合闸过程中，主要运动部件之间的摩擦力也要考虑。

2）约束关系　操作机构中的约束关系包括固定约束（fixed joint）、转动约束（revolute joint）和碰撞（contact）等。约束关系的添加要充分考虑实际操作机构中可能存在的约束，遗漏任何一个约束关系都会严重影响到输出结果。此仿真模型共包含 37 个零件（PART），定义了约束 38 个（其中固定副 Fixed Joint 22 个，转动副 Revolute Joint 16 个），4 个接触作用力，并考虑了主轴旋转时的摩擦力。例如连杆 1 与连杆 2 之间、连杆 2 与连杆 3 之间等均采用转动副连接，转动副的特点是限制了所连接的两个零件的两个转动自由度和 3 个移动自由度，使得零件间只能沿转动副的轴线相互转动。

3）仿真过程的控制　在 ADAMS 软件中，为了实现对仿真过程的控制，需要添加传感器（sensor）来控制仿真过程的自动终止。分断过程的起始时刻对应三相触头处于闭合状态，合闸过程的起始时刻对应三相触头分开状态，当连杆 1 与连杆 2 间夹角约为 180°时，顶杆 1 和脱扣半轴再扣，五连杆变成了四连杆，断路器闭合，合闸过程的结束。

## 2.6.3　ADAMS 软件中的仿真结果

在建模和正确施加约束后，进行仿真分析。在空载合闸过程中，主轴角度变化情况如图 2-46 所示，从曲线中可以看出，主轴角度变化到最大值 47.686°时，所用时间约为 10ms。

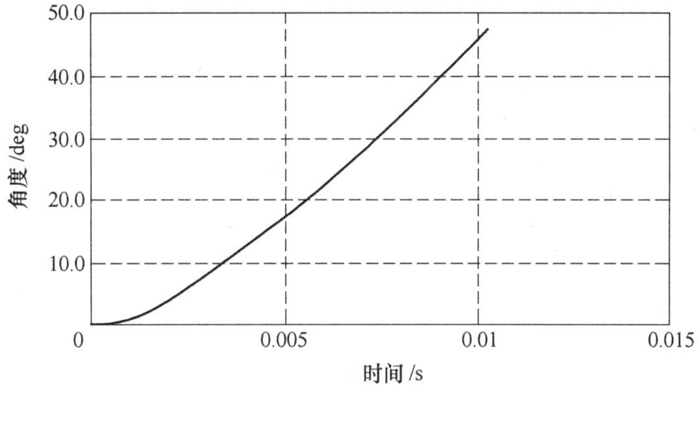


图 2-46　空载合闸过程主轴角度变化曲线

仿真结束后，ADAMS 软件可绘制样机的各组成构件的分析曲线，如碰撞力、合力、力矩、位移、速度和加速度等机械参量。图 2-47 是轴销猛力地打在连杆 2 上撞击力。撞击力如此之大，使得下连杆快速转动，带动连杆 1 动作，使主轴悬臂也快速顺时针方向转动，达到触头闭合的目的。

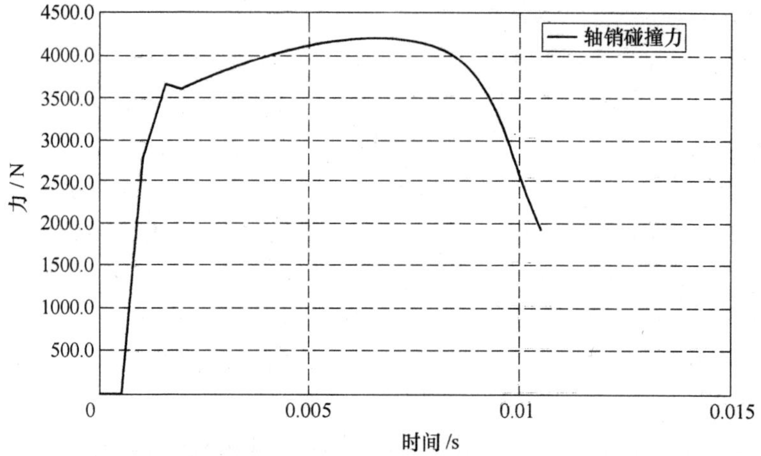


图 2-47 轴销打在连杆 2 上碰撞力

在 ADAMS 软件仿真过程中，通过添加测量（measure）来测试模型的参数。图 2-48 为空载闭合时动触头角度变化曲线，曲线 A 为 ADAMS 软件的仿真结果，曲线 B 为实验测试结果，测试方法同塑壳断路器（见图 2-7），从图可以看出，仿真模型的输出曲线与实际样机的输出曲线吻合得较好，证明了仿真模型的正确性。

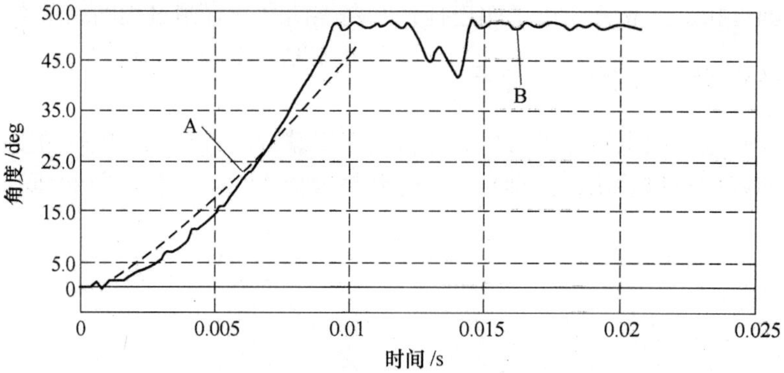


图 2-48 空载闭合时动触头角度变化曲线

## 2.6.4 操作机构的优化设计

如何提高断路器的开断速度是低压断路器研究的一个重点，这里采用优化和改进操作机构来达到这个目的，优化分析的具体方法与前述塑壳断路器相同。影响动触头打开速度的因素有三个方面：

1）开断弹簧的刚度系数，它对于速度的影响最明显；

2）以 Oa 为参考点，轴 A、B、C、D、E 的位置对速度的影响；

3）在轴的位置确定后，杆件的形状发生变化时，即杆件的质量和质心发生变化时对速度的影响。

因此，通过以上三个方面的分析，分析了各种参数对开断速度变化的影响。

（1）开断弹簧刚度系数对开断速度的影响

增大开断弹簧的刚度系数可以提高开断速度。图 2-49 为不同刚度系数下的动触头的速度。

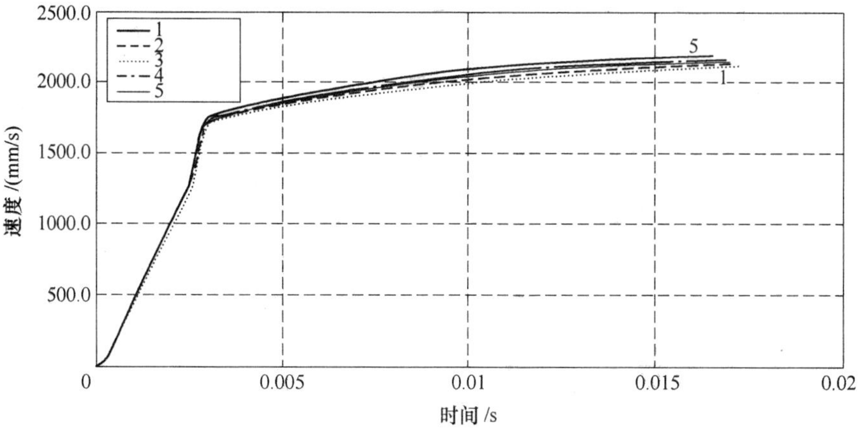


图 2-49　不同刚度系数下的动触头速度比较

（从下到上 5 条曲线分别对应弹簧刚度系数为 3 、 4 、 5 、 6 、 7N/mm）

图中，从曲线 1 到曲线 5，分别为在 3N/mm、4N/mm、5N/mm、6N/mm、7N/mm 的刚度系数情况下的仿真曲线，从图中可以看出，从曲线 1 到曲线 5，动触头速度依次增大。增大刚度系数可以达到目的，但增量不是很大，从图中可以看出在 3ms 之前五条曲线几乎是重合的（因为刚开始动作的时候是反力弹簧作用力为主），之后才慢慢区分开，可以看出开断速度的增量和刚度的增量是完全不成比例的，而且分断弹簧刚度的增加必然要使得断路器合闸力增加，造成合闸困难，因此增加刚度系数并不是一个很好的选择。

（2）各个轴的位置对开断速度的影响

这部分工作通过 ADAMS 软件提供的设计研究来进行。这里以轴 A、B、C、D、E（见图 2-45）的 $x$，$y$ 坐标为单独的设计变量进行设计研究。以下为以 A、B、C、D、E 5 个轴的 $x$、$y$ 坐标值为 10 个设计变量，使它们的值有相同的变化范围，都是在 ±1.5（mm），以相同步骤的设计研究，观察每个变量对平均角速度的影响。表 2-12 为轴的位置设计研究结果。

根据表 2-12，可以知道哪些设计变量对角速度有较大的影响。从表中可以看出，变量 DV_7、DV_9、DV_11、DV_13、DV_14 的敏感度较大，即轴 $E$ 的 $y$ 轴坐标、轴 A、B、D、E 的 $x$ 轴坐标对动触头的开断角速度有较大的影响。根据这个结论，可以进一步对这几个变量进行调整，进行优化分析以获得进一步的优化设计结果。

**表 2-12　轴的位置设计研究结果表**

| 设 计 变 量 | 含　　义 | 初始值 | 在初始值的灵敏度 |
|---|---|---|---|
| DV_3 | C 点 $x$ 坐标 | 49.149 | 4.5898 |
| DV_4 | C 点 $y$ 坐标 | 115.687 | 10.330 |
| DV_7 | D 点 $x$ 坐标 | 98.448 | 22.480 |
| DV_8 | D 点 $y$ 坐标 | 73.254 | -6.7117 |
| DV_9 | B 点 $x$ 坐标 | -4.4679 | -58.363 |
| DV_10 | B 点 $y$ 坐标 | 132.80 | -6.5575 |
| DV_11 | A 点 $x$ 坐标 | 6.5000 | -17.429 |
| DV_12 | A 点 $y$ 坐标 | 158.50 | 10.644 |
| DV_13 | E 点 $x$ 坐标 | -33.944 | 16.727 |
| DV_14 | E 点 $y$ 坐标 | 136.58 | -19.616 |

优化分析是ADAMS软件提供的一种复杂的高级分析工具。通常，优化分析问题可以归结为：满足各种设计条件和在指定的变量变化范围内，通过自动地选择设计变量，由分析程序求取目标函数的最大或最小值。由此，对DW45操作机构进行分析，以敏感度较大的5个变量为基础，进行机构的优化。目标函数是使动触头平均角速度最大。表2-13是优化分析结果。

**表2-13 考虑轴的位置后的优化结果**

| | 平均角速度/(deg/s) | DV_7 | DV_9 | DV_11 | DV_13 | DV_14 |
|---|---|---|---|---|---|---|
| 初始值 | 1355.82 | 98.4476 | -4.4679 | 6.5000 | -33.9436 | 136.584 |
| 优化值 | 1446.04 | 98.4389 | -4.9774 | 6.46037 | -33.8562 | 136.07 |

从表2-13中看出，经过5个变量同时变化的优化分析，使得动触头平均角速度从1355.82deg/s提高到1446.04deg/s，同时动触头的刚分速度从1.68m/s提高到2.11m/s。

（3）杆件的质量和质心对开断速度的影响

以图2-45中的杆件主轴悬臂、连杆1、连杆2和顶杆的质量和质心坐标为设计变量，进行如2.6.3节所介绍的设计研究。各杆件质心的$x$、$y$坐标值在［原始值±1（mm）］区间内五等分，质量在［原始值±10（g）］区间内五等分，研究它们对动触头开断角速度的影响。表2-14为杆件质心对角速度影响的设计研究结果，表2-15为杆件质量对角速度影响的设计研究结果。

**表2-14 杆件质心对角速度影响的设计研究**

| 设计变量 | 含义 | 初始值 | 在初始值的灵敏度 |
|---|---|---|---|
| DV_21 | 主轴悬臂质心$x$坐标 | -9.9273 | 1.1070 |
| DV_22 | 主轴悬臂质心$y$坐标 | 145.01 | -0.20499 |
| DV_23 | 连杆1质心$x$坐标 | 28.118 | -0.10218 |
| DV_24 | 连杆1质心$y$坐标 | 129.05 | 0.18392 |
| DV_25 | 连杆2质心$x$坐标 | 71.233 | 0.069905 |
| DV_26 | 连杆2质心$y$坐标 | 93.404 | -0.93083 |
| DV_27 | 顶杆质心$x$坐标 | 51.493 | -0.0084459 |
| DV_28 | 顶杆质心$y$坐标 | 93.844 | -0.068207 |

**表2-15 杆件质量对角速度影响的设计研究**

| 设计变量 | 含义 | 初始值 | 在初始值的灵敏度 |
|---|---|---|---|
| DV_17 | 主轴悬臂质量 | 45.764 | -0.43281 |
| DV_18 | 连杆1质量 | 35.611 | -0.39129 |
| DV_19 | 连杆2质量 | 35.757 | -0.57611 |
| DV_20 | 顶杆质量 | 189.09 | -0.0039384 |

从表2-14、表2-15中可以看出：1）主轴悬臂的质心对动触头角速度影响最大，在图2-45中应使其$x$坐标向右移动，$y$坐标向下移动，这可以通过改变零件的形状来获得；2）连杆1的质心影响也较大，可以在图2-45中应使其质心向左上方移动；3）连杆2的质心$y$坐标影响较大，应使其向下移动；4）顶杆的质心影响较小；5）它们的质量越大，角速度越小，所以应该减小质量。

# 2.7 ADAMS 软件的二次开发技术

## 2.7.1 用户界面的开发

为使用户方便地利用模型得到动力学的分析结果，在 ADAMS 软件界面中编制一个 MCCB 专用模块如图 2-50 所示。将修改原始参数到模拟计算的过程都以对话框形式显示出来，用户只需根据需要选中菜单项，执行目标任务。

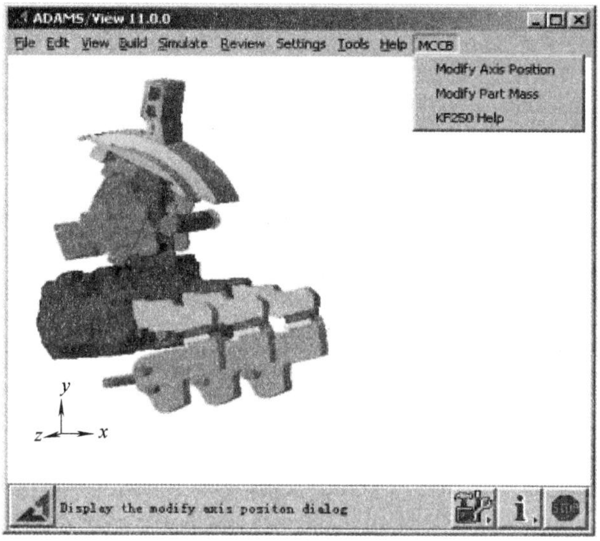


图 2-50 二次开发的 ADAMS 软件用户界面

ADAMS/View 软件具有很强的用户化设计功能，可以根据需要定制用户界面和设计应用程序，来模拟设计环境和自动完成设计分析过程。界面对象如窗口、菜单与对话框都是 ADAMS/View 软件的模型数据，存储在一个名为 GUI 的数据库中。定制界面对象的语法结构的规则简单、易于修改。以菜单设计为例，打开菜单编辑器有两种方法，一种是选择菜单栏 Tools > Menu > Modify；另一种是打开当前程序的 *.mnu 文件。在编辑器需修改或添加的位置上输入命令文本，即可完成菜单的定制。例如菜单按钮可以出现在主菜单、下拉菜单或子菜单中，其语法结构如下：

BUTTON n LABEL::ACCELERATOR

NAME = name

HELP = help

CMD = command

其中 n≥2；LABEL 为出现的按钮名称；ACCELERATOR 定义键盘快捷命令；name 为数据模型中定义的名称；help 是对命令的解释性文本；command 是按钮所执行的命令。

单击图 2-50 中程序界面中的下拉菜单按钮 “Modify Axis Position” 或 “Modify Part Mass”，可出现修改机构关键轴位置或修改连杆质量的对话框，如图 2-51 所示。用户修改编辑框内的参数值后，单击 Apply 按钮，断路器操作机构会自动更新，对话框上的按钮“Start”、“Pause”和“Stop”用于控制仿真过程的开始、暂停和终止。

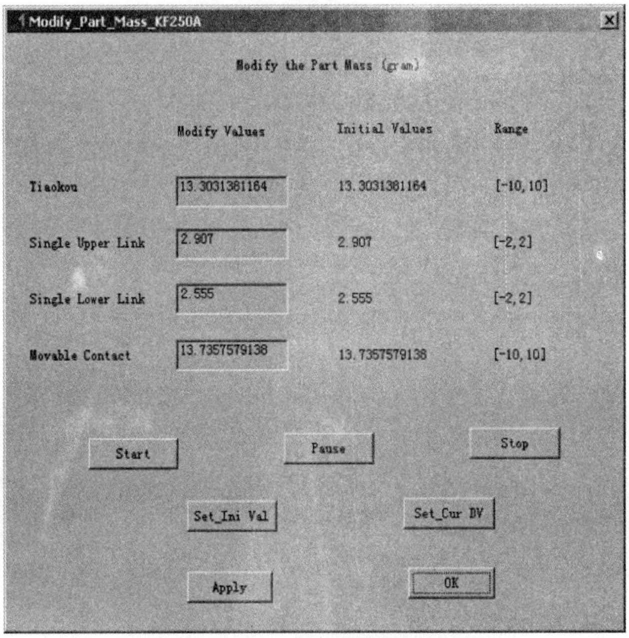


图 2-51 修改机构连杆质量的对话框

## 2.7.2 依靠接口程序的二次开发

ADAMS 软件是一个开放的体系。ADAMS/Solver 软件具有强大的二次开发功能，支持 C++、Fortran 语言，可按用户需求定制求解器，极大地满足用户的不同需要。ADAMS 软件为用户提供两种子程序，它们是用户自定义子程序（User-written Subroutine）和功能子程序（Utility Subroutine），用户可以根据需要选用 C 或 Fortran 语言编写用户自定义子程序（Subroutine），通过编译同 ADAMS/View 软件连接。ADAMS 软件提供了多种自定义子程序的源代码模板，用户可以根据需要进行选用并按自身实际情况进行编写，如电动斥力计算程序 sforce. f 就是在 ADAMS 软件提供的 SFOSUB 自定义子程序模板上用 Fortran 语言编开发的。值得指出的是，将自定义过程模型连接到 ADAMS 软件中不会影响样机的计算效率和速度。

现以本章第 2. 3 节电动斥力的计算为例来说明取名为 sforce. f 的编写。SFOSUB 自定义子程序是用于计算力的一项子程序，它能自动由 ADAMS 软件导入第 $k$ 步计算的时间 $t_k$ 和转角 $a_k$ 值到子程序中来，后者是通过在自定义程序中引用功能子程序 SYSFUC 来获得的，自编程序中首先由式 2-9 计算 $t_k$ 瞬间的电流 $i_k$，在已知电流 $i_k$ 和转角 $a_k$ 条件下，由电磁场计算获得的数据网格 $F=f(a, i)$，按式 2-10 二元三点插值求得 $t_k$ 时的洛伦兹力 $F_L$，再按式 2-1 求得霍姆力，两个力加起来就得到总的作用在动触头上的电动斥力，但必须注意，当主轴转角大于触头超程时，动静触头分离，此后霍姆力消失，作用在动触头上电动斥力仅为洛伦兹力。由第 $k$ 步运算获得的电动斥力输回到 ADAMS 软件中就可进行第 $k+1$ 步的动力学仿真，直至机构运动结束。这样就把自定义的电动斥力子程序和 ADAMS 软件联系起来进行计入电动斥力的机构动力学仿真。图 2-52 为对应的流程图。

当用 Fortran 语言编好描述该过程的代码 sforce. f，然后通过编译，使其生成动态数据库文件 sforce. dll，然后用下述步骤导入至 ADAMS 软件中。

1）首先在 Setting 菜单下打开 Solver Executable 菜单，如图 2-53 所示。

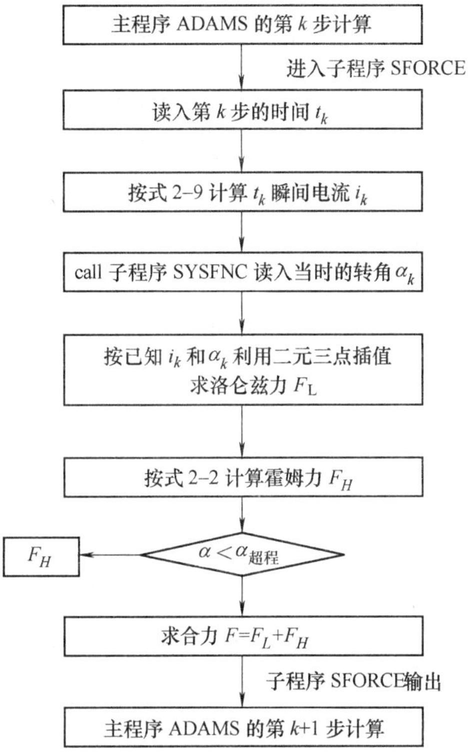


图 2-52　子程序 SFOCUB 的流程图

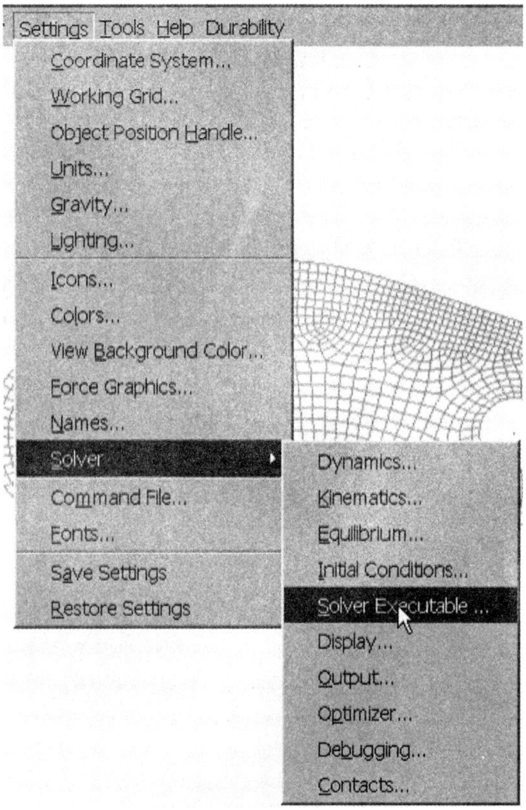


图 2-53　菜单选择

2）打开 Solver Executable 菜单后，会出现图 2-54 所示的对话框。

注意，在 Executable 中，一定要选择 Internal，以保证使用的是内部求解器。

然后，在 Slover Library 中输入 sforce. dll 文件所在的路径，完成这一链接后还要利用施加力的对话框，对作用在动触头上的电动斥力作专门的定义，包括定义力的方向为作用于一个物体，并随物体运动，即在项 Direction 输入 On one Body，Moving with Body；指出作用力的对象，这个例子是动导电杆，即项 Body 输入 Part 名称；力的定义方法为自定义子程序，即在项 Define Using 输入 Subroutine；用户参数，即项 User Parameters 需输入几何体上确定转角的 2 至 3 个 MARKER 号，具体可参考 ADAMS 软件系统中用户自定义子程序

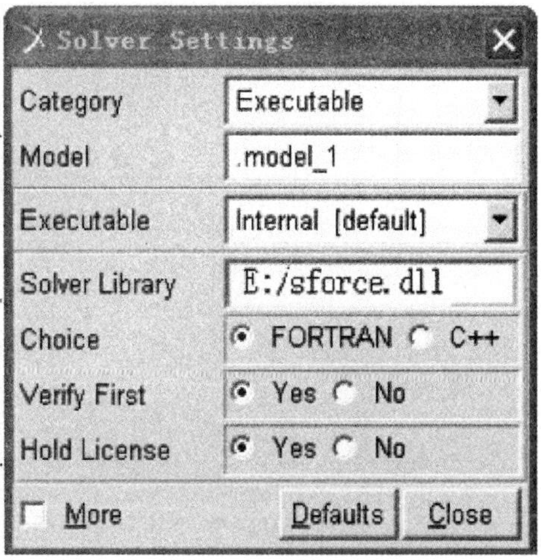


图 2-54　对话框

SFOSUB 和功能子程序 SYSFUC 的有关规定。这样用户自编子程序 SFORCE 就和 ADAMS 软件主程序连接起来，就可进行计及动触头上电动斥力的操作机构多体动力学仿真。

## 本章参考文献

[1] 张敬菽. 低压断路器机构动态特性的研究[D]. 西安：西安交通大学，2005.
[2] 王云峰. 低压断路器操作机构动特性仿真及优化[D]. 西安：西安交通大学，2005.
[3] 张波. 双断点断路器操作机构的动力学仿真与分析[D]. 西安：西安交通大学，2007.
[4] 康艳. 低压断路器机构动力学仿真与双断点断路器凸轮式卡槽的研究[D]. 西安：西安交通大学，2006.
[5] 宋浩永. 双断点塑壳断路器灭弧室优化设计及开断性能研究[D]. 西安：西安交通大学，2011.

# 第3章 低压断路器操作机构应力分析与疲劳寿命评估

低压断路器是低压配电支路的主开关，开断能力以及机械寿命是影响其性能的两个主要因素。低压断路器的机械寿命主要取决于断路器操作机构中零部件的结构形式和加工工艺水平，很多零部件本身的材料和结构具有弹性，部件一方面作绕固定坐标系的运动，另一方面相对自身局部坐标系作弹性变形运动，即部件具有柔性体的特性，会对整个机械系统的运动产生重要影响。在进行运动学分析时如果不考虑柔性体的影响会造成误差，产品的强度有时候也不能够得到保证。目前，低压断路器正在朝着轻型化、高速化的方向发展，轻型化使得部件的柔性进一步加大，高速化使得惯性力也急剧增大。因此，传统的把部件视作刚体的分析已经不能够满足现代设计的要求。这样就需要进行计及部件弹性的弹性动力学分析。另一方面，操作机构需要承受很大的动载荷作用，容易产生疲劳损坏，造成操作机构的机械寿命降低，严重影响断路器的机械可靠性，这就需要进行操作机构的疲劳寿命分析。

本章应用弹性动力学的理论，采用结合多体动力学机械系统仿真软件 ADAMS 和有限元软件 ANSYS 的方法对与第 2 章同型号的框架断路器进行分闸过程仿真，分析了构件在断路器分闸过程中所受随时间变化的动态应力分布；并在此基础上结合各个部件材料的 S-N 曲线，获得了主要构件的疲劳寿命分布，并根据仿真结果进行了改进设计。

## 3.1 框架断路器操作机构应力应变的仿真分析

### 3.1.1 动态应力应变的计算方法

断路器操作机构的疲劳问题主要是由闭合与分断过程中的动态应力应变引起，因此对断路器操作机构疲劳寿命评估的前提是分合闸过程中零部件动态应力应变的准确计算。动态应力应变的计算基于柔性体的瞬态动力学分析，瞬态动力学分析是用于确定结构在承受任意随时间变化的载荷时的动力学响应的一种方法。

瞬态动力学的基本运动方程：

$$[\boldsymbol{M}]\{\ddot{\boldsymbol{u}}\}+[\boldsymbol{C}]\{\dot{\boldsymbol{u}}\}+[\boldsymbol{K}]\{\boldsymbol{u}\}=\{F(t)\} \tag{3-1}$$

式中 $[\boldsymbol{M}]$——质量矩阵；

$[\boldsymbol{C}]$——阻尼矩阵；

$[\boldsymbol{K}]$——刚度矩阵；

$\{\boldsymbol{u}\}$——节点位移矢量；

$\{\dot{\boldsymbol{u}}\}$——节点速度矢量；

$\{\ddot{\boldsymbol{u}}\}$——节点加速度矢量。

在任意时刻 $t$，这些方程可看作是一系列考虑了惯性力（$[\boldsymbol{M}]\{\ddot{\boldsymbol{u}}\}$）和阻尼力（$[\boldsymbol{C}]\{\dot{\boldsymbol{u}}\}$）的静力学平衡方程。

常用的瞬态动力学求解方法包括：完全法、缩减法、模态叠加法，本章中柔性体应力应变的计算使用模态叠加法。模态叠加法是通过对模态分析得到的振型乘上因子并线性叠加来计算结构的响应，在有限元计算中，它比完全法和缩减法更快，开销更小。

传统的ANSYS软件和ADAMS软件刚柔耦合混合动力学仿真分析流程如图3-1a所示，其使用ADAMS软件基于模态叠加法计算柔性体的动态应力应变。同时ADAMS软件提供了软件接口，可以将柔性体受到的载荷（*.LOD文件）输出到ANSYS软件有限元软件，进行更细致的应力应变分析，如图3-1b所示，其使用ANSYS软件基于有限单元法计算柔性体的动态应力应变。由于ADAMS输出的载荷文件通过Marker点确定柔性体的载荷信息，所以这种方法仅适用于操作机构中不发生碰撞的零件。

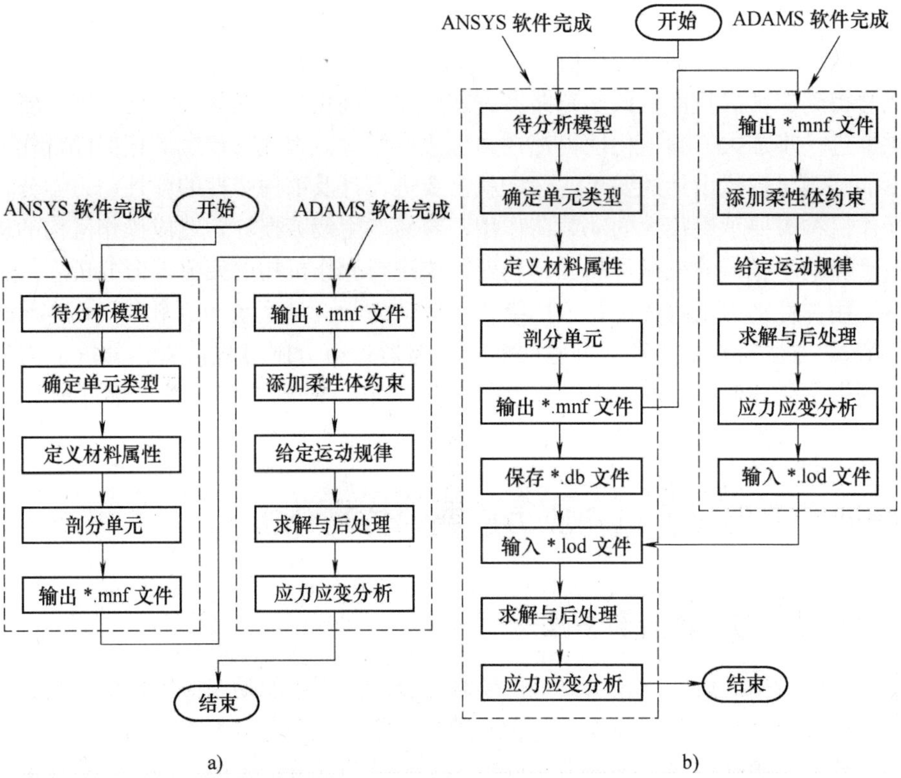


图3-1 刚柔耦合动力学模型仿真分析流程
a）ADAMS软件计算应力应变 b）ANSYS软件计算应力应变

基于ADAMS软件计算柔性体应力应变的刚柔耦合仿真分析具体步骤如下：

（1）建立柔性体有限元模型

将待分析的模型文件（*.x_t）导入ANSYS软件中，首先确定单元类型并定义材料属性，接着对模型进行网格剖分，由于过多的网格数量将使得模态文件非常大，而过少的网格数量将影响模态分析的精度，因此网格单元的大小是决定模态文件生成质量的一个重要因素。

（2）输出ADAMS软件需要的MNF文件

在完成网格剖分并建立了刚性连接区域以后，利用ANSYS软件中的宏命令可以对柔性体的有限元模型生成模态中性文件（ *. mnf），此模态中性文件包含了柔性体的质量、质心、转动惯量、频率和振型等信息。

（3）建立刚柔耦合仿真分析模型

在断路器刚体动力学模型的基础上，通过 ADAMS/Flex 模块引入柔性体的模态中性文件，并替代刚性体零件，添加柔性体与其他零部件之间的约束后，可以进行断路器的刚柔耦合混合动力学仿真分析。

（4）结果后处理

仿真完成以后，通过调用 ADAMS/Durability 模块可以读取柔性体的应力应变结果并进行云图显示。

基于 ANSYS 软件计算柔性体应力应变的仿真分析方法，需要将 ADAMS 软件中柔性体的载荷（ *. LOD）输出到 ANSYS 有限元软件并进行求解，如图 3-1b 所示。通过比较两种方法的计算结果，可以验证基于模态综合法计算柔性体应力应变的准确性。

## 3.1.2　虚拟样机模型的建立

通过 ADAMS 软件提供的图形接口模块，将三维造型软件 Solidworks 中的框架断路器实体模型导入 ADAMS/View 模块中。考虑到所关心的问题和仿真分析的方便，删除对仿真没有实际作用的零部件，从而对模型进行了适当的简化。经简化后的 1600A 框架断路器的模型如图 3-2 所示。

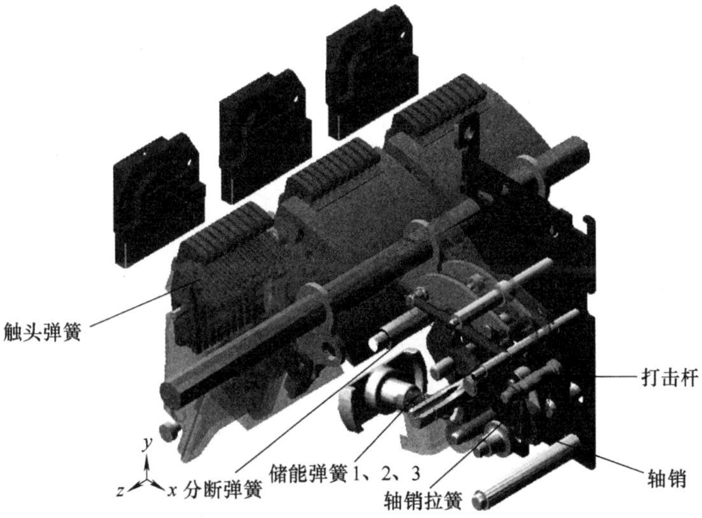


图 3-2　1600A 框架断路器机构模型

首先，在 ADAMS/View（用户界面模块）中设置工作环境（包括单位制、工作栅格大小、重力加速度等）；其次，根据框架断路器的实际工作运动情况，在机构的各个构件之间添加约束关系，同时充分考虑机构各个构件之间碰撞的可能性，对于存在碰撞的构件需要添加碰撞力约束，并添加弹簧力作用，这样便可以将各个构件组成框架断路器机械系统；最后，通过设置仿真时间和步长，可以进行框架断路器机构动力学仿真，通过调用 ADAMS/Postprocessor（后处理模块），可以对仿真分析结果后处理并进行仿真过程的动画显示。

### 3.1.3 刚-柔耦合混合动力学模型的建立

断路器刚体动力学模型在机构运动过程中不会发生形变，而实际断路器操作机构中的零部件具有弹性，零部件作绕固定坐标系运动的同时，也作相对自身局部坐标系作弹性变形运动——部件具有柔性体的特性。在断路器运动学分析中，考虑柔性体的影响能够更精确地模拟整个系统的运动特性，并且能够得到柔性体在机构运动过程中的应力应变分布，方便断路器操作机构的强度校核与疲劳分析。

ADAMS 软件为虚拟样机的几何建模提供了 4 种类型的几何体：刚性形体、柔性形体、点质量和地基形体。柔性体的生成方法又分为 3 种：离散梁方法、有限元柔性体（FLEX）方法、自动柔性体（AutoFlex）方法。离散梁方法是将一个构件离散成为多段刚性构件，再使用柔性梁连接，通过多段刚性构件的相对运动模拟变形，其实质仍然是刚性体，而不是真正的柔性体；有限元柔性体（FLEX）方法采用有限元分析软件对构件进行网格剖分与模态计算，生成包含有构件的几何、质量和模态信息的模态中性（*.MNF）文件，再通过 ADAMS/Flex 接口读入 ADAMS/View 中建立柔性体；自动柔性体（AutoFlex）方法是利用 ADAMS/AutoFlex 模块，直接在 ADAMS/View 中建立柔性体的模态中性（*.MNF）文件，然后再用柔性体代替原来的刚性体，这种方法不容易控制网格的剖分，只适用于创建几何结构简单的柔性体。

可采用有限元柔性体（FLEX）方法，使用有限元软件 ANSYS 生成包含构件几何、质量和模态信息的模态中性文件，再通过 ADAMS/Flex 接口读入 ADAMS/View 中建立柔性体，进而得到断路器的刚柔耦合混合动力学模型。框架断路器操作机构部分主要零部件装配后的模型如图 3-3 所示，本部分通过建立上连杆、打击杆和轴销的模态中性文件，从而创建框架断路器的刚柔耦合仿真分析模型。

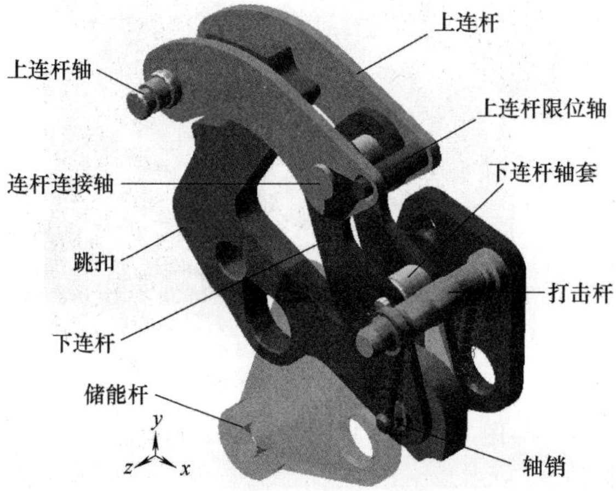


图 3-3 框架断路器操作机构部分模型

图 3-4 为该框架断路器操作机构中上连杆、打击杆和轴销的有限元模型。上连杆通过 A 点与上连杆轴固定，通过 B 点与连杆连接轴旋转，通过 C 点与上连杆限位轴固定；打击杆通过 D、E 点与储能杆固定，通过 F、G 点与轴销建立拉簧约束；轴销通过 H、I 点与打击杆建立拉簧约束，通过 J、K 点与下连杆旋转，通过 L 点与跳扣固定。图中的深色区域表示了

刚性连接点与接触面上节点之间的刚性连接区域。

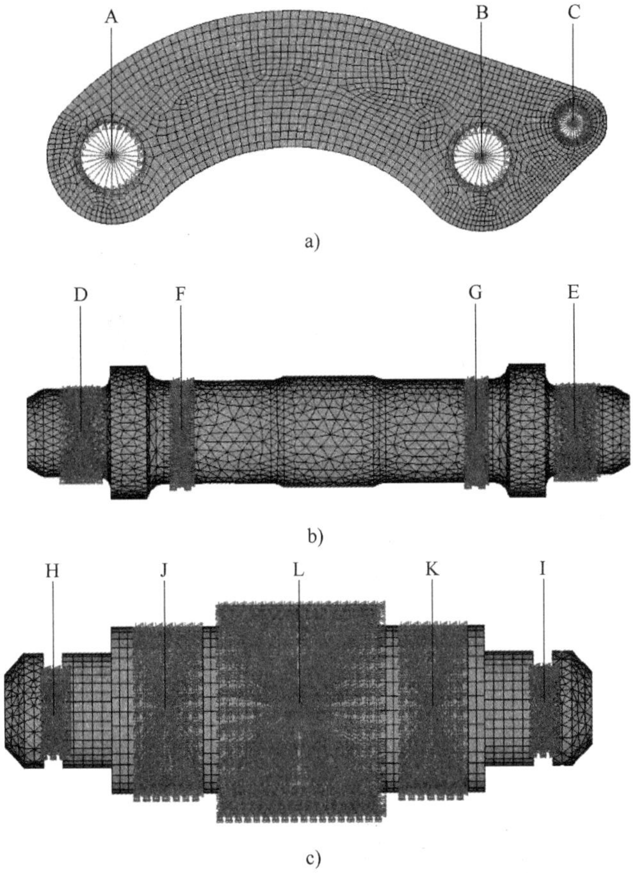


图 3-4　框架断路器操作机构中主要构件的有限元模型
a）上连杆　b）打击杆　c）轴销

使用 ANSYS 有限元软件生成上连杆、打击杆和轴销的模态中性文件（ *.mnf），进一步通过 ADAMS/Flex 模块读入由 ANSYS 有限元软件创建的模态中性文件，生成柔性体。在 ADAMS 软件中设置柔性体的参数并添加相关约束，可以得到框架断路器的刚柔耦合混合动力学模型。由于框架断路器机构复杂，零部件很多，因此仿真中分别以上连杆、打击杆和轴销为柔性体建立框架断路器的刚柔耦合分析模型，如图 3-5 所示。

### 3.1.4　上连杆应力应变分析

上连杆在框架断路器操作机构的连杆结构中具有典型性，因此选择框架断路器上连杆为研究对象，使用 ADAMS 软件和 ANSYS 有限元软件计算机构运动过程中上连杆的应力应变，并比较 ADAMS 软件模态综合法和 ANSYS 有限单元法的计算结果。

通过仿真分析上连杆为柔性体时，该 1600A 框架断路器刚柔耦合模型的闭合与分断过程，可以得到合分闸过程中上连杆的应力应变信息。图 3-6 列出了合分闸过程中上连杆应力应变最大的前 10 个节点信息，可见 3567 号节点在 $t=0.0274$s 时刻受到的最大冲击应力为 799.09MPa，材料的最大应变为 0.0049。

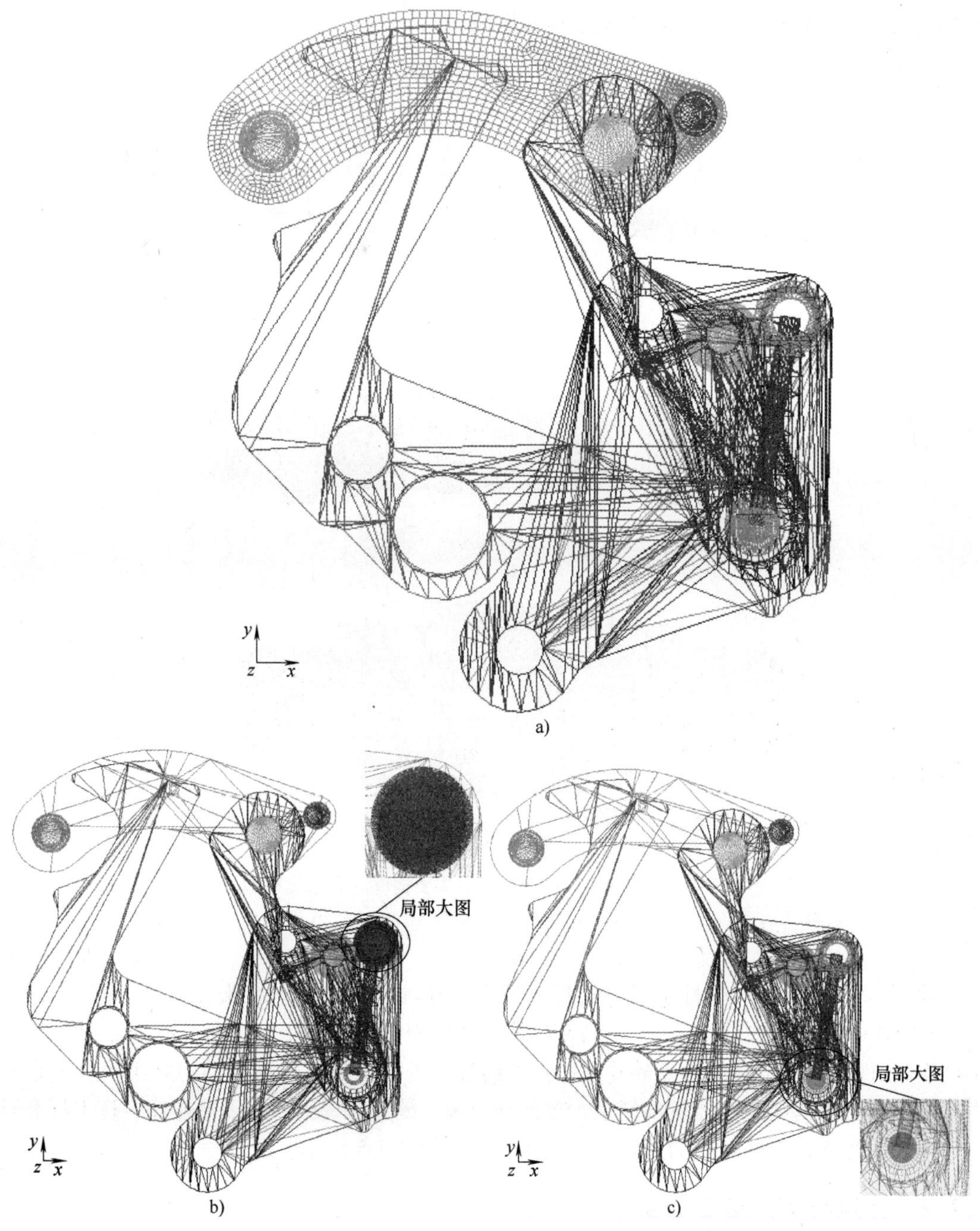


图 3-5　框架断路器刚柔耦合模型

a）上连杆为柔性体　b）打击杆为柔性体　c）轴销为柔性体

图 3-7 显示了 ADAMS 软件刚柔耦合方法计算出的 $t=0.0274\text{s}$ 时刻，上连杆应力应变分布云图和 3567 号节点的应力应变时间历程曲线，可见由于上连杆内侧弯曲处的变形较大，应力集中系数较大，因而应力应变也较大。该 1600A 框架断路器的闭合与分断过程中，连杆机构都要经过死点位置，图中 1、2 两个应力尖峰分别对应断路器闭合过程和分断过程中连杆机构经过死点位置的时刻。

| VON MISES Hot Spots for FLEX_uplink | | | | | | |
|---|---|---|---|---|---|---|
| Model= .complete | | Analysis= Last_Run | Time = 0 to 0.1 sec | | | |
| Top 10 Hot Spots | | | Abs | Radius= 0.0 mm | | |
| Hot Spot | Stress | Node | Time | Location wrt LPRF (mm) | | |
| # | (newton/mm**2) | id | (sec) | X | Y | Z |
| 1 | 799.09 | 3567 | 0.0273714 | 39.3589 | 24.2427 | 55.5 |
| 2 | 799.034 | 3606 | 0.0273714 | 39.3589 | 24.2427 | 54.5 |
| 3 | 797.606 | 3568 | 0.0273714 | 38.2036 | 24.2414 | 55.5 |
| 4 | 797.557 | 3607 | 0.0273714 | 38.2036 | 24.2414 | 54.5 |
| 5 | 797.327 | 3645 | 0.0273714 | 39.3589 | 24.2427 | 56.5 |
| 6 | 797.156 | 3339 | 0.0273714 | 39.3589 | 24.2427 | 53.5 |
| 7 | 796.824 | 3566 | 0.0273714 | 40.5134 | 24.1979 | 55.5 |
| 8 | 796.763 | 3605 | 0.0273714 | 40.5134 | 24.1979 | 54.5 |
| 9 | 795.835 | 3646 | 0.0273714 | 38.2036 | 24.2414 | 56.5 |
| 10 | 795.691 | 3340 | 0.0273714 | 38.2036 | 24.2414 | 53.5 |

a)

| VON MISES Hot Spots for FLEX_uplink | | | | | | |
|---|---|---|---|---|---|---|
| Model= .complete | | Analysis= Last_Run | Time = 0 to 0.1 sec | | | |
| Top 10 Hot Spots | | | Abs | Radius= 0.0 mm | | |
| Hot Spot | Strain | Node | Time | Location wrt LPRF (mm) | | |
| # | (mm/mm) | id | (sec) | X | Y | Z |
| 1 | 0.00494675 | 3567 | 0.0273714 | 39.3589 | 24.2427 | 55.5 |
| 2 | 0.0049464 | 3606 | 0.0273714 | 39.3589 | 24.2427 | 54.5 |
| 3 | 0.00493756 | 3568 | 0.0273714 | 38.2036 | 24.2414 | 55.5 |
| 4 | 0.00493726 | 3607 | 0.0273714 | 38.2036 | 24.2414 | 54.5 |
| 5 | 0.00493584 | 3645 | 0.0273714 | 39.3589 | 24.2427 | 56.5 |
| 6 | 0.00493478 | 3339 | 0.0273714 | 39.3589 | 24.2427 | 53.5 |
| 7 | 0.00493272 | 3566 | 0.0273714 | 40.5134 | 24.1979 | 55.5 |
| 8 | 0.00493234 | 3605 | 0.0273714 | 40.5134 | 24.1979 | 54.5 |
| 9 | 0.0049266 | 3646 | 0.0273714 | 38.2036 | 24.2414 | 56.5 |
| 10 | 0.00492571 | 3340 | 0.0273714 | 38.2036 | 24.2414 | 53.5 |

b)

图 3-6　合分闸过程中上连杆应力应变最大的前 10 个节点信息

a）应力　b）应变

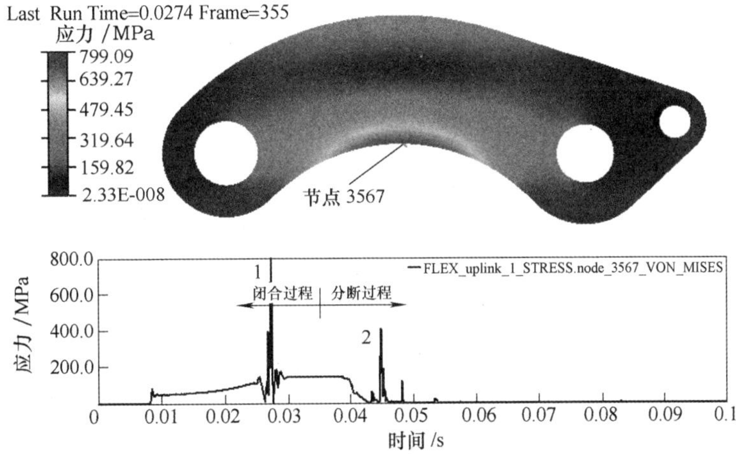


a)

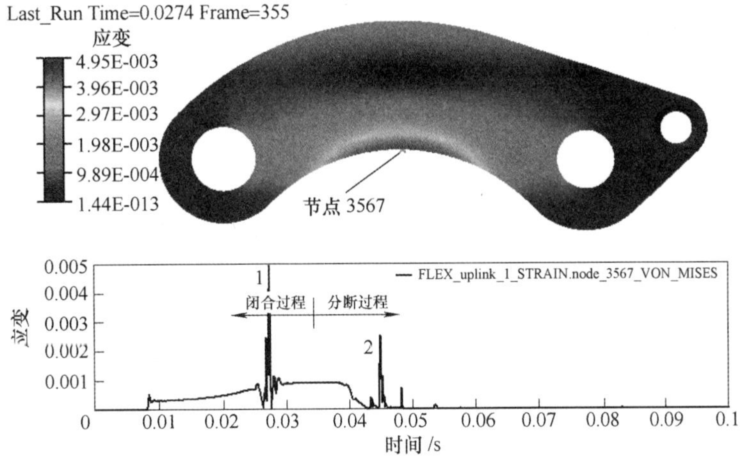


b)

图 3-7　上连杆的应力应变分布云图和 3567 号节点的应力应变时间历程曲线（ADAMS）

a）应力分布云图与 3567 号节点的应力时间历程曲线　b）应变分布云图与 3567 号节点的应变时间历程曲线

通过 ADAMS 软件导出断路器闭合与分断过程中上连杆的载荷历程（ *. lod 文件），并在 ANSYS 有限元软件中进行更细致的分析。图 3-8 显示了 ANSYS 有限元软件有限单元方法计算出的 $t=0.0274\mathrm{s}$ 时刻（对应 *. lod 文件中第 354 个载荷步），上连杆应力应变分布云图和 3567 号节点的应力应变时间历程曲线，可见上连杆的应力集中主要发生在内侧弯曲处，并与 ADAMS 软件刚柔耦合方法的计算结果吻合较好。

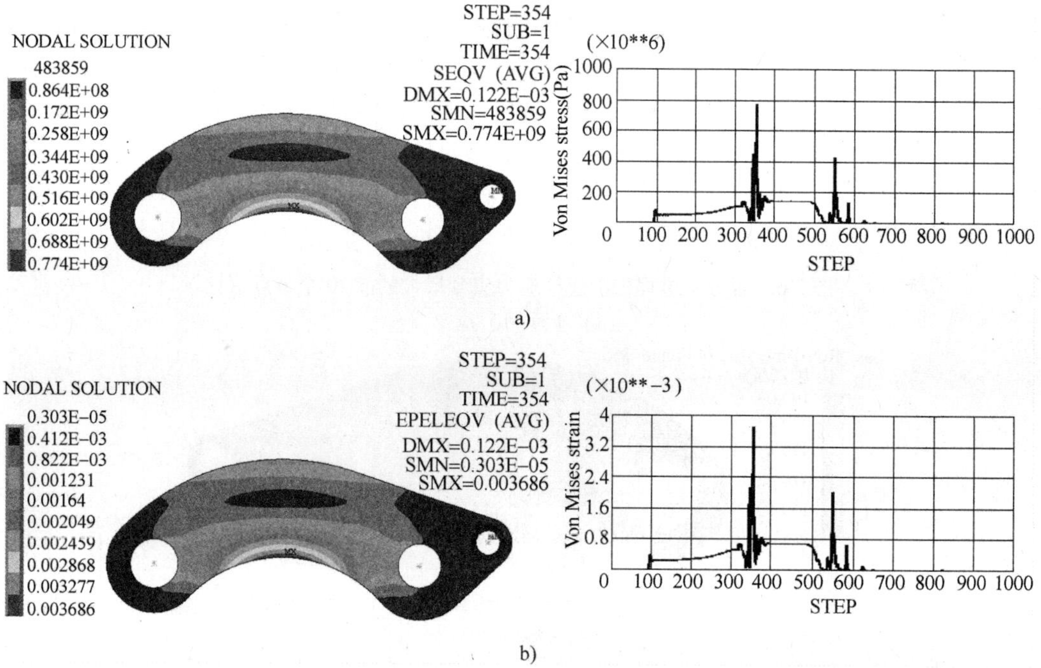


图 3-8 上连杆的应力应变分布云图和 3567 号节点的应力应变时间历程曲线（ANSYS）

a）应力分布云图与 3567 号节点的应力时间历程曲线 b）应变分布云图与 3567 号节点的应变时间历程曲线

为了便于比较 ADAMS 软件模态综合方法和 ANSYS 有限元软件有限单元方法对上连杆应力应变的计算结果，将图 3-7 和图 3-8 中 3567 号节点的应力应变曲线绘制在一起。由图 3-9a 可见，ADAMS 软件模态综合方法和 ANSYS 有限元软件有限单元方法对于上连杆应力的计算结果吻合非常一致（两条曲线几乎重合）；图 3-9b 显示 ADAMS 软件模态综合法的应变

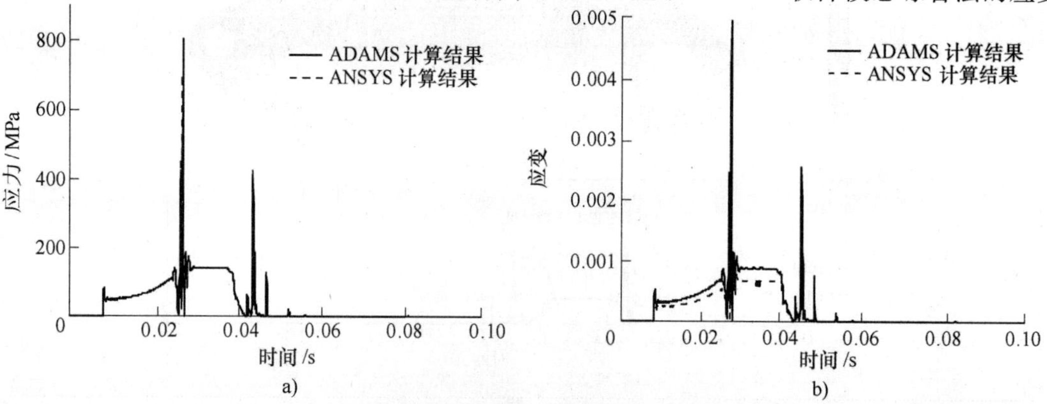


图 3-9 上连杆 3567 号节点的应力应变时间历程曲线

a）应力时间历程 b）应变时间历程

计算结果略大于 ANSYS 有限元软件有限单元法，这是由于 ANSYS 有限元软件有限单元法考虑了材料的塑性变形，而 ADAMS 软件模态综合法是基于模态形变的线性叠加。

虽然 ADAMS 软件和 ANSYS 有限元软件关于应变的计算结果有一定差异，但是两者的变化趋势一致，考虑到疲劳是因变化的载荷引起的，可以采用 ADAMS 软件刚柔耦合方法的计算结果对零部件进行疲劳寿命分析，并且基于 ADAMS 软件应变计算结果的疲劳寿命评估方法更为严苛。

## 3.2　框架断路器操作机构主要构件疲劳寿命的评估

框架断路器在其使用周期内的机械寿命较短，根据疲劳理论，框架断路器操作机构的疲劳分析属于应变疲劳的范畴。结合工厂实际情况，发现框架断路器经过 4000 次机械寿命试验，打击杆和轴销表面出现明显的裂纹，甚至发生疲劳断裂，与预期 10000 次机械寿命的要求相差甚远。本部分针对框架断路器易损零件（打击杆和轴销）进行应变疲劳寿命仿真分析。

### 3.2.1　低压断路器操作机构疲劳寿命的评估方法

根据疲劳载荷谱的获取方式，疲劳耐久性仿真分析主要分为基于有限单元计算的方法和基于刚柔耦合模态叠加的方法。有限元计算方法能够计算出准确的应力应变，但是疲劳问题往往是由机构运动过程中承受的交变载荷引起，有限元法的边界条件施加比较困难，而且难以模拟机构的实际运动情况；刚柔耦合方法基于虚拟样机的整机多体动力学分析，能够完全模拟物理样机的运动情况，因此计算得到的载荷谱与实际载荷谱更接近。本章采用刚柔耦合分析方法计算断路器典型工况下操作机构的载荷谱。

现阶段使用虚拟样机技术进行机械系统疲劳寿命仿真的方法主要包括：

MSC 系列：MSC. PATRAN + MSC. NASTRAN + MSC. Fatigue + MSC. ADAMS；

ANSYS 系列：ANSYS + FE - Safe + MSC. ADAMS；

不同系列软件组合：ANSYS + nCode + MSC. ADAMS；

采用不同系列软件的组合，综合利用 ANSYS 软件的模态分析功能和 ADAMS 软件的刚体动力学分析功能进行断路器操作机构的刚柔耦合仿真分析，得到典型工况下操作机构主要零部件的载荷时间历程，并通过软件接口导入疲劳分析软件 nCode 中进行疲劳寿命分析。采用的断路器操作机构疲劳寿命仿真分析流程如图 3-10 所示。

仿真分析的主要步骤包括：

1）运用 SolidWorks 三维建模软件建立断路器整机模型。

2）在 MSC. ADAMS 多体动力学仿真软件中建立断路器的虚拟样机模型，对断路器进行刚体动力学分析。

3）使用 ANSYS 有限元软件对断路器操作机构关键零件进行模态分析，并通过模态叠加，生成包含关键零件几何、质量、模态形变和模态应力等信息的模态中性文件。

4）将模态中性文件引入断路器虚拟样机中，建立断路器刚柔耦合仿真分析模型，通过动力学分析得到易损零件较为准确的载荷情况，并通过 ADAMS/Durability 插件将载荷转换为时间载荷文件。

5）通过 nCode 疲劳分析软件的 Designlife 模块读取 ADAMS 软件的计算结果，并对柔性体进行疲劳寿命计算；通过 Studio 模块读取 ANSYS 有限元软件模态分析的结果文件（*.RST 文件）和疲劳分析的结果文件（*.FER 文件），显示柔性体的疲劳寿命分布云图。

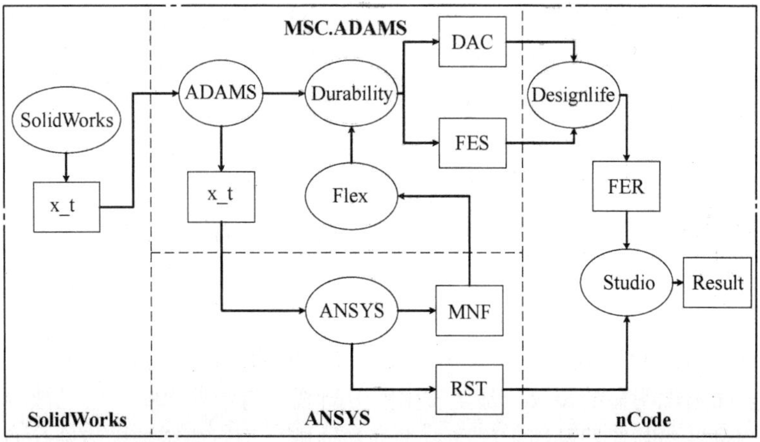


图 3-10 基于虚拟样机技术的断路器操作机构疲劳寿命仿真分析流程

## 3.2.2 打击杆的寿命分析

通过仿真分析打击杆为柔性体时框架断路器的闭合与分断过程，可以得到合分闸过程中打击杆的受力情况。图 3-11 列出了合分闸过程中打击杆的应力应变最大的前 10 个节点信息，其中 6533 号节点在 0.009s 时刻受到的最大冲击应力为 923.76MPa，材料的最大应变为 0.0057。

| VON MISES Hot Spots for FLEX_dajigan | | | | | | |
|---|---|---|---|---|---|---|
| Model= .complete | | Analysis= Last_Run | | Time = 0 to 0.1 sec | | |
| Top 10 Hot Spots | | | Abs | Radius= 0.0 mm | | |
| Hot Spot | Stress | Node | Time | Location wrt LPRF (mm) | | |
| # | (newton/mm**2) | id | (sec) | X | Y | Z |
| 1 | 923.758 | 6533 | 0.00898524 | 102.323 | -4.18234 | 39.8697 |
| 2 | 911.044 | 6532 | 0.00898524 | 102.41 | -4.90681 | 39.8697 |
| 3 | 895.364 | 6534 | 0.00898524 | 102.124 | -3.48039 | 39.8697 |
| 4 | 889.621 | 7118 | 0.00898524 | 102.41 | -4.90681 | 50.1303 |
| 5 | 886.442 | 7117 | 0.00898524 | 102.323 | -4.18234 | 50.1303 |
| 6 | 877.006 | 7220 | 0.00898524 | 102.218 | -3.7619 | 51.1912 |
| 7 | 875.735 | 7185 | 0.00898524 | 102.402 | -4.76505 | 51.004 |
| 8 | 867.921 | 6389 | 0.00898524 | 93.205 | -6.01145 | 39.8697 |
| 9 | 867.602 | 6535 | 0.00898524 | 101.818 | -2.81824 | 39.8697 |
| 10 | 861.742 | 7115 | 0.00898524 | 101.818 | -2.81824 | 50.1303 |

a)

| VON MISES Hot Spots for FLEX_dajigan | | | | | | |
|---|---|---|---|---|---|---|
| Model= .complete | | Analysis= Last_Run | | Time = 0 to 0.1 sec | | |
| Top 10 Hot Spots | | | Abs | Radius= 0.0 mm | | |
| Hot Spot | Strain | Node | Time | Location wrt LPRF (mm) | | |
| # | (mm/mm) | id | (sec) | X | Y | Z |
| 1 | 0.0057185 | 6533 | 0.00898524 | 102.323 | -4.18234 | 39.8697 |
| 2 | 0.00563979 | 6532 | 0.00898524 | 102.41 | -4.90681 | 39.8697 |
| 3 | 0.00554273 | 6534 | 0.00898524 | 102.124 | -3.48039 | 39.8697 |
| 4 | 0.00550718 | 7118 | 0.00898524 | 102.41 | -4.90681 | 50.1303 |
| 5 | 0.0054875 | 7117 | 0.00898524 | 102.323 | -4.18234 | 50.1303 |
| 6 | 0.00542909 | 7220 | 0.00898524 | 102.218 | -3.7619 | 51.1912 |
| 7 | 0.00542122 | 7185 | 0.00898524 | 102.402 | -4.76505 | 51.004 |
| 8 | 0.00537284 | 6389 | 0.00898524 | 93.205 | -6.01145 | 39.8697 |
| 9 | 0.00537087 | 6535 | 0.00898524 | 101.818 | -2.81824 | 39.8697 |
| 10 | 0.00533459 | 7115 | 0.00898524 | 101.818 | -2.81824 | 50.1303 |

b)

图 3-11 合分闸过程中打击杆应力应变最大的前 10 个节点信息

a）应力 b）应变

框架断路器闭合与分断过程中，$t=0.009$s 时刻，打击杆的应力应变分布云图以及 6533 号节点的应力应变时间历程曲线如图 3-12 所示。可见：断路器闭合与分断过程中，打击杆均受到冲击应力作用，其中闭合过程中的冲击应力是由于打击杆猛力地作用于下连杆轴套进而推动触头闭合引起的；分断过程中的冲击应力是由于下连杆轴套撞击打击杆引起的，该力的作用时间很短。

在打击杆的中间凸台部分及其与储能杆相连接的两端，均存在应力集中现象，这是由于该处打击杆的径向尺寸突变，应力集中系数较大，实际应力远大于名义应力引起的。

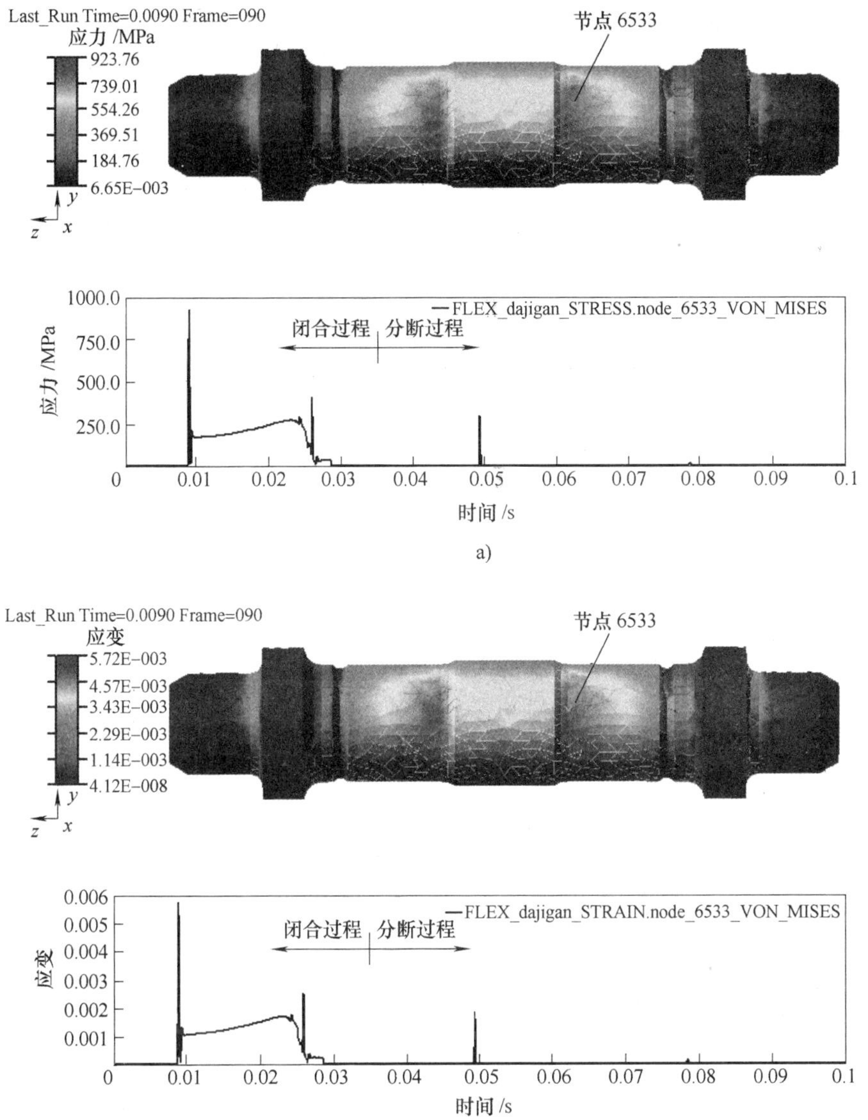


图 3-12　打击杆的应力应变分布云图与 6533 号节点的应力应变时间历程曲线

a）应力分布云图与 6533 号节点的应力时间历程曲线　b）应变分布云图与 6533 号节点的应变时间历程曲线

断路器中的普通构件一般选用 A3 钢，重要连杆和断路器主轴一般选用热处理调质的 45 钢或 40Cr，采用调质处理是为了使杆件和主轴获得高的综合力学性能，表 3-1 给出了常用材料的力学性能参数。

**表 3-1　断路器机构常用材料的牌号和性能技术指标**

| 牌　号 | 强度极限 $\sigma_b$/MPa | 屈服极限 $\sigma_s$/MPa | 弯曲疲劳极限 $\sigma_{-1}$/MPa | 扭转疲劳极限 $\tau_{-1}$/MPa |
|---|---|---|---|---|
| A3 钢 | 440 | 240 | 180 | 105 |
| 调质 45 钢 | 650 | 360 | 270 | 155 |
| 调质 40Cr | 750 | 550 | 350 | 200 |

将框架断路器闭合与分断过程中打击杆的载荷谱导入 nCode 疲劳分析软件，并计算其应变疲劳寿命分布，如图 3-13 所示为打击杆分别选用 A3 钢、调质 45 钢和调质 40Cr 时的寿命分布云图。

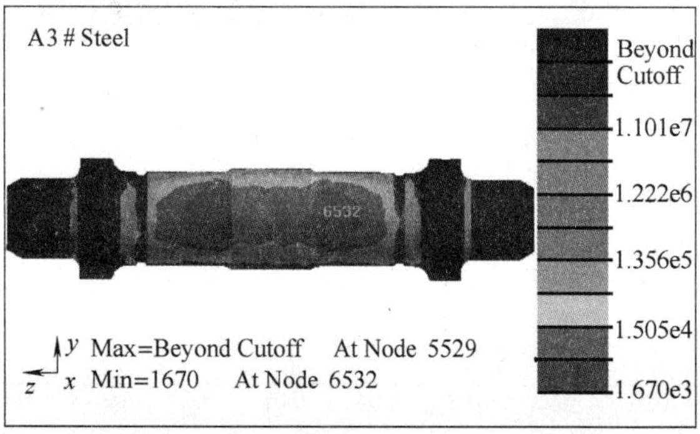


a)

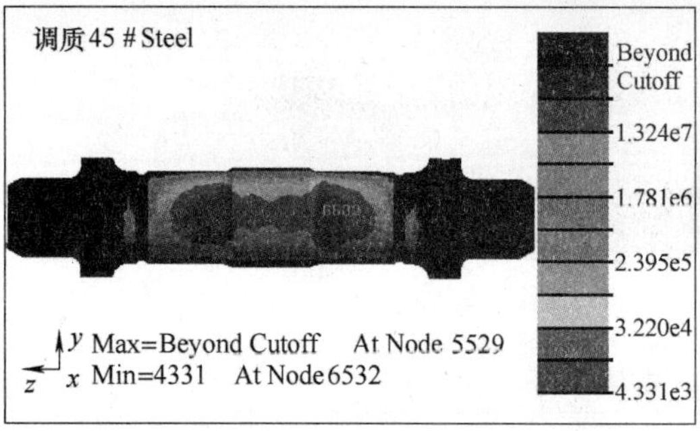


b)

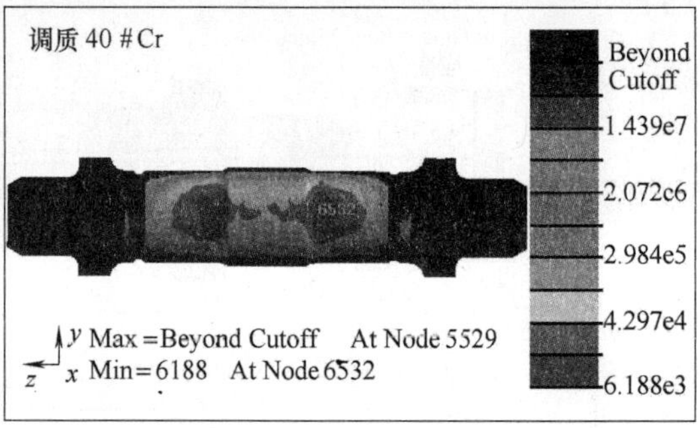


c)

图 3-13 打击杆寿命分布云图

a）A3 钢 b）调质 45 钢 c）调质 40Cr

由图 3-13 可见：

1）打击杆的中间凸台部分寿命较短，是其薄弱环节，该结果与 ADAMS 软件的应力应变计算结果相符。

2）打击杆 6532 号节点的疲劳寿命最短，即使选用材料为调质 40Cr 时，其疲劳寿命也仅有 6188 次，不能满足预期 10000 次机械寿命的要求。

### 3.2.3 轴销的寿命分析

通过仿真分析轴销为柔性体时框架断路器的合分闸过程，可以得到合分闸过程中，轴销的受力情况。图 3-14 列出了合分闸过程中轴销的 10 个应力应变最大的节点信息，其中 14642 号节点在 0.0272s 时刻受力最大，为 793.638MPa，材料的最大应变为 0.0049。

框架断路器闭合与分断过程中，$t=0.0272$s 时刻，轴销的应力应变分布云图以及 14642 号节点的应力应变时间历程曲线如图 3-15 所示。可见：断路器闭合与分断过程中轴销均受到冲击应力的作用，闭合过程比分断过程中的冲击应力大、作用时间长。

| VON MISES Hot Spots for FLEX_zhou_downlink | | | | | | |
|---|---|---|---|---|---|---|
| Model= .complete | | Analysis= Last_Run | | Time = 0 to 0.1 sec | | |
| Top 10 Hot Spots | | | Abs | Radius= 0.0 mm | | |
| Hot Spot | Stress | Node | Time | Location wrt LPRF (mm) | | |
| # | (newton/mm**2) | id | (sec) | X | Y | Z |
| 1 | 793.638 | 14642 | 0.0272477 | 95.3282 | -40.3654 | 40.55 |
| 2 | 793.039 | 13210 | 0.0272477 | 95.3282 | -40.3654 | 49.45 |
| 3 | 783.843 | 14641 | 0.0272477 | 95.6359 | -39.7398 | 40.55 |
| 4 | 783.122 | 13211 | 0.0272477 | 95.6359 | -39.7399 | 49.45 |
| 5 | 778.19 | 14643 | 0.0272477 | 94.9164 | -40.9282 | 40.55 |
| 6 | 777.704 | 13209 | 0.0272477 | 94.9164 | -40.9282 | 49.45 |
| 7 | 775.322 | 14698 | 0.0272477 | 88.1769 | -36.8478 | 40.55 |
| 8 | 774.692 | 13268 | 0.0272477 | 88.1769 | -36.8478 | 49.45 |
| 9 | 773.801 | 14697 | 0.0272477 | 87.9824 | -37.5175 | 40.55 |
| 10 | 773.07 | 13269 | 0.0272477 | 87.9824 | -37.5174 | 49.45 |

a)

| VON MISES Hot Spots for FLEX_zhou_downlink | | | | | | |
|---|---|---|---|---|---|---|
| Model= .complete | | Analysis= Last_Run | | Time = 0 to 0.1 sec | | |
| Top 10 Hot Spots | | | Abs | Radius= 0.0 mm | | |
| Hot Spot | Strain | Node | Time | Location wrt LPRF (mm) | | |
| # | (mm/mm) | id | (sec) | X | Y | Z |
| 1 | 0.004913 | 14642 | 0.0272477 | 95.3282 | -40.3654 | 40.55 |
| 2 | 0.00490929 | 13210 | 0.0272477 | 95.3282 | -40.3654 | 49.45 |
| 3 | 0.00485236 | 14641 | 0.0272477 | 95.6359 | -39.7398 | 40.55 |
| 4 | 0.0048479 | 13211 | 0.0272477 | 95.6359 | -39.7399 | 49.45 |
| 5 | 0.00481737 | 14643 | 0.0272477 | 94.9164 | -40.9282 | 40.55 |
| 6 | 0.00481436 | 13209 | 0.0272477 | 94.9164 | -40.9282 | 49.45 |
| 7 | 0.00479961 | 14698 | 0.0272477 | 88.1769 | -36.8478 | 40.55 |
| 8 | 0.00479572 | 13268 | 0.0272477 | 88.1769 | -36.8478 | 49.45 |
| 9 | 0.00479019 | 14697 | 0.0272477 | 87.9824 | -37.5175 | 40.55 |
| 10 | 0.00478567 | 13269 | 0.0272477 | 87.9824 | -37.5174 | 49.45 |

b)

图 3-14　合分闸过程中轴销应力应变最大的前 10 个节点信息

a）应力　b）应变

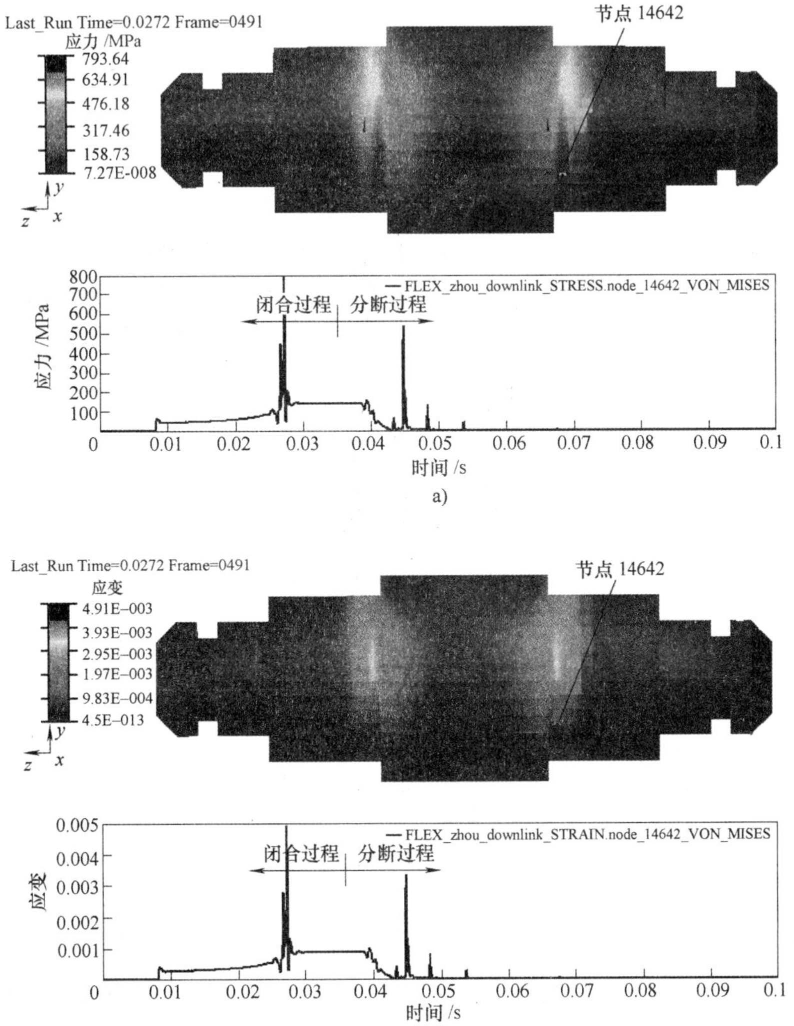


图 3-15　轴销的应力应变分布云图与 14642 号节点的应力应变时间历程曲线

a）应力分布云图与 14642 号节点的应力时间历程曲线　b）应变分布云图与 14642 号节点的应变时间历程曲线

轴销中间凸台部分的两侧存在应力集中现象，这是由于该处的径向尺寸突变，应力集中系数较大，实际应力远大于名义应力引起的。

将框架断路器闭合与分断过程中轴销的载荷谱导入 nCode 疲劳分析软件，并计算其应变疲劳寿命分布，如图 3-16 所示。

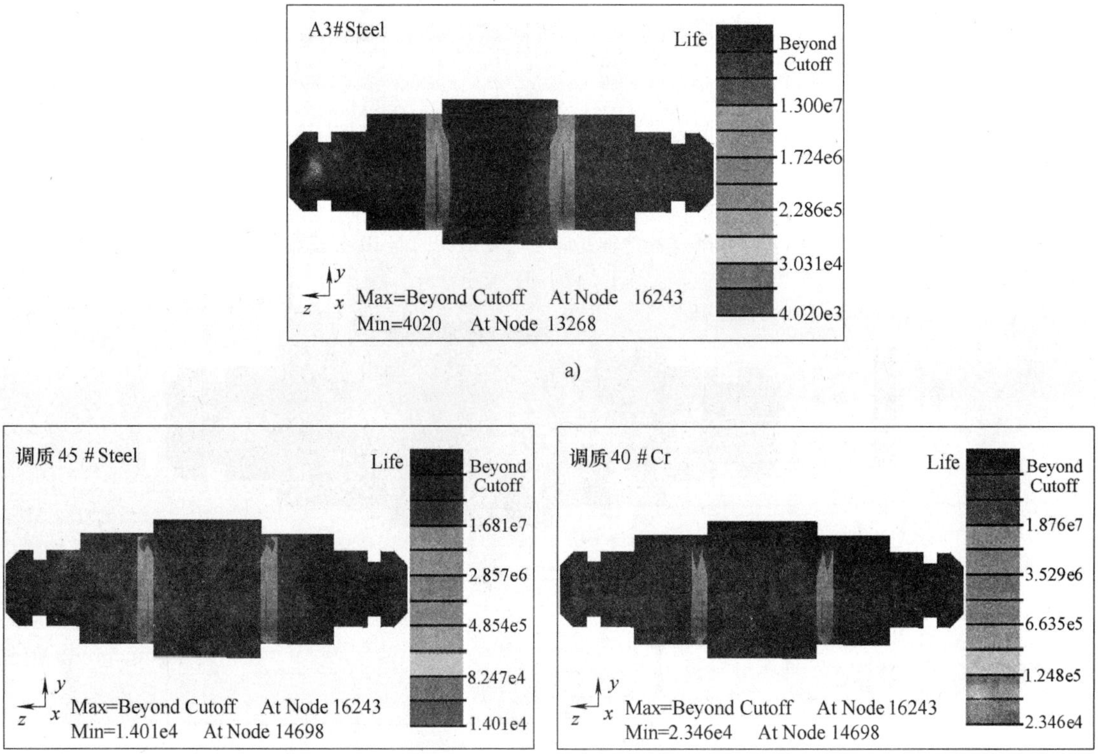


图 3-16 轴销寿命分布云图

a）A3 钢 b）调质 45 钢 c）调质 40Cr

由图 3-16 可见：

1）轴销中间凸台部分的两侧寿命较短，是其薄弱环节，该结果与 ADAMS 软件的应力应变计算结果相符。

2）轴销 14698 号节点的疲劳寿命最短，当选用材料为 A3 钢时，其疲劳寿命仅有 4020 次；当选用材料为调质 45 钢时，其疲劳寿命约为 14000 次，相比预期 10000 次机械寿命裕量较小；当选用材料为调质 40Cr 时，其疲劳寿命约为 23000 次，可以满足机械寿命 10000 次的要求，但是需要较高的材料成本。

## 3.3 框架断路器操作机构主要构件结构的优化设计及试验

针对框架断路器中打击杆和轴销疲劳寿命较短的问题，本部分通过对其进行结构优化，从而提高其疲劳寿命。

### 3.3.1　打击杆的结构优化

框架断路器实际产品中原打击杆的 1/2 轴截面的轮廓如图 3-17 中蓝色虚线 1 所示，结构优化后的轮廓如图中红色虚线 2 所示，可见原打击杆中间凸台部分的两侧被拉平。

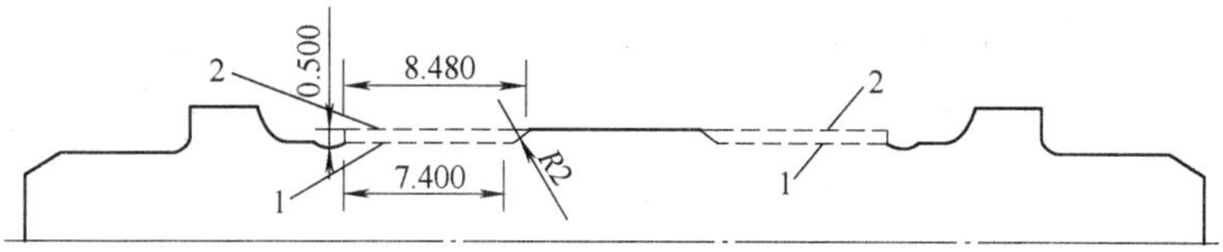


图 3-17　打击杆 1/2 轴截面模型

1—蓝色虚线　2—红色虚线

结构优化后，打击杆的有限元模型如图 3-18 所示。与原打击杆模型相同，优化后的打击杆通过 D、E 点与储能杆固定，通过 F、G 点与轴销建立拉簧约束。图中的深色区域表示了刚性连接点与接触面上节点之间的刚性连接区域。

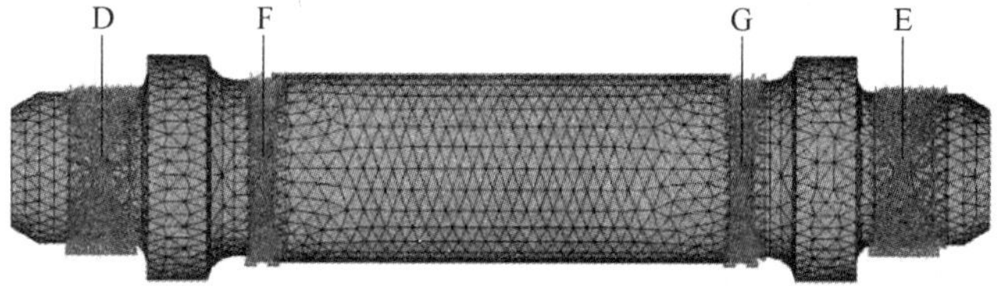


图 3-18　结构优化后打击杆的有限元模型

打击杆结构优化后，合分闸过程中其应力应变最大的前 10 个节点信息如图 3-19 所示，可见 1688 号节点在 0.049s 时刻受到的最大冲击应力为 334.07MPa，材料的最大应变为 0.002。

| VON MISES Hot Spots for FLEX_dajigan_modify | | | | | | |
|---|---|---|---|---|---|---|
| Model= .complete | | Analysis= Last_Run | | Time = 0 to 0.1 sec | | |
| Top 10 Hot Spots | | | Abs | Radius= 0.0 mm | | |
| Hot Spot | Stress | Node | Time | Location wrt LPRF (mm) | | |
| # | (newton/mm**2) | id | (sec) | X | Y | Z |
| 1 | 334.073 | 1688 | 0.0490438 | 93.7228 | -4.64369 | 65.1408 |
| 2 | 317.914 | 4500 | 0.0271768 | 101.806 | -4.64251 | 24.8605 |
| 3 | 312.019 | 1695 | 0.0271768 | 97.0328 | -0.897027 | 64.824 |
| 4 | 311.509 | 4600 | 0.0490438 | 93.7224 | -5.55128 | 24.8605 |
| 5 | 309.745 | 1679 | 0.0490438 | 93.7215 | -5.54801 | 65.1381 |
| 6 | 307.647 | 5558 | 0.0271768 | 95.9977 | -1.94379 | 25.0687 |
| 7 | 306.071 | 4487 | 0.0271768 | 99.0821 | -0.989571 | 25.2272 |
| 8 | 304.957 | 1696 | 0.0271768 | 97.7724 | -0.843384 | 64.8346 |
| 9 | 302.317 | 1697 | 0.0271768 | 98.4953 | -0.894304 | 64.8211 |
| 10 | 301.159 | 4485 | 0.0271768 | 97.7642 | -0.805818 | 25.2053 |

a)

| VON MISES Hot Spots for FLEX_dajigan_modify | | | | | | |
|---|---|---|---|---|---|---|
| Model= .complete | | Analysis= Last_Run | | Time = 0 to 0.1 sec | | |
| Top 10 Hot Spots | | | Abs | Radius= 0.0 mm | | |
| Hot Spot | Strain | Node | Time | Location wrt LPRF (mm) | | |
| # | (mm/mm) | id | (sec) | X | Y | Z |
| 1 | 0.00206807 | 1688 | 0.0490438 | 93.7228 | -4.64369 | 65.1408 |
| 2 | 0.00196804 | 4500 | 0.0271768 | 101.806 | -4.64251 | 24.8605 |
| 3 | 0.00193155 | 1695 | 0.0271768 | 97.0328 | -0.897027 | 64.824 |
| 4 | 0.00192839 | 4600 | 0.0490438 | 93.7224 | -5.55128 | 24.8605 |
| 5 | 0.00191747 | 1679 | 0.0490438 | 93.7215 | -5.54801 | 65.1381 |
| 6 | 0.00190448 | 5558 | 0.0271768 | 95.9977 | -1.94379 | 25.0687 |
| 7 | 0.00189472 | 4487 | 0.0271768 | 99.0821 | -0.989571 | 25.2272 |
| 8 | 0.00188783 | 1696 | 0.0271768 | 97.7724 | -0.843384 | 64.8346 |
| 9 | 0.00187149 | 1697 | 0.0271768 | 98.4953 | -0.894304 | 64.8211 |
| 10 | 0.00186432 | 4485 | 0.0271768 | 97.7642 | -0.805818 | 25.2053 |

b)

图 3-19　结构优化后，打击杆在合分闸过程中应力应变最大的前 10 个节点信息

a）应力　b）应变

结构优化后，打击杆的应力应变分布云图（$t=0.049$s 时刻）以及 1688 号节点的应力应变时间历程曲线如图 3-20 所示，可见在断路器闭合与分断过程中，打击杆受到的冲击应力减小，应力集中现象明显减弱。

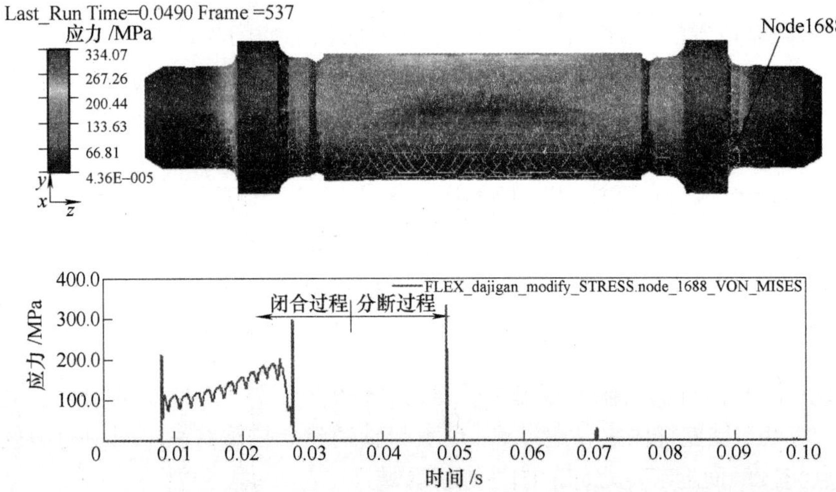


a)

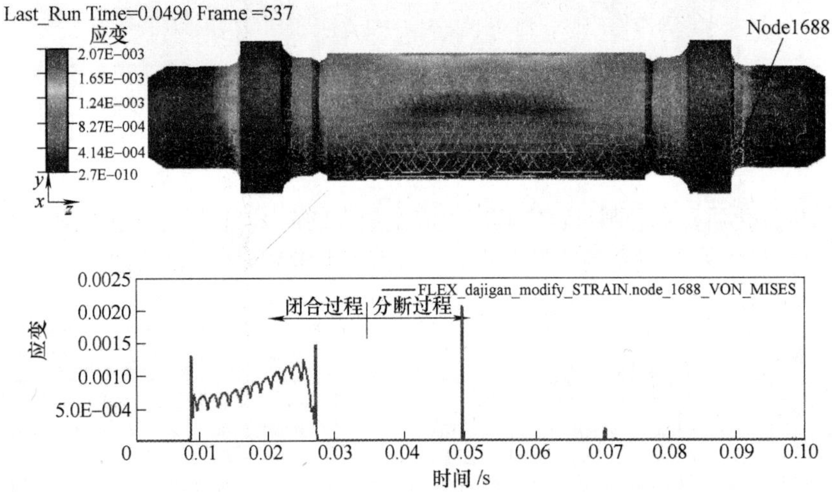


b)

图 3-20 结构优化后，打击杆的应力应变分布云图与 1688 号节点的应力应变时间历程曲线

a）应力分布云图与 1688 号节点的应力时间历程曲线 b）应变分布云图与 1688 号节点的应变时间历程曲线

结构优化后，打击杆分别选用 A3 钢、调质 45 钢和调质 40Cr 时的寿命分布云图如图 3-21 所示，可见：

1）结构优化后的打击杆中间部分寿命较长，原打击杆中间凸台部分的薄弱环节已经消除，这是由于结构优化后的打击杆中间部分为一整个圆柱，应力集中现象消除。

2）结构优化后的打击杆与储能杆连接的两侧为寿命较短的薄弱环节，但已可以满足 10000 次机械寿命的要求。

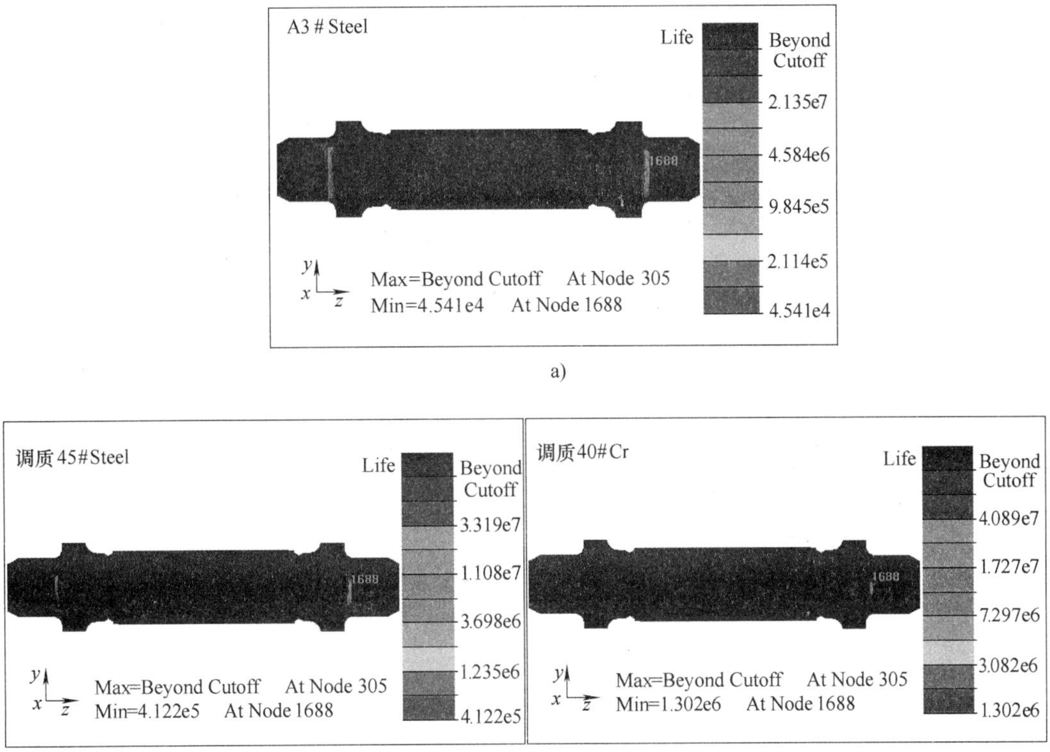


图 3-21　结构优化后的打击杆的寿命分布云图
a）A3 钢　b）调质 45 钢　c）调质 40Cr

结构优化前后的打击杆的疲劳寿命对比如图 3-22 所示，可见结构优化后的打击杆的疲劳寿命显著提高，材料选用 A3 钢、调质 45 钢和调质 40Cr，均可以满足 10000 次机械寿命的要求。

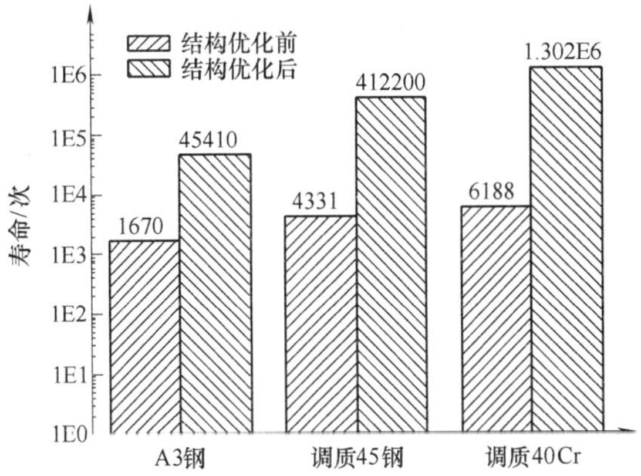


图 3-22　结构优化前后的打击杆寿命对比

## 3.3.2　轴销的结构优化

在框架断路器实际产品中原轴销的 1/2 轴截面的轮廓如图 3-23 中绿色虚线 1 所示，结构优化后的轮廓如图中红色虚线 2 所示，可见原轴销的中间凸台部分向两侧延伸。

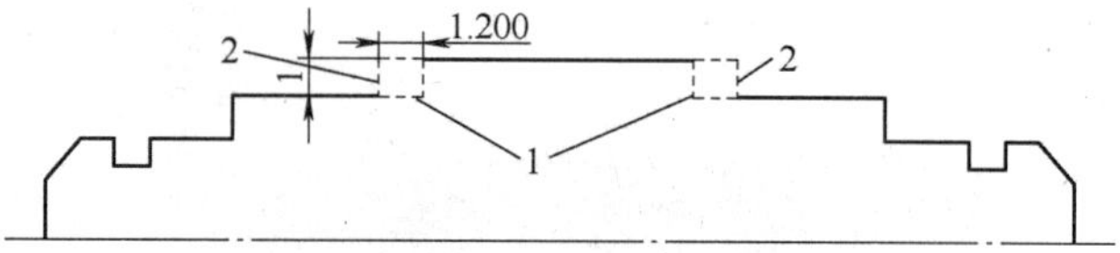


图 3-23 打击杆 1/2 轴截面模型

1—绿色虚线 2—红色虚线

结构优化后，轴销的有限元模型如图 3-24 所示。与原轴销模型相同，优化后的轴销通过 H、I 点与打击杆建立拉簧约束，通过 J、K 点与下连杆旋转，通过 L 点与跳扣固定。图中的深色区域表示了刚性连接点与接触面上节点之间的刚性连接区域。

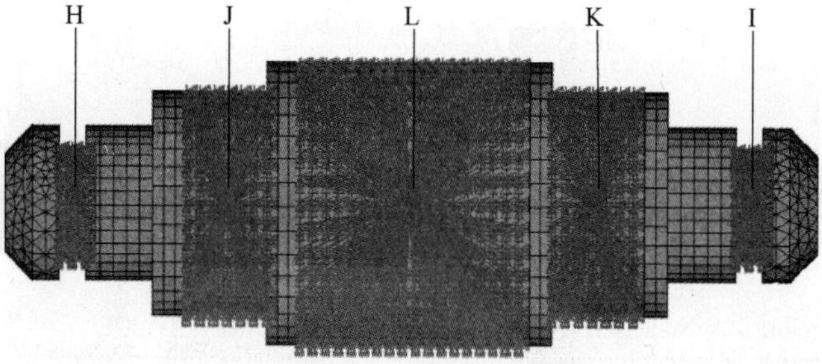


图 3-24 结构优化后轴销的有限元模型

轴销结构优化后，合分闸过程中其应力应变最大的前 10 个节点信息如图 3-25 所示，可见 16242 号节点在 0.0272s 时刻，受到的最大冲击应力为 645.79MPa，材料的最大应变为 0.004。

| VON MISES Hot Spots for FLEX_zhou_downlink | | | | | | |
|---|---|---|---|---|---|---|
| Model= .complete | | Analysis= Last_Run | | Time = 0 to 0.1 sec | | |
| Top 10 Hot Spots | | | Abs | Radius= 0.0 mm | | |
| Hot Spot | Stress | Node | Time | Location wrt LPRF (mm) | | |
| # | (newton/mm**2) | id | (sec) | X | Y | Z |
| 1 | 645.786 | 16242 | 0.0271571 | 96.5682 | -40.1013 | 39.75 |
| 2 | 644.031 | 15462 | 0.0271571 | 96.5682 | -40.1014 | 50.25 |
| 3 | 642.226 | 16243 | 0.0271571 | 96.1836 | -40.8833 | 39.75 |
| 4 | 641.648 | 16299 | 0.0271571 | 87.2445 | -36.4863 | 39.75 |
| 5 | 640.76 | 15461 | 0.0271571 | 96.1835 | -40.8834 | 50.25 |
| 6 | 639.89 | 15480 | 0.0271571 | 87.2445 | -36.4864 | 50.25 |
| 7 | 638.991 | 16241 | 0.0271571 | 96.8113 | -39.2643 | 39.75 |
| 8 | 636.969 | 15463 | 0.0271571 | 96.8113 | -39.2644 | 50.25 |
| 9 | 636.925 | 16298 | 0.0271571 | 87.0015 | -37.3233 | 39.75 |
| 10 | 636.106 | 16300 | 0.0271571 | 87.6292 | -35.7043 | 39.75 |

a)

| VON MISES Hot Spots for FLEX_zhou_downlink | | | | | | |
|---|---|---|---|---|---|---|
| Model= .complete | | Analysis= Last_Run | | Time = 0 to 0.1 sec | | |
| Top 10 Hot Spots | | | Abs | Radius= 0.0 mm | | |
| Hot Spot | Strain | Node | Time | Location wrt LPRF (mm) | | |
| # | (mm/mm) | id | (sec) | X | Y | Z |
| 1 | 0.00399772 | 16242 | 0.0271571 | 96.5682 | -40.1013 | 39.75 |
| 2 | 0.00398686 | 15462 | 0.0271571 | 96.5682 | -40.1014 | 50.25 |
| 3 | 0.00397569 | 16243 | 0.0271571 | 96.1836 | -40.8833 | 39.75 |
| 4 | 0.00397211 | 16299 | 0.0271571 | 87.2445 | -36.4863 | 39.75 |
| 5 | 0.00396661 | 15461 | 0.0271571 | 96.1835 | -40.8834 | 50.25 |
| 6 | 0.00396122 | 15480 | 0.0271571 | 87.2445 | -36.4864 | 50.25 |
| 7 | 0.00395566 | 16241 | 0.0271571 | 96.8113 | -39.2643 | 39.75 |
| 8 | 0.00394314 | 15463 | 0.0271571 | 96.8113 | -39.2644 | 50.25 |
| 9 | 0.00394287 | 16298 | 0.0271571 | 87.0015 | -37.3233 | 39.75 |
| 10 | 0.0039378 | 16300 | 0.0271571 | 87.6292 | -35.7043 | 39.75 |

b)

图 3-25 结构优化后的轴销在合分闸过程中应力应变最大的前 10 个节点信息

a）应力 b）应变

结构优化后，轴销的应力应变分布云图（$t=0.0272$s 时刻）以及 16242 号节点的应力应变时间历程曲线如图 3-26 所示，可见：断路器闭合与分断过程中，轴销受到的冲击应力减小，应力集中现象明显减弱。

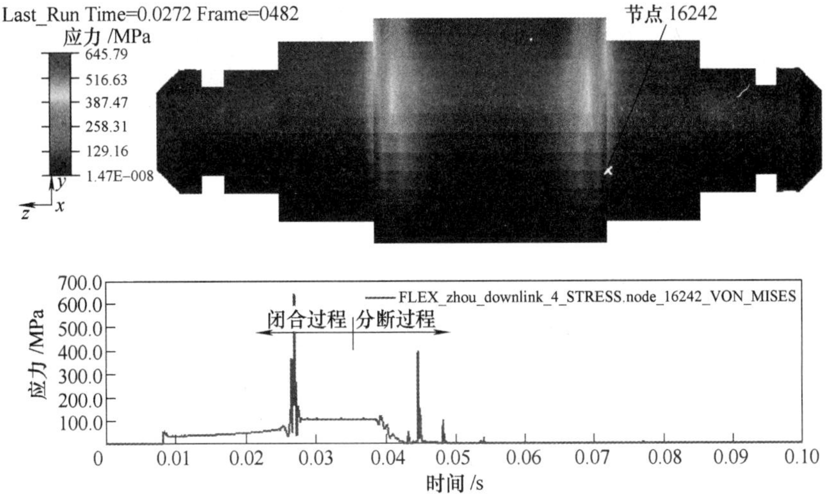


a)

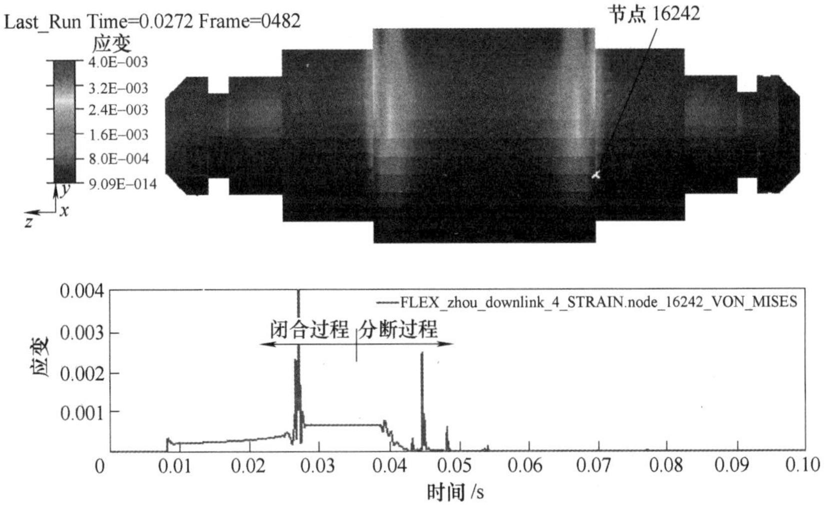


b)

图 3-26　结构优化后，轴销的应力应变分布云图与 16242 号节点的应力应变时间历程曲线

a）应力分布云图与 16242 号节点的应力时间历程曲线　b）应变分布云图与 16242 号节点的应变时间历程曲线

结构优化后轴销的寿命分布云图如图 3-27 所示，可见：结构优化后的轴销中间凸台部分的寿命较短，依然是其薄弱环节，但是其疲劳寿命已经明显提高，如当结构优化后的轴销选用材料 A3 钢时，最短寿命节点 16297 号节点的疲劳寿命约为 16510 次，可以满足 10000 次机械寿命的要求。

结构优化前后，轴销的疲劳寿命对比如图 3-28 所示，可见结构优化后轴销的疲劳寿命显著提高。材料选用 A3 钢、调质 45 钢和调质 40Cr 均可以满足 10000 次机械寿命的要求。

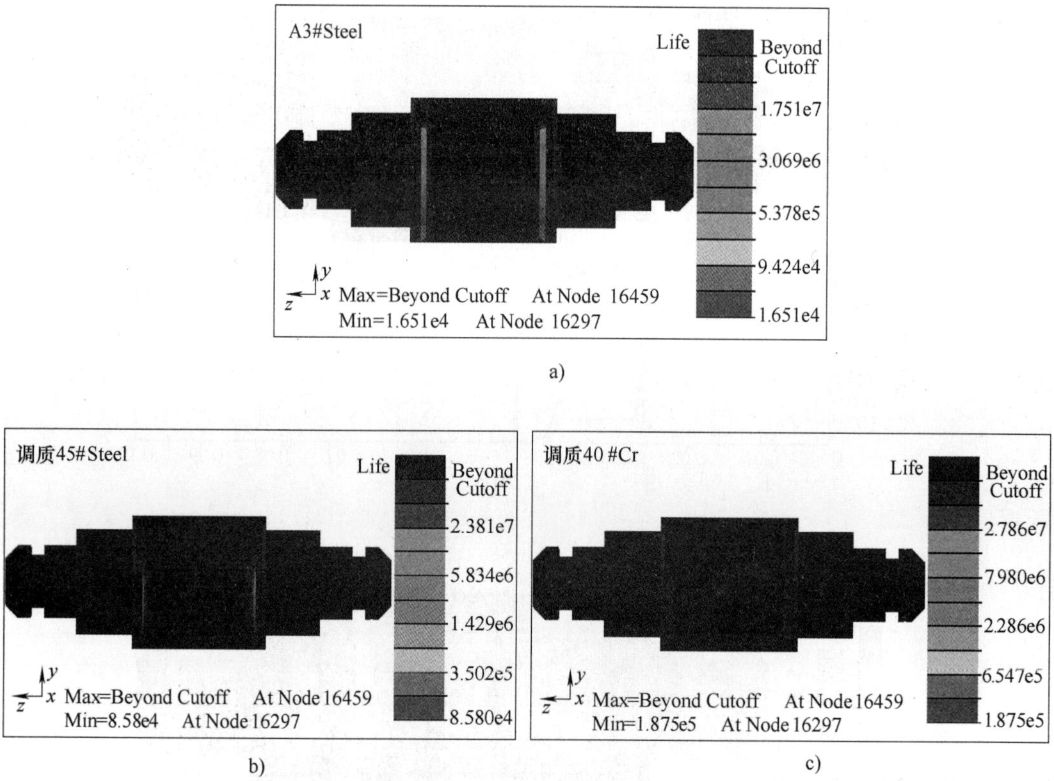


图 3-27 结构优化后，轴销的寿命分布云图

a) A3 钢 b) 调质 45 钢 c) 调质 40Cr

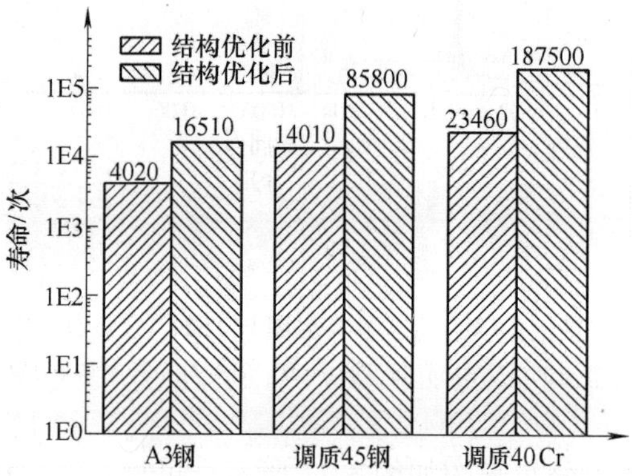


图 3-28 结构优化前后的轴销寿命对比

## 3.3.3 疲劳寿命的试验

根据国标关于低压开关设备与控制设备（GB14048.2—2008）中断路器型式试验的规定，低压断路器操作性能能力应能满足表 3-2 的要求：

表 3-2 操作循环次数

| 额定电流/A | 每小时操作循环次数 | 操作循环次数 | | |
|---|---|---|---|---|
| | | 不通电流 | 通电流 | 总数 |
| $I_n < 100$ | 120 | 8500 | 1500 | 10000 |
| $100 < I_n < 315$ | 120 | 7000 | 1000 | 8000 |
| $315 < I_n < 630$ | 60 | 4000 | 1000 | 5000 |
| $630 < I_n < 2500$ | 20 | 2500 | 500 | 3000 |
| $2500 < I_n$ | 10 | 1500 | 500 | 2000 |

低压断路器操作性能能力试验应在试验室的环境温度下进行，并且不带电性能能力试验和带电性能能力试验应在同一台断路器上进行，且试验的先后次序是可选择的，在试验规定的操作循环次数内不允许对操作机构进行维修。

打击杆和轴销结构优化前，该 1600A 框架断路器在不带电性能能力试验中经过 4000 次循环操作，打击杆和轴销发生明显变形，甚至发生疲劳断裂。结构优化以后，厂家依据提出的优化设计方案，对打击杆和轴销选用材料调质 45 钢加工制作，并重新对该断路器进行了不带电性能能力试验，试验结果表明：经过 10000 次循环操作，打击杆和轴销表面没有明显的裂纹，该 1600A 框架断路器顺利通过了机械寿命 10000 次的型式试验。

## 本章参考文献

[1] 胡书通. 低压断路器操作机构疲劳寿命评估方法及其应用研究[D]. 西安：西安交通大学，2014.

# 第 4 章　电磁脱扣器保护特性的计算

## 4.1　概述

按照低压断路器的定义，当被保护线路发生故障时，它应能自动开断故障电路，脱扣器作为断路器的重要部件用于反映线路情况，在线路发生故障时，它使操作机构脱扣，迅速开断电路。低压配电线路的故障有短路、过载、欠电压和接地等多种类型，因而反映上述故障，设计制造了相应的脱扣器。按工作原理分类，脱扣器目前可分为两大类，它们是热-磁脱扣器和基于微处理器的智能脱扣器，后者也被称为数字脱扣器。热脱扣器用于保护过载，利用双金属片的弯曲来动作，因而与通过的电流和电流加热双金属片的时间有关，具有反时限保护特性，热脱扣器的加热方式按脱扣器额定电流的大小，可分为直接加热、间接加热、复式加热和通过电流互感器加热等 4 种。磁脱扣器是一种依靠主电路电流串联励磁的电磁铁，当故障电流达到整定值就动作，起短路保护作用，也被称为瞬时脱扣器。智能脱扣器由于基于微处理器，它可具有多种功能，如过载、瞬时、短延时、接地、区域联锁和通信等。目前，热-磁脱扣器主要用于 A 类断路器，如微型和塑壳断路器，智能脱扣器主要用于 B 类断路器，如框架断路器。本章主要介绍塑壳断路器磁脱扣器的虚拟样机技术。

基于耦合场分析的电磁脱扣器保护特性分析，首先在给定短路电流条件下，计算载流导体中的电流分布，以此为励磁，计算脱扣器磁系统的磁场，再进一步计算脱扣器的电磁吸力和静态特性，与电路瞬态和脱扣器可动部分的机械运动方程相耦合，即可求得瞬时脱扣器的保护特性。

塑壳断路器用电磁脱扣器的磁系统为拍合式占多数（图 4-1a），个别额定电流小的也有用螺管式（图 4-1b），前者结构简单、体积小，直接用引入母排做激磁，后者结构较复杂、

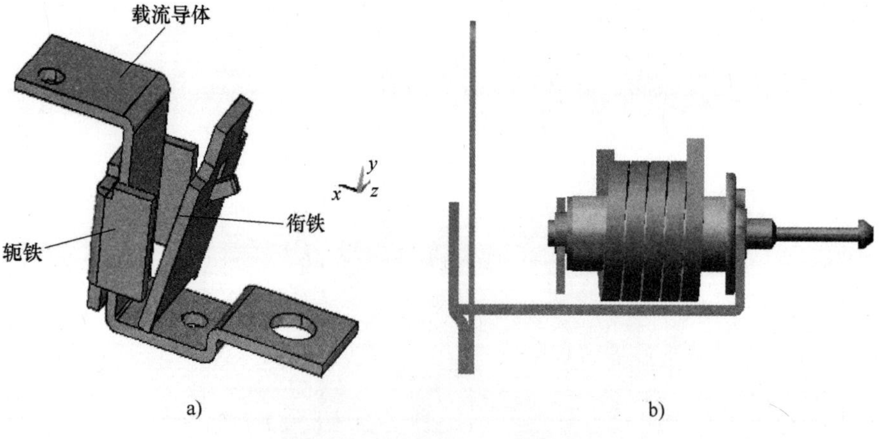


图 4-1　两种结构的电磁脱扣器

a）拍合式电磁脱扣器　b）螺管式电磁脱扣器

体积大，但可通过改变线圈匝数适应额定电流小的脱扣器需要，目前也有趋势在拍式合电磁铁上加线圈来代替螺管电磁铁。

电磁脱扣器的优化设计目标除了尺寸小、用料省外，在工作特性上主要要求如下：

1）动作时间要短。

2）满足脱扣电流 $I_{脱}$ 的要求，这里脱扣电流是指脱扣器的最小动作电流，一般对不可调脱扣器来说，取脱扣器额定电流的 10～12 倍，对可调脱扣器则取此值为上限。

对塑壳断路器来说，短路电流出现在操作机构带动触头系统，需要经过电磁脱扣器动作，使扣锁机构解锁，操作机构才能开始运动，所以脱扣器动作时间短，可提前使操作机构带动触头系统动作，有利于提高开断性能。另一方面，电磁脱扣器动作时间短，也有利于促使触头斥开过程与操作机构动作过程合理配合，防止动触头回落而使触头系统熔焊。

图 4-2 表示动触头斥开与机械运动的配合，图的上半部分为电流波形 $i=f(t)$，下半部分为由于电动斥力造成的动触头位移曲线 $x_c=f(t)$ 和操作机构的位移曲线 $x_m=f(t)$，为了进行比较，后者的位移归化到动触头的位移上去。当短路电流由零上升到 $i_0$ 时，这时对应的时间 $t=t_0$，由于电动斥力与触头压力相等，并且随后超过触头压力，触头开始斥开，电流 $i$ 到达最大值后下降，并且由于动静触头间距离加大，电动斥力减小，$x_c=f(t)$ 到达最大值后下降，这时机构如不能及时动作，则动触头会产生跌落现象。若取 $t_1$ 为操作机构开始动作时间，把它称为机构启动时间，$t_2$ 是指机构从开始运动瞬间起到动触头达终端位置 $x_d$ 所需时间，称为机构动作时间。机构启动时间 $t_1$ 由三部分组成，它们是：瞬时脱扣器动作时间、脱扣机构解锁时间、操作机构由四连杆变五连杆时间，其中脱扣器动作时间是主要的，因而这里认为启动时间是由脱扣器动作时间所决定。若假定操作机构的动作速度和动作时间 $t_2$ 不变，但机构启动时间 $t_1$，即磁脱扣器动作时间不同时，图 4-2 显示机构位移曲线 $x_m=f(t)$ 与动触头位移曲线 $x_c=f(t)$ 的配合：从 $x_{ma}=f(t)$ 曲线看，其机构启动时间为 $t_{1a}$，它与 $x_c=f(t)$ 曲线相交于 $a$ 点，即动触头的位移开始随时间增加，达到最大值后，由于脱扣器动作较慢，使机构动作没有跟上，动触头随之后退而发生跌落，直至跌落至 $a$ 点时，操作机构带动动触头继续前进，这种配合，动触头有跌落现象；$x_{mb}=f(t)$ 的机构动作曲线，它的脱扣器动作很快，让启动时间 $t_{1b}$ 小于 $t_{1a}$ 并与 $x_c=f(t)$ 曲线交于 $b$ 点，这种配合机构能及时带动动触头前进，动触头无跌落现象；启动时间为 $t_{1c}$ 的机构动作曲线 $x_{mc}=f(t)$，由于脱扣器动作很慢，使 $t_{1c}$ 滞后较大，造成机构位移曲线与触头位移曲线无交点，这种情况，动触头发生完全跌落现象，动静触头重新闭合，触头系统由于二次闭合可能引起熔焊。由上可知，加快磁脱扣动作，减小其动作时间，让触头斥开过程与操作机构动作过程合理配合，可防止动触头回落而使触头系统熔焊。

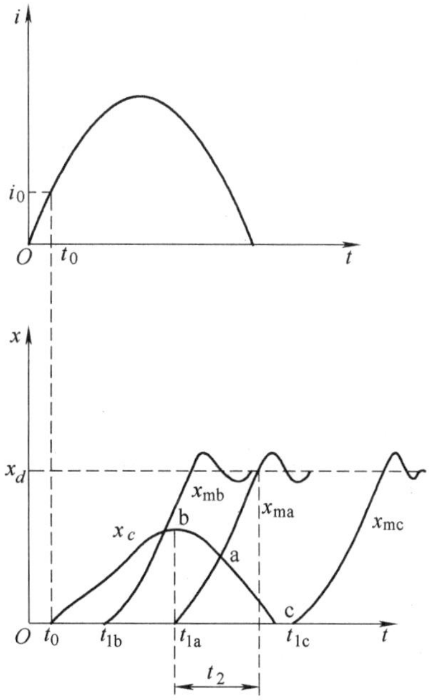


图 4-2　磁脱扣器动作时间对防止动触头跌落现象的作用

瞬时脱扣器应严格按规定的脱扣电流来设计，即一般取额定电流的 10 ~ 12 倍，对小规格脱扣器，若采用拍合式电磁铁，常会使脱扣电流大于规定值，这样为了避开在脱扣器未动作时触头在电动斥力作用下斥开，必须增加触头压力，过大的触头压力会造成触头开断速度变慢，影响断路器开断性能，因而小规格脱扣器若采用拍合式电磁铁，需采用特殊设计。

## 4.2 拍合式电磁脱扣器保护特性的仿真与分析

### 4.2.1 脱扣器静态特性的计算

这里取常用的如图 4-3 所示的拍合式电磁脱扣器为研究对象，这种脱扣器依靠连接母排通过的电流作为励磁，以反映主回路电流的大小。图 4-3 所示塑壳断路器磁脱扣器电磁铁，由于结构上对称，仅绘出其 1/2 对称模型，图中 $xoy$ 面为对称面。

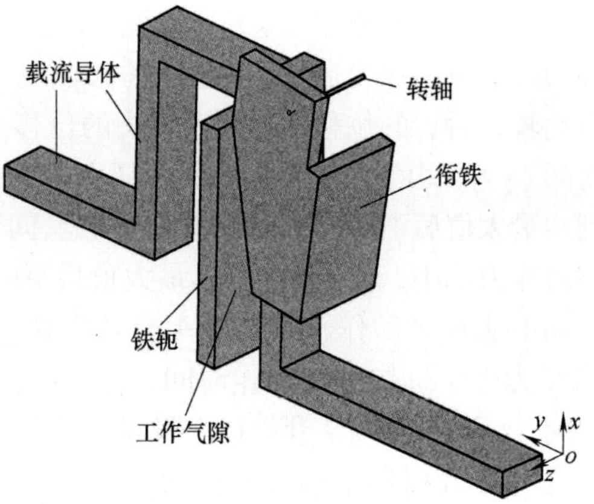


图 4-3 塑壳断路器磁脱扣器电磁铁（1/2 对称模型）

该脱扣器电磁铁为拍合式，当作为载流导体的母排通过主回路电流达整定值时，由衔铁与铁轭之间的两处工作气隙磁通产生的电磁吸力，克服反作用力，使衔铁动作。

磁脱扣器的静态场分析采用三维有限元方法，借助 ANSYS 有限元分析软件进行，包括载流导体内的电流场分析和脱扣器的磁场分析。载流导体的电流密度分布根据第 2 章公式（2-6）、(2-7) 两个基本方程进行计算：

计算得到了载流导体的电流密度分布之后，由其产生的脱扣器磁场根据第 2 章公式（2-8）进行计算。

脱扣器的三维磁场计算完毕后，与载流导体匝链的磁链 $\psi$ 采用式（4-1）进行计算。

$$\psi = n \cdot \frac{2W}{I} \tag{4-1}$$

式中 $n$——载流导体匝数；

$W$——磁场能量；

$I$——载流导体电流。

衔铁所受电磁吸力采用 Maxwell 应力张量法进行计算：与衔铁接触的空气单元 $i$ 的应力为 $T_i$，接触面为 $s$，单元的力密度为 $F_i$，单元质心到衔铁转轴的距离为 $d_i$，则衔铁对转轴的磁转矩 $M$ 见式（4-2）和（4-3）。

$$F_i = \iint_s T_i \mathrm{d}s \tag{4-2}$$

$$M = \int_V d_i \times F_i \mathrm{d}v \tag{4-3}$$

通过上面的方法，就可以计算出磁脱扣器衔铁的磁转矩和磁链随气隙和电流变化的静态数据网格，并用于后面的脱扣器动态特性计算。

图 4-4 示出了该脱扣器载流导体的电流密度分布（1/2 对称模型）。

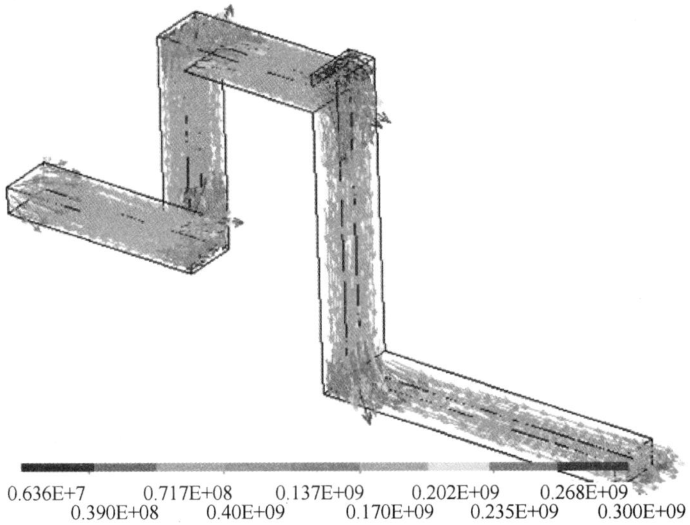


图 4-4　磁脱扣器载流导体电流密度分布

在有限元分析中，模型的剖分对计算结果的精度有至关重要的影响，若剖分不合理，往往会造成很大的误差，甚至可达 20% 以上。为了保证脱扣器三维磁场的计算精度，采用逐次加密剖分的方法，比较前后两次的计算结果（磁力和磁通），直到相差小于 1% 为止，这时认为磁场计算误差也低于 1%。图 4-5 所示为最终确定的磁脱扣器场域剖分（面对对称面）。

图 4-6 为仿真获得的磁脱扣器在不同电流下吸力矩随气隙（衔铁与铁轭夹角）的变化曲线 $M=f(\theta, i)$。这些结果数据的列表也即为保护特性计算所需要的静特性数据网格。

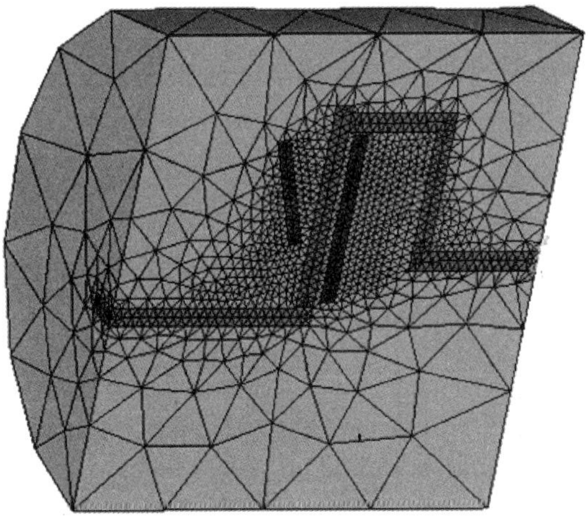

图 4-5　磁脱扣器场域有限元剖分图

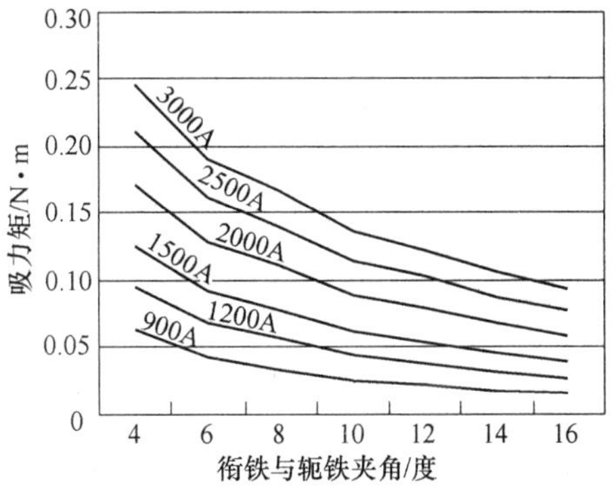


图 4-6　不同电流下吸力矩随气隙变化的曲线

## 4.2.2　脱扣器保护特性的计算

结合静态特性计算得到的数据网格，磁脱扣器的动态特性，即保护特性，可以通过求解下面的方程组得到：

$$\begin{cases} i = I_m \sin(2\pi f t + \phi) \\ \dfrac{d\omega}{dt} = \dfrac{M(\theta,i) - M_f(\theta) - M_m}{J} \\ -\dfrac{d\theta}{dt} = \omega \end{cases} \tag{4-4}$$

$$M_f = \begin{cases} k(\theta_{max} - \theta + \theta_0) & (0 \leqslant \theta < \theta_1) \\ M_r + k(\theta_{max} - \theta + \theta_0) & (\theta_1 \leqslant \theta \leqslant \theta_2) \\ k(\theta_{max} - \theta + \theta_0) & (\theta_2 < \theta \leqslant \theta_{max}) \end{cases} \tag{4-5}$$

$$\begin{cases} \theta|_{t=0} = \theta_{max} \\ \omega|_{t=0} = 0 \\ i|_{t=0} = 0 \end{cases} \tag{4-6}$$

式中 $\theta$——衔铁与铁轭夹角（工作气隙）；

$i$——激磁电流；

$\phi$——短路合闸相角；

$I_m$——电流幅值；

$J$——动铁心转动惯量；

$\omega$——动铁心角速度；

$M_m$——摩擦力矩；

$M$——吸力矩；

$M_f$——反力矩；

$k$——反力弹簧平均弹性系数；

$\theta_0$——反力弹簧初始拉伸（压缩）角度；

$M_r$——平均脱扣力矩。

$M_f$ 包括两部分：反力弹簧反力和脱扣力，其中脱扣力的作用行程很短，仅在 $\theta_1 \leqslant \theta \leqslant \theta_2$ 时起作用：

$$\theta_2 - \theta_1 << \theta_{max} - \theta_2 \tag{4-7}$$

图4-7为反力示意图。

用四阶龙格-库塔法求解方程（4-4）时，要解决用数据网格表示的非线性函数 $M = f(\theta, i)$ 与其他方程联立求解的问题，这里采用第2章2.3.3节的二元插值算法，当某一瞬间 $t$，在已知转角 $\theta$ 和电流 $i$ 条件下求得该瞬间的衔铁转矩，以进行下一步迭代。

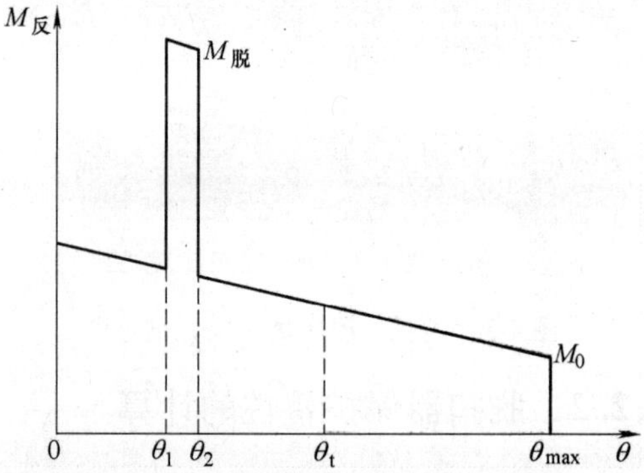

图4-7 磁脱扣器反力示意图

磁脱扣器在短路电流作用下的动作过程分为两个阶段，第一阶段为电磁铁触动过程，是从短路电流发生到衔铁开始动作，这一阶段衔铁不会动作，直到吸力矩大于反力矩，而 $\theta =$

$\theta_{max}$，计算中仅求解式（4-4）中的第一个方程（电路瞬态方程）；第二阶段为脱扣器衔铁运动过程，从衔铁开始运动到其带动脱扣杆并使机构脱扣为止，这一阶段的计算就是联立（4-4）中的三个方程用四阶龙格-库塔法进行离散求解，过程中所需吸力和磁链值仍由对静态数据网格二次插值得到。衔铁转动过程中的摩擦阻力主要在转轴处，力矩很小，计算中忽略不计。

表 4-1 示出了研究对象磁脱扣器动态特性计算的参数，为与实验结果对比。

**表 4-1　磁脱扣器动态特性计算参数**

| | | | |
|---|---|---|---|
| $J/(kg\cdot m^2)$ | 1.278 e－7 | $M_{脱}/(N\cdot m)$ | 0.03 |
| $\theta_{max}$/rad | 0.3045 | $\theta_1$/rad | 0.2278 |
| $k/(N\cdot m/rad)$ | 0.009 | $\theta_2$/rad | 0.2347 |
| $\theta_0$/rad | 0.96 | 额定电流/A | 100 |

图 4-8 示出了该电磁脱扣器在 1500A 短路电流下的动态特性曲线。

脱扣器动作时间的测量原理如图 4-9 所示。

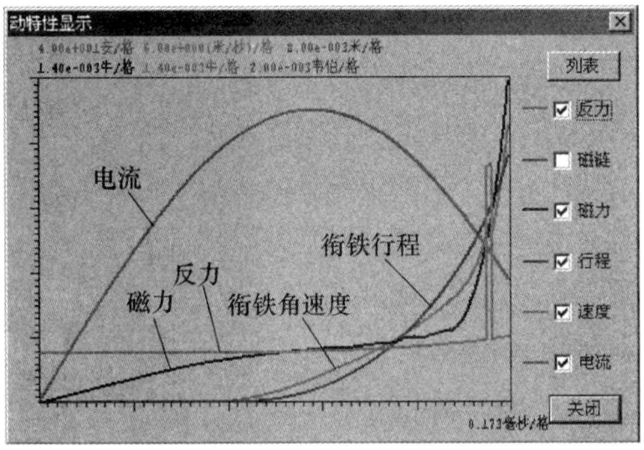


图 4-8　1500A 短路电流下电磁脱扣器动态特性曲线

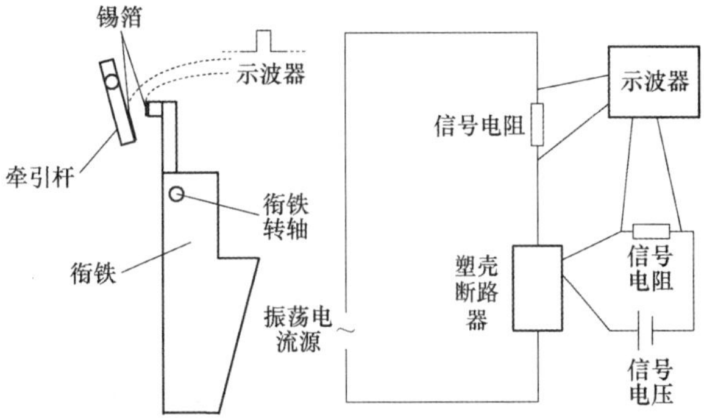


图 4-9　脱扣器动作时间测量原理图

短路电流到来后，脱扣器吸力克服反力开始运动，当衔铁打到牵引杆上时，粘在上面的极薄的锡箔相接触，外部测量电路接通，示波器接收到一个电压上升沿信号，记录短路电流起始点到该上升沿信号之间的时间差作为测量值，但此时并未脱扣，衔铁还要转动一段角度才能带动牵引杆脱扣。实验中，测量值小于脱扣时间，衔铁转角为 $\theta_{max}-\theta_t$，相应地与实验对比的计算值也取同样的行程（见图 4-7），实验值与计算值的对比曲线见图 4-10 和表 4-2。

实验验证表明：计算值相对于试验值的误差不超过 9%。

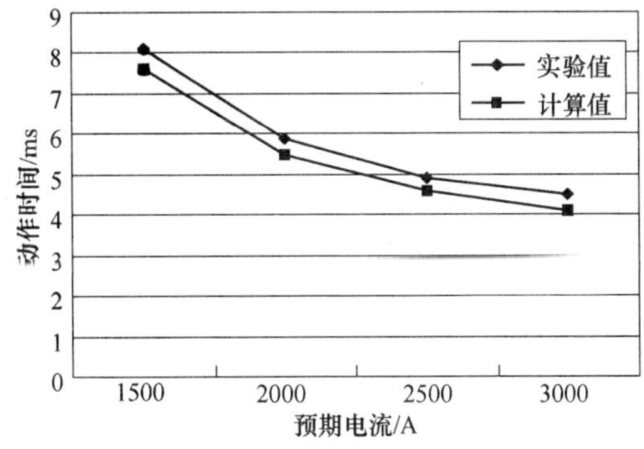


图 4-10　脱扣器动作时间实验值与计算值对比

**表 4-2　脱扣器动作时间实验值与计算值对比**

| 预期电流/A | 1500 | 2000 | 2500 | 3000 |
|---|---|---|---|---|
| 实验值/ms | 8.1 | 5.9 | 4.9 | 4.5 |
| 计算值/ms | 7.6 | 5.5 | 4.6 | 4.1 |
| 误差 | 6.1% | 7.3% | 6.1% | 8.9% |

需要说明的是，式（4-4）为磁脱扣器动特性计算的通用方程，式中的衔铁转动惯量的求取，可利用 ANSYS 有限元软件来计算，为说明方法，取一平板形衔铁如图 4-11 所示。

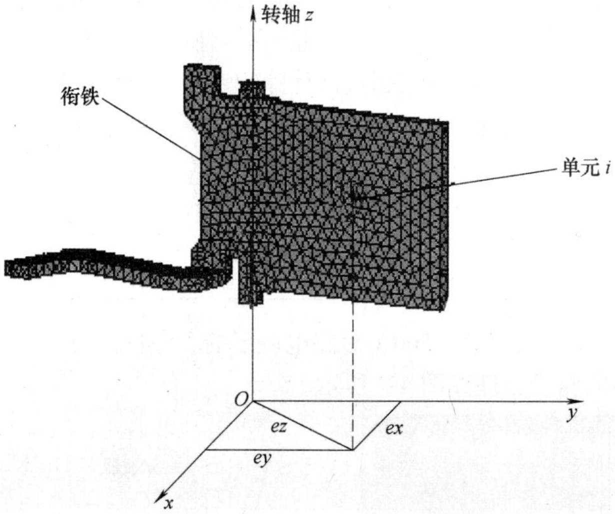


图 4-11　衔铁转动惯量的求取示意图

图 4-11 中取衔铁上的任意一个剖分单元 $i$，设此单元的质量为 $m_i$，体积为 $v_i$，它对转轴 $z$ 轴的转动惯量为 $J_i$，则有

$$J_i = m_i \times ez^2 = v_i\rho \times (ex^2 + ey^2) \tag{4-8}$$

式中　$\rho$——衔铁的密度，对铁其值为 $7850\text{kg/m}^3$。

设衔铁总的剖分单元数为 $N$，则它对其转轴 $z$ 轴的转动惯量 $J$ 满足：

$$J = \sum_{i=1}^{N} J_i = \sum_{i=1}^{N} v_i\rho \times (ex^2 + ey^2) \tag{4-9}$$

运用 ANSYS 有限元软件来计算衔铁的转动惯量的具体过程如下：

1）建立局部参考坐标系，使其 $z$ 轴与衔铁的转轴重合。

2）因为不涉及场量的计算，可以任取一单元类型将衔铁剖分，考虑提高计算的精确性，可以剖得密一些。

3）运用 * get, N, elem,, count 命令，来统计衔铁单元的总数 $N$。

4）令衔铁初始转动惯量 $J$ 为零，然后使用一个简单的循环语句来求整个衔铁的转动惯量 $J$：

```
*do,i,1,N                               ! 开始循环,变量 i 从 1 增至 N 为止
*get,ev,elem,i,volu                     ! 获取单元 i 的体积存于变量 ev 中
*get,ex,elem,i,cent,x                   ! 获取单元 i 的 x 坐标
*get,ey,elem,i,cent,y                   ! 获取单元 i 的 y 坐标
J=J+7850*ev*(ex*ex+ey*ey)               ! 计算转动惯量
*enddo                                  ! 结束循环
```

经过上面步骤的计算，可求得衔铁转动惯量。

### 4.2.3　拍合式磁脱扣器保护特性的分析

磁脱扣器的动态特性包括衔铁与铁轭转角 $\theta=\theta(t)$、吸力矩 $M=M(t)$、角速度 $\omega=\omega(t)$、电流 $i=i(t)$、反力矩 $M_f=M_f(t)$、脱扣时间 $t_r$、脱扣电流 $I_{脱}$，其中最主要的性能指标是 $t_r$，在同样的短路电流下，$t_r$ 越小越有利于限流和开断。脱扣器在不同短路电流下的 $t_r$ 构成保护特性，图4-12所示为仿真获得的上述磁脱扣器（$I_{脱}=1500A$）的保护特性曲线：

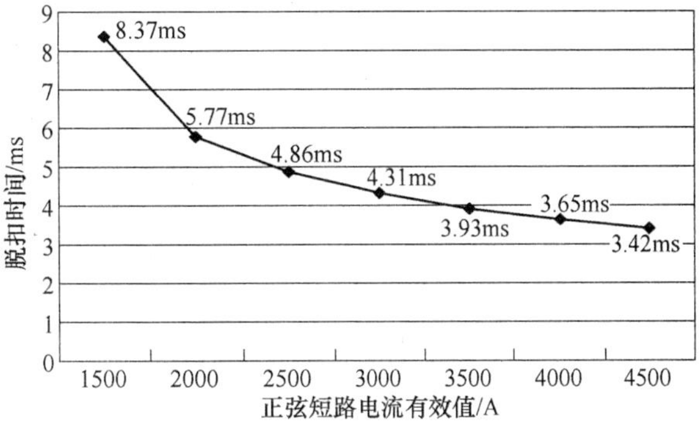


图4-12　磁脱扣器（$I_{脱}=1500A$）的保护特性曲线

从图中可以看到，短路电流从临界值1500A到2000A这一区段内 $t_r$ 随电流增大减小最快，达2.6ms；从2500A之后，$t_r$ 减小的速度明显变慢，从2500A到4500A，$t_r$ 仅减小1.44ms。

（1）保护特性与反力弹簧特性的关系

磁脱扣器的动作时间与动作值决定于电磁铁动态吸力特性与负载反力特性的配合，增大反力会提高动作时间和动作电流；减小反力会减小动作时间和动作电流。这样，在磁脱扣器的设计中，当磁系统确定后，就可根据需要选取反力特性，其值由脱扣器的动特性计算决定。

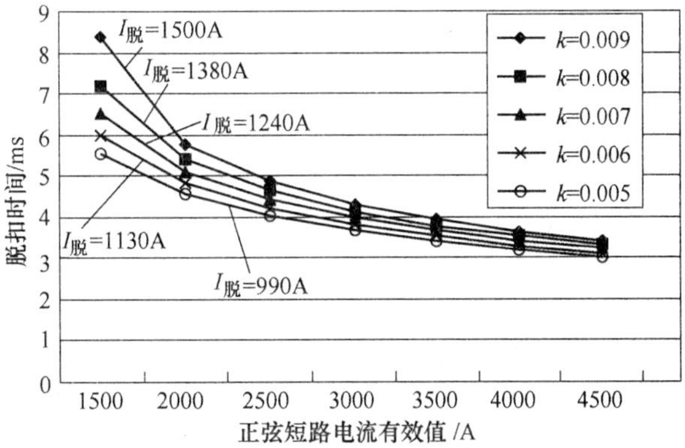


图4-13　磁脱扣器保护特性随 $k$ 变化的曲线

图4-13和图4-14分别示出了其他参数不变，仅改变弹簧刚度 $k$ 和反力弹簧初始拉伸（压缩）角度 $\theta_0$ 时保护特性的变化曲线。

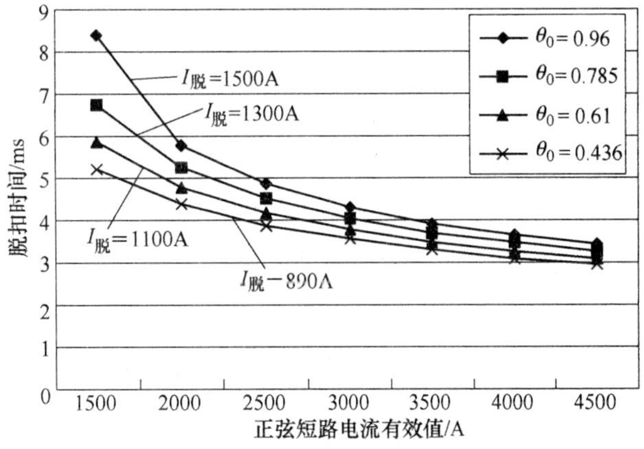


图4-14　磁脱扣器保护特性随 $\theta_0$ 变化的曲线

从图4-11中可见，随着 $k$ 和 $\theta_0$ 的减小，脱扣电流 $I_{脱}$ 逐渐减小，相同电流下的脱扣时间也随之缩短，但随着电流增大，缩短越来越慢，电流达到 $45I_e$ 时脱扣时间最长与最短相差小于0.5ms。当 $k$ 以等差数列减小时，$I_{脱}$ 的减小不为等差数列；而当 $\theta_0$ 以等差数列减小时，$I_{脱}$ 则呈等差数列减小，因此通过改变反力弹簧的初始长度更容易实现断路器脱扣电流的线性调节。

（2）保护特性与初始工作气隙的

关系

从图4-6可以看到：衔铁所受磁力随气隙减小而增大，并且上升越来越快。改变初始气隙（脱扣时衔铁行程作同样变化），脱扣器的脱扣时间和脱扣电流也随之变化，表4-3列出了其他不变，改变衔铁初始工作气隙（转角）$\theta_{max}$时，脱扣时间和脱扣电流的变化关系。

**表4-3 脱扣电流和脱扣时间随 $\theta_{max}$ 的变化关系**

| $\theta_{max}$/rad | 脱扣电流/A | 分断2000A时的动作时间/ms | $\theta_{max}$/rad | 脱扣电流/A | 分断2000A时的动作时间/ms |
|---|---|---|---|---|---|
| 0.3054 | 1500 | 5.77 | 0.253 | 1310 | 5.01 |
| 0.288 | 1450 | 5.51 | 0.2356 | 1270 | 4.78 |
| 0.2705 | 1380 | 5.27 | 0.2181 | 1240 | 4.56 |

表4-3中可见，减小 $\theta_{max}$时，脱扣电流和脱扣时间都随之减小。$\theta_{max}$从0.3054rad减小到0.2181rad，幅度为28.6%，脱扣电流则从1500A减小到1240A，幅度为17.3%；由图4-14，$\theta_0$ 从0.96rad减小到0.436rad，幅度为54.6%，脱扣电流则从1500A减小到890A，幅度为40.7%。$\frac{17.3\%}{28.6\%}=0.6<\frac{40.7\%}{54.6\%}=0.745$，由此可见改变同样大小的脱扣电流，调节 $\theta_{max}$的方式所需的调节量比调节 $\theta_0$ 的方式更大，并且从表4-3中还可看到脱扣电流随 $\theta_0$ 的变化是非线性的。由以上分析结果可得出；当塑壳断路器磁脱扣器的磁系统尺寸确定时，可通过改变反力弹簧的刚度和初始拉伸（压缩）长度来适应不同额定电流和脱扣电流的要求。相对于弹簧刚度的调节方式，通过改变反力弹簧的初始拉伸（压缩）长度调节脱扣电流更易实现线性调节；其他条件不变时，改变磁脱扣器的初始工作气隙，脱扣电流随之作非线性变化；相对于改变反力弹簧初始拉伸（压缩）长度调节脱扣电流的方式，改变初始工作气隙对脱扣电流的调节范围较小。

## 4.3 螺管式磁脱扣器保护特性的仿真与分析

### 4.3.1 螺管电磁铁从磁场仿真到等值磁路的建立

小规格断路器的磁脱扣器由于额定电流小，如采用拍合式结构，在10倍额定电流下，依靠单根母排产生的激磁是不足以吸动衔铁，所以螺管式脱扣器被广泛采用，它的结构如图4-1b所示，螺管电磁铁铁心上可绕多匝线圈，依靠改变线圈匝数就可改变脱扣电流，采用了多匝线圈，每匝线圈线径又不大，所以用有限元分析脱扣器动特性时可认为线圈中电流是均匀分布，忽略电流场的计算。螺管式电磁铁的结构相对于拍合式较为复杂，采用三维场计算的方法计算电磁机构的磁场，由于数据信息量较多，计算工作量也很大。与三维磁场分析相比较，磁路计算要简便得多。磁路计算只需要知道磁路各部分的磁阻或磁导，包括工作气隙磁导、非工作气隙磁导和铁磁部分即磁导体的磁阻。尽管导磁体部分的磁路长度比气隙的大得多，但由于气隙中的媒质——空气的磁导率仅为磁导体的数百乃至数万分之一，气隙磁阻远比磁导体的大，因此，磁路计算直至整个电磁系统计算的准确度，都决定于气隙磁导的计算。在工程中，以往应用广泛的气隙磁导公式都是对实际问题作了很多简化，因此应用这样的公式进行计算必然会导致误差过大。结合以上分析，这里把磁场和磁路法结合起来的计算方法，首先对所研究的电磁结构在三维有限元分析软件 ANSYS 中为其建模，通过计算在一系列的气隙和电流条件下，电磁结构所产生的吸力，并且分析其磁场的分布及性质，我们可以拟合出一个等值磁路和相应气隙磁导和漏磁导的计算公式，这些公式只和电磁结构的物理尺寸和形状有关。例如对于图 4-1b 中的这种螺管式磁脱扣器，通过在 ANSYS 有限元软件中输入它的三维模型，计算出它的磁场分布图如图 4-15 所示。

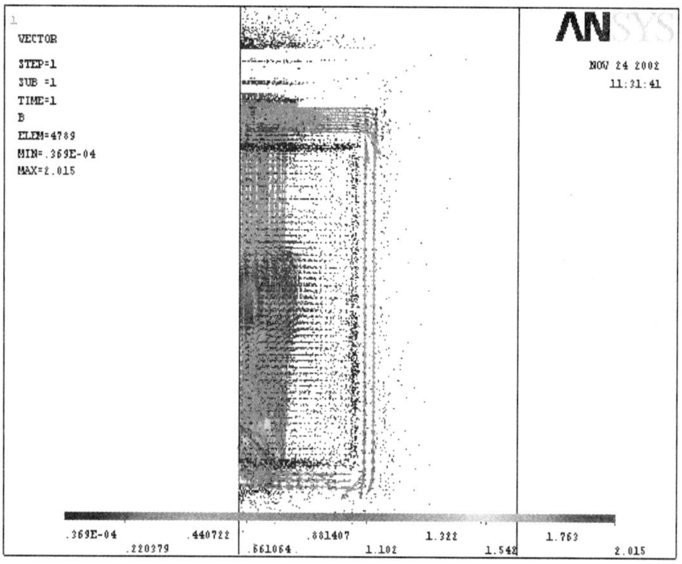


图 4-15　螺管电磁铁磁通分布图

从这个磁通分布图便可以得到它的磁路图，如图 4-16 所示，图中 $IN$ 为激励磁势，$G_1$ 为静铁心磁导，$G_2$ 为铁轭底板磁导，$G_3$ 为铁轭侧板磁导，$G_4$ 为铁轭顶板磁导，$G_5$ 为动铁心磁导，$G_{\delta1}$ 为工作气隙磁导与归算到工作气隙上的漏磁导，$G_{\delta2}$ 为非工作气隙磁导。

由于电磁铁中铁磁质部分的磁导率可达空气的几千倍，所以铁轭、铁心和极靴、动铁心的磁阻相对于气隙磁阻几乎可以忽略不计。用磁场分割的方法并经过拟合后，我们可以得到计算工作气隙磁导和非工作气隙磁导 $G_{\delta1}$、$G_{\delta2}$ 的公式：

$$G_{\delta1} = \mu_0 \cdot \frac{\pi}{\delta} \cdot (r_s^2 - r_k^2) + \mu_0 \cdot \frac{\pi}{\delta} \cdot k_1 \cdot (r_c + r_s) \cdot \sqrt{(r_c - r_s)^2 + h_s^2} \tag{4-10}$$

其中 $k_1 = \sin(\text{arctg}(r_c/r_s - 1))$

$$G_{\delta2} = \mu_0 \cdot \pi \left( \frac{(r_c + r_1) \cdot h_1}{r_1 - r_c} + \frac{(r_c + r_2) \cdot h_2}{(r_2 - r_c)} \right) \tag{4-11}$$

式中　$\mu_0$——粉气绝对磁导率。

图 4-17 所示为上面式中各变量的定义：

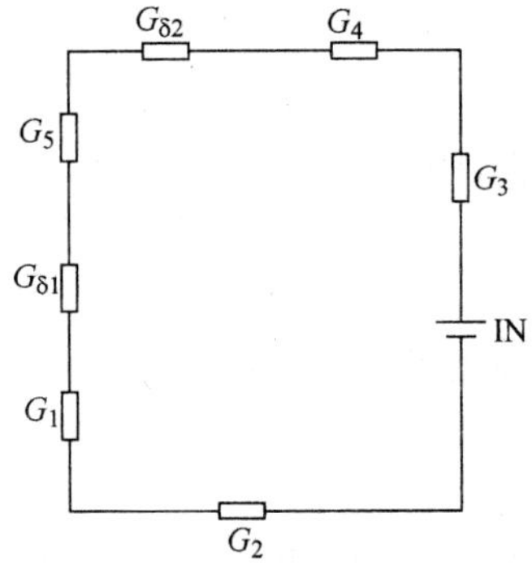


图 4-16 螺管式电磁铁磁路图

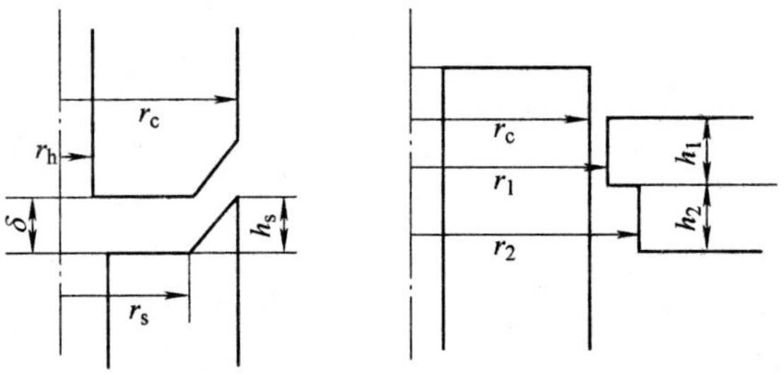


图 4-17 螺管式电磁铁工作气隙与非工作气隙处尺寸定义图

## 4.3.2 静态特性的磁路计算方法

用磁路法对脱扣器磁路模型的求解属于反求任务，对图 4-1b 所示螺管式结构的脱扣器，按图 4-16 所示的磁路及式(4-10)、(4-11)等推出的气隙磁导公式，可根据已知安匝数 $iN$ 求出气隙磁通 $\Phi_\delta$，并由下式计算电磁吸力 $F$：

$$F=\frac{1}{2}\left(\frac{\Phi_\delta}{G_{\delta 1}}\right)^2\frac{\mathrm{d}G_{\delta 1}}{\mathrm{d}\delta} \tag{4-12}$$

上式中和变量的定义如下：

$\Phi_\delta$——工作气隙磁通；

$G_{\delta 1}$——工作气隙磁导；

$\delta$——工作气隙的大小。

在不同的 $iN$ 和气隙 $\delta$ 下，通过反复计算可获得静态吸力特性 $F=f(i,\delta)$，如图 4-18 所示，图中气隙为 $x$，单位取 mm。和前几节介绍的拍合式电磁铁不同，螺管电磁铁的动铁心是直动的，所以这里取铁心中心线上所受的力与气隙的关系，而不是转矩和转角的关系。

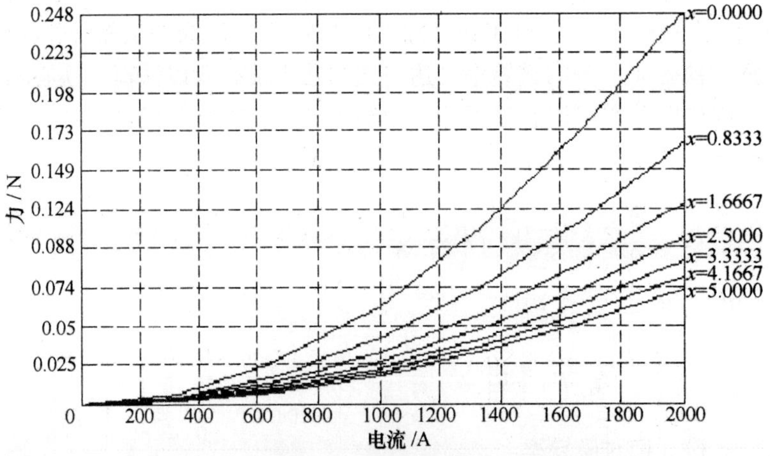


图 4-18 结构的电磁脱扣器的静态特性曲线图

### 4.3.3　动态特性的计算

电磁系统的动态特性的计算必须和电路方程及动铁心运动方程结合起来，同时还要使用电磁机构静态吸力特性。考虑单相短路情况下的电路方程，由于电磁机构动作时触头仍处于闭合位置，因此方程为

$$L\frac{\mathrm{d}i}{\mathrm{d}t}=u_{\mathrm{m}}\sin(\omega t+\phi)-Ri \tag{4-13}$$

初始条件为

$$i|_{t=0}=0$$

式中　$L$——线路的电感；

$i$——短路电流；

$u_{\mathrm{m}}$——电压的峰值；

$\omega$——电源频率；

$\phi$——合闸相角；

$R$——线路电阻。

电磁机构的动作过程分为两个阶段，第一阶段从短路电流开始发生到电磁吸力克服反作用弹簧的反力作用使动铁心开始运动为止。在此过程中，动铁心一直处于静止状态，工作气隙固定为最大工作气隙，此时，应满足

$$F_{\delta}+mg\leqslant F_{\mathrm{f}}$$

式中　$F_{\delta}$——电磁吸力；

$mg$——动铁心的重力；

$F_{\mathrm{f}}$——负载反力。

一旦电磁吸力足够大，使铁心开始吸合，则进入第二阶段。第二阶段从动铁心被吸合开始加速运动到动铁心与极靴之间的距离达到最小工作气隙为止。在此过程中对动铁心可写出如下运动方程：

$$\begin{cases}m\dfrac{\mathrm{d}v}{\mathrm{d}t}=F_{\delta}-F_{\mathrm{f}}\\[2mm]\dfrac{\mathrm{d}x}{\mathrm{d}t}=v\end{cases} \tag{4-14}$$

求解上式的初始条件为

$$\begin{cases}v_{\delta}|_{t=0}=0\\x_{\delta}|_{t=0}=\delta_0\end{cases}$$

式中　$m$——动铁心的质量；

$v$——动铁心的运动速度；

$F_{\delta}$——电磁吸力；

$F_{\mathrm{f}}$——负载反力；

$x$——动铁心运动时的行程；

$\delta_0$——工作气隙的最大值。

用四阶龙格—库塔法联立求解方程(4-13)和(4-14)，即可得电流 $i$、电磁吸力 $F$、动铁

心速度 $v$ 和行程 $x$ 与时间 $t$ 的关系，在每一次迭代中，吸力从脱扣器静态吸力特性曲线中通过二元二次插值获得，反力特性由用户在输入初始计算数据时输入。

对一额定电流为 63A 螺管式脱扣器，用上述方法计算其保护特性，线圈匝数为 2 匝，反力弹簧的初始预压力为 0.5N，弹簧刚度为 100N/m，功率因数取 0.9，合闸相角取 0°。开始让预期电流为一小值，若输入不能使脱扣器动作，按一定步长逐步增加预期电流值直至动铁心开始动作，计算得出这一电流为 615A，这一电流为脱扣器最小动作电流，即脱扣电流。然后逐步增加短路预期电流值，计算出它的脱扣时间，从而得到它的保护特性，即预期电流和脱扣时间的关系，如图 4-19 所示。从图中可以看出，脱扣器的触动时间和脱扣时间都随预期电流增大而减小，并且当电流增加到一定值时，两个时间变化越来越小。

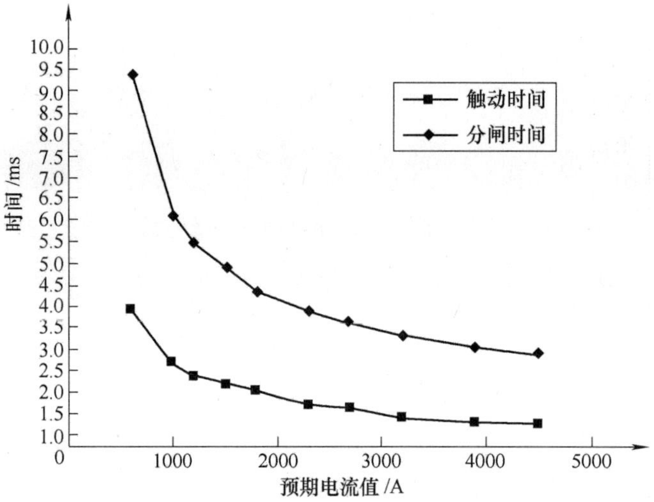


图 4-19 螺管式磁脱扣器保护特性的计算

采用拍合式脱扣器相同的实验方法，对额定电流为 63A 螺管式脱扣器样机进行 10 次测量，测得的平均脱扣时间为 6.0ms，然后用本章采用的方法进行计算，得到的脱扣时间为 6.5ms，相对误差为 5.8%。

对上述样机，在其他参数不变条件下，改变其线圈匝数，用上述方法分别求得脱扣电流和开断 1000A 电流的脱扣动作时间见表 4-4 所示，由表中数据可以看出随着线圈匝数的增加，脱扣电流减小，这说明对额定电流小的脱扣器，可通过增加线圈匝数未使脱扣器达到设定的脱扣电流要求。由表中数据还可看出，当开断 1000A 电流时，脱扣器动作时间也随匝数的增加而减小，这对提升断路器的开断性能有利，这也是为什么小规格脱扣器常采用螺管式的原因。

**表 4-4 线圈匝数与脱扣电流及动作时间的关系**

| 线圈匝数 | 2 | 2.5 | 3.0 | 3.5 | 4.0 |
|---|---|---|---|---|---|
| 脱扣电流/A | 665 | 530 | 500 | 380 | 340 |
| 1000A 时的动作时间 /ms | 6.1 | 5.4 | 4.9 | 4.4 | 4.1 |

## 4.4　高速直流断路器用磁脱扣器调节特性的分析

高速直流断路器以高可靠性、易于维护等特点广泛地应用于船舶、地铁等的电力牵引系统。本节以某厂生产的额定电压为 1800V，额定电流为 3600A 的高速直流断路器用磁脱扣器为例，一方面介绍其工作原理及工作特性，另一方面在获得脱扣器动态特性和保护特性的基础上，介绍脱扣器调节特性的计算方法。

由于各系统对断路器保护特性的不同需求，系列化产品成为断路器的一个重要发展方向。可调节式脱扣器是断路器系列化产品的重要组成部分，而调节特性是评价断路器调节能力的主要依据，也是设计和优化脱扣器的关键因素。一般地，脱扣电流可通过调节反力弹簧预压缩量或电磁铁的初始气隙长度实现连续调节，也可通过选用不同刚度系数的弹簧或不同质量的动铁心实现非连续调节。

### 4.4.1　高速直流断路器用磁脱扣器的工作原理

高速直流断路器用磁脱扣器结构如图 4-20 所示。短路电流($i$)超过脱扣电流($I_t$)时，与脱扣杆固结的动铁心在电磁力($F_{mag}$)的作用下克服碟片弹簧反力($F_{spr}$)和重力沿气隙减小的方向运动，即竖直向上运动，如图 4-20b 所示。向上运动的脱扣杆迫使脱扣叉绕转轴 1 转动，如图 4-20a 所示，脱扣叉转动一定角度后，释放固结在动触头上的卡住装置。动触头在触头弹簧的推动下，迅速绕轴 2 转动，动静触头分开，脱扣过程结束。

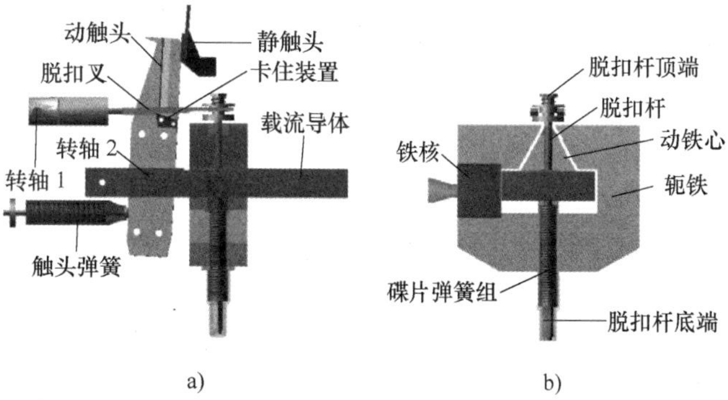


图 4-20　磁脱扣器模型

a) 正视图　b) 右视图

该磁脱扣器的脱扣电流可由碟片弹簧组预压缩量($L_0$)或铁核移出轭铁的距离($d_c$)来实现连续调节。然而，单一的调节方式难以获得较大的调节范围，通常情况需要结合两种调节方式才能满足设计要求。该脱扣器可以将上述两种调节方法结合起来以增大脱扣电流的调节范围，方案 1：预设定 $d_c$，然后连续调节 $L_0$；或方案 2：预设定 $L_0$，然后连续调节 $d_c$。将针对这两种调节方案的调节特性进行分析比较。

### 4.4.2　高速直流断路器用磁脱扣器的静态特性与动态特性

该脱扣器中电磁铁的有限元模型如图 4-21 所示(空气未画出)，其中 $d_c=\infty$ 表示铁核从轭铁中完全取出。由于气隙处的磁感应强度梯度较大，气隙附近的网格需要细化以增加求解精度。与计算继电器，电磁弹射装置，电磁操动机构等装置中的电磁力不同，脱扣器的载荷为短路电流，可视为电流源，动铁心运动产生的反电势可以近似忽略。

本文考虑铁磁物质的非线性 $B$-$H$ 特性，忽略短路电流涡流效应的影响，利用三维有限元法和麦克斯韦张量法计算随电流和气隙长度变化的静态电磁吸力。该电磁铁的静态吸力曲线如图 4-22 所示，其中 $d_a$ 为动铁心的移动距离。可以看出 $i<16$kA 时，$F_{mag}$随着 $i$ 的增大迅速增大，而在 $i>16$kA 时，由于磁路饱和的缘故，$F_{mag}$增大趋势逐渐趋于平缓。另一方面，随着 $d_a$ 增大，气隙长度不断减小，所以 $F_{mag}$也随之增大。通过对比图 4-22 和图 4-22b 还可以发现，在 $i$ 和 $d_a$ 相同的情况下，$d_c=0$ 时电磁吸力比 $d_c=\infty$ 时的大，这是因为 $d_c$ 增大时，由轭铁、动铁心和铁核组成磁路的磁阻增大，致使动铁心的电磁吸力降低。这也是可以通过 $d_c$ 调节脱扣电流的原因。

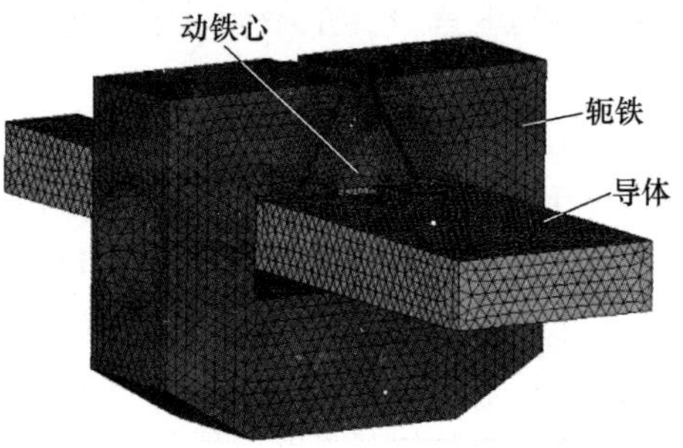


图 4-21 电磁铁有限元剖分网格($d_c=\infty$)

一般地，碟片弹簧组的弹簧力 $F_{spr}$可以利用公式(4-15)进行简化计算，代入表 4-5 中的几何参数，可以得到碟片弹簧组特性曲线，如图 4-23 所示，碟片弹簧组弹簧力与压缩量近似为线性关系。

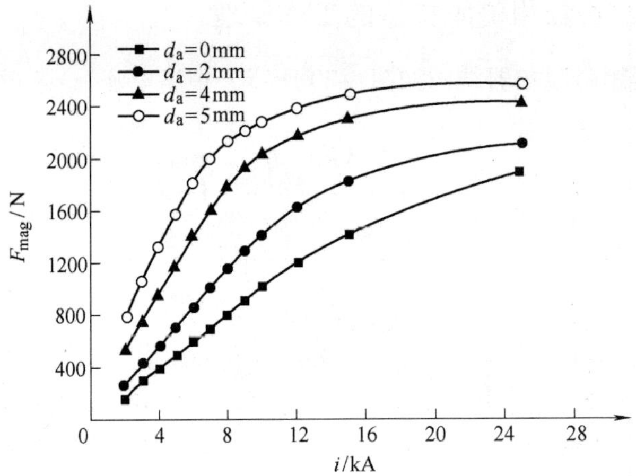


a)

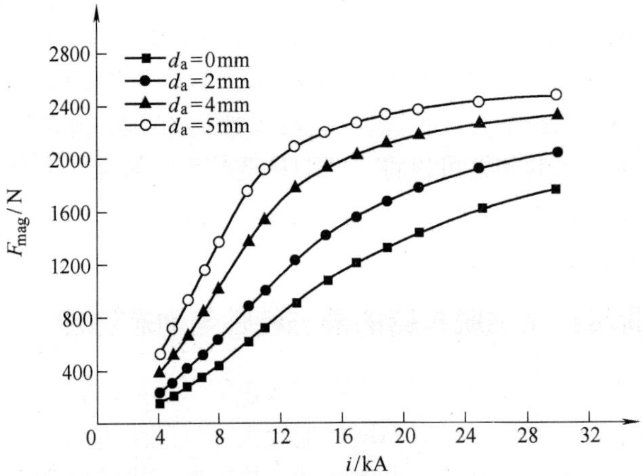


b)

图 4-22 电磁铁静态吸力曲线

$$F_{spr}=\frac{4E}{1-\mu^2}\cdot\frac{t^4}{k_1D^2}\cdot\frac{\Delta/N}{t}\cdot\left[\left(\frac{h_0}{t}-\frac{\Delta/N}{t}\right)\left(\frac{h_0}{t}-\frac{\Delta/N}{2t}\right)+1\right] \tag{4-15}$$

式中

$$k_1=\frac{\frac{1}{\pi}\left(\frac{C-1}{C}\right)^2}{\frac{C+1}{C-1}-\frac{2}{\ln C}}$$

$$C=D/d$$

$D$——碟片弹簧外径/mm；

$d$——碟片弹簧内径/mm；

$\Delta$——碟片弹簧组压缩量；

$N$——碟片弹簧数目；

$h_0$——自由长度减厚度/mm；

$E$——弹性模量/MPa；

$\mu$——泊松比；

$t$——厚度/mm。

**表 4-5　碟片弹簧几何参数**

| $\Delta$/mm | $D$/mm | $d$/mm | $h_0$/mm | $E$/MPa | $\mu$ | $N$ | $t$/mm |
|---|---|---|---|---|---|---|---|
| 38 | 17.8 | 8.2 | 0.6 | 2.06e5 | 0.29 | 77 | 0.7 |

基于上述静态计算结果，可以求解该脱扣器的动态特性。图 4-22 所示的静态吸力曲线可拟合为 3-D 样条函数 $F_{mag}=f(i,\ d_a)$，将短路电流函数 $i=i(\text{time})$ 代入，可以得到电磁吸力随时间和动铁心位移变化的表达式 $F_{mag}=f(\text{time},\ d_a)$。式(4-15)所计算的碟片弹簧阻力可以化简为 $F_{spr}=F(\Delta)$。利用 $F_{mag}$ 和 $F_{spr}$ 加载脱扣器多体动力学模型，考虑重力，忽略摩擦力，求解牛顿欧拉微分方程，可以得到脱扣器动态特性曲线，如图 4-24 所示，其中 $I_{peak}$ 为短路电流峰值。随着短路电流的增大，$F_{mag}$ 不断增大，当 time <2.1ms 时，$F_{mag}<F_{spr}$，动铁心未动作；当 time >2.1ms 时，$F_{mag}>F_{spr}$，动铁心带动脱扣杆向上运动，并转动脱扣叉；当 time =5.9ms 时，脱扣叉与固结在动触头上的卡住装置分离，动触头脱扣，并开始运动，动态仿真停止。

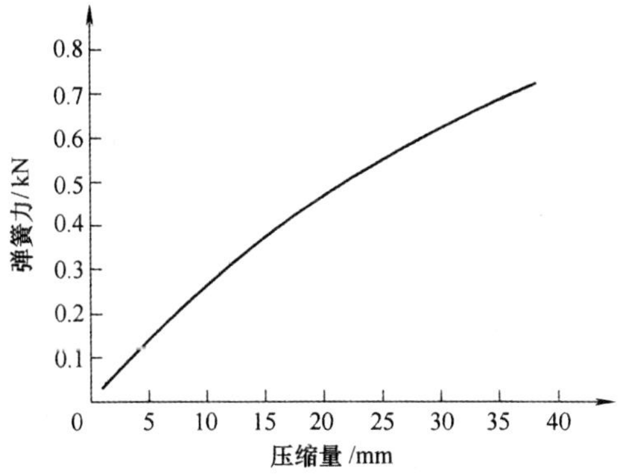


图 4-23　碟片弹簧组特性曲线

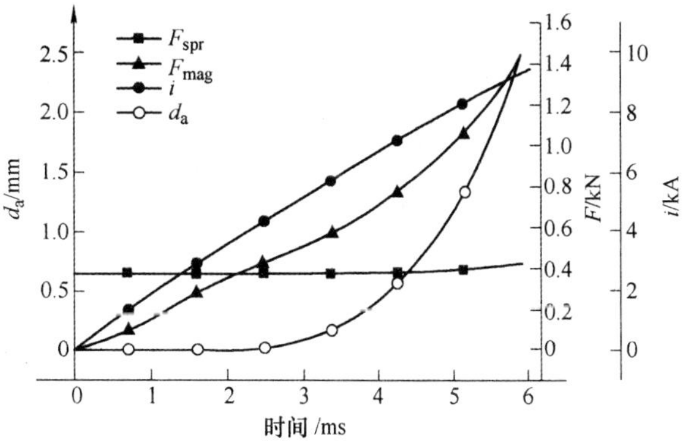


图 4-24　脱扣器动态特性曲线
($L_0=15$mm，$I_{peak}=14$kA，$d_c=0$)

### 4.4.3 高速直流断路器用磁脱扣器的调节特性分析

利用上述仿真方法，计算不同 $d_c$ 和 $L_0$组合情况下的脱扣电流整定值($I_t$)，可以得到该脱扣器的脱扣电流调节特性曲线。

图 4-25 为方案 1 的脱扣电流调节特性曲线。可以看出当 $d_c=0$ 时，通过 $L_0$调节脱扣电流的线性范围约为(2～7kA)，而当 $d_c=\infty$，其线性调节范围约为(6～11kA)，因为在(2～6kA)范围内，其调节曲线的线性度较差，故将其舍弃。另一方面，根据 GB/T 1972—2005，每个碟片弹簧的正常工作的最大压缩长度为 $0.75h_0$，故该碟片弹簧组最大压缩长度为 $0.75h_0\times N=34.65\text{mm}$，故舍弃 $L_0>30\text{mm}$ 所对应的调节范围。综上所述，方案 1 的总调节范围为(2～10kA)。当所需脱扣电流在(2～6kA)时，首先插入铁核，再连续调节 $L_0$至指定值；当所需脱扣电流在(6～10kA)时，首先移除铁核，再连续调节 $L_0$。

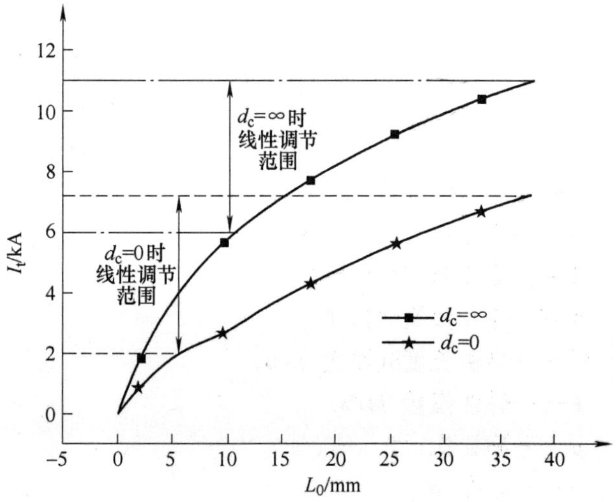


图 4-25 方案 1 的脱扣电流调节曲线

同样地，方案 2 的脱扣电流调节特性曲线如图 4-26 所示，当 $L_0$预设值由 11.2mm 增加至 27.9mm 时，脱扣电流的线性调节范围由(3～4kA)改变为(6～7kA)，所以方案 2 的脱扣电流总调节范围为(3～7kA)。从图 4-26 还可以看出，当 $d_c>35\text{mm}$ 时，调节曲线非线性非常明显，这是因为 $d_c>35\text{mm}$，铁核即将被移出轭铁，此时电磁铁磁阻随 $d_c$ 变化得越来越快，故 $d_c>35\text{mm}$ 所对应的调节范围也被舍弃。表 4-6 与表 4-7 对比了上述两种方案的调节特性参数。

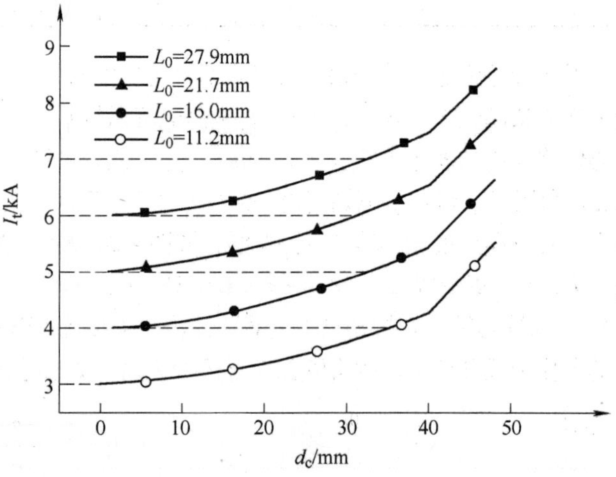


图 4-26 方案 2 的脱扣电流调节曲线

表 4-6 方案 1 的脱扣电流调节特性参数

| 序号 | $I_t$/kA | $d_c$/mm | $L_0$/mm | $P$ | $D_v$/(A/mm) |
|---|---|---|---|---|---|
| Ⅰ | 2～6 | 0 | 5.5～27.9 | 0.999 | 181 |
| Ⅱ | 6～10 | ∞ | 10.6～30.3 | 0.995 | 203 |

表 4-7 方案 2 的脱扣电流调节特性参数

| 序号 | $I_t$/kA | $L_0$/mm | $d_c$/mm | $P$ | $D_v$/(A/mm) |
|---|---|---|---|---|---|
| Ⅰ | 3 ~ 4 | 11.2 | 0 ~ 32 | 0.948 | 31.2 |
| Ⅱ | 4 ~ 5 | 16 | | 0.922 | |
| Ⅲ | 5 ~ 6 | 21.7 | | 0.967 | |
| Ⅳ | 6 ~ 7 | 27.9 | | 0.932 | |

1）调节方案复杂度　方案 1 将脱扣电流调节范围分为两档，而方案 2 分为四档，故方案 2 较为复杂。

2）调节范围　方案 1 的总线性调节范围为(2 ~ 10kA)，大于方案 2 的总线性调节范围(3 ~ 7kA)；且方案 1 的每档调节范围为 4kA，方案 2 只有 1kA。故方案 1 的调节范围较大。

3）易操作性　方案 1 连续调节 $L_0$时，需克服弹簧反力；而方案 2 连续调节 $d_c$ 时，几乎没有阻力，更易实现电机自动控制。

4）调节线性度($P$)　调节方案线性度是调节特性中的重要参数，引入皮尔逊相关系数来定量计算线性调节范围内调节特性曲线的线性度，如公式(4-16)所示。

$$P = \frac{\sum_{i=1}^{N}(X_i - \overline{X})(Y_i - \overline{Y})}{\sqrt{\sum_{i=1}^{N}(X_i - \overline{X})^2}\sqrt{\sum_{i=1}^{n}(Y_i - \overline{Y})^2}} \tag{4-16}$$

其中 ($X_i$, $Y_i$) 为点 $i$ 的坐标，$\overline{X}$ 和 $\overline{Y}$ 分别是 $X_i$ 和 $Y_i$ 的平均值，$N$ 为数据点总数。方案 1 中各档的皮尔逊相关系数都比方案 2 中的皮尔逊相关系数更接近于 1，故方案 1 线性度较好。不过从图 4-26 中可以发现，方案 2 中各档调节曲线非线性相近，可以采用统一的非线性刻度矫正调节曲线。

5）调节分度值($D_v$)　调节分度值极大地影响着调节精度，方案 1 中 $D_v$ 平均值约为 192A/mm，约为方案 2 的 6 倍，故方案 1 更易引入调节误差。

由此可以看出：预设铁核位移($d_c$)，继而连续调节弹簧预压缩量($L_0$)的调节方案具有方法简单，调节范围大，线性度高的特点，适用于大范围调节脱扣电流的场合。预设 $L_0$，继而连续调节 $d_c$ 的方案具有调节分度值低，调节反力小的特点，通过搭配非线性刻度，减小调节误差，可用于微型电机自动调节或调节精度要求较高的场合。

## 4.5 电磁脱扣器的优化设计

### 4.5.1 脱扣器几何参数的优化设计

作为短路保护的电磁脱扣器对断路器的短路开断过程有重要作用，它的动作时间越短，越有利于提高短路开断性能，对塑壳断路器来说，更有利于达到操作机构动作与触头斥开过程的合理配合，防止动触头斥开后的跌落现象。所以实现电磁脱扣器的优化设计，一般可取动作时间最短作为优化的目标，而把几何尺寸作为设计变量。

关于电磁脱扣器的保护性能计算已在上面几节中叙述，计算方法是耦合三相有限元电流场和磁场分析，优化设计需要进行大量设计方案寻优计算，若采用三维有限元方法计算其电磁特性，则工作量太大，这里采用4.3节同样的方法，基于三维磁场分析，建立等值磁路，然后用磁路方法进行优化设计，这样既保证了计算准确性，又能大幅度减少计算工作量。

图4-27显示了分析对象的模型和它的有限元剖分，由于分析对象的截面左右对称，所以图上只显示了一半，图4-28是三维磁场计算结果，然后利用图4-28的磁场分布，组成如图4-29所示的等值磁路，图中$IN$是磁路的磁势，对照图4-30的尺寸图，$G_1$是铁轭底部的磁导，$G_2$和$G_3$是铁轭两边两个截面不同部分的磁导，$G_{\delta1}$、$G_{\delta2}$和$G_{\delta3}$是铁轭两侧边三个不同部分间气隙的漏磁导，$G_\delta$是工作气隙磁导，$G_5$是衔铁顶部的磁导，$G_{\delta4}$是衔铁两侧边间空气隙的漏磁导，气隙磁导的计算对计算准确性影响最大，其计算公式如下：

$$G_\delta = \mu_0 \int_0^{w_1} \left( \frac{d}{d_\theta + x\theta} + \frac{4}{\pi\left(\dfrac{d_\theta + x\theta}{d} + 1\right)} \right) dx + k_1 \cdot \frac{d(w_2 - w_1)}{d_\theta} \tag{4-17}$$

$$G_{\delta1} = \mu_0 k_2 \cdot \frac{S_{ABCD}}{D} \tag{4-18}$$

$$G_{\delta2} = \mu_0 k_3 \cdot \frac{S_{ADEF}}{D} \tag{4-19}$$

$$G_{\delta3} = \mu_0 k_4 \cdot \frac{S_{EGHI}}{D} \tag{4-20}$$

$$G_{4\delta} = \mu_0 k_5 \cdot \frac{S_4}{D} \tag{4-21}$$

式中
$$d_\theta = \frac{|x_1 \cdot \tan\alpha - y_1 + n - h + x_1 \cdot \tan\alpha|}{\sqrt{(\tan\alpha)^2 + 1}}$$

$$x_1 = l_1 \cdot \cos\left(\arccos\frac{w_x - w_1}{l_1} + \alpha - \theta\right)$$

$$y_1 = l_1 \cdot \sin\left(\arccos\frac{w_x - w_1}{l_1} + \alpha - \theta\right)$$

$$l_1 = \sqrt{(w_x - w_1)^2 + l^2}$$

$k_1 = 0.87(1 + \sin\theta)$（表征衔铁侧板两端漏磁导随气隙变化的拟合量）；

$k_2 = 0.81$（表征铁轭侧板第一段漏磁通有效截面积的拟合量）；

$k_3 = 0.88$（表征铁轭侧板第一段漏磁通有效截面积的拟合量）；

$k_4 = 0.92$（表征铁轭侧板第一段漏磁通有效截面积的拟合量）；

$k_5 = 0.93$（表征衔铁侧板漏磁通有效截面积的拟合量）；

$\mu_0$——空气绝对磁导率；

图4-30所示为上面式中各变量的定义。

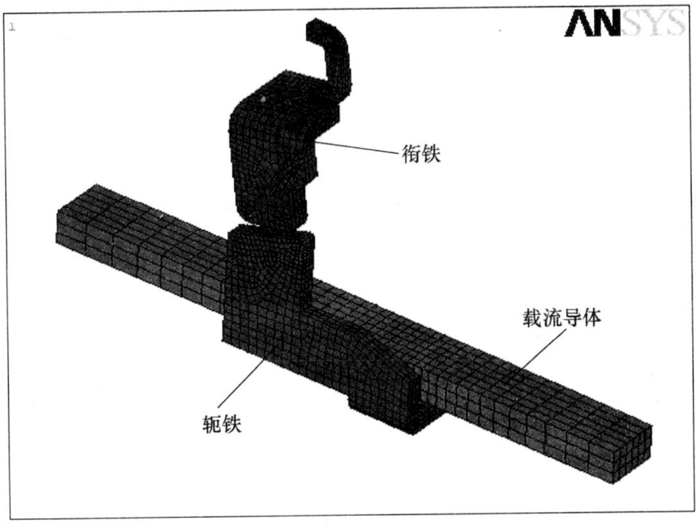


图 4-27　磁脱扣器的剖分模型

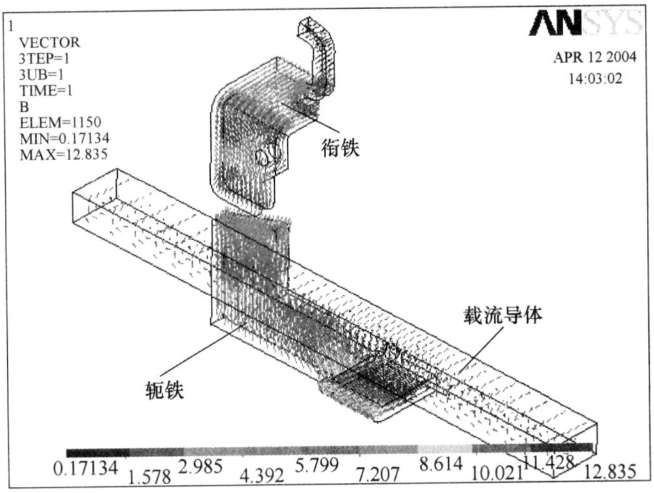


图 4-28　脱扣器的空间磁场分布(不含空气)

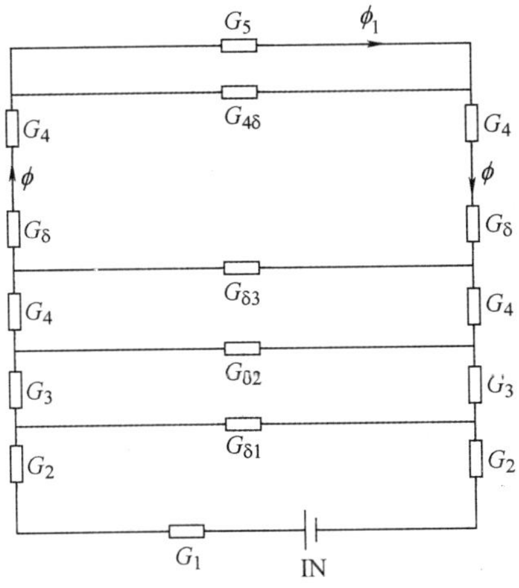


图 4-29　磁脱扣器的等值磁路

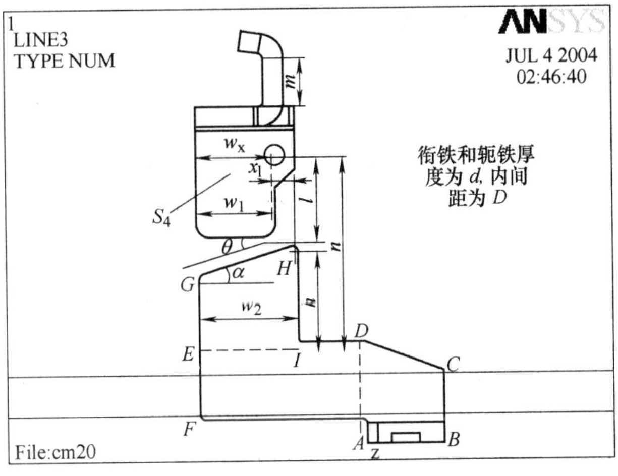


图 4-30　磁脱扣器的尺寸图

利用上述等值磁路，可计算出磁脱扣器的静特性，即电磁转矩 $M$ 和磁系统磁链 $\psi$ 与衔铁转角 $\theta$ 和通过电流 $i$ 的关系：

$$\begin{cases} M = M(\theta,\ i) = 0.5 l_g \left(\dfrac{\phi}{G_\delta}\right)^2 \dfrac{\mathrm{d}G_\delta}{\mathrm{d}\delta} \\ \psi = \psi(\theta,\ i) \end{cases} \tag{4-22}$$

式中 $l_g$——衔铁力臂；

$\delta$——归化到衔铁受力点的气隙。

计算求得的 $M$ 和 $\psi$，可列成数据网络，耦合电路瞬态和机械运动方程，即可用龙格-库塔(Runge-Kutta)法求得磁脱扣器的动特性，包括脱扣器的动作时间 $t$。

根据对磁脱扣器的要求，可列出优化设计的数学模型

$$\mathrm{Min}t = f(n,\ l,\ h,\ a,\ m,\ d,\ w_x) \tag{4-23}$$

式中设计变量 $n$，$l$，$h$，$a$，$m$，$d$，$w_x$ 是脱扣器的几何尺寸，见图 4-30 所标，优化设计的约束条件按工艺和结构要求取这些变量的上下限。脱扣器的反力特性是给定的，反力弹簧的初始力矩 $M_{f_0} = 0.0272\mathrm{Nm}$，刚度系数 $k = 0.026\mathrm{Nm/rad}$。通过优化设计，当脱扣器通过 4kA 时，优化方案较原始方案动作时间缩短了 1.45ms；当短路电流为 15kA 时，则动作时间缩短 0.42ms。

为了验证计算结果，制作了一台优化样机和原样机作实验比较，考虑到直接测量脱扣器动作时间比较困难，这里采用测量操作机构主轴启动时间的间接方法，把角位移传感器装在断路器主轴上，在振荡回路上分别通过 4kA、8kA、10kA 和 15kA 4 种短路电流，测量原方案和优化方案的操作机构主轴启动时间，即短路电流呈现到主轴开始旋转的时间间隔，这里把它称为 $t'$，这一时间包括磁脱扣器动作时间、脱扣装置脱扣时间和操作机构由四连杆变成五连杆的时间，考虑到优化设计对后两个时间影响很小，所以近似可认为原方案的时间间隔 $t'_{org}$ 和新方案的间隔 $t'_{opt}$ 之差，即为优化后脱扣器缩短的时间，图 4-31 显示当短路电流为 4kA 时，原方案和优化样机测得的电流和主轴转角 $\theta_w$ 波形，表 4-8 列出了不同短路电流下的 $t'_{org}$、$t'_{opt}$，实验获得的优化方案较原方案缩短时间 $(\Delta t')_{exp}$ 和计算获得的缩短时间 $(\Delta t')_{cal}$，后两者比较接近，间接说明优化计算有一定准确性。

## 4.5.2 反力弹簧参数的优化设计

从优化设计的角度出发，除了考虑动作时间外，需要计算出脱扣器工作更合理、可靠性更高的弹簧参数，这时弹簧初始反力是其中一个重要的参考因素。例如在同样的工作位置、即弹簧一端固定位置不变的条件下，弹簧的初始反力较小时可能会引起脱扣器在振动等情况下出现误动作，从而不利于脱扣器的稳定工作。

同时，从规模化工业生产的角度来讲，由于一批同样设计参数的弹簧，其原长和刚度系数存在不可避免的差异，为了提高脱扣器的工作可靠性，弹簧的容差性设计是必须考虑的一个问题。也就是说，能够满足选择性保护要求的弹簧原长和刚度系数最好存在一个范围，这样即使不同弹簧的参数存在一定的差异，也不会影响脱扣器的正常工作。

针对一额定电流为 320A 的脱扣器，从表 4-9 中可以看出，当弹簧原长大于 35.8mm 时，对于同一个弹簧原长值，符合设计要求的刚度系数会存在多个可选值；而对于同一个弹簧刚度系数值，符合设计要求的弹簧原长同样也存在多个可选值。因此，在下面的分析中，利用

这种“重叠”，选择弹簧原长为 36mm、刚度系数为 2.4N/mm，给出了脱扣器在不同设计特征电流作用下的动态特性仿真结果。

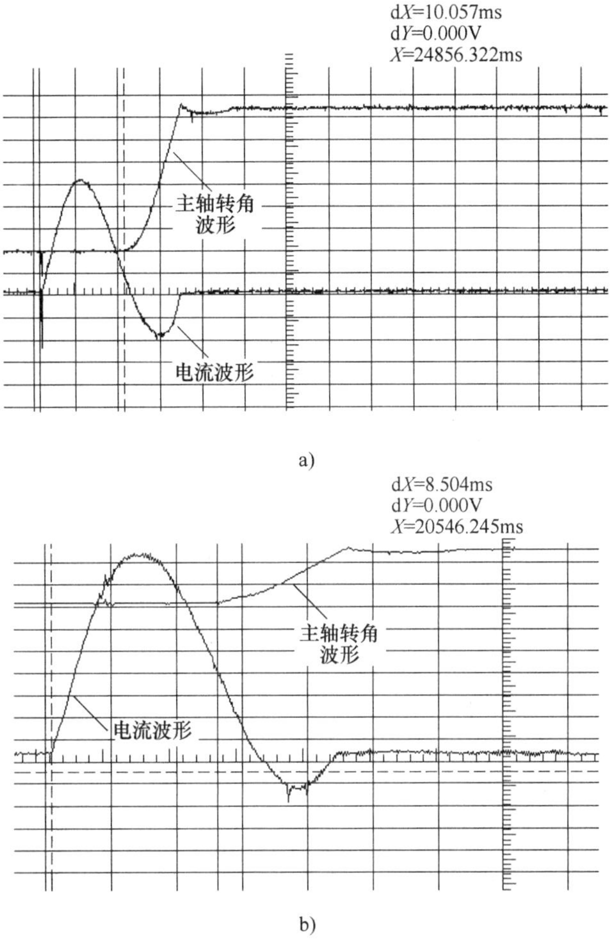


图 4-31　当电流为 4kA 时的原方案和优化方案样机的测试结果

a) 原方案　b) 优化方案

**表 4-8　计算和实验结果的比较**

| 试验电流/kA | 4 | 8 | 10 | 15 |
|---|---|---|---|---|
| 优化前 $t'_{org}$/ms | 10 | 6.67 | 6.21 | 5.54 |
| 优化后 $t'_{opt}$/ms | 8.5 | 6.15 | 5.8 | 5.12 |
| 测量时间差 $(\Delta t')_{exp}$/ms | 1.5 | 0.52 | 0.41 | 0.42 |
| 计算时间差 $(\Delta t')_{cal}$/ms | 1.45 | 0.52 | 0.46 | 0.39 |

**表 4-9　部分弹簧参数下脱扣器的动作时间仿真结果**　　（单位：ms）

| 自由长度/mm | 刚度系数 N/mm | $5\times0.8\times I_n$ | $5\times1.2\times I_n$ | $10\times0.8\times I_n$ | $10\times1.2\times I_n$ |
|---|---|---|---|---|---|
| 34.8 | 1.8 | F | 17.5 | F | <10 |
| 35 | 1.9 | F | 17.8 | F | <10 |

（续）

| 自由长度/mm | 刚度系数 N/mm | $5\times0.8\times I_n$ | $5\times1.2\times I_n$ | $10\times0.8\times I_n$ | $10\times1.2\times I_n$ |
|---|---|---|---|---|---|
| 35.2 | 2 | F | 17.8 | F | <10 |
| 35.4 | 2 | F | 14.3 | F | <10 |
| 35.8 | 2.1 | F | 12 | F | <10 |
| 35.8 | 2.2 | F | 13.4 | F | <10 |
| 35.8 | 2.3 | F | 15.5 | F | <10 |
| 35.8 | 2.4 | F | 19.2 | F | <10 |
| 36 | 2.2 | F | 11.6 | F | <10 |
| 36 | 2.3 | F | 12.8 | F | <10 |
| 36 | 2.4 | F | 14.1 | F | <10 |
| 36 | 2.5 | F | 16.7 | F | <10 |
| 36 | 2.6 | F | 18.1 | F | <10 |
| 36.2 | 2.3 | F | 11 | F | <10 |
| 36.2 | 2.4 | F | 12 | F | <10 |
| 36.2 | 2.5 | F | 13.2 | F | <10 |
| 36.2 | 2.6 | F | 14.8 | F | <10 |
| 36.2 | 2.7 | F | 17.4 | F | <10 |
| 36.4 | 2.4 | F | 10.4 | F | <10 |
| 36.4 | 2.6 | F | 12.1 | F | <10 |
| 36.4 | 2.8 | F | 14.8 | F | <10 |
| 36.4 | 3 | F | 45 | F | <10 |
| 36.6 | 2.5 | F | 8.54 | F | <10 |
| 36.6 | 2.7 | F | 8.92 | F | <10 |
| 36.6 | 2.9 | F | 9.41 | F | <10 |

图 4-32a 和图 4-32b 分别给出了电流有效值 $I$ 为 $10\times I_n\times0.8$ 和 $10\times I_n\times1.2$ 时脱扣器的动态特性计算结果，可以看出，在 $10\times I_n\times1.2$ 电流作用下，脱扣器的衔铁和轭铁在 7.4ms 时吸合；而在 $10\times I_n\times0.8$ 电流作用下，衔铁只能在一定角度内摆动(约 1°)，不能和轭铁吸合。

在 5 倍额定电流设置时，也会得出同样的结论，即在 $5\times I_n\times0.8$ 电流作用下，脱扣器不能成功动作，而从图 4-33 所示的电流为 $5\times I_n\times1.2$ 时的动态特性仿真结果可以看出，衔铁和轭铁的吸合时间大约是 17ms。

图 4-34a 和图 4-34b 分别为 $I=10\times I_n\times1.2$ 和 $5\times I_n\times1.2$ 时，作用在衔铁上的电磁吸力矩 $T_a$ 和反力矩 $T_r$，从图中的 $T_r$ 曲线中可以看出，当衔铁和轭铁即将吸合之前，反力特性存在一个凸起，即对应于脱扣力。

结合图 4-34b 和图 4-33，可以看出，当 $I=5\times I_n\times1.2$ 时，在 10.5 ~ 13ms 这一段时间内，衔铁在 8.2° ~ 9.6°存在回落，即向远离轭铁的方向运动，而吸力矩在 9.2° ~ 10.5°之间存在不单调的现象。

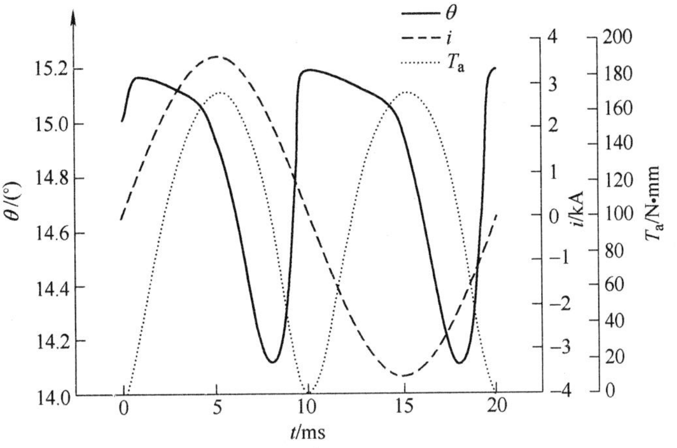


a)

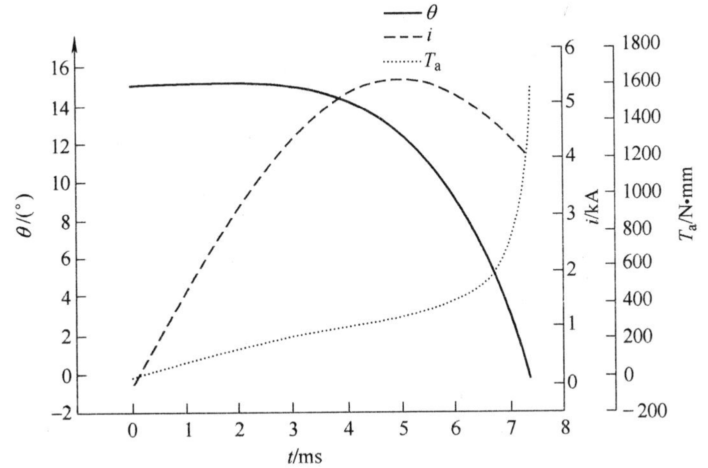


b)

图 4-32　10 倍额定电流设置时，脱扣器的动态特性计算结果

a）$I=10\times320\ \mathrm{A}\times0.8$　b）$I=10\times320\ \mathrm{A}\times1.2$

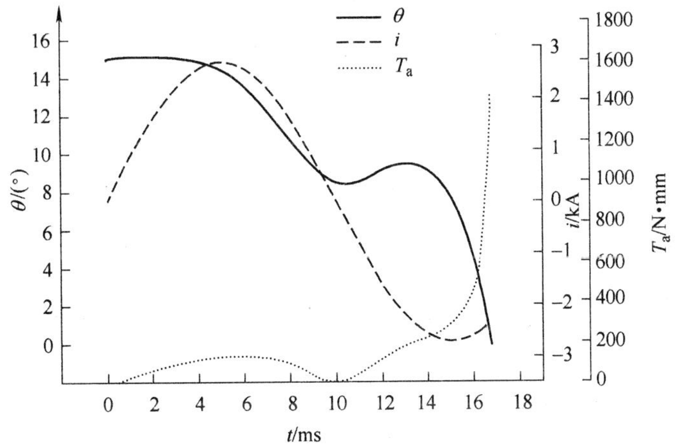


图 4-33　电流为 $5\times I_n\times1.2$ 时，脱扣器动态特性的仿真结果

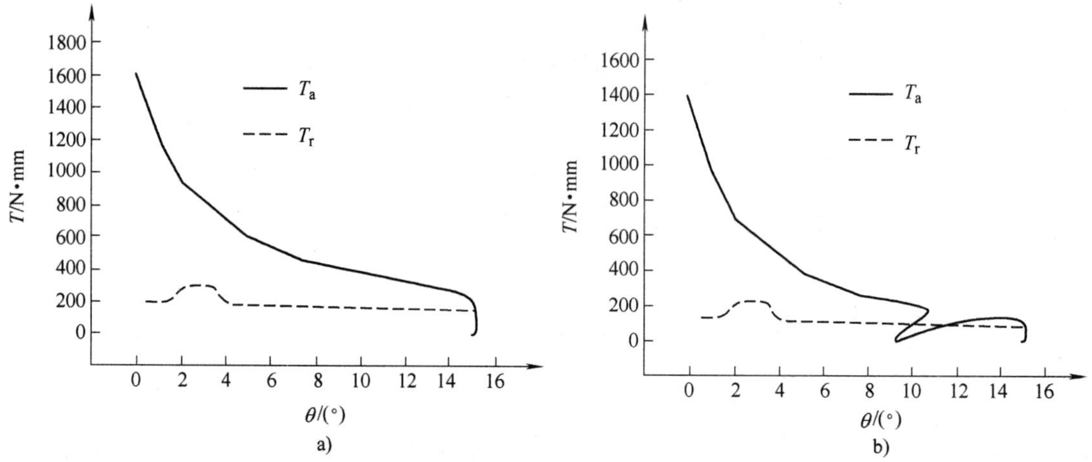


图 4-34 吸力矩和反力矩随气隙角度的变化

a) $I=10\times I_n\times1.2$ b) $I=5\times I_n\times1.2$

图 4-35 和图 4-36 分别给出了 $I=10\times I_n\times1.2$ 和 $5\times I_n\times1.2$ 时的弹簧力、力臂和反力矩随气隙角度的变化。可以看出，当 $I=10\times I_n\times1.2$，衔铁和轭铁之间的角度小于 5°时，力臂有所增加；而 $I=5\times I_n\times1.2$ 时，随着衔铁向轭铁方向运动，力臂逐渐减小。因此，为了进一步缩短脱扣器的动作时间以提高塑壳断路器的限流性能，可以对反力弹簧的固定位置进行优化设计，使得在衔铁运动过程中，力臂持续减小，从而降低作用在衔铁上的反力矩，加速衔铁运动。

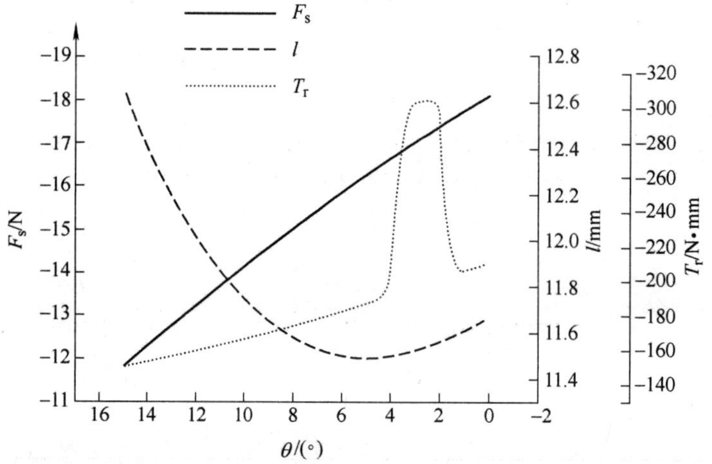


图 4-35 $I=10\times I_n\times1.2$ 时，弹簧力、力臂和反力矩随气隙角度的变化

此外，从这两幅图中还可以清楚地对比出不同动作电流设置时反力及反力矩在数值上的差异。

为了验证上述仿真方法和结果的正确性，也开展了相关的实验研究。实验接线如图 4-37 所示，将被试塑壳断路器接于回路中，通过调节调压器，将回路电压缓慢升高，同时通过电

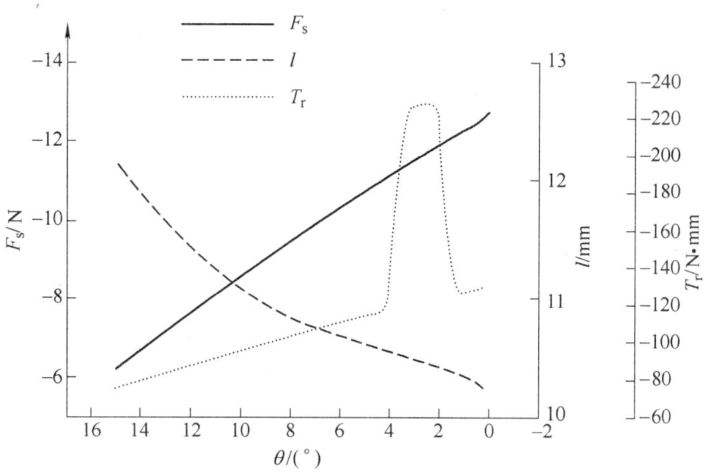


图4-36　$I=5\times I_n\times1.2$ 时，弹簧力、力臂和反力矩随气隙角度的变化

流互感器测量回路电流，当电流达到一定值时，磁脱扣器中衔铁将向轭铁运动，并最终吸合。记录此时的电流值，即为脱扣器动作电流有效值。

表4-10给出了所研究的塑壳断路器三相磁脱扣器动作电流的实验结果。为了对比，采用了两组弹簧进行实验，其原长均为36mm，而刚度系数分别为根据上述仿真结果、优化设计出的2.4N/mm，和不满足设计要求的3N/mm。

根据上述设计要求，对于不同的选择性保护设置，脱扣器动作电流存在一个范围。即当为$5I_n$设置时，动作电流范围为1280～1920A；当为$10I_n$设置时，其动作电流范围为2560～3840A。从表4-10中可以看出，当刚度系数为2.4N/mm时，脱扣器可以在上述电流范围内动作，而当刚度系数为3N/mm时，脱扣器的动作电流不符合上述要求。这就验证了针对具有选择性保护功能的塑壳断路器用磁脱扣器，提出的优化设计方法是有效的，弹簧参数优化设计结果可以满足工程需求。

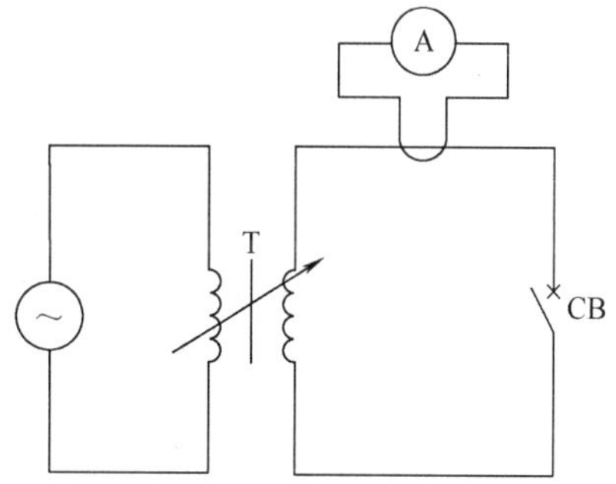


图4-37　脱扣器动作电流实验原理图

**表4-10　脱扣电流值实验结果**

| | | 弹簧1 ($l_0=36$, $k=2.4$) | 弹簧2 ($l_0=36$, $k=3$) |
|---|---|---|---|
| A相 | $5I_n$ | 1750～1870A | 2313～2347A |
| | $10I_n$ | 3079～3137A | 3880～3945A |
| B相 | $5I_n$ | 1680～1790A | 2333～2544A |
| | $10I_n$ | 2741～3115A | 4000～4105A |
| C相 | $5I_n$ | 1700～1810A | 2234～2369A |
| | $10I_n$ | 2902～3160A | 3989～4108A |

### 4.5.3 小规格拍合式脱扣器的改进设计

螺管式磁脱扣器由于可通过改变线圈匝数来满足对小规格脱扣器保护特性的要求，但它体积大、结构比较复杂、加工的工作量大，因此目前有趋势用拍合式结构来取代螺管式，这一节中，介绍如何通过选择拍合式的结构形式来满足对小规格脱扣器保护特性的要求。

假设有一拍合式脱扣器，其反力矩特性如图 4-38 所示，现取 5 种不同磁极结构的拍合式脱扣器，其结构如图 4-39 所示。

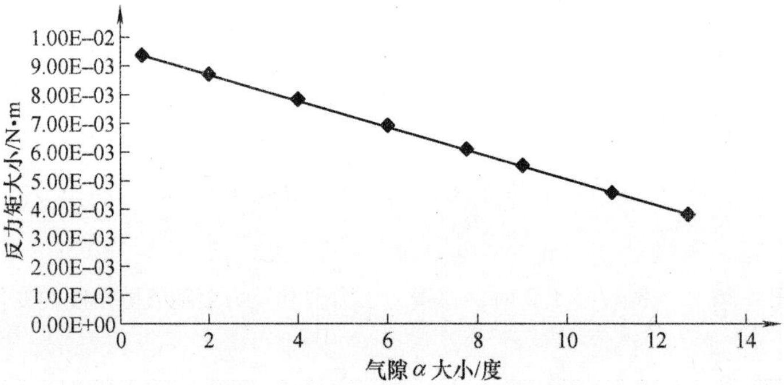


图 4-38 反力矩 $M_{反}$与气隙 $\alpha$ 的关系曲线

方案图 4-39a，是基本结构，磁系统由衔铁和铁轭两部分组成，衔铁为平板形，厚度为 1mm，铁轭带两个侧边磁坂，断路器主回路平板导体穿过铁轭起励磁作用。

方案图 4-39b 在不改变方案图 4-39a 的其他参数的前提下，将衔铁加厚至 2mm。

方案图 4-39c 是在将衔铁加厚至 2mm 的基础上，将衔铁也做成带两个侧边磁极，与铁轭磁极形状类似的拱状，高度为 3mm，保证闭合时衔铁、铁轭的磁极总厚度不变，让铁轭的磁极缩短 3mm，这样弹簧的初始位移和最终位移也不会改变，即反力特性不变。

方案图 4-39d 是在方案图 4-39c 的基础上，让衔铁的磁极面做成外凸的三角形，而铁轭的磁极面相应修改成内凹的三角形，方案图 4-39d 能使衔铁、铁轭磁极之间工作气隙的有效工作面积增加。

方案图 4-39e,维持衔铁厚度为 1mm 不变,不改变方案图 4-39a 其他参数的前提下,将衔铁磁极面的形状由平面型变成弯曲型,从衔铁的转轴位置开始,有三个连续的转折平面,相邻两段平面之间的夹角均为 165°。为了保证能与衔铁完全闭合,铁轭的磁极面也做成三段曲折的平面。

由式（4-4）可以看出，影响衔铁向铁轭运动的因素不仅仅只有吸力矩 $M$ 和反力矩 $M_f$，还有衔铁的转动惯量 $J$。图 4-40 为 5 种方案的静态转矩特性，从图可见，当衔铁打开角度大时，5 种结构的吸引力矩相差不大，而当衔铁打开角度小时，则方案图 4-39b、图 4-39c、图 4-39d 的转矩远大于方案图 4-39a，而方案图 4-39e 则略大于方案图 4-39a。图 4-39b、图 4-39c、图 4-39d、图 4-39e 4 种方案虽然都使 $M$ 增加了，但同时也使衔铁的转动惯量 $J$ 增加了。从表 4-11 的数据可以看出，b、c、d 3 种方案虽然使衔铁打开角度小时的转矩变大，但脱扣电流反而增加，只有方案图 4-39e 由于转动惯量变化不大，而衔铁、铁轭之间工作气隙的有效工作面积增加了，因而脱扣电流有所下降，但下降幅度不大，它的保护特性与方案图 4-39a 的比较见图 4-41，可见其动作也略为加快，由图 4-40 和表 4-11 的计算结果可明显得出：脱扣电流不但与吸引转矩有关，并且随转动惯量增大而增大。

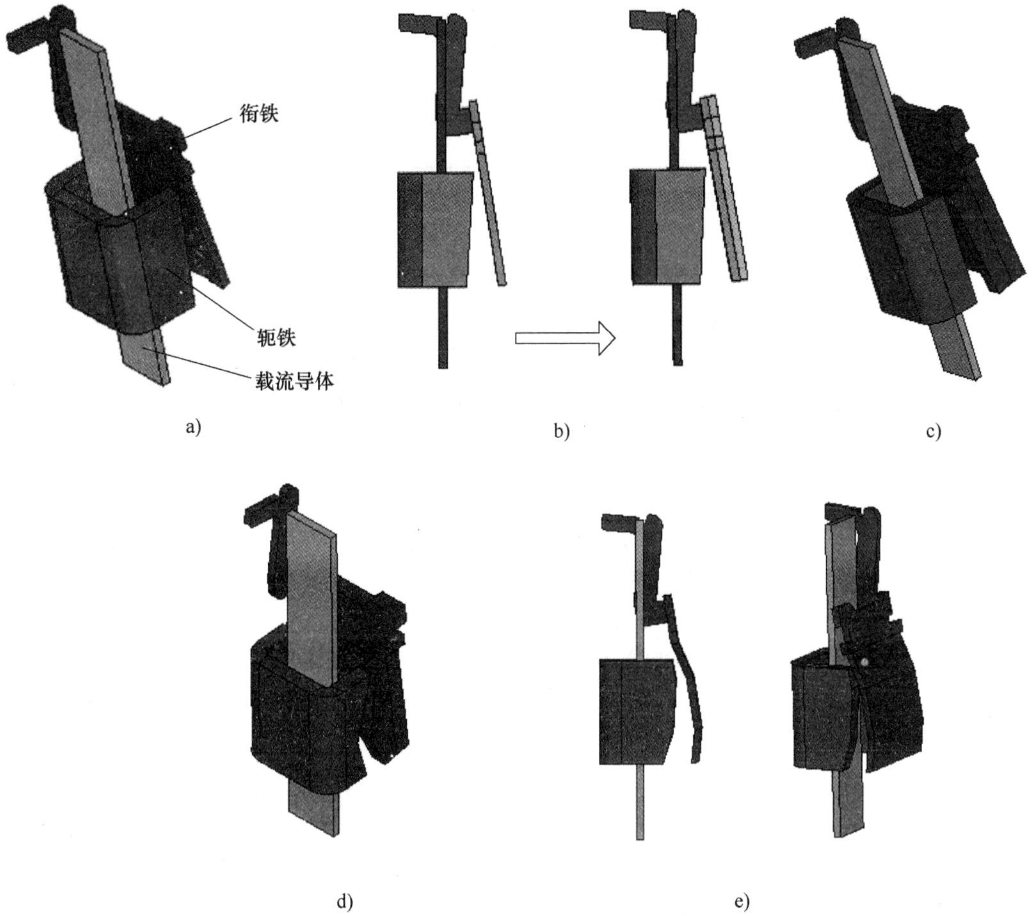


图 4-39　几种不同磁极结构的拍合式脱扣器

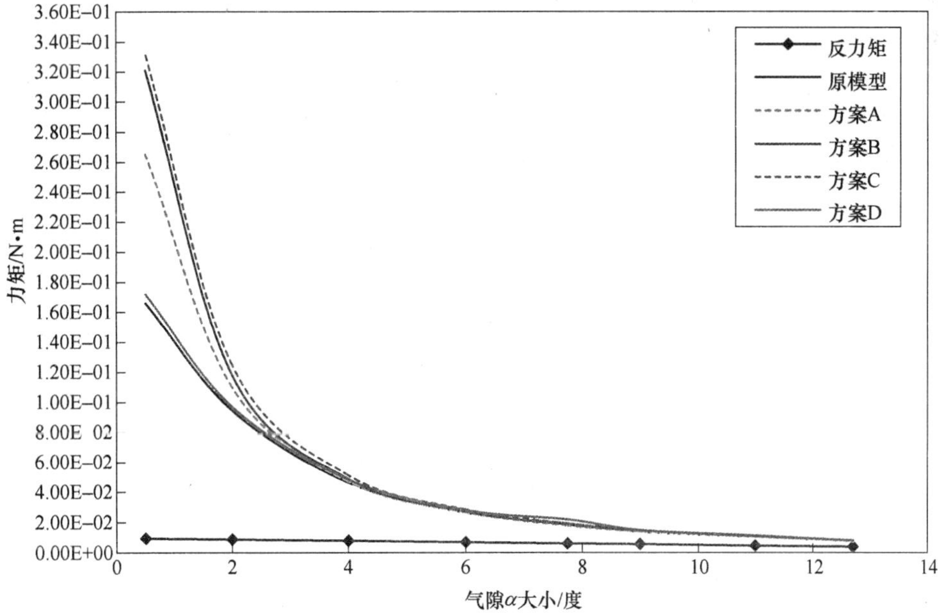


图 4-40　5 种不同磁极结构的拍合式脱扣器静态吸力特性的对比

表 4-11 5 种方案的衔铁转动惯量和脱扣电流的关系

| 所采用方案 | 衔铁转动惯量/kg·m² | 脱扣电流 /A |
|---|---|---|
| a | 2.509e-7 | 380 |
| b | 4.422e-7 | 434 |
| c | 5.775e-7 | 456 |
| d | 6.075e-7 | 448 |
| e | 2.594e-7 | 370 |

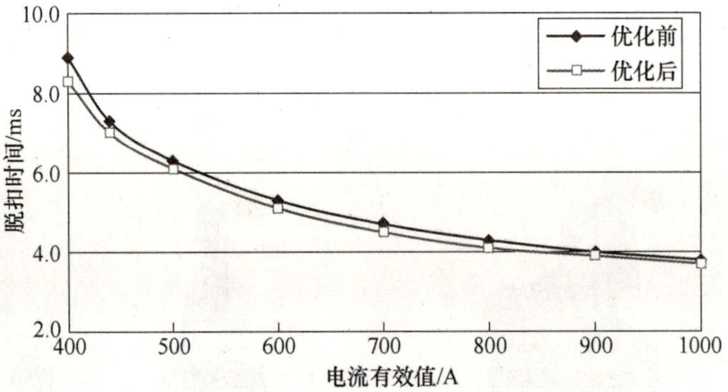


图 4-41 方案 a 和方案 e 的保护特性比较

由以上分析可知，改变磁极结构对降低脱扣电流的作用不大，为了增加铁轭对衔铁的电磁吸力，也可以设法改变载流导体的绕线方式，使励磁增加，吸力矩也会相应地增加，同时不改变衔铁的转动惯量和反力，从而能够达到减小脱扣电流的目的。

拍合式磁脱扣器增加励磁可采用图 4-42 所示的两种结构，图 4-42a 是在磁轭上再增加一载流导体，其电流方向与原导体一致，以起增磁作用，图 4-42b 是在磁轭的两侧磁极上绕线圈，让其励磁方向与原导体相同，增加励磁后，拍合式脱扣器的电磁转矩大幅度增大，在方案图 4-42a 的基础上，采用图 4-42a 的结构增加励磁，仿真获得的保护特性与原方案图 4-42a 的比较见图 4-43，由图 4-43 可知新的方案没有改变衔铁的转动惯量，而电磁吸力矩却大大增加了，因此脱扣电流有了明显下降，变为 205A，并且脱扣器的动作也加快了。

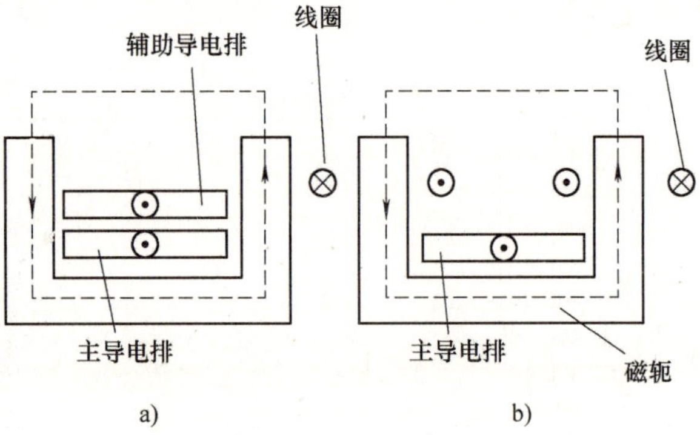


图 4-42 拍合式脱扣器增加励磁的方案
a）增加一载流导体 b）在侧边磁极上绕线圈

## 4.5.4 电磁脱扣器系列化设计

在新一代塑壳断路器脱扣器的设计中，为了减少同一壳架、不同额定电流的系列产品所使用的弹簧规格数量，一般是通过在脱扣器上设计多个弹簧悬挂位置来改变弹簧的初始长

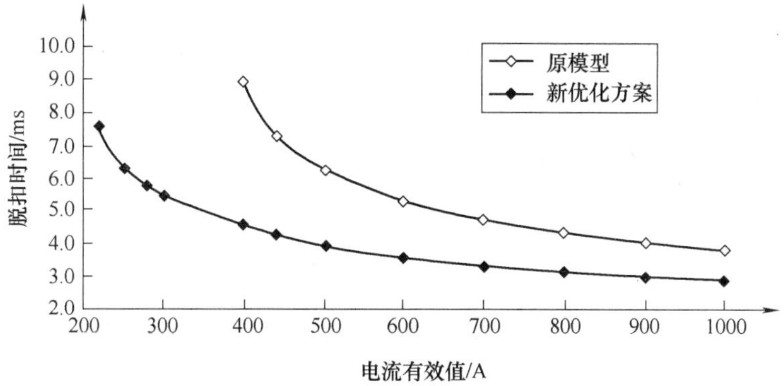


图 4-43　增加励磁结构与原方案图 4-42a 的保护特性比较

度、初始力矩以及衔铁运动过程中作用在其上的反力矩。

本节通过优化设计方法实现了一壳架电流为 250A 的塑壳断路器用脱扣器弹簧参数的系列化设计，共有 8 个脱扣器电流等级：100A、125A、140A、160A、180A、200A、225A 和 250A。其具体设计要求如下：

脱扣器的衔铁上有两个弹簧挂口，如图 4-44 所示，其中挂口位置 1 和位置 2 对应的弹簧初始长度分别为 16.4mm 和 18.1mm，通过将一个原长和刚度系数相同的弹簧挂在不同的挂口上，来实现两个不同脱扣电流下脱扣器动作的目的，即该系列产品中仅用 4 个规格的弹簧。此外，要求短路电流有效值小于 $10I_n$时脱扣器不动作，而在 $10\times1.1I_n$时必须动作。

按照上述方法，首先采用三维有限元方法，计算出脱扣器的静态吸力特性，如图 4-45 所示。计算电流值分别为 100A、500A、1000A、1500A、2000A、2500A、3000A，衔铁和轭铁之间的气隙值分别为 15°、12°、10°、7°、5°、3°、1°、0°。

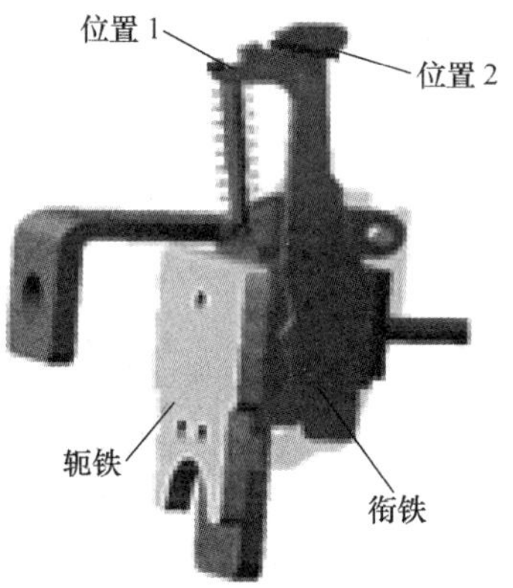


图 4-44　脱扣器结构及衔铁上弹簧的两个挂口位置示意图

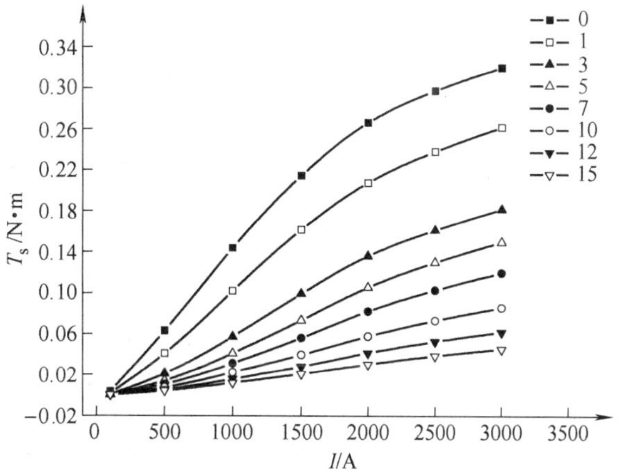


图 4-45　脱扣器静态吸力特性的计算结果

同样地，通过建立脱扣器的多体动力学模型，根据弹簧参数的初始设计值，然后在一定的范围内变化弹簧原长和刚度系数，通过磁脱扣器动态特性的仿真计算，可以获得符合设计要求的弹簧。

计算结果表明，200A 和 250A、180A 和 225A、125A 和 160A、100A 和 140A 分别可共用同一个规格的弹簧。表 4-12 给出了 200A 和 250A 两个电流等级时脱扣器动作情况的部分仿真结果。按照设计要求，并考虑到容差等裕量，可以得到弹簧参数的优化设计结果为 $k = 0.5\text{N/mm}$，$L_0 = 12.0\text{mm}$。

**表 4-12 200A 和 250A 部分仿真结果**（短路电流有效值为 $10 * I_n$）

| $L_0$/mm | $k$/（N/mm） | 10×200A | 10×200A 动作时间/ms | 10×250A | 10×250A 动作时间/ms |
|---|---|---|---|---|---|
| 11.9 | 0.4 | 动作 | 8.612 | 动作 | 8.118 |
| 11.9 | 0.5 | 动作 | 9.951 | 动作 | 9.165 |
| 11.9 | 0.6 | 动作 | 17.235 | 动作 | 15.403 |
| 11.9 | 0.7 | 不动作 | 衔铁转过 7.9068 | 不动作 | 衔铁转过 6.1288 |
| 12 | 0.4 | 动作 | 8.571 | 动作 | 8.08 |
| 12 | 0.5 | 动作 | 9.733 | 动作 | 9.156 |
| 12 | 0.6 | 动作 | 20.008 | 动作 | 15.213 |
| 12 | 0.7 | 不动作 | 衔铁转过 8.3566 | 不动作 | 衔铁转过 6.9987 |
| 12.1 | 0.4 | 动作 | 8.513 | 动作 | 7.978 |
| 12.1 | 0.5 | 动作 | 9.558 | 动作 | 8.971 |
| 12.1 | 0.6 | 动作 | 14.768 | 动作 | 13.96 |
| 12.1 | 0.7 | 不动作 | 衔铁转过 8.7335 | 不动作 | 衔铁转过 7.3396 |

表 4-13 给出了 4 组弹簧的优化设计结果。

**表 4-13 弹簧参数优化设计结果**

| 额定电流/A | 弹簧型号 | $10I_n$ | |
|---|---|---|---|
| | | $k$/（N/mm） | $L_0$/mm |
| 200 和 250 | HN8.288.514 | 0.5 | 12.0 |
| 225 和 180 | HN8.288.515 | 0.4 | 11.7 |
| 125 和 160 | HN8.288.516 | 0.3 | 14.0 |
| 100 和 140 | HN8.288.517 | 0.2 | 13.6 |

将上述仿真计算结果用于新产品设计中，表 4-14 给出了相应的脱扣器动作电流实验结果。可以看出，实验结果符合产品的设计要求。

**表 4-14 实验结果**

| 弹簧型号 | 动作电流范围 | |
|---|---|---|
| | 挂口位置 2/A | 挂口位置 1/A |
| HN8.288.514 | 2550～2621 | 2046～2118 |
| HN8.288.515 | 2246～2308 | 1812～1881 |
| HN8.288.516 | 1633～1696 | 1258～1338 |
| HN8.288.517 | 1411～1475 | 1064～1128 |

### 4.5.5　带永久磁铁脱扣器抑制电流极性影响的方法

螺管式磁脱扣器一般利用压缩弹簧来提供反力，随着气隙的较小，弹簧产生的反力也随之增加。从提高低压断路器限流性能的角度来看，需要尽可能缩短脱扣器动作时间，因此动铁心的快速运动至关重要。近来提出的一种带永久磁铁的新型螺管式磁脱扣器可有效地提高动铁心的运动速度。其主要原理是永久磁铁对动铁心的吸力作用范围较小，当动铁心运动过一定行程后，作用在动铁心上的主要是动静铁心之间的电磁吸力，永久磁铁产生的反力甚小。但是，在实际应用中面临电流极性影响等问题。

图 4-46 给出了所研究的带永久磁铁的螺管式磁脱扣器的结构示意图。可以看出，该脱扣器由励磁线圈、轭铁、静铁心、动铁心、永久磁铁、极帽和两个气隙组成。按照设计性能要求，该脱扣器必须在 9、10 倍额定电流时能够保护动作。由于动铁心同时受到来自气隙 1 和气隙 2 的两个方向相反的电磁力作用，因此决定动铁心运动状态的是这两个力的合力。当永久磁铁安装完成后，其极性方向也随之确定。这样在交流励磁条件下，流过线圈的电流是交变的，而穿过气隙 1 和气隙 2 中的磁通密度是由励磁线圈和永久磁铁产生的磁通共同决定的，这样当电流方向发生变化、即使绝对值相同时在气隙中产生的磁通密度也将发生变化，从而影响作用在动铁心上的电磁力，最终导致不同方向电流时脱扣器的动作电流可能会有一定的差异，即极性影响。

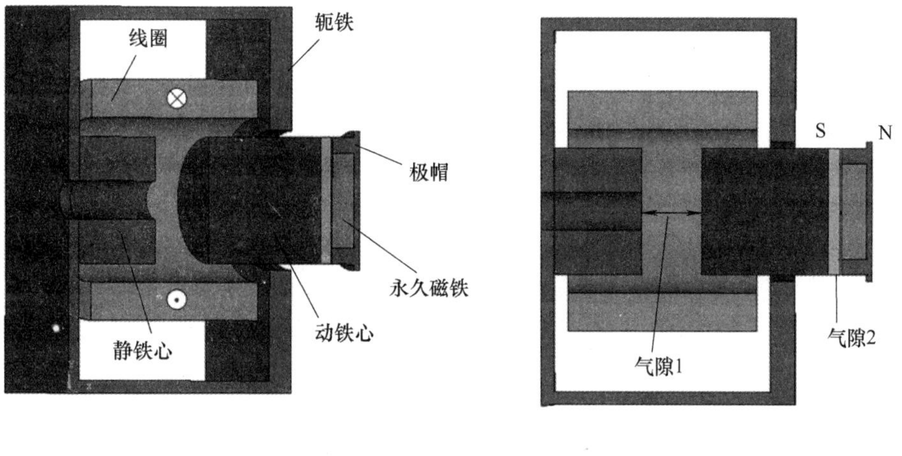


a)　　　　b)

图 4-46　带永久磁铁的螺管式磁脱扣器结构示意图
a) 3-D 视图　b) 前视图

由于动铁心同时受到来自两个气隙方向相反的电磁力作用，因此决定动铁心运动状态的是这两个力的合力。当永久磁铁安装完成后，其极性方向也随之确定。这样在交流励磁条件下，流过线圈的电流是交变的，而穿过气隙 1 和气隙 2 中的磁通密度是由励磁线圈和永久磁铁产生的磁通共同决定的，这样当电流方向发生变化、即使绝对值相同时在气隙中产生的磁通密度也将发生变化，从而影响作用在动铁心上的电磁力，最终导致不同方向电流时脱扣器的动作电流可能会有一定的差异，即极性影响。本节主要研究抑制带永久磁铁脱扣器电流极性的方法。

(1) 采用具有凸台结构的动铁心

根据以上分析，本节给出了一种采用具有凸台结构的动铁心来抑制电流极性影响的方法，原理示意如图4-47所示，其主要出发点就是通过将动铁心的前端 $h_t$ 高度范围内的半径缩小 $r_0$，从而增加区域Ⅱ和永久磁铁之间的气隙，以减小永久磁铁作用在区域Ⅱ上的电磁力，这样即可抑制电流极性的影响。

下面以额定电流125A的脱扣器MR-125为例，设定 $r_0=1.0$mm、$h_t=2.0$mm，对上述方法的有效性进行了仿真分析。

表4-15给出了具有上述凸台结构动铁心的磁脱扣器在负方向电流励磁下 $F_a$ 随 $I$ 和 $d_1$ 的变化计算结果。

表4-16对比了 $d_2=0.1$mm、不同电流方向时作用在在动铁心上的电磁力 $F_a$ 计算结果，为了进一步分析带凸台结构动铁心的磁脱扣器的工作特点，也计算了不考虑永久磁铁、不同电流时的电磁力。

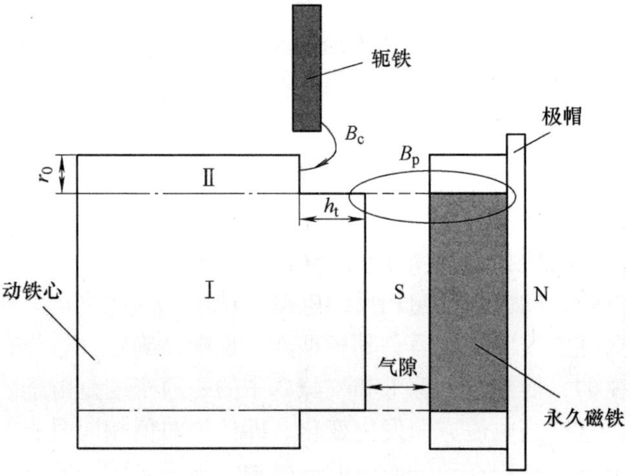


图4-47　具有凸台结构的动铁心来抑制极性影响的原理示意图

**表4-15　具有凸台结构动铁心的脱扣器MR-125在正方向电流励磁下 $F_a$ 随 $I$ 和 $d_1$ 的变化**

(单位：N)

| 电流/A \ 气隙/mm | 0.1 | 0.5 | 1 | 2 | 3 | 4 | 4.8 | 4.9 |
|---|---|---|---|---|---|---|---|---|
| 50 | 2.18 | 0.63 | 0.19 | -0.23 | -0.89 | -2.86 | -8.89 | -10.35 |
| 125 | 12.41 | 4.07 | 1.85 | 0.55 | -0.38 | -2.52 | -8.65 | -10.14 |
| 250 | 33.13 | 14.66 | 7.53 | 3.30 | 1.47 | -1.26 | -7.70 | -9.26 |
| 375 | 48.73 | 24.24 | 14.44 | 7.54 | 4.52 | 0.86 | -6.09 | -7.72 |
| 500 | 63.70 | 32.95 | 20.54 | 11.91 | 8.25 | 3.68 | -3.87 | -5.59 |
| 600 | 75.03 | 40.05 | 25.39 | 15.28 | 11.20 | 6.12 | -1.84 | -3.12 |
| 750 | 89.59 | 50.85 | 32.97 | 20.48 | 15.70 | 9.81 | 1.28 | -0.58 |
| 1000 | 104.65 | 67.71 | 46.12 | 29.89 | 23.82 | 16.41 | 6.85 | 5.86 |
| 1250 | 111.25 | 80.61 | 58.48 | 39.90 | 32.80 | 23.81 | 13.09 | 10.99 |

**表4-16　具有凸台结构动铁心的脱扣器MR-125在 $d_2=0.1$mm时 $F_a$ 随 $I$ 和矫顽力的变化**

(单位：N)

| 电流方向 \ 电流/A | 0 | 600 | 750 | 1000 | 2000 |
|---|---|---|---|---|---|
| 正 | -10.36 | -3.12 | -0.58 | 5.86 | 33.01 |
| 负 | -10.36 | -2.72 | -0.13 | 6.60 | 34.03 |
| 正、负 ($H_{cb}=0$ A/m) | 0 | 7.18 | 10.51 | 16.06 | 45.28 |

可以看出，当电流大小相同、方向不同时，作用在动铁心上的电磁力 $F_a$ 计算结果较为接近，相对差别小于15%。同时，当电流为0时，$F_a = -10.36$N，这也就是 $d_2 = 0.1$mm、由永久磁铁单独在动铁心上产生的电磁力 $F_p$；而当 $H_{cb} = 0$A/m，计算出的 $F_a$ 即为线圈电流励磁后单独在动铁心上产生的电磁力 $F_c$。可以发现：此时 $F_p$ 和不同电流时的 $F_c$ 之和与对应电流和永磁磁铁同时作用下的$F_a$ 数值相当。这就进一步说明了凸台结构的动铁心有"磁路隔离"的作用，使得线圈电流和永久磁铁在动铁心上产生的电磁力基本满足叠加原理，也即在磁脱扣器中线圈电流励磁的磁路和永久磁铁励磁的磁路之间基本上是隔离的、相互影响较小。

为了更进一步说明由于 $B_c$ 和 $B_p$ 的方向异同所引起的总磁通密度增加或抵消是造成该磁脱扣器极性影响的主要原因，表4-17给出了按照MR-125原始设计，计算出的 $d_2 = 0.1$mm、不同电流方向时作用在动铁心上的电磁力 $F_a$ 计算结果，同时也给出了不考虑永久磁铁、线圈电流单独作用时的电磁力 $F_c$。

**表4-17　原始设计的MR-125在 $d_2 = 0.1$mm 时 $F_a$ 随 $I$ 和矫顽力的变化**（单位：N）

| 电流方向＼电流/A | 0 | 1000 | 1250 | 1500 | 2000 |
|---|---|---|---|---|---|
| 正 | -34.0 | -30.12 | -26.04 | -20.04 | -6.56 |
| 负 | -34.0 | -8.43 | -0.44 | 8.04 | 26.12 |
| 正、负（$H_{cb} = 0$ A/m） | 0 | 13.70 | 18.88 | 24.52 | 37.04 |

可以看出，大小相同的正、负方向线圈电流作用下的 $F_a$ 差异非常明显，针对给出的4个电流条件下，$F_a$ 绝对值相差均在20N以上；而此时 $F_p = -34.0$N，其与不同电流作用下的 $F_c$ 之和均介于对应大小的正、负方向电流时产生的电磁力数值之间。这也就进一步定量地说明了在原始设计的动铁心结构下存在的"磁路重叠"是造成极性影响的根本原因。

图4-48给出了反向电流作用下 $d_2 = 0.1$mm 时，气隙 $d_2$ 中靠近动铁心一侧的第一层网格的磁通密度分布，从中可以明显地看到对应于动铁心中区域Ⅱ前的磁通密度较小，这正是由于在区域Ⅱ，$B_c$ 和 $B_p$ 的方向相反，从而在数值上相互抵消造成的。

对比表4-17和图4-48，还可以看出：与原始设计相比，具有凸台结构动铁心的脱扣器在相同电流作用下的 $F_a$ 较大，这也就说明后者的最小脱扣电流 $I_{min}$ 较小。因此，通过改变 $r_0$ 和 $h_t$ 的大小，不仅可以抑制电流方向对脱扣器工作性能的影响，而且也为调节 $I_{min}$ 提供了一种有效手段，以便于按照额定电流不同、系列化地设计带永久磁铁的螺管式磁脱扣器。

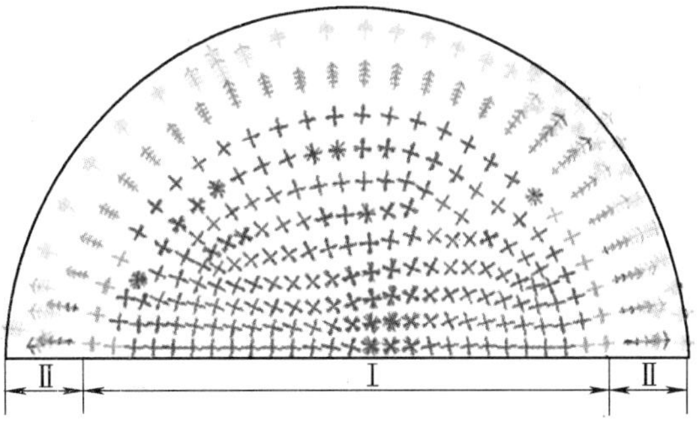

图4-48　MR-125原始设计时，$d_2 = 0.1$mm 反向电流作用下动铁心前气隙的磁通密度分布

（2）采用带有非磁性垫片的动铁心

同样基于当永久磁铁与动铁心之间的气隙大于一定值时（如1mm），电流方向对作用在动铁心上的电磁力几乎没有影响这一结论，与上一小节介绍的采用具有凸台结构的动铁心来抑制电流极性影响的方法不同，也可以通过在动铁心靠近永久磁铁一侧的前端设置非磁性垫片（如铜片）来抑制电流极性的影响，

如图4-49所示。

图4-50对比了 $d_2=0.1\text{mm}$、MR-35原始设计以及垫片厚度 $d_c$ 为0.5mm（线圈匝数：3）和1.0mm（线圈匝数：2）时作用在动铁心上的电磁力 $F_a$ 大小。可以看出：

1）对原始设计来说，对应于 $F_a=0$ 的正、负方向电流分别为385.5A和-264A，与最小脱扣电流 $I_{min}$ 的差异类似，表现出了极性影响。

2）对带有非磁性垫片的动铁心结构来说，对应于 $F_a=0$，$d_c=0.5\text{mm}$ 和1.0mm时正、负方向电流值分别为350.48A、-318.89A、357.27A和-322.92A，这4个电流值相对误差小于10%。

3）非磁性垫片的厚度与线圈匝数存在一个匹配关系，使得 $F_a=0$ 对应的正、负方向电流值相当，即可以有效抑制极性的影响。

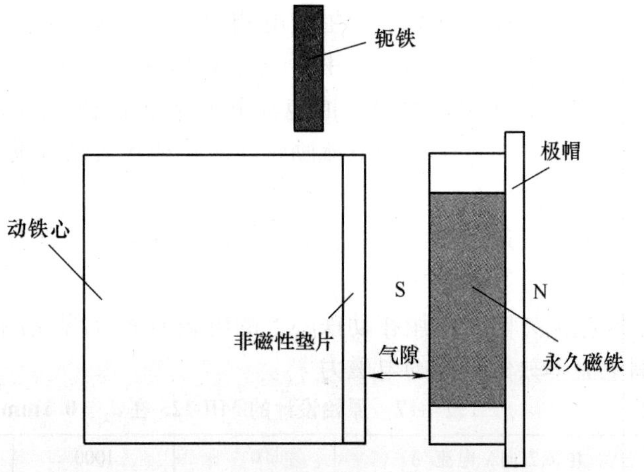


图4-49　带非磁性垫片的动铁心结构

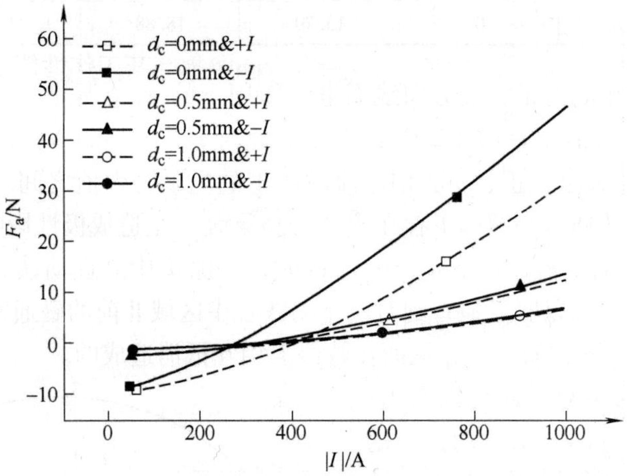


图4-50　非磁性垫片对作用在动铁心上的电磁力影响

4）与具有凸台结构的动铁心通过改变 $r_0$ 和 $h_t$ 来调节 $I_{min}$ 类似，也可以通过改变非磁性垫片的厚度来实现不同 $I_{min}$ 的磁脱扣器系列优化设计。

## 本章参考文献


[1]　向洪岗. 基于三维磁场有限元分析的电磁机构等效磁路研究［D］. 西安：西安交通大学，2003.

[2]　童争光. 塑壳断路器的触头导电回路和瞬时脱扣器的特性仿真和优化设计［D］. 西安：西安交通大学，2007.

[3]　赵柳. 低压断路器限流电阻的仿真与磁脱扣器的优化设计［D］. 西安：西安交通大学，2008.

[4]　李欣. 开关电器中电磁脱扣器动态特性优化设计研究［D］. 西安：西安交通大学，2013.

[5]　汪倩. 面向选择性保护的低压限流断路器优化设计研究［D］. 西安：西安交通大学，2013.

[6]　段建家. 低压断路器开断特性仿真分析软件研制及其应用［D］. 西安：西安交通大学，2011.

# 第5章　低压断路器热分析与热脱扣器保护特性的计算

当开关电器工作时，电流通过导体并在导体中产生热量，而且对于交流电器由于交变电磁场的作用还会在铁磁体中产生涡流和磁滞损耗，并在绝缘体内产生介质损耗。所有的损耗几乎全部变成热能，一部分散失在周围介质中，一部分在加热开关电器，导致整个电器的温度升高。温度达到一定的高度会使得开关电器中使用的金属材料和绝缘材料的机械强度和绝缘强度明显下降，工作温度过高会使开关的使用寿命降低甚至损坏，因此热特性是开关电器产品设计中的一个关键因素。在设计开关电器时要进行合理地热设计，关键是要了解开关内部的温度分布，这对于材料的选择、结构的设计以及装配是非常重要的。

随着电能的广泛应用，输配电系统容量的不断增大以及系统集成度的不断提高，为了提高开关设备的空间利用率，节约原材料，对开关电器产品结构提出了小型化设计的要求。开关电器的小型化设计使得产品的外壳体积缩小，散热面积也相应减小，而内部元器件的发热使得单位体积的发热量增加，所以开关电器小型化设计的最大难点就是温升。因此，如何使得电器产品在小型化的条件下满足热性能的要求，同时提高其工作性能是亟待解决的关键问题，这使得开关电器的热分析更加重要。

降低开关电器的发热温升有以下几种方法：采用高耐温的绝缘材料，采用导电性能好的导电材料，强迫冷却式加散热片，合理布置导体减小邻接效应，设计稳定可靠的接触连接。以上的措施得到有效的利用，热分析是一项关键技术。

用数值热分析方法进行开关电器内部温度场的计算，可以全面地了解内部的温度分布以及最热点的温度及所处位置，对小型开关电器来说，由于内部空间小，空气对流情况差，可以仅考虑热传导问题，但对于大规格低压断路器，则需同时考虑热传导和对流的问题。对低压断路器的温度场仿真，首先应进行导体部分的电流场计算，求出其电流密度分布才能准确计算热源。低压断路器的热源主要是导电部分的焦耳损耗，其中包括导电排、热脱扣器和磁脱扣器，触头和出线端，以及国家标准和IEC标准中规定的温升实验中的连接导体，其中触头和出线端连接处的接触电阻对热计算的准确性影响较大，而连接导体的发热和散热也是一个需要特殊处理的问题。

目前，开关电器常用的热分析方法有两种，它们是有限元法和热网络法，但不论是采用任何一种方法，都首先应计算导体部分的电流场，用有限元方法计算低压断路器的温度场分布的优点是能充分考虑各种因素、计算准确性比较高，但由于低压断路器结构复杂，建模较困难，计算工作量大，并且在工程应用中，开关电器往往不是独立工作的，一个配电柜中安装了多台各种类型的开关电器，它们之间发热和散热相互影响，这种情况下采用有限元方法会更复杂。热网络法是利用热路和电路的相似性提出来的，应用热网络法，首先应根据低压断路器的物理模型建立等效的热路网络，求解热路网络可采用求解电网络的计算方法，也可根据建立的热路网络模型，利用能量平衡转换成有限差分方程，用有限差分方法进行求解，后者称为热网络有限差分法。热网络法比较简单，计算工作量小，因而更适合于工程应用，它的准确度决定于建立的热网络模型是否合理，热网络中的阻容元件参数的确定是否切合实际。

随着场域分析技术的发展和计算机性能的提高，国内外自20世纪90年代开始，在采用数值方法来分析电气设备的发热问题方面作了一系列的研究工作，开始集中在电机、变压器及电抗器的热分析中，低压电器方面偏重于电磁铁的三维有限元分析，至20世纪90年代末和新世纪初才开始涉及低压断路器温度场的仿真，1999年Kawase利用三维有限元方法分析了热继电器的温度分布[1]，并通过单相回路的实验对计算结果进行了验证。2000年M. Lindmayer用有限元方法建立了低压断路器的热分析模型，模型对断路器结构进行了简化，把结构看成一个简单的长方体，计算模型中考虑了壳体内的对流传热，以及三相结构之间的相互影响，温升试验中的连接导体以热阻和边界条件来处理，但对断路器温度场影响较大的接触电阻，如触头接触电阻和接线端的接触电阻是对样机测量得到的，论文还计及了导热系数和电阻率随温度的变化[2]。近年来Rockwell公司的Frei和Weichert在电动机断路器的热计算方面做了不少工作，他们不但建立了完整的热计算模型，并且在触头和接触连接的接触电阻和热阻计算方面做了很有效的工作[3][4]。用热网络方法TNM(Thermal Network Method)进行开关电器的热分析，最早见于荷兰的埃因霍温(Eindhoven)大学，Meng建立了熔断器的热路模型[5]，西安交通大学也于1995年用瞬态热路网络法计算了小型断路器热脱扣器的动作特性[6]。将有限差分思想用到热网络计算中，是美国的Doduco公司的Leung于1995年提出来的，他首先用稳态热路模型计算了小开关的温度分布[7]，接着于2006年又用瞬态热路方法计算了塑壳断路器的温度分布以及热脱扣器的动作特性[8]。由于热网络方法比较简单和适用于工程应用，因而近年来这种方法受到了企业和研究单位的重视，例如ABB公司与德国德累斯顿大学(Technical University of Dresden)在20世纪50年代就合作进行开关电器的热分析研究[9]，目前TNM作为ABB公司的基本设计工具可用于设计低压断路器、接触器、真空断路器和中压开关柜，高压GIS等开关电器设备。

验证所建立的热分析模型，不论是采用有限元或热网络方法，都需要进行试验和测试，测试被研究的样机的温度分布可采用两种方法，一种是用传统的热电偶，把热电偶分布地放置于感兴趣的点上；另一种是采用红外摄像，它能全景式的显示样机温度场的分布，图5-1是对一真空断路器测试其温升[9]，其中图5-1a为热电偶布置，图5-1b为红外图像。当建立的热分析模型被证实可行后，这种模型就可用于研究不同因素对温度场的影响，例如样机所采用材料、表面散热条件、热传递条件和外形尺寸等，使样机达到优化设计目标。

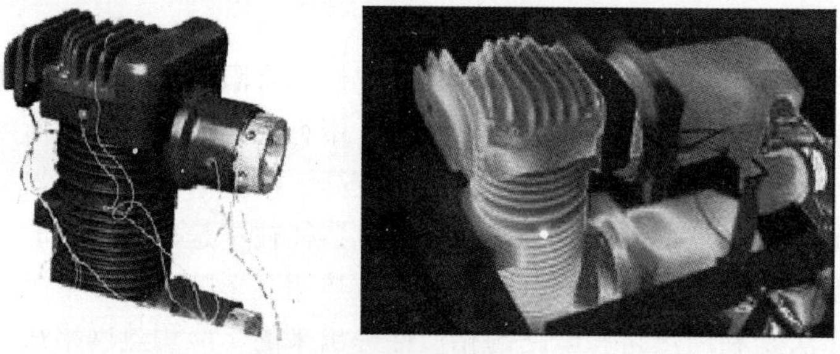

a)　　b)

图5-1　温度场测试

a）热电偶　b）红外照片

# 5.1　热分析的有限元法和热网络法

## 5.1.1　用有限元法计算断路器的温度场

低压断路器在长期闭合工作时，电流通过载流部分，包括接线端、主触头、汇流排、热磁脱扣器、外接导线等都会产生热损耗，而使断路器温度升高，然后通过外壳、接线端和连接导线表面把热量散发出去，为了便于进行热计算，作以下简化：

1）断路器安置于无限大空间，无临近热源；

2）材料各向同性；

3）外壳表面散热，通过对流和辐射，其中对流为自然对流；

4）由于断路器内部空气流动缓慢，因而内部热的传递只考虑传导散热，对大规格断路器才需考虑对流散热。

根据传热学理论，在直角坐标系下，低压断路器内部三维热传导方程为

$$\rho c\left(\frac{\partial T}{\partial t}\right)=\lambda\left(\frac{\partial^2 T}{\partial x^2}+\frac{\partial^2 T}{\partial y^2}+\frac{\partial^2 T}{\partial z^2}\right)+q_v \tag{5-1}$$

式中　$T$——物体的温度(K)；

$\lambda$——导热系数($W\cdot m^{-1}\cdot K^{-1}$)；

$q_v$——单位体积内产生的热量($W\cdot m^{-3}$)；

$t$——时间(s)。

若考虑稳态发热则方程变为

$$\lambda\left(\frac{\partial^2 T}{\partial x^2}+\frac{\partial^2 T}{\partial y^2}+\frac{\partial^2 T}{\partial z^2}\right)+q_v=0 \tag{5-2}$$

热分析的边界条件有三种：

$$\text{第一类边界条件：}T|_{\Gamma}=T_f \tag{5-3}$$

式中　$T_f$——已知表面温度(K)，

$$\text{第二类边界条件：}-\lambda\frac{\partial T}{\partial n}=q_s \tag{5-4}$$

式中　$q_s$——已知热流密度($W\cdot m^{-2}$)，

$$\text{第三类边界条件：}-\lambda\frac{\partial T}{\partial n}=\alpha(T-T_0) \tag{5-5}$$

式中　$\alpha$——表面散热系数($W\cdot m^{-2}\cdot K^{-1}$)；

$T$——发热体表面温度(K)；

$T_0$——环境温度(K)。

考虑到表面热传递是通过对流和辐射，因而综合起来可得

$$\alpha=\alpha_{conv}+\alpha_{rad} \tag{5-6}$$

对大型低压断路器来说，壳体内空间较大，需要考虑内部热传递有传导和对流两种方式，需求解流体区域由能量守恒、质量守恒、动量守恒所列出的偏微分方程。

### 5.1.2　热网络法

自然界有电磁场，也有热场。同为场，它们就有一定的相似性。电磁场中有电路和磁路的概念，热场中也有热路的概念。从传热的机理上，热路、电路与磁路是有差别的，因为在实际应用上没有什么材料能很好地约束热流在一条“路”中运动，而导体和铁磁材料却能把绝大部分电流和磁通约束在其中。从这点上讲，把热场简化为热路，其精度比电磁场简化电路和磁路的要低，但通过适当处理也可满足工程计算要求。

以下列出稳态和瞬态电路和热路的对应方程：

电路欧姆定律：
$$R = U/I \tag{5-7}$$

热路欧姆定律：
$$R_T = \tau/P_T \tag{5-8}$$

对图5-2所示的电路和热路可写出下列瞬态方程：

电路瞬态

$$i = u/R + C\mathrm{d}u/\mathrm{d}t \tag{5-9}$$

热路瞬态

$$p_T = \tau/R_T + C_T\mathrm{d}\tau/\mathrm{d}t \tag{5-10}$$

根据相似性原理，对电路参数和热路参数进行类比，见表5-1。

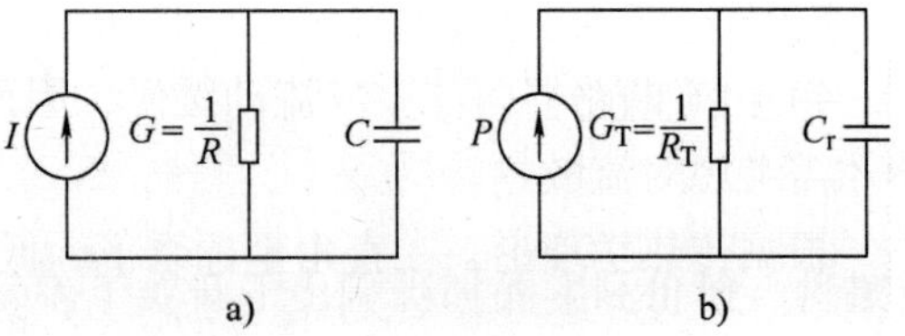


图5-2　电路与类比的热路

a)电路　b)热路

**表5-1　热路参数与电路参数的类比**

| 电路参数 | 电压 $U$ | 电流 $I$ | 电阻 $R$ | 电容 $C$ |
|---|---|---|---|---|
| 热路参数 | 温差 $\tau$ | 热流 $P_T$ | 热阻 $R_T$ | 热容 $G_T$ |

利用以上热路和电路相似原理可对一具体开关电器建立其热路网络模型，求解热网络问题可采用电网络方法求解，例如用电网络的软件PSpice来计算。另一种求解热网络方法是热网络有限差分法。

用热网络有限差分法进行稳态热分析，可把热网络分成节点和热阻，整个热网络由热阻连接起来，根据散热方式，有三种不同的热阻，它们是：传导、对流和辐射，每个节点的温度由它的质量、热特性、热源和散热方式决定，若取一维差分格式，对网络中差分单元，其长度为$\Delta x$，截面积为$A$的单元体积，有热源为$Q$，则根据能量平衡可写出$i$节点的差分方程为

$$Q_i = \frac{\lambda_i A_i j}{\Delta x}(T_i - T_j) + \alpha_i A'_{ij}(T_i - T_j) + \varepsilon_i A'_{ij}(T_i^4 - T_j^4) \tag{5-11}$$

上式中：$i$和$j$表示连接单元体积的前后两个节点；$\lambda_i$、$\alpha_i$和$\varepsilon_i$分别表示节点$i$处的导热系数、对流散热系数和发射率；$T_i$和$T_j$表示单元前后两节点温度；$A_{ij}$和$A'_{ij}$表示热传递表面，前者为导热面积，后者为对流和辐射表面。

式(5-11)右边第一项为由对流散发出热量，第二项和第三项分别表示由对流和辐射散发出热量，式(5-11)也可以改写成：

$$Q_i = \frac{(T_i - T_j)}{R_1} + \frac{(T_i - T_j)}{R_2} + \frac{(T_i - T_j)}{R_3} \tag{5-12}$$

式中$R_1$、$R_2$和$R_3$分别表示传导热阻、对流热阻和辐射热阻，它们可分别由下式计算：

$$R_1 = \frac{\Delta x}{\lambda_i A} \quad R_2 = \frac{1}{\alpha A'} \quad R_3 = \frac{1}{\varepsilon A'(T_i^2 + T_j^2)(T_i + T_j)}$$

对整个热网络系统，可以矩阵形式表示

$$\{\boldsymbol{Q}\} = [\boldsymbol{K}]\{\boldsymbol{T}\} \tag{5-13}$$

式中　$\{\boldsymbol{Q}\}$——节点热源向量；

$[\boldsymbol{K}]$——传导矩阵；

$\{\boldsymbol{T}\}$——节点温度向量。

## 5.2　热源的计算

热源的计算是准确进行热分析的基础，低压断路器的热源主要是导电回路的母排、软连接、双金属热脱扣器、瞬时脱扣器，主触头和接线端，以及温升试验时的连接导线，特别是触头和接线端的接触电阻计算影响较大，所以这里重点讨论接触电阻的计算。

低压断路器中导体与导体的接触分为两种，动静触头之间为可分接触，而接线端与外接导线之间接触为固定接触，前者依靠触头弹簧压紧，而后者依靠螺栓压紧，尽管在接触处有压力使连接双方压紧，但接触处电流线收缩，电流密度增大，功率损耗增大，使接触处的发热高于导体的发热，因此在热分析时必须首先计算接触处的接触电阻。

影响接触电阻的因素很多，主要有材料性质、接触形式、接触压力和接触表面情况，要准确计算接触电阻是很困难的，通常采用经验公式进行估算，以下分别讨论触头和接线端接触电阻的计算。

### 5.2.1　触头接触电阻

对主触头的接触电阻计算，假设动静触头由于弹性变形而使接触斑点集中在半径为 $a_e$ 的导电斑点上，如图 5-3 所示，则根据 Hertg 公式可得斑点半径 $a_e$ 为

$$a_e = \sqrt[3]{\frac{3}{4}F_k\left(\frac{1-\mu_1^2}{E_1} + \frac{1-\mu_2^2}{E_2}\right)\left(\frac{1}{r_1} + \frac{1}{r_2}\right)^{-1}} \tag{5-14}$$

式中　$a_e$—— 接触斑点的半径(m)；

$F_k$——触头接触力(N)；

$E_1$、$E_2$——两个触头材料的弹性模量(Pa)；

$\mu_1$、$\mu_2$——两个触头材料的泊松比；

$r_1$、$r_2$——两个触头表面的曲率半径(m)。

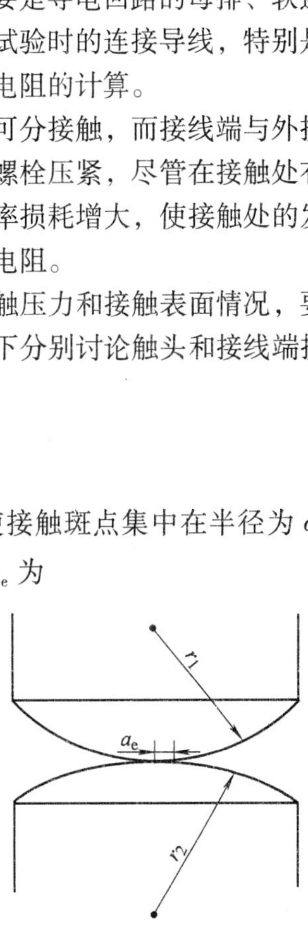

图 5-3　动静触头接触示意图

由式(5-14)确定了导电斑点的大小后，根据霍姆(Holm)的接触电阻模型，接触电阻与导电斑点半径之间的关系如式(5-15)所示。

$$R_k = \frac{\bar{\rho}}{2a_e} \tag{5-15}$$

式中　$\bar{\rho}$—— 两个触头材料的平均电阻率(Ω · m)。

### 5.2.2 接线端接触电阻

低压断路器的温升，按国标 GB14048 和 IEC60947 的规定，接线端子的温升值作为一个重要的考核指标，断路器接线端的温升除了与内部导电回路发热、温升试验中外部连接导线有关外，接线端的发热和接触电阻也起重要作用，因而接线端接触电阻的计算相当重要，接线端一般是通过螺栓的固定连接，它的接触电阻按下式计算：

$$R_k = \frac{c \cdot \rho}{F_k^m} \tag{5-16}$$

式中 $c \cdot \rho$——接触处的比电阻($\Omega \cdot N^m$)；

$F_k$——接触压力(N)；

$m$——与接触形式有关的系数。

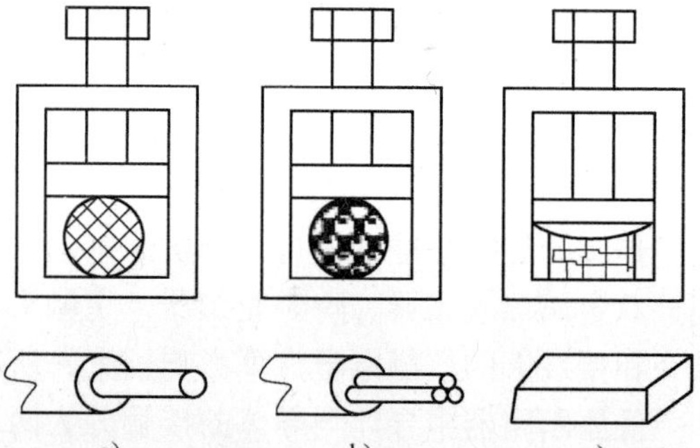



图 5-4 接线端的结构
a)平板对圆棒 b)平板对电缆
c) 平板对平板

上式中系数 $m$ 在 0.5 ~1 之间变动，对平板与曲面接触取 0.5，如图 5-4a 和图 5-4b 结构，其中图 5-4a 为单个圆棒，图 5-4b 为多根电缆线，而图 5-4c 的结构则取 $m$ 为 1，比电阻 $c \cdot \rho$ 对铜的平板对铜线的情况取值在 0.08 ~0.14 $\times 10^{-2}\Omega \cdot N^m$。

式(5-16)中接触压力 $F_k$ 可由螺纹连接的预紧力来确定。由机械原理的基本理论可知，在使用螺纹连接时需要拧紧到一定程度，螺栓与被连接件受到的力为预紧力。预紧力大小通过拧紧力矩控制，拧紧力矩 $M$ 可由下式计算：

$$M = \frac{1}{2}\left[\frac{d_2}{d}\tan(\psi + \rho') + \frac{2\mu_s}{3d}\left(\frac{D_0^3 - d_0^3}{D_0^2 - d_0^2}\right)\right]F_v d = KF_v d \tag{5-17}$$

式中 $M$——拧紧力矩(N·m)；

$F_v$——预紧力(N)；

$d_2$——螺钉的中径(m)；

$d$——螺钉的大径(m)；

$D_0$ 和 $d_0$——螺母承压面的内外径(m)；

$\mu_s$——螺母与被联接件承压面间的摩擦因数；

$\psi$——螺纹升角(rad)；

$\rho'$——螺纹副当量摩擦角(rad)；

$K$——拧紧力矩系数，与螺纹和承压面尺寸以及相应的摩擦因数有关，其值在 0.1 ~0.3 之间，一般取 0.2。

由式(5-17)确定了预紧力的大小，将此预紧力作为接触力 $F_k$ 代入式(5-16)，即可求得固定接触时的接触电阻。

和导体电阻相同，无论是触头还是接线端的接触电阻，随着温度的升高，电阻值也会增大，接触电阻随温度的变化可用式(5-18)表示。

$$R_k = R_{k_0}\left(1 + \alpha \cdot \frac{2}{3} \cdot \Delta T\right) \tag{5-18}$$

式中　$R_{k_0}$——0℃时的接触电阻(Ω)；

$\alpha$——导体的电阻系数；

$\Delta T$——温差(℃)。

## 5.3　导热系数和散热系数的确定

### 5.3.1　导热系数

在开关电器热传递中，传导起着重要的作用，因此确定导热系数的数值，对计算准确性影响很大。各种材料的导热系数都是温度的函数，对低压断路器来说组成部分主要是金属、绝缘材料和空气。金属材料的导热系数随温度变化较小，如铜当 293K 时导热系数为 $386\text{W}\cdot\text{m}^{-1}\cdot\text{K}^{-1}$,因而在工程计算时，若要求准确度不高，可认为在一定范围内金属的导热系数不变。

绝缘材料的特点是自由电子很少，热量传递主要由晶体振波进行，这类材料的导热系数随温度的升高而增大，一般在计算时，取 323K(50℃)时的导热系数作为计算值。

由于温度升高时气体分子的扰动增加，分子碰撞而使能量转移加速，因而气体的导热系数随温度的增加而增加，空气导热系数与温度的关系见表 5-2。

**表 5-2　空气导热系数与温度**

| 温度/K | 260 | 280 | 300 | 320 | 340 | 360 | 400 | 440 |
|---|---|---|---|---|---|---|---|---|
| 导热系数 $\lambda/\text{W}\cdot\text{m}^{-1}\cdot\text{K}^{-1}$ | 0.023 | 0.025 | 0.026 | 0.028 | 0.029 | 0.031 | 0.034 | 0.036 |

### 5.3.2　散热系数

进行低压断路器热分析时，往往把断路器外壳的表面作为边界条件，而断路器内部发热通过外壳表面把热量散发至周围空间，散热方式是通过对流和辐射。

对流散热可用式(5-19)表示

$$q=\alpha\cdot A(T_f-T_0) \tag{5-19}$$

式中　$q$——热流量(W)；

$\alpha$——对流散热系数($\text{W}\cdot\text{m}^{-2}\cdot\text{K}^{-1}$)；

$A$——对流散热表面积($\text{m}^2$)；

$T_0$——周围环境温度(K)；

$T_f$——散热表面温度(K)。

在自由对流条件，对流散热系数可按式(5-20)计算

$$\alpha=\frac{N_{ul}\lambda}{l} \tag{5-20}$$

式中　$N_{ul}$——努基尔数；

$\lambda$——空气的导热系数；

$l$——空气流过表面的长度。

努基尔数定义为

$$N_{ul} = c\,(G_{rl}P_r)^n \tag{5-21}$$

式中　$G_{rl}$——格拉晓夫；

$P_r$——普朗特数，表示气体的材料特性；

$c$、$n$——常数，其中

$$P_r = \frac{\eta c_p}{\lambda} \tag{5-22}$$

式中　$\eta$——空气的运动粘度；

$c_p$——空气定压比热；

$\lambda$——空气导热系数，

$G_{rl}$可用下式表示：

$$G_{rl} = \frac{gl^3\beta\Delta T}{\gamma^2} \tag{5-23}$$

式中　$g$——重力加速度，$g=9.81\text{m}\cdot\text{s}^{-2}$；

$\beta=\dfrac{1}{T}$——体积膨胀系数；

$\Delta T$——散热表面与环境温差；

$\gamma$——空气的运动粘度。

表5-3列出了常数$c$、$n$和长度$l$的选择。

**表5-3　公式中长度 $c$、$n$ 和长度 $l$ 的选择**

| 加热表面形状与位置 | $G_{rl}$数适用范围 | 流态 | $c$ | $n$ | $l$ |
|---|---|---|---|---|---|
| 竖平板及竖圆柱 | $10^4 \sim 3\times10^9$ | 层流 | 0.59 | 1/4 | 高度 |
| | $10^9 \sim 10^{11}$ | 湍流 | 0.11 | 1/3 | |
| 横圆柱 | $10^4 \sim 10^9$ | 层流 | 0.48 | 1/4 | 外径 |
| | $10^9 \sim 10^{13}$ | 湍流 | 0.13 | 1/3 | |
| 水平板热面向上 | $2\times10^4 \sim 5\times10^6$ | 层流 | 0.54 | 1/4 | 长方形两边平均值<br>正方形边长；圆盘取0.9$d$（$d$为直径） |
| | $5\times10^6 \sim 10^{11}$ | 湍流 | 0.14 | 1/3 | |
| 水平板热面向下 | $3\times10^5 \sim 3\times10^{10}$ | 层流 | 0.27 | 1/4 | |

对流散热系数$\alpha$是温度的函数，它随温度而变化。

根据Stefan-Boltzmann定律，物体的辐射散热为

$$q_i = \sigma\varepsilon_i \cdot F_{ij} \cdot A_i \cdot (T_f^4 - T_0^4) \tag{5-24}$$

式中　$F_{ij}$——形状系数，在计算外壳和导线外表面辐射散热时，取$F_{ij}=1$；

$\varepsilon_i$——发射率；

$\sigma$——Stefan-Boltzmann常数（$\text{W}\cdot\text{m}^{-2}\cdot\text{K}^{-4}$），$\sigma=5.67\times10^{-8}\text{W}\cdot\text{m}^{-2}\cdot\text{K}^{-4}$；

$A_i$——辐射散热面积（$\text{m}^2$）。

在热分析时，为了与对流散热的形式一致，将辐射散热通过表面散热系数简化为公式（5-25）所示。

$$\alpha_{\mathrm{rad}} = \frac{q_{\mathrm{i}}}{A_{\mathrm{i}}(T_{\mathrm{f}} - T_0)} \tag{5-25}$$

因此，外表面的散热系数为 $\alpha = \alpha_{\mathrm{con}} + \alpha_{\mathrm{rad}}$

## 5.4 连接导线的处理

开关电器的温升考核，按国标 GB/T14048. 1 和 IEC60947 标准规定，试验中把所有极串联起来用单相电流进行试验，但其连接导线必须符合标准的规定。对于试验电流不大于 450A 的连接导线应采用单芯聚氯乙烯(PCV)绝缘铜线，连接导线截面积决定于电流大小，例如 100A 的断路器，要求截面积为 $35\mathrm{mm}^2$，250A 则需 $150\mathrm{mm}^2$，400A 为 $240\mathrm{mm}^2$。两个接线端连接导线长度，当截面积为 $35\mathrm{mm}^2$ 及以下，其长度不小于 1m；截面积大于 $35\mathrm{mm}^2$，则长度应不小于 2m。当电流超过 400A 时，在按标准规定需采用铜排或电缆。

由于连接导线本身要有电阻损耗，会发热，而由接线端传入连接导线的热量也可通过连接导线表面散热，所以它对低压开关电器的热分析起着很重要的作用，计算连接导线的传热和散热，可把连接导线的作用当成边界条件来处理。按热分析的第二类边界条件，即接线端导入连接导线的热流密度为已知，由公式(5-4)，由于接线导线的截面积 $A_{\mathrm{c}}$ 已知，因而上述条件也可转变为已知导入连接导线的热量 $Q$：

$$Q = A_{\mathrm{c}} q \tag{5-26}$$

导入连接导线的热量 $Q$ 的求取如下：

连接导线处于空气中，通过对流和辐射散热。对流系数与导线直径和周围环境温度有关。根据文献[5-2]，裸导线的对流散热系数为式(5-27)所示：

$$\alpha_{\mathrm{conv}} = \left(1.357 - \frac{0.078}{100} \cdot \frac{(T_{\mathrm{f}} + T_0)}{2}\right) \cdot \sqrt[4]{\frac{(T_{\mathrm{f}} - T_0)}{d}} \tag{5-27}$$

式中 $d$——连接导线直径(m)。

导线辐射散热系数 $\alpha_{\mathrm{rad}}$ 根据式(5-24)、式(5-25)计算。因此，导线的总散热系数为 $\alpha = \alpha_{\mathrm{conv}} + \alpha_{\mathrm{rad}}$，同时，导线中通过电流，因此产生焦耳热，自身温度升高，电流 $I$ 通过导线时由自身的焦耳热引起的导线温升 $\Delta T_{\mathrm{r}}$ 为

$$\Delta T_{\mathrm{r}} = \frac{I^2}{\alpha \cdot B \cdot A_{\mathrm{c}} \cdot \sigma} \tag{5-28}$$

式中 $\alpha$——导线的散热系数($\mathrm{W \cdot m^{-2} \cdot K^{-1}}$)；

$B$——导线截面周长(m)；

$A_{\mathrm{c}}$——导线截面积($\mathrm{m}^2$)；

$\sigma$——导线的电导率($\Omega^{-1} \cdot \mathrm{m}^{-1}$)。

根据 IEC60943 和国标 GB/T 14048. 1—2000 规定，对于额定电流小于 1000A 的三相电器可以将各级串联，用单相电源进行试验。因此，连接导线与接线端的示意图如图 5-5 所示，为了便于分析设导线材料为匀质裸导线。

设接线端比裸导线温度高 $\Delta T_0$，裸导线长度为 $l$，温度达到稳定，根据傅里叶定律列出微元 $\mathrm{d}x$ 段的导热微分方程，如式(5-29)所示：

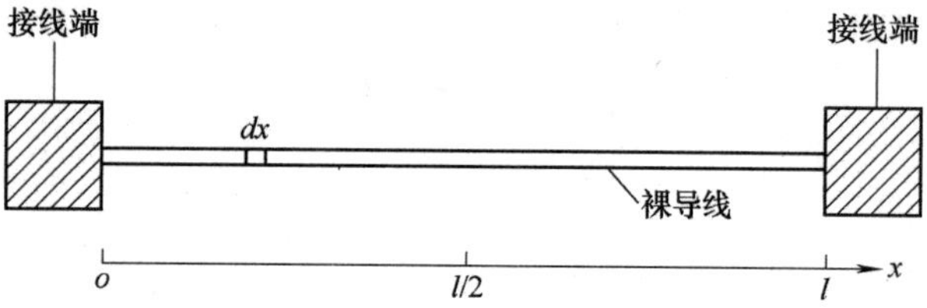


图 5-5　接线端和连接导线示意图

$$\lambda_c A_c \frac{d^2 \Delta T_x}{dx^2} - \alpha B \Delta T_x = 0$$
$$\Delta T_x \mid_{x=0} = \Delta T_0 \tag{5-29}$$
$$\frac{d(\Delta T_x)}{dx} \mid_{x=\frac{l}{2}} = 0$$

求解得到：$\Delta T_x = \Delta T_0 \cdot ch\left(\eta \cdot \left(\frac{l}{2} - x\right)\right) \Big/ ch\left(\eta \frac{l}{2}\right)$　其中：$\eta = \sqrt{\frac{\alpha B}{\lambda_c A_c}}$

从接线端流入导线的热量为

$$Q = \lambda_c A_c \left[\frac{d\Delta T_x}{dx}\right]_{x=0} = \Delta T_0 \cdot \sqrt{\alpha \cdot \lambda_c \cdot B \cdot A_c}\left(th \frac{l}{2}\sqrt{\frac{\alpha B}{\lambda_c A_c}}\right)$$

当 $l \to \infty$ 时，
$$W = \Delta T_0 \cdot \sqrt{\alpha \cdot \lambda_c \cdot B \cdot A_c} \tag{5-30}$$

当裸导线外面包有绝缘材料时，表面的散热系数会因为绝缘材料的热阻减小，为了用上述的方法计算接线端流入导线的热量，需要对表面散热系数进行处理，连接导线截面积示意图如图 5-6 所示。

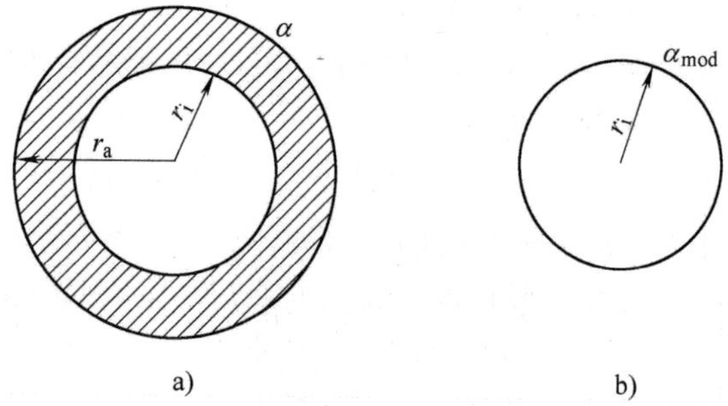


图 5-6　导线截面积示意图
a）外包绝缘导线　b）均质材料导线

图 5-6a 为外包绝缘的导线，阴影部分为导线的外包绝缘，导热系数为 $\lambda_{iso}$。图 5-6b 为均匀材质的导线。要将图 5-6a 转换成图 5-6b 所示的均匀材质的导线，需要将散热系数 $\alpha$ 转换成 $\alpha_{mod}$。利用热阻分析法可以得式(5-31)：

$$\frac{1}{2\pi r_a \alpha} + \frac{1}{2\pi \lambda_{iso}} \ln \frac{r_a}{r_i} = \frac{1}{2\pi r_i \alpha_{mod}} \tag{5-31}$$

因此

$$\alpha_{mod} = \frac{\alpha \cdot \lambda_{iso}}{\alpha \cdot r_i \cdot \ln \frac{r_a}{r_i} + \lambda_{iso}} \tag{5-32}$$

式中　$r_a$——外包绝缘的导线的半径(m)；
$r_i$——裸导线的半径(m)；

$\lambda_{iso}$——绝缘材料的热导率($W \cdot m^{-1} \cdot K^{-1}$)。

故从接线端流入导线的热量为

$$Q = (T_{terminal} - T_r) \cdot \sqrt{\alpha_{mod} \cdot \lambda_c \cdot B \cdot A_c} \tag{5-33}$$

式中 $T_{terminal}$—— 接线端的温度(℃);

$T_r$—— 导线的温度(℃);

$\alpha_{mod}$—— 导线散热系数($W \cdot m^{-2} \cdot K^{-1}$);

$B$—— 导体截面周长(m);

$A_c$—— 导体截面积($m^2$);

$\lambda_c$—— 导体的热导率($W \cdot m^{-1} \cdot K^{-1}$)。

求出 $Q$，连接导线就可作为第二类边界条件来处理。

## 5.5 基于三维有限元法的断路器热分析

### 5.5.1 小规格断路器的热分析

瑞士 Rockwell 公司的 Frei 和 Weicher 对电动机断路器进行了热分析[4]，图 5-7 为额定电流为 25A 的断路器单极结构图，它的导电回路包括进出线端、静触头和桥式动触头、热元件和冲击电磁铁线圈。三相断路器有三个极，这里分析一个极的发热。在建立仿真的模型时，对操作机构作了简化，因为它是由几个形状复杂的小零件组成，并且本身并不是热源，仿真时用一个简单的几何体来代替，考虑到这些零件是由金属、塑料所组成，并且包括不少容积的空气，因而其热导系数取三种材料的加权平均值，考虑到金属的热导系数为 12 ~ 38$Wm^{-1}K^{-1}$，塑料为 0.09 ~ 0.33 $Wm^{-1}K^{-1}$，空气为 0.025 ~ 0.035 $Wm^{-1}K^{-1}$，取平均值为 0.1 $Wm^{-1}K^{-1}$。

仿真模型的传热作用如图 5-8 所示，由于小规格的电动机断路器内部空间很小，忽略机壳内的辐射和对流，仅考虑各部分的传导，即金属导体部分(CD1)，塑料部分(CD2)和空气部分(CD3)，在外表面的散热则同时考虑对流(CV)和辐射(R)。

应用三维有限元法进行上述断路器的热分析，采用第三类边界条件，同时考虑表面的对流和辐射，若断路器是安装在开关柜上，多台并列，对散热表面仅需求上下面和前端面，若单独安装则还需计算三相开关的两个侧面，如 5.5 节所示，按国家标准规定的连接导体，也作为边界条件处理。计算中考虑了导热系数和电阻系数随温度的变化，计算获得的沿导电回路温度分布如图 5-9 所示，由图可看出，双金属片顶端是有最高温度，由于双金属片和冲击电磁铁两个热源作用，靠近这两个热源的进线端静触头温升较出线端静触头的温升高。图 5-9 中仿真曲线和实验曲线的对比，也说明仿真结果有相当的准确性，但图中简化的仿真结果是指仅考虑导电部分发热与散热，忽略外壳的散热作用得到的仿真结果，其温度分布曲线与测量结果误差较大，图 5-9 中 a、b 和 c 三点分别指进线端、触桥和出线端的温升。

图 5-10 是由仿真结果获得的断路器产生的热量通过各部分散出的分配比例，由图可以看出总的热量是 3.10W，其中差不多有三分之二的热量由对流散出，而一半以上的热量是由连接导线散出，由此可见，对断路器的热分析，必须考虑连接导线的作用。

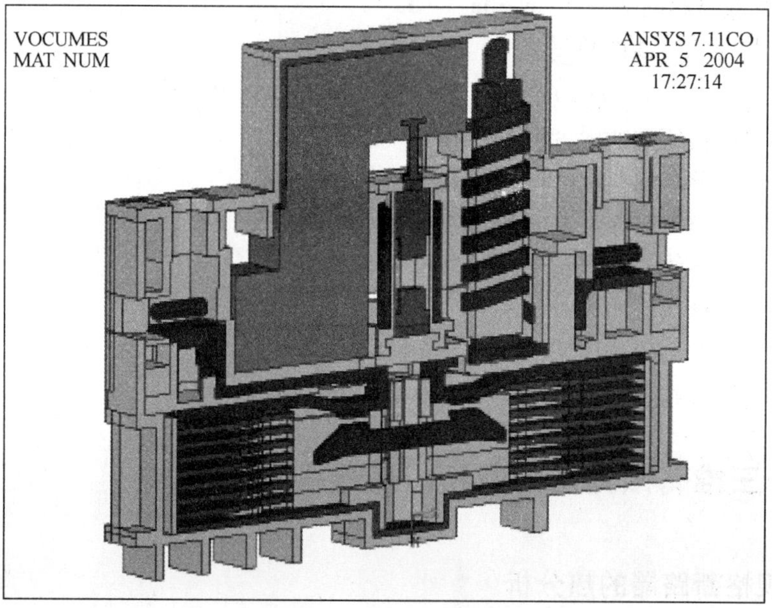


图 5-7　电动机断路器

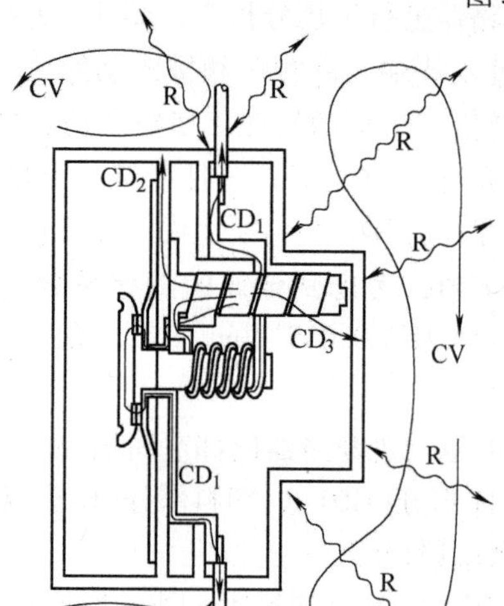


图 5-8　样机的模型

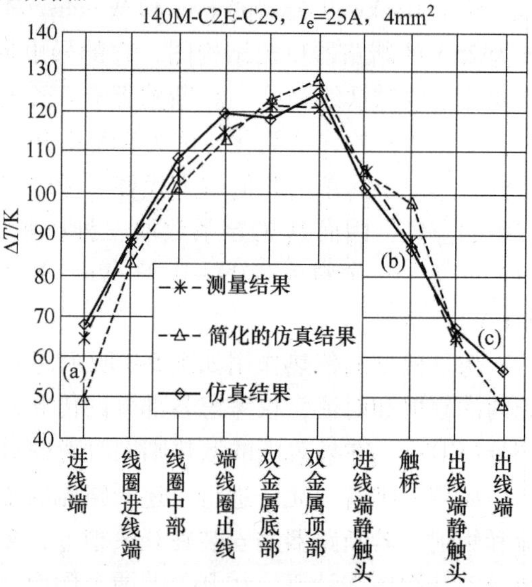


图 5-9　计算结果的导电回路温度分布

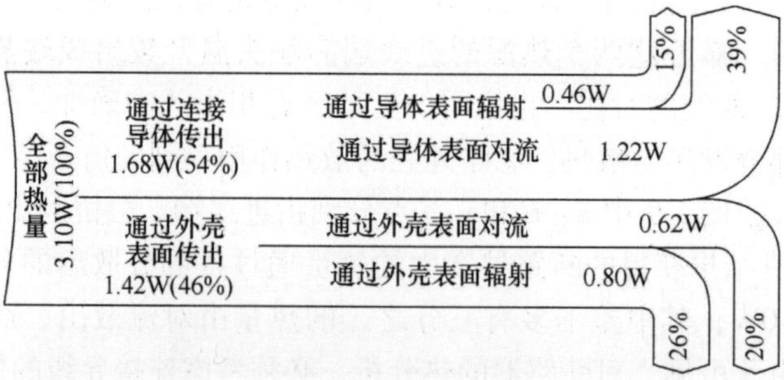


图 5-10　由仿真结果获得的各部分热量散失的分配比例

### 5.5.2　大规格断路器的热分析

德国 Braunschweig 技术大学的 Barcikowski 和 Lindmayer 对一个 100A 塑壳断路器用三维有限元方法进行热分析[2]，为了简化仿真过程，对断路器的结构作了修正，如图 5-11 中 1 为电磁脱扣器，2 为热脱扣器，3 为机构，这些部件都简化成简易的几何形体，断路器的发热和传热过程有以下假定：

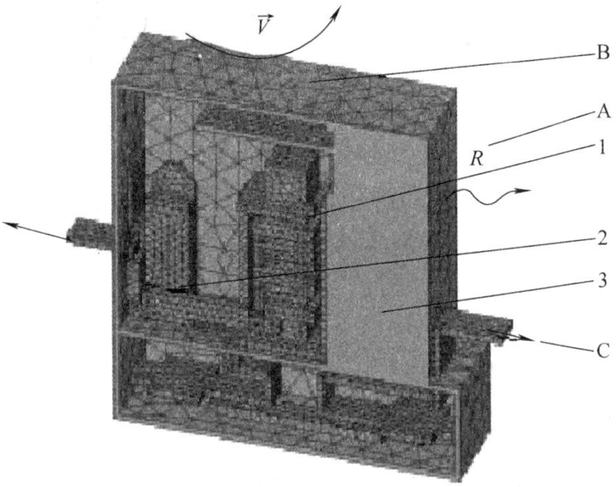


图 5-11　塑壳断路器外壳内外侧热传递机理

1）热源中忽略磁脱扣器铁心的磁滞和导体中的涡流。

2）壳体内部传热方式除传导外，由于塑壳断路器内部空间较大，需考虑对流。

3）外壳表面通过对流和辐射向外界散热，如图 5-11 中 A 为辐射，B 为对流，壳体内部不考虑辐射。

4）接线端和连接导线作为边界条件处理（图 5-11 中 C），采用 5.5 节中方法。

5）表面综合散热系数 $\alpha=\alpha_{conv}+\alpha_{rad}$（式 5-6），不考虑与温度的关系，取为常数，其中 $\alpha_{conv}=5\mathrm{Wm^{-2}K^{-1}}$，$\alpha_{rad}=7\mathrm{Wm^{-2}K^{-1}}$。

研究的塑壳断路器有三个极，每个极之间用绝缘板隔开，仿真中仅一次取一个极进行计算，所以不同的极有不同的边界条件，对中间极假定没有热的传递至两侧的极，因而设中间相对两边相的传热也即取 $\alpha=0$。在仿真中，动静触头以及固定连接的接触电阻由测量值得到。

由于在热源计算中，首先要考虑导体中电流密度分布，而在壳体内部的传热过程中又要考虑传导和对流，所以整个仿真过程需要求解两个耦合场：

（1）热-电耦合场

这个耦合场计算包括导体中电流密度分布和导体中温度场，计算中计及了材料的导热系数及电阻系数随温度的变化。

（2）流场和热场耦合仿真

在这个仿真中，壳体内部对流过程得到详细的计算，空气的热参数与温度关系得到考虑，但不能考虑热源随温度的变化。

在仿真过程中，这两个耦合场计算是交替进行，热-电耦合场计算获得的计算温度变化的热源，作为流场和热场耦合计算的输入，而流场仿真的壳体内对流散热的结果，则作为热-电耦合的输入，两种迭代计算，进行到两种计算的差值在允许范围内则计算结束。对 100A 塑壳断路器仿真结果与实测值对比见图 5-12，由图可看出，除磁脱扣器线圈的计算有较大误差外，仿真结果与实测结果比较一致，中间相的仿真和实测结果较边相的温升要高，这是由于中间相散热较边相要差的原因。

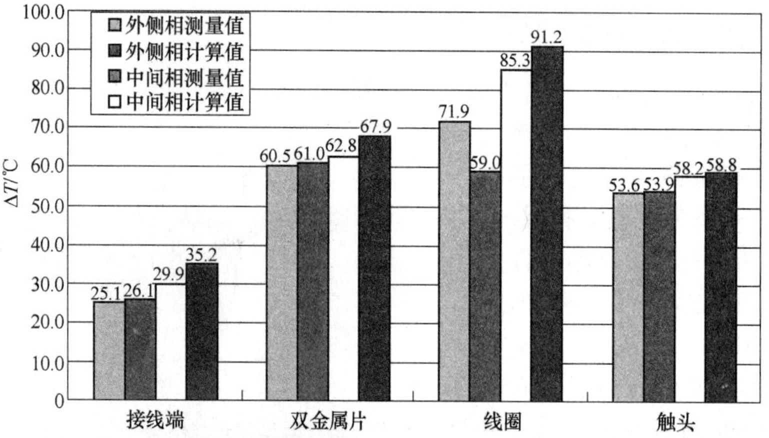


图 5-12　100A 塑壳断路器仿真和实测值对比

## 5.6　热脱扣器保护特性的等效热路计算方法

热脱扣器工作原理以电流的热效应为基础，当过载电流通过双金属片时，使双金属片受热弯曲，推动断路器的脱扣轴而使断路器断开。热脱扣器保护特性的计算属于热计算的范畴，可用温度场和热路两种方法进行计算，三维温度场的计算工作量大，但精度高，热路方法精度稍差，但简单适宜于工程应用，并且也是当前国际上正在发展中的一种新方法，这里介绍热脱扣器保护特性的等效热路计算方法。

### 5.6.1　热脱扣器等效热路的建立

取一额定电流为 250A 的塑壳断路器热脱扣器为研究对象，脱扣器的整定电流为 190A，其临界动作电流为 1.1 倍整定电流，即 210A，双金属片材料为 SJ20110，根据样机测试，热脱扣器动作温度为 100K，热脱扣器的结构见图 5-13，双金属片采用通过热元件间接加热，断路器工作时，主回路电流流过与双金属片紧密接触的加热元件，利用其电阻损耗对双金属片加热，塑壳断路器的加热元件为引线母排的一部分。加热元件产生的热量传递路径如下：首先一部分热量使加热元件本身温度升高，另一部分热量使与其紧密接触的双金属片、磁轭和衔铁支架温度升高。然后传递给包括衔铁、导电连接、操作机构，灭弧系统及空气间隙在内的导热体，再传给外壳。最后由外壳表面将热量散发到周围环境中去。

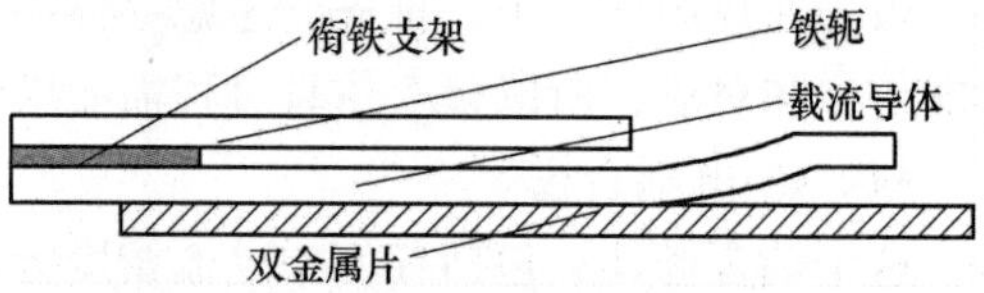


图 5-13　双金属片的传热结构

采用瞬态热路法建立断路器发热、传热的数学模型。双金属片和磁轭到周围环境有三层介质：1）到断路器外壳内壁之间的空气及断路器内部的零件，其传热机制包括传导和对流。2）断路器外壳内外壁之间的塑料层，其传热机制为传导。3）外壳外壁以外的空气层，其传热机制主要为对流。根据以上传热路径可建立断路器等效热路如图 5-14 所示。等效热路为三极断路器中的一相。

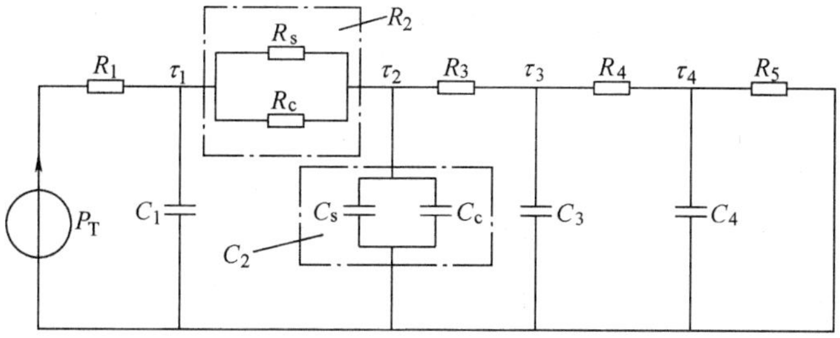


图 5-14　断路器等效热路

断路器等效热路各参数意义见表 5-4。

**表 5-4　断路器等效热路各参数意义**

| 参数 | 意　　义 | 参数 | 意　　义 |
|---|---|---|---|
| $R_1$ | 加热体热阻 | $C_1$ | 加热体热容 |
| $R_s$ | 双金属片热阻 | $C_s$ | 双金属片热容 |
| $R_c$ | 磁轭热阻 | $C_c$ | 磁轭热容 |
| $R_3$ | 双金属片及磁轭到断路器外壳内壁之间的空气及断路器内部零件的总热阻 | $C_3$ | 除双金属片、加热体及磁轭外断路器内部零件的总热容 |
| $R_4$ | 断路器外壳内外壁之间的塑料层的热阻 | $C_4$ | 断路器外壳内外壁之间的塑料层的热容 |
| $R_5$ | 断路器外壳外壁对流热阻 | | |

为了计算的简便，并且热路计算的重点为双金属片的发热及动作时间，在进行热路计算时仅将加热体当作唯一热源。加热体的损耗功率 $P_j$ 可由加热体的电阻和流过加热体的电流求得。其功率可由下式求得：

$$P_j = I^2 \rho_m \frac{l_j}{b_j \delta_j} \times 10^3 \tag{5-34}$$

式中　$I$——加热体通过电流(A)；

$\rho_m$——母线的电阻率(Ω·m)；

$l_j$、$b_j$、$\delta_j$——加热体的长度，宽度和厚度(mm)。

## 5.6.2　热路参数的计算

(1) 加热体、双金属片与磁轭的热阻

加热体、双金属片与磁轭之间的热量是通过平板方式进行传递，因而可采用平板传导热阻公式来计算，如下式：

$$R_T = l/A\lambda \tag{5-35}$$

式中　$l$、$A$、$\lambda$——平板的长度、垂直于导热方向的面积和导热系数。

根据式(5-35)，取加热体的导热系数为 $\lambda_j = 24.8\text{W}/(\text{m}\cdot\text{K})$，可得加热体的热阻为

$$R_1 = \frac{\delta_j}{l_j \times b_j \times 10^{-3} \times \lambda_j \times 2} \tag{5-36}$$

双金属片材料为 5J20110，形状为梯形。其尺寸为长 $l_s$，上底宽 $b_{s1}$，下底宽 $b_{s2}$，厚 $\delta_s$，

尺寸单位为mm。加热体与双金属片的接触部位上底宽为$b_{js}$/mm。双金属片的热阻也可由公式(5-35)求出。取双金属片的导热系数$\lambda_s$为22W/(m·K)，双金属片的热阻为

$$R_s = \frac{\delta_s \times 2}{l_j \times (b_{js} + b_{s2}) \times 10^{-3} \times \lambda_s} \tag{5-37}$$

磁轭通过衔铁支架与加热板紧密接触，磁轭长为$l_c$，宽为$b_c$，厚为$\delta_c$，尺寸单位为mm。衔铁支架厚为$\delta_z$/mm，与加热板接触面积为$S_z/mm^2$。磁轭和支架材料均为冷轧钢板，取其导热系数为$\lambda_c = 22.8$W/(m·K)，计入衔铁支架的等效磁轭的热阻为

$$R_c = \frac{\delta_z}{S_z \times \lambda_c \times 10^{-3}} + \frac{\delta_c}{l_c \times b_c \times 10^{-3} \times \lambda_c} \tag{5-38}$$

从而得

$$R_2 = (R_s \times R_c)/(R_s + R_c) \tag{5-39}$$

(2) 其他热阻

双金属片及磁轭到断路器外壳内壁之间的空气及断路器内部零件的总热阻$R_3$、断路器外壳内外壁之间的塑料层的热阻$R_4$及断路器外壳外壁对流热阻$R_5$可由分析公式计算，也可由实验确定，由于断路器内部结构复杂，这里由样机或结构相近的样机实验确定。实验时，在临界电流下，分别用热电偶测量双金属片和断路器外壳的内外壁的稳定温升，它们是$\tau_g$、$\tau_n$和$\tau_w$，临界电流条件下加热体功率为$P_j$。

热阻$R_3$、$R_4$、$R_5$可由公式(5-8)求得

$$R_3 = (\tau_s - \tau_n)/P_j \tag{5-40}$$

$$R_4 = (\tau_n - \tau_w)/P_j \tag{5-41}$$

$$R_5 = \tau_w/P_j \tag{5-42}$$

以上各热阻值单位为K/W。

(3) 热容参数

发热体的热容$C$为物体质量$m$和比热$c$的乘积，即

$$C = m \times c \tag{5-43}$$

加热体的密度$\gamma_j$为$8.8 \times 10^3 kg/m^3$，比热$c_j$为343J/(kg·K)。加热体的热容计算如下式：

$$C_1 = l_j \times b_j \times \delta_j \times \gamma_j \times c_j \times 10^{-6} \tag{5-44}$$

双金属片的密度$\gamma_s$为$7.7 \times 10^3 kg/m^3$，比热$c_s$为470J/(kg·K)。双金属片的热容计算如下式：

$$C_s = l_s \times (b_{s1} + b_{s2}) \times \delta_s \times \gamma_s \times c_s \times 10^{-6}/2 \tag{5-45}$$

磁轭的密度$\gamma_c$为$7.75 \times 10^3 kg/m^3$，比热$c_c$为470J/(kg·K)。磁轭的热容还包括衔铁支架部分的热容，计算如下式：

$$C_c = (l_c \times b_c \times \delta_c + \delta_z \times S_z) \times \gamma_c \times c_c \times 10^{-6} \tag{5-46}$$

$$C_2 = C_s + C_c \tag{5-47}$$

$C_3$和$C_4$的计算比较困难。在5.6.1中提到，为了计算的简便，在进行热路计算时仅将加热体当作唯一热源。但实际中断路器工作时，不仅仅是加热体发热，软连接、动静触头、进线端母线都会产生热量。它们共同对断路器内部零件的温升产生影响。加热体占所有热源

总和的百分比为 16.6%。断路器内部结构复杂。零件材料主要为铜、冷轧钢板和塑料。铜的比热小，为 386J/(kg·K)。冷轧钢板的比热为 470J/(kg·K)。塑料的比热大，为 1100J/(kg·K)。但铜和冷轧钢板的质量比塑料大得多。断路器内部零件除加热体、双金属片及磁轭外的总质量为 $m_n=0.14\text{kg}$，取综合比热容为 $c_n=600\text{J}/(\text{kg}\cdot\text{K})$。

$$C_3=m_n\times c_n\times 0.166 \tag{5-48}$$

断路器外壳为塑料，质量 $m_k=0.29\text{kg}$，比热 $c_k=1100\text{J}/(\text{kg}\cdot\text{K})$。

$$C_4=m_k\times c_k\times 0.166 \tag{5-49}$$

电磁铁等效热路的热容的单位为 J/K。

### 5.6.3　热脱扣器保护特性的等效热路的求解与实验对比

令 $G_1\sim G_5$ 分别为 $R_1\sim R_5$ 的倒数，运用电路理论中的节点法，可得断路器等效瞬态热路节点温升方程为

$$\begin{cases}C_1\dfrac{d\tau_1}{dt}=-G_2\tau_1+G_2\tau_2+P\\ C_2\dfrac{d\tau_2}{dt}=G_2\tau_1-(G_2+G_3)\tau_2+G_3\tau_3\\ C_3\dfrac{d\tau_3}{dt}=G_3\tau_2-(G_3+G_4)\tau_3+G_4\tau_4\\ C_4\dfrac{d\tau_4}{dt}=G_4\tau_3-(G_4+G_5)\tau_4\end{cases} \tag{5-50}$$

用四阶龙格-库塔法求解微分方程组。同时可求出断路器的冷态动作特性，即双金属片的动作时间。程序流程如图 5-15 所示。

根据前面的计算方法和原理，编制了相应的仿真软件。编程语言采用 Visual C ++ 编程环境。系统可进行塑壳断路器的热脱扣器冷态动作特性的计算。系统功能实现主要包括以下几个模块：

1）双金属材料参数的选择：建立了双金属材料库。通过菜单控制，实现材料的选取、添加、修改和删除。

2）断路器尺寸参数与控制参数的输入。

3）断路器冷态动作特性的计算。

4）断路器热脱扣器冷态动作特

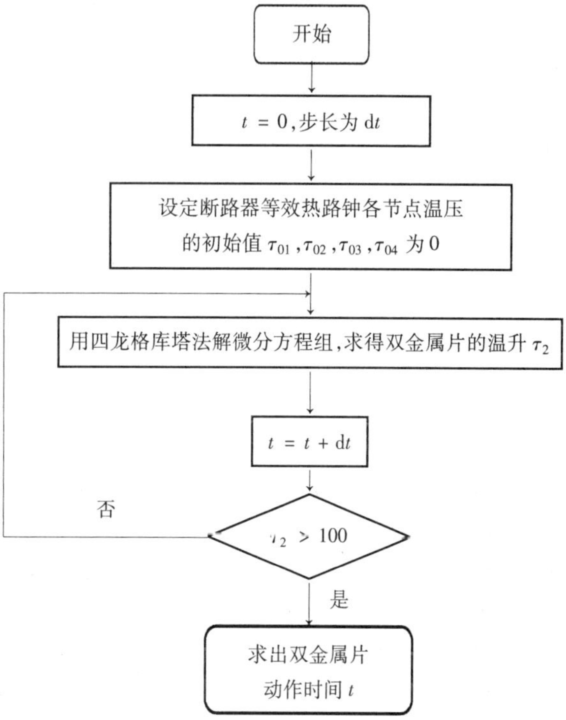


图 5-15　断路器热脱扣器冷态动作时间的计算流程

性曲线的绘制。

图 5-16 为通过仿真获得的断路器热脱扣器冷态动作特性曲线，计算结果与实验结果的对比如图 5-17 所示。

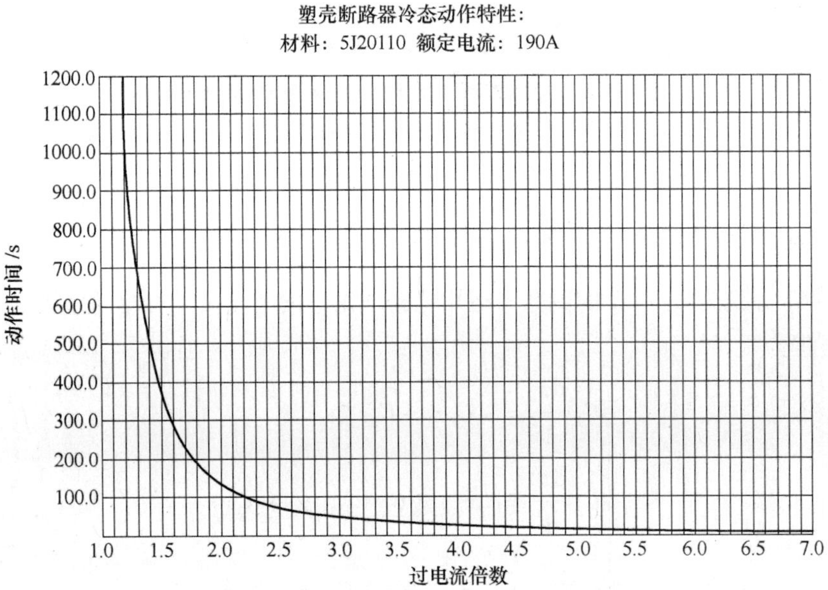


图 5-16 断路器热脱扣器冷态动作特性曲线

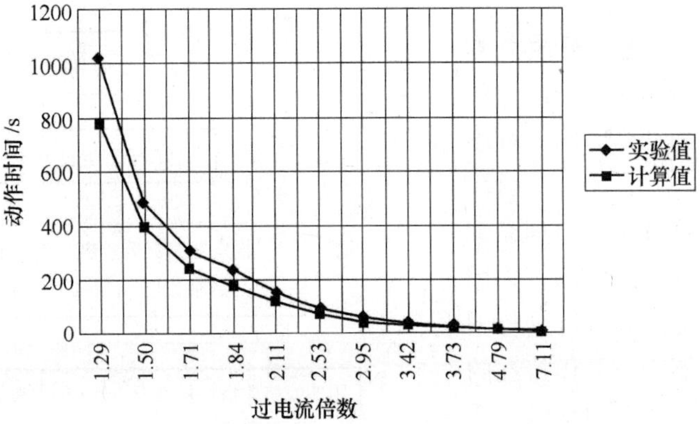


图 5-17 塑壳断路器实验值与热路法计算值的比较

可以看出，在大过载电流时，计算值与实验值比较吻合。而当过载电流小时，计算值误差较大。这是因为，当过电流倍数大时，由于热脱扣器动作快，热量还来不及散出，只需考虑双金属片的热特性，断路器内部的其他部件的吸热和散热对双金属片温升的影响很小。当过电流倍数小时，热脱扣器动作时间长，热交换可充分进行。双金属片周围物体的热阻和热容对双金属片的散热有明显的影响，并且断路器内的热源不仅仅是加热体，而在计算时仅将加热体当作唯一热源，将热容参数按比例算出，导致计算结果误差大。

## 5.7　基于电磁热流耦合有限元法的低压配电柜热分析

低压开关柜含有若干组出气口和进气口，对流换热是其重要的散热手段，若采用常规的对流散热经验系数的方法来近似柜内气体的对流散热过程，一方面误差较大，另一方面也难以进行出气口、进气口、柜内气道、铜排位置等因素的仿真分析。因此，对于低压开关柜来讲，柜内外气体的流场仿真对于研究其温升特性较为重要，本节主要基于某厂生产的630A低压开关柜，介绍电-磁-热-流耦合温升分析计算方法，并辅以实验验证。

### 5.7.1　电磁热流耦合的分析方法

典型的三相配电开关柜模型如图5-18所示，其内部主要安装有4个双断点塑壳断路器。两个额定电流为630A的进线断路器位于左侧，并通过铜箔软连接与母线转接器连接，其中最左侧的为备用进线断路器；两个额定电流为400A的出线断路器位于右侧，并通过圆柱导体与母线转接器连接。母线转接器分别挂在三相母线上，三相母线固定在绝缘背板上。开关柜的柜顶设有六组出气口，每组含4个矩形出气口。对应地，柜底设有六组进气口。

利用Ansys E-mag和Ansys CFX进行电-磁-热-流序贯耦合分析的典型步骤如图5-19所示。首先，利用Ansys E-mag模块，考虑涡流和邻近效应，通过三维电磁谐波分析获得导体内部焦耳生热分布；其次，将随坐标变化的焦耳生热功率数据以.csv文件格式导入Ansys CFX模块中，作为热源；最后，利用瞬态计算流体力学方法，进行开关柜温升仿真，获得流速和温度分布等结果。

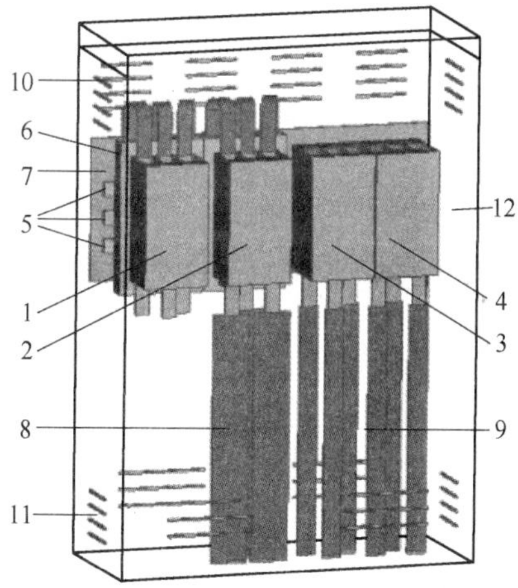


图5-18　低压配电柜模型

1—备用断路器　2—进线断路器　3—第一出线断路器
4—第二出线断路器　5—三相母排　6—维纳尔转接器
7—母排固定覆板　8—三相进线铜排　9—三相出线铜排
10—出气口　11—进气口　12—配电柜外壳

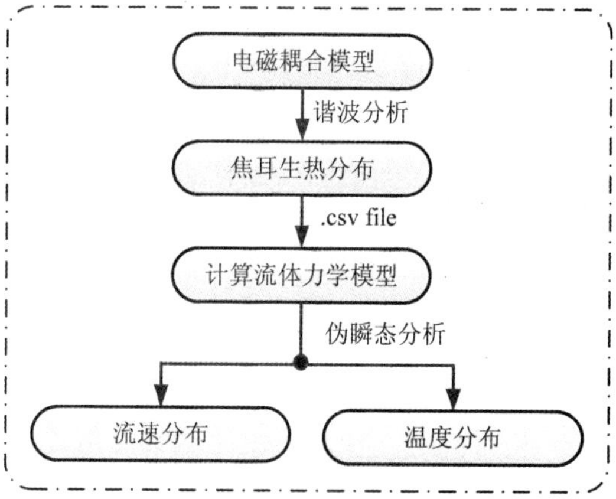


图5-19　电磁热流耦合仿真流程图

#### 1. 开关柜发热功率的计算方法

断路器内部的温升分布不是本节的研究重点，且其内部零部件较多，故本节基于生热与散热功率守恒将其简化为三平行导体模型，如图 5-20 所示。其中，每相导体在对应高度上建有两个 0.5mm 厚的导电接触层用以考虑接触电阻与接触热阻，断路器模型内等效导体和接触层的电阻率与热导率分别通过求解电阻公式(5-51)与魏德曼弗朗兹公式(5-52)获得。

$$\rho_e = \frac{R_e \cdot s}{l} \tag{5-51}$$

$$\lambda_c = \frac{L \cdot T}{\rho_e} \tag{5-52}$$

其中 $\rho_e$ 和 $\lambda_c$ 分别为电阻率与热导率，$R_e$为实验测得电阻；$s$ 和 $l$ 分别为模型中对应部位的横截面积与高度；$L$ 洛伦兹系数，其值取 2.4E-8(V/K)$^2$；$T$ 为热力学温度。

Frei 模型[4]中，双断点塑壳断路器操作机构的等效热导率通过质量平均其内部组件和空气热导率来获得，其值为 $0.1\text{W} \cdot \text{m}^{-1} \cdot \text{K}^{-1}$。由于本节将断路器简化为三导体模型，故利用真实断路器内导体表面积与三导体模型中导体表面积之比，将这一等效热导率修正为 $0.156\text{W} \cdot \text{m}^{-1} \cdot \text{K}^{-1}$，赋予三导体断路器模型中的等效散热介质。

开关柜电磁耦合模型如图 5-21 所示，导电回路居中，其他部件的相对磁导率与空气相差不大，故未予区分，并建为半球形。计算区域的表面设置磁场通量为零，三相出线端子电压也设为零，三相进线端子分别耦合电压，再以复数形式施加三相交流电流。

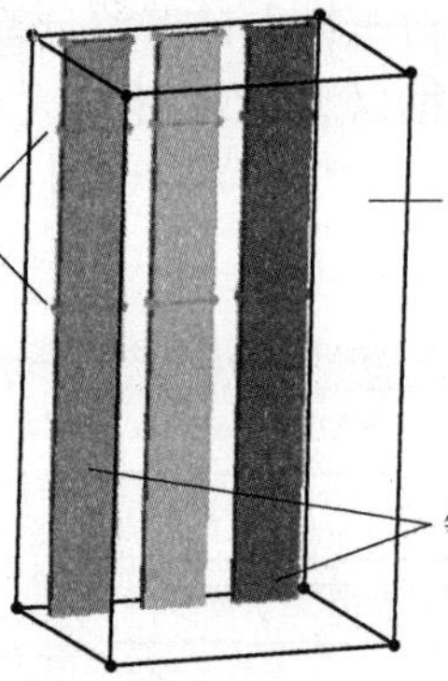


图 5-20　简化断路器几何模型

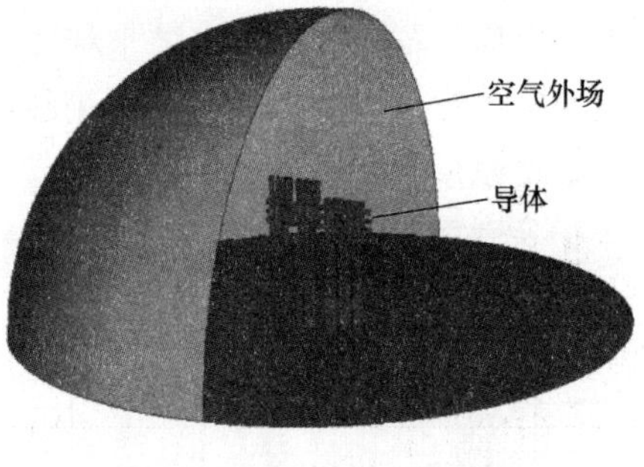


图 5-21　导体发热功率计算模型

导体发热功率分布的计算是基于麦克斯韦方程组来计算的，方程的微分形式表示如下：

$$\begin{cases} \nabla \times \boldsymbol{H} = \boldsymbol{J} + \dfrac{\partial D}{\partial t} \\ \nabla \times \boldsymbol{E} = -\dfrac{\partial B}{\partial t} \\ \nabla \cdot \boldsymbol{D} = \rho \\ \nabla \cdot \boldsymbol{B} = 0 \end{cases} \tag{5-53}$$

导体发热功率分布计算主要求解似稳电磁场，求解时可以忽略电场变化产生磁场的影响，即忽略方程中的电通密度。计及辅助方程 $\boldsymbol{J} = \sigma \boldsymbol{E}$ 和 $\boldsymbol{B} = \mu \boldsymbol{H}$，得到求解导体发热功率的简化方程组：

$$
\begin{cases}
\nabla \times \boldsymbol{H} = \boldsymbol{J} \\
\nabla \times \boldsymbol{E} = -\dfrac{\partial B}{\partial t} \\
\nabla \cdot \boldsymbol{B} = 0 \\
\boldsymbol{J} = \sigma \boldsymbol{E} \\
\boldsymbol{B} = \mu \boldsymbol{H} \\
P = \boldsymbol{J} \times \boldsymbol{E} = \dfrac{1}{\sigma}\boldsymbol{J}^2
\end{cases}
\tag{5-54}
$$

式中　$\boldsymbol{H}$——磁场强度矢量；

$\boldsymbol{D}$——电位移矢量；

$\boldsymbol{J}$——电流密度矢量；

$\boldsymbol{E}$——电场强度矢量；

$\boldsymbol{B}$——磁感应强度矢量；

$t$——时间；

$\rho$——自由电荷密度；

$\mu$——磁导率；

$\sigma$——电导率；

$P$——焦耳发热功率。

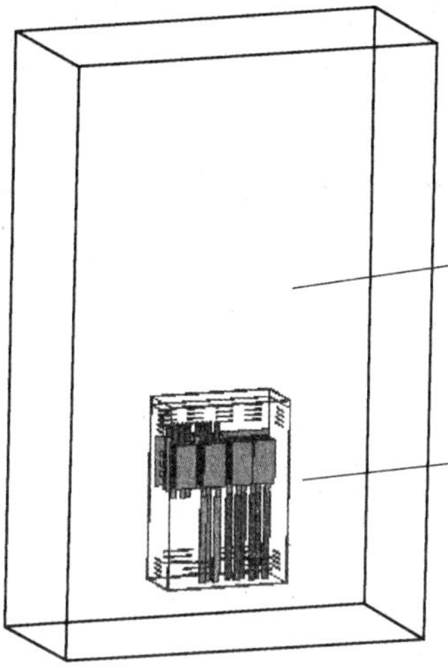

图 5-22　开关柜自然对流散热仿真模型

**2. 开关柜气流温度场的计算方法**

开关柜气流温度场模型如图 5-22 所示，由于开关柜出气口和进气口的流速和压力未知，故将柜外空气也纳入到计算模型中，其中柜外空气的上边界离柜顶约两倍的开关柜高度。计算模型的上边界和四周压力设置为 1atm，下边界设置为壁面，此外整个计算域外表面的温度设置为室温 283K。

气流场方程是由质量、动量、能量三个方程所组成：

1）质量守恒方程

$$
\frac{\partial \rho}{\partial t} + \nabla \cdot (\rho v) = 0 \tag{5-55}
$$

式中　$\rho$——气体密度；

$t$——时间；

$v$——气体流速。

2）动量守恒方程

$$
\frac{\partial}{\partial t}(\rho u) + \nabla \cdot (\rho u v) = -\frac{\partial P}{\partial x} + \frac{\partial}{\partial x}\left[2\mu \frac{\partial u}{\partial x} + \lambda \nabla \cdot v\right] + \frac{\partial}{\partial y}\left[\mu\left(\frac{\partial u}{\partial y} + \frac{\partial v}{\partial x}\right)\right] + \frac{\partial}{\partial z}\left[\mu\left(\frac{\partial w}{\partial x} + \frac{\partial u}{\partial z}\right)\right] \tag{5-56}
$$

$$
\frac{\partial}{\partial t}(\rho v) + \nabla \cdot (\rho v v) = -\frac{\partial P}{\partial y} + \frac{\partial}{\partial y}\left[2\mu \frac{\partial v}{\partial y} + \lambda \nabla \cdot v\right] + \frac{\partial}{\partial x}\left[\mu\left(\frac{\partial v}{\partial x} + \frac{\partial u}{\partial y}\right)\right] + \frac{\partial}{\partial z}\left[\mu\left(\frac{\partial v}{\partial z} + \frac{\partial w}{\partial y}\right)\right] - (\rho - \rho_{ref}) \cdot g \tag{5-57}
$$

$$\frac{\partial}{\partial t}(\rho w)+\nabla\cdot(\rho w\,v)=-\frac{\partial P}{\partial z}+\frac{\partial}{\partial z}\left[2\mu\frac{\partial w}{\partial z}+\lambda\,\nabla\cdot v\right]+\frac{\partial}{\partial x}\left[\mu\left(\frac{\partial w}{\partial x}+\frac{\partial u}{\partial z}\right)\right]+\frac{\partial}{\partial y}\left[\mu\left(\frac{\partial v}{\partial z}+\frac{\partial w}{\partial y}\right)\right]\tag{5-58}$$

式中 $u$、$v$、$w$——速度分量；
$x$、$y$、$z$——坐标分量；
$P$——气体压力；
$\lambda$——导热系数；
$\mu$——粘度；
$g$——重力加速度；
$\rho_{ref}$——环境温度下空气密度。

在利用 Ansys CFX 来进行低压配电柜温升仿真过程中，忽略静态气压梯度力，利用 Boussinesq 近似来考虑浮力，$Y$ 方向动量方程中添加随密度变化的源项 $-(\rho-\rho_{ref})\cdot g$。

3）能量方程

$$\frac{\partial\rho H}{\partial t}+\nabla\cdot(\rho\,v\,H)-\nabla\cdot(\lambda\,\nabla T)=\frac{\partial P}{\partial t}+V-S_R+K\frac{1}{\sigma}\boldsymbol{J}^2$$

(5-59)（需要修改方程）

式中 $H$——动态焓；
$T$——温度；
$V$——粘性耗散函数；
$S_R$——辐射分量。

由于温升实验中电流有效值恒定，假定电流有效值分布不随温度变化，故在计算温度对生热功率分布的影响时，主要考虑了温度对电阻率的影响。因此，在能量方程中添加随温度变化的源项 $K(T)\times\frac{1}{\sigma}\boldsymbol{J}^2$，考虑电阻率随温度变化对温升结果的影响，其中 $K(T)$ 为电阻率温度系数，其值随温度变化，等于不同温度下电阻率与室温电阻率的比值。除此之外，能量方程中还加入了辐射分量 $S_R$。热辐射模型采用的是黑体辐射模型，方程如下式(5-41)所示：

$$S_R=\varepsilon k(T^4-T_0^4)\tag{5-60}$$

式中 $\varepsilon$——发射率；
$T_0$——环境温度；
$k$——玻尔兹曼常数，$k=5.67\cdot10^{-8}\mathrm{W\cdot m^{-2}\cdot K^{-4}}$。

此外，开关柜还通过接线端子向外部导体传热。忽略了外接导线温升对外部空气流动的影响，故模型中未建立外接导线模型，通过求解下述方程获得接线端子向外接导线传递的热流密度：

$$T_r=\frac{I^2}{\alpha_s\cdot B\cdot A_c\cdot\sigma}\tag{5-61}$$

$$W=(T_{terminal}-T_r)\cdot\sqrt{\alpha_s\cdot\lambda_c\cdot B\cdot A_c}\tag{5-62}$$

其中，$T_r$ 为无限远处的外接导线仅由欧姆加热产生的温升，$I$ 为电流有效值，$a_s$ 为外接导线表面对流散热系数（$7\mathrm{W/m^2\cdot K}$）和等效辐射散热系数（$5\mathrm{W/m^2\cdot K}$）之和，$W$ 为接线端子向外接导线传热功率，$T_{terminal}$为接线端子处的温升，$B$，$A_c$，$\sigma$ 和 $\lambda_c$ 分别为外接端子截面周长、截面积、电导率和热导率。

设定的收敛准则有：1）残差小于 $10^{-5}$；2）全局不平衡度小于 1%。当这两个准则都已达到，才认为达到收敛，一般需要 500～1000 次迭代达到上述收敛准则，具体迭代次数受初值影响较大。

## 5.7.2　低压配电柜温升特性的仿真及实验研究

### 1. 仿真结果

额定电流为 630A 时的焦耳发热功率分布如图 5-23 所示，可以看出断路器接触层的发热功率密度最大，且断路器内的导体发热功率密度比断路器外的导体大。此外，由于涡流的作用，备用断路器虽然未通电流，但有少量的热量生成，尤其是靠近进线断路器的导体。

开关柜内各部件的温升如图 5-24 所示，进线断路器外壳温升高于出线断路器和母线，且进第一出线断路器外壳的温升高于第二出线断路器。此外，进线断路器上接线端子最高温升达到 125K，且右侧接线端子温升比左侧高，并都远高于国标温升要求。虽然备用断路器发热功率较小，但由于其与母线相连，故其上接线端子温升也近似达到了 40K。

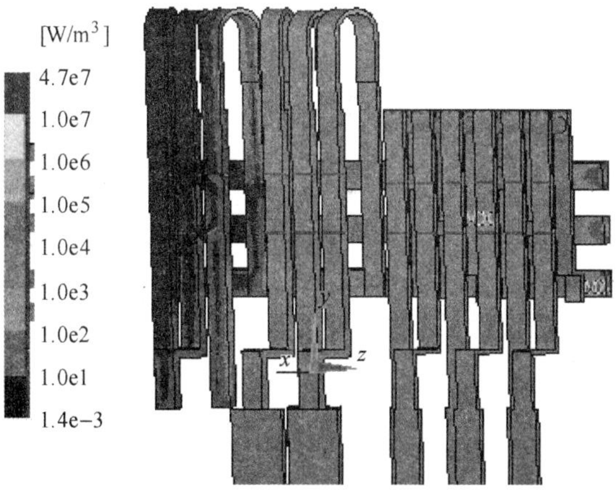


图 5-23　焦耳发热功率分布

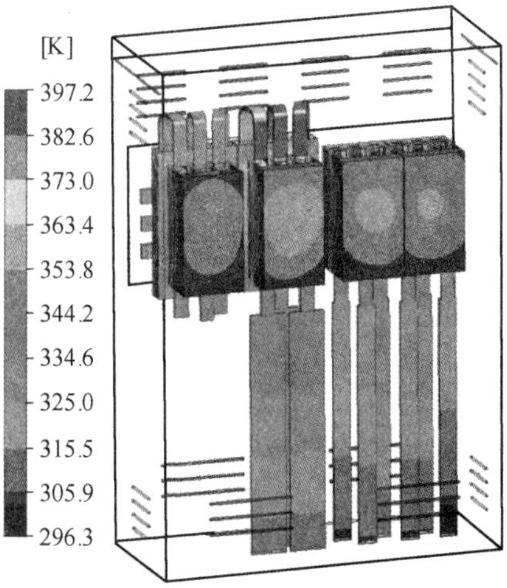


图 5-24　导电回路和断路器表面温升分布

开关柜纵截面上的气流流速分布如图 5-25 所示，柜内导体加热周围空气，空气受热膨胀，在浮力的作用下向上运动；当运动至柜顶时，上升空气受阻，沿着柜顶向四周运动，最终从出气口流出，根据计算结果，出气口的平均流速为 0.32m/s。从开关柜流出的热空气，在浮力的作用下，继续向上运动。此外，从气流流速分布图中还可以清楚地看到在出气口附近有明显的回流，这说明出气口的出气能力不足，开关柜散热不利。

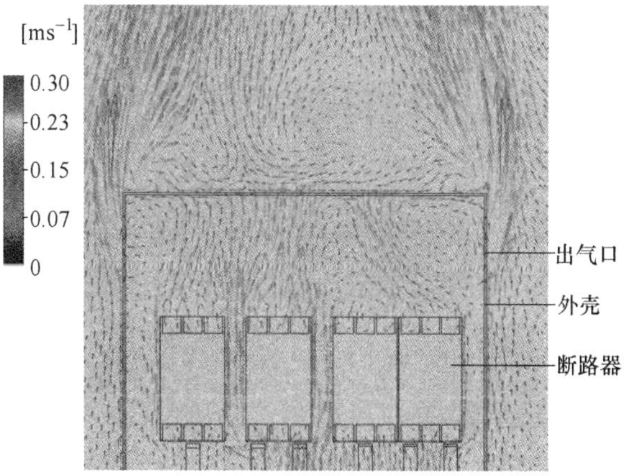


图 5-25　纵截面气体流速分布图

**2. 实验验证**

为了验证仿真模型，分别完成了开关柜额定电流为630A的温升实验和降容运行条件下500A的温升实验，接线图如图5-26a所示。实验中，三台降压变压器提供稳定的交流电流，根据电流互感器测量的输出电流数值调节降压变压器变比，保证输出电流误差在10A以内，精度为±1K的K型热电偶被用以测量温升，温升测点如图5-26b所示。当所有温升测点的温升变化速率小于1K/h时，认为实验完成。

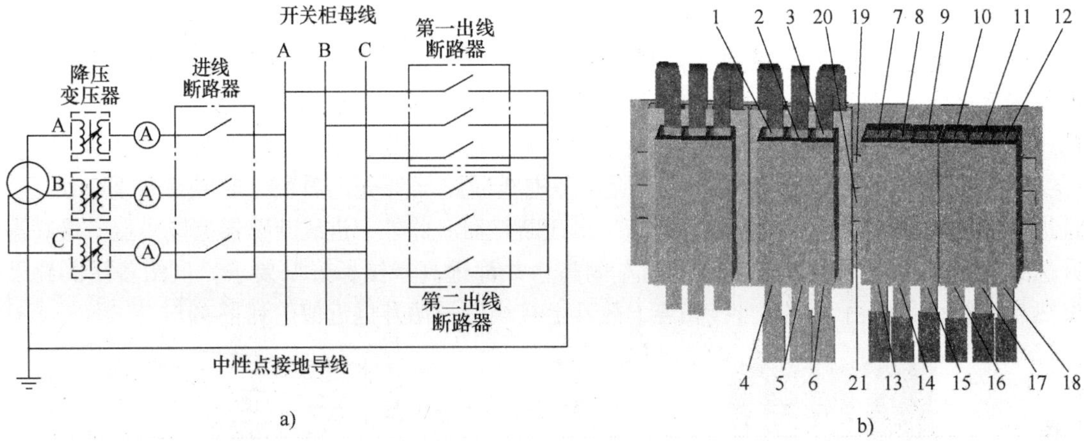


图5-26 温升实验接线图和温升测量点

a）温升实验接线图 b）温升实验测点

仿真和实验结果对比如图5-27所示，可以看出仿真结果与实验测量值较为接近，500A时，最大绝对误差为11K；630A时，最大绝对误差为13K。

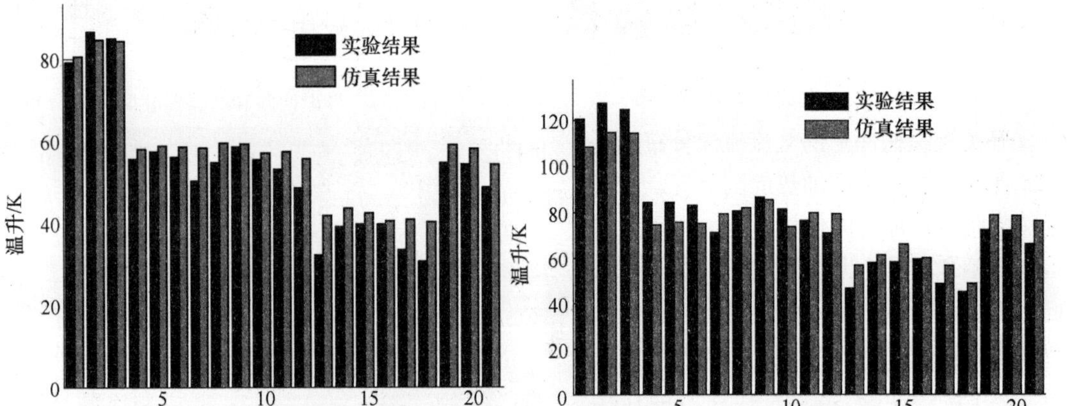


图5-27 实验与仿真结果对比

a）$I=500\text{A}$ b）$I=630\text{A}$

### 5.7.3　强迫对流对低压配电柜温升特性的影响

在强迫对流过程中，出气口安装风扇，流速已知，故未建立柜外空气域，仅建立了开关柜内部电-磁-热-流耦合仿真模型如图 5-28 所示。计算中与 5.7.1 节所述求解方程相同，只是边界条件需要做出适当的修改：开关柜进气口边界条件设置为压力 1atm，温度 283K；出气口边界设置为法向流速 3m/s 或 6m/s；开关柜外表面设置对流换热系数 $h$，其值利用下述方程求解：

$$G_r = \frac{g a_V \Delta t l^3}{v^2},\quad P_r = \frac{\nu}{a} \tag{5-63}$$

$$N_u = C(G_r \cdot P_r)^n,\quad h = N_u \frac{\lambda}{l} \tag{5-64}$$

式中　$G_r$——格拉晓夫数；
$P_r$——普朗特数；
$N_u$——努塞尔数；
$C$ 和 $n$——常数，其值见表 5-5；
$g$——重力加速度($m \cdot s^{-2}$)；
$a_V$——体积膨胀系数($K^{-1}$)；
$\Delta t$——流体与壁的温差(K)；
$l$——壁面特征长度(m)；
$\nu$——流体的运动粘度($m^2 \cdot s^{-1}$)；
$a$——热扩散率($m^2 \cdot s^{-1}$)；
$\lambda$——空气的导热系数($W \cdot m^{-1} \cdot K^{-1}$)。

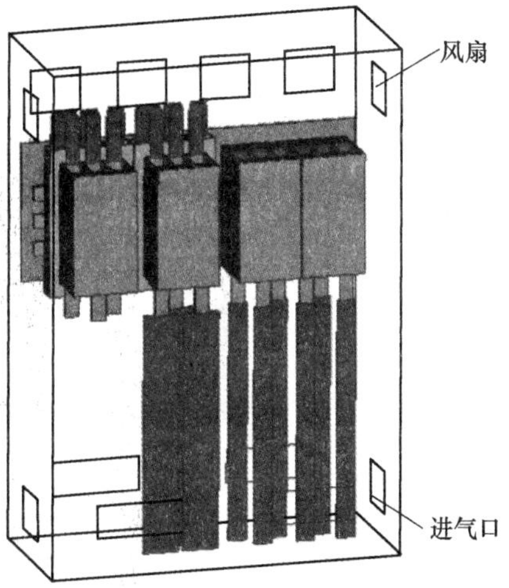


图 5-28　低压配电柜温升仿真模型

根据上述结果，可以发现进线断路器上接线端子在仿真分析和实验验证中超标严重。本节主要来探究该开关柜在额定电流条件下，出气口安装风扇后，开关柜的温升特性。此外，为了更好地降低开关柜温升，将进气口和出气口也扩大了一定比例，见表 5-6。

**表 5-5　*c* 和 *n* 常数取值**

| 壁面位置 | *c* | *n* |
|---|---|---|
| 上表面 | 0.54 | 1/4 |
| 四周表面 | 0.59 | 1/4 |
| 下表面 | 0.27 | 1/4 |

**表 5-6　进气口和出气口总面积**

| 不同结构 | 进气口面积 /$m^2$ | 出气口面积 /$m^2$ |
|---|---|---|
| 原结构 | 0.012 | 0.012 |
| 安装风扇 | 0.075 | 0.062 |

风扇风速为 3m/s 时，开关柜纵截面气体流速分布如图 5-29 所示，可以看出在风扇的作用下，断路器四周的空气被迅速排到开关柜外部，且流速较快，但断路器上方的流速较慢。

风扇流速对进线断路器上接线端子温升的影响如图 5-30 所示。出气口和进气口扩大 5 倍，且风扇流速分别达到 3m/s 和 6m/s 时，上接线端子的温升分别下降 28.6% 和 42.1% 。

图 5-29 纵截面气体流速分布图（$V_{fan}=3m/s$，$I=630A$）

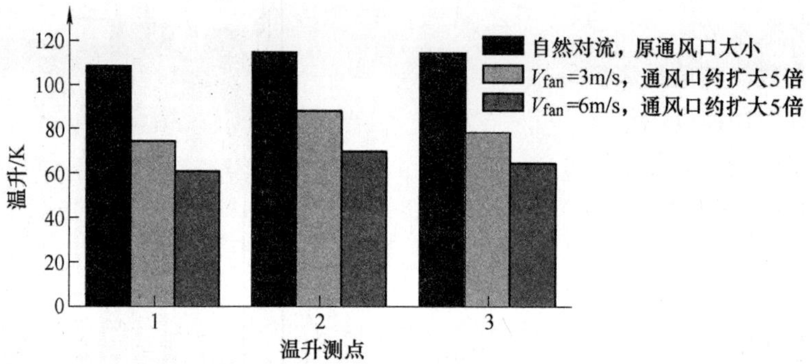


图 5-30 风扇流速对进线断路器上接线端子的温升的影响（$I=630A$）

## 本章参考文献

[1] Kawase Y and Ichihashi T. Heat analysis of thermal overload relays using 3-D finite element method[J]. IEEE Trans on Magnetics, 1999, 35(3): 1658 -1661.

[2] Barcikowski F, Lindamayer M. Simulations of the heat balance in low-voltage switchgear[J]. Proceedings of 20th International Conference on Electrical Contacts, Sweden, 2000: 323-329.

[3] Paulke J, Weichert H, Steinhaeuser P. Thermal simulation of switchgear[J]. IEEE Transactions on Components and Packaging Technologies, 2002, 25(3): 6-11.

[4] Frei PU, Weichert H.. Advanced thermal simulation of a circuit breaker[C]. Proceedings of the 50th IEEE Holm Conference on Electrical Contacts and the 22nd International Conference on Electrical Contacts, Seattle, 2004: 104-15.

[5] X. Z. Meng. Lifetime Predictions of Miniature Fuses and Semiconductor Protection Fuses[D]. Doctorate Thesis of Eindhoven Universityof Technology, 1996.

[6] 陈德桂，辜晓川，蒋容兴，等. 瞬态热路法计算小型断路器热脱扣器的动作特性[J]. 低压电器，1995(1): 17-21.

[7] Leung CH., Lee A, and Wang BJ. Thermal modeling of electrical contacts in switches and relays[J]. IEEE Trans on Components, Packaging and Manufacturing Technology, 1996, 19(3): 346-352.

[8] Leung CH., Doduco AMI. Thermal analysis of a molded case circuit breaker[C]. The proceedings of the 23rd International Conference on Electrical Contacts, Sendai, 2006: 590-595.
[9] Steffen Grossmann, Helmut Lobl, Uwe Kaltenborn. ABB and the Technical university of Dresden Collabroration on the Thermal Design of Power Equipment[J]. ABB Review 2/2005: 55-58.
[10] 黄琳敏. 典型低压电器温度场和热路的仿真分析[D]. 西安: 西安交通大学, 2003.
[11] Qu JY, Chong F, Wu G, et al. Application of computational fluid dynamics to predict the temperature-rise of low voltage switchgear compartment [C]. IEEE Holm Conference on Electrical Contacts, 2014: 87-91.

# 第6章　吹弧磁场、电动斥力及气动斥力仿真与分析

## 6.1　概述

在低压断路器开断过程中，吹弧磁场对电弧熄灭和电路开断起着重要作用。首先，当电弧在触头间呈现到电弧开始运动，需要一定时间，这段时间称为电弧停滞时间，电弧停滞时间是由于触头刚分离时，起始电弧主要为触头金属桥拉断所产生的金属蒸汽来维持的，人们把它称为金属相电弧，而金属相电弧是很难移动的，只有当外界气体进入电弧间隙，把金属相电弧变为由气体离子支撑的气相电弧时，电弧才能移动，电弧从刚呈现为金属相电弧而转化为气相电弧所需时间被称为电弧停滞时间，电弧停滞时间越长会使电器触头受电弧侵蚀越厉害，因而影响电器的电寿命，另一方面，电弧停滞时间延缓了电弧的运动也影响了开关电器的开断性能，特别是对限流断路器，会降低断路器限流性能。一般认为，在静止介质中自由电弧在横向外磁场的作用下，将感应出气流流动，让冷气流从电弧前端进入弧柱，而从弧柱后端流出，形成双涡旋的流场，如图6-1所示，这一作用可促进金属相电弧转变为气相电弧，从而减小电弧停滞时间。

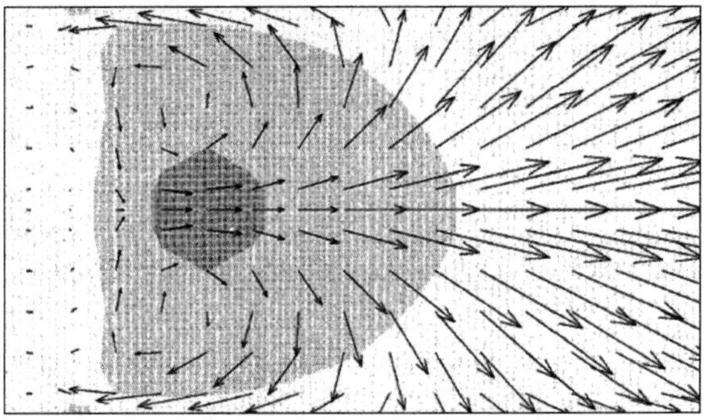

图6-1　磁场作用下通过弧柱的流场分布

传统的观点认为电弧在磁场中运动，受到气流的表面冷却，而从图6-1的物理现象看，磁吹对电弧的冷却作用，更是深入到弧柱内。吹弧磁场的另一作用是驱动电弧进入栅片灭弧室，电弧产生后，其本身就相当于一载流导体，与触头导电回路产生的吹弧磁场作用下，在电弧上施加了回路电动力，即洛伦兹(Lorentz)力，该力快速驱动电弧进入栅片灭弧室。所以从20世纪60~70年代开始人们在设计低压断路器结构时，对自励磁场的设计给予了充分的重视。

载流导体在磁场中会受到电动力的作用。电动力是开关电器领域中的一个共性问题，因此对电动力的研究是电器优化设计中的一项很重要也很必要的内容。就低压断路器来说，电动斥力对限流式断路器的限流性能和开断能力有重要的影响，而框架断路器也存在如何选择合适的触头压力以保证其电动稳定性的问题。

伴随着电磁场数值计算理论及相关技术的发展，可以实现对复杂结构电器中的电动斥力进行较为精确的分析。开关电器在工作时，作用在动触头上的电动斥力包括两个部分：由于电流收缩引起的Holm力$F_H$和由于导电回路引起的Lorentz力$F_L$。对$F_H$的研究，主要是如何描述触头间的电接触情况，该问题一直是电器科学中的一个难题，不仅在计算电动斥力时存

在，更是关系到人们对接触电阻、发热等物理现象的认识，特别是随着微机电系统、超导、汽车电器等新技术的发展，吸引着更多的学者对此保持密切关注。而 $F_L$ 从本质上来讲取决于载流导体的电流密度和所受的磁感应强度分布，因此对 $F_L$ 的数值计算，首先要对这两个物理场量的分布进行分析，研究各种因素对 $F_L$ 的影响规律，实现触头灭弧系统结构的优化设计。

近年来，人们发现除了电动斥力外，另外一种作用在动触头上的力，即气动斥力可以使动触头进一步加速运动，从而对断路器的开断过程有重要影响。我们知道，当短路电流到来时，动静触头分离后，在其中将产生电弧。由于电弧的热效应以及电弧与触头表面之间的相互作用，将在触头上产生另外一个力，这被称为气动斥力 $F_B$。由于影响气动斥力的因素很多，如触头灭弧系统结构、短路电流性质、触头开距等，使得对气动斥力的研究较为困难。然而，对于低压限流断路器来讲，一般情况下，触头先于机构开始动作，这样气动斥力对于触头斥开后的进一步运动起着重要的作用，从而影响断路器的开断能力和限流性能。

本章主要介绍吹弧磁场、电动斥力和气动斥力分析方法及作用规律，以及在塑壳断路器优化设计中的应用。

## 6.2　吹弧磁场的分析

### 6.2.1　计算方法与步骤

对电弧燃烧时的灭弧室的磁场进行有限元仿真和分析，要先进行静态电流传导分析，得到电流密度的分布，然后以此为磁场分析的激励源，求解灭弧室内磁通密度的分布。

由于灭弧室载流导体和电弧的形状不均匀，当电流通过动静导电杆、动静触头以及电弧时，在各个横截面的电流分布并不处处相等，即电流密度不均匀，所以有必要进行静态电流传导分析。电流密度 $\boldsymbol{J}$ 的分布情况通过求解公式(6-1)来获得。

$$\begin{cases} rot\left(\dfrac{1}{\sigma}rot\boldsymbol{T}\right)=0 \\ \boldsymbol{J}=rot\boldsymbol{T} \end{cases} \tag{6-1}$$

式中　$\boldsymbol{T}$——矢量电位；

$\sigma$——导体的电导率。在本节中，动静导电杆的材料采用铜，动静触头的材料采用银，电弧的电导率为银的 $10^{-4}$。而稳恒电流满足电流连续性方程，如下所示：

$$div\boldsymbol{J}=div(rot\boldsymbol{T})=0 \tag{6-2}$$

由于电流的流动范围限制在导体和电弧中，所以矢量电位 $\boldsymbol{T}$ 满足如下的边界条件：

$$\oint \boldsymbol{T}\mathrm{d}s = I \tag{6-3}$$

式中 $\boldsymbol{I}$ 为流过导体跟电弧总的电流。在 ANSYS 有限元软件中进行静态传导电流分析，需要经过单元类型选择、定义材质属性、分配材质属性、几何模型剖分、定义边界条件、加载激励和结果处理这几个步骤。

将上一步所得电流密度分布情况作为激励加载至模型上，通过有限元分析计算，可以得到灭弧室内的空间磁场分布。磁感应强度 $\boldsymbol{B}$ 由电流密度 $\boldsymbol{J}$ 激励产生，两者之间的关系为如公式(6-4)所示，其中 $\mu$ 为磁导率，$\boldsymbol{A}$ 为矢量磁位。

$$\begin{cases} rot\left(\dfrac{1}{\mu}rot\boldsymbol{A}\right)=\boldsymbol{J} \\ \boldsymbol{B}=rot\boldsymbol{A} \end{cases} \tag{6-4}$$

在整个模型的周围还包围着空气，所以在分析过程中还需添加足够大范围的空气区域，并在空气的边界 Γ 上添加 Dirichlet 边界条件：

$$\boldsymbol{A}(x,\ y,\ z)\mid_{\Gamma}=0 \tag{6-5}$$

### 6.2.2 4 种不同结构的触头灭弧系统的吹弧磁场的分析

塑壳断路器的触头灭弧系统一般由动导电杆、动触头、静导电杆、静触头以及栅片等组成，分析模型为 250A 塑壳断路器的触头灭弧系统，取 4 种不同的结构，如图 6-2 所示，考虑到在动静触头附近添加铁磁物质的增磁块可以改变触头区域的吹弧磁场，而改变栅片与触头系统的距离也可改变吹弧磁场，给定一个灭弧室吹弧磁场的模型，平移栅片的位置，可以得到栅片离动静触头较远或较近两种情况，而动静触头附近可以添加或不添加 U 型增磁块，这样被分析的灭弧室模型可以分成 4 种情况，将其简称为栅片远无增磁块、栅片近无增磁块、栅片远带增磁块以及栅片近带增磁块，如图 6-2a、图 6-2b、图 6-2c、图 6-2d 所示，这里增磁块为一 U 型电磁铁，把其底部套入 U 型静触头中，国际上也把这种结构称为电机槽(slot motor)结构。以下对比了 4 个模型在同样通以 1000A 电流的情况下，电弧中心线的磁

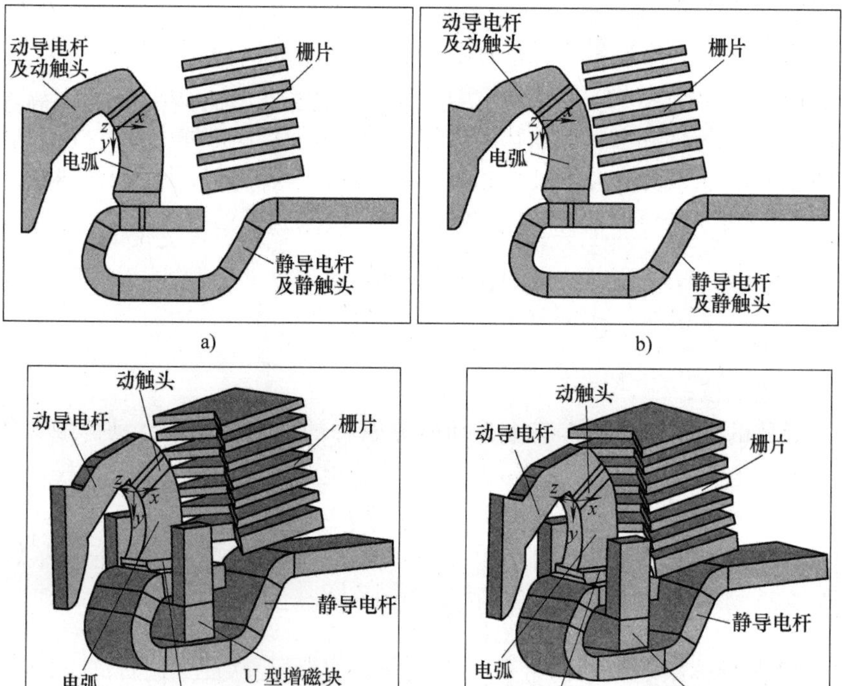


图 6-2 4 种不同结构的触头灭弧系统吹弧磁场的模型

a) U 型栅片离触头远且无增磁块 b) U 型栅片离触头近且无增磁块

c) 栅片远添加 U 型增磁块 d) 栅片近添加 U 型增磁块

感应强度 $B$ 以及电弧受到的磁吹力。

将图 6-2 所示的模型在进行有限元网格剖分，可以得到磁场计算时所需的有限元模型，图 6-3 为栅片离动静触头较远并添加 U 型增磁块时的有限元模型。

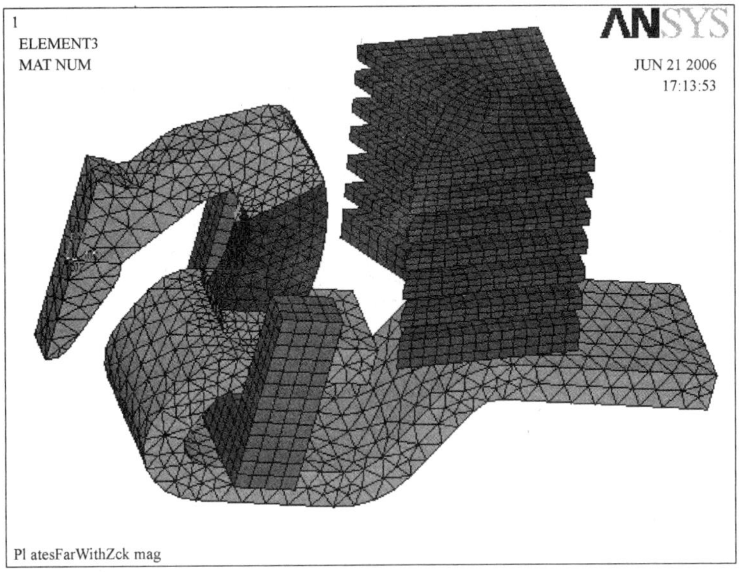


图 6-3　栅片远带增磁块时的有限元模型

计算过程可分为两步：静态电流传导分析，触头区磁场计算。

由于灭弧室载流导体和电弧的形状不均匀，当电流通过动静导电杆、动静触头以及电弧时，在各个横截面的电流分布并不处处相等，即电流密度不均匀，所以有必要进行静态电流传导分析。当加载的电流为 1000A，电流密度的分布如图 6-4 所示，图中电流密度的单位为 $A/m^2$。

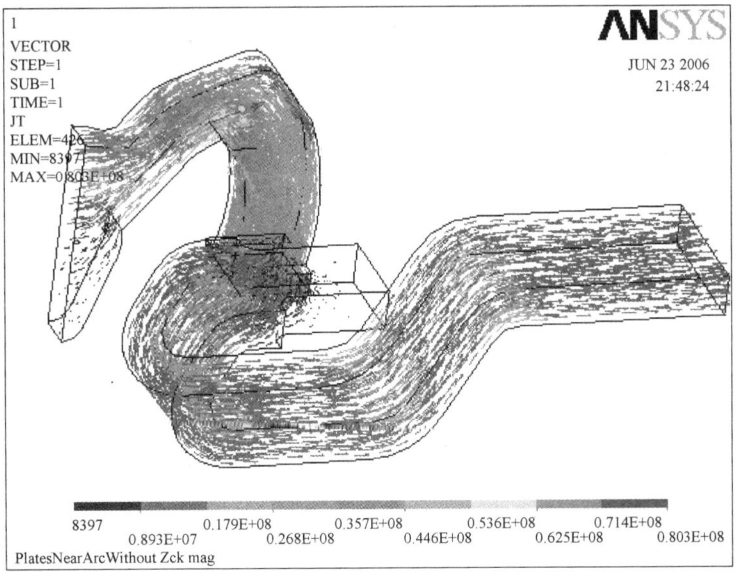


图 6-4　在电流为 1000A 时的载流导体和电弧中电流密度的分布情况

将第一步所得电流密度分布情况作为激励加载至模型上，通过有限元分析计算，可以得到灭弧室内的空间磁场分布。图 6-5 为触头系统与栅片距离较远且带增磁块的结构，当触头打开并产生电弧时的磁场分布，取电弧截面等于静触头截面，磁感应强度 $\boldsymbol{B}$ 的单位为 T。为了便于观察，未显示空气中的磁场。

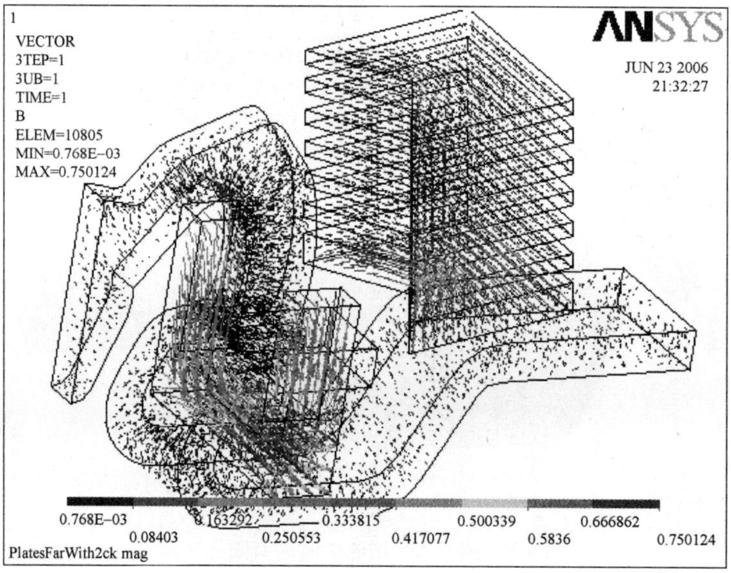


图 6-5　栅片远带增磁块时的吹弧磁场分布

计算得出在电流 1000A 时的 4 种不同结构触头灭弧系统模型的磁通分布情况后，将电弧沿中心线等分为 9 段，从而得到 10 个点，编号从下至上依次为 1 ~ 10，示意图如图 6-6 所示。

为了进行严格的对比，4 种情况下采用了坐标相同，即位置相同的 10 个点。把两种情况下这 10 个点上的磁感应强度罗列出来，并制成了对比曲线，如图 6-7 所示。

根据前面所得的电流密度 $\boldsymbol{J}$ 和磁感应强度 $\boldsymbol{B}$ 的分布情况，可以分析电弧所受的磁吹力。通过电流的导体在磁场中受到的力属于 Lorentz 力，其计算式为

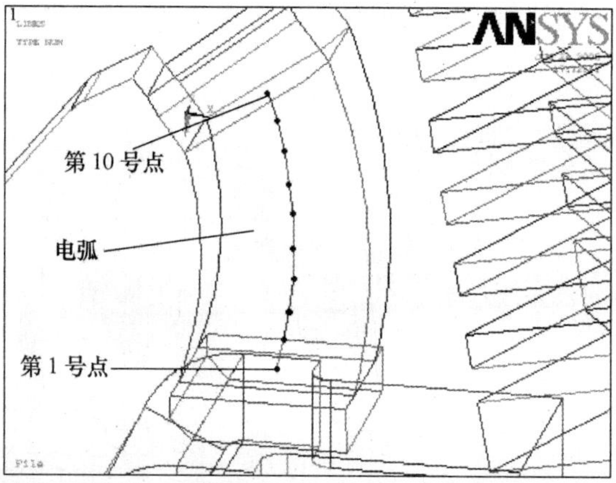


图 6-6　所选取的电弧中心线上的 10 个点的示意图

$$\boldsymbol{F} = \int \boldsymbol{J} \times \boldsymbol{B} \mathrm{d}v \tag{6-6}$$

在有限元分析中，通过已知的每个单元的电流密度$\boldsymbol{J}_{\mathrm{i}}$、磁感应强度$\boldsymbol{B}_{\mathrm{i}}$ 以及单元的体积 $v_{\mathrm{i}}$ 来求单元的受力$\boldsymbol{F}_{\mathrm{i}}$，然后再对其求和获取总的力为

$$\boldsymbol{F} = \sum_i \boldsymbol{F}_{\mathrm{i}} = \sum_i \boldsymbol{J}_{\mathrm{i}} \times \boldsymbol{B}_{\mathrm{i}} \cdot v_{\mathrm{i}} \tag{6-7}$$

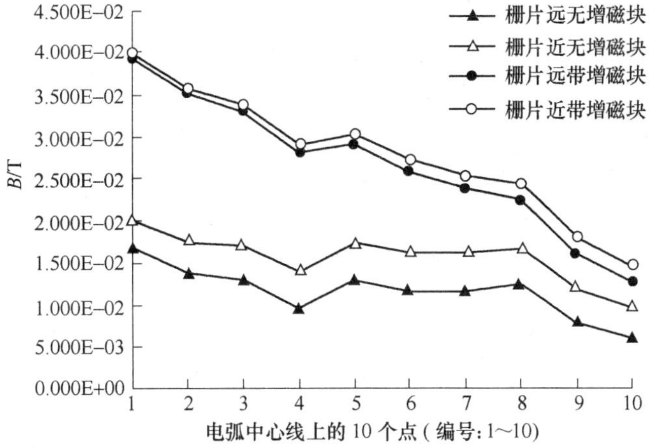


图 6-7　4 种情况电弧中心线上的磁感应强度对比曲线

本分析所要关心的力为电弧朝 $x$ 方向进入栅片的力 $F_x$，将所求的 $\boldsymbol{F}$ 取 $x$ 方向的分量即为所求。图 6-8 列出了 4 种情况下的电弧所受进入栅片的磁吹力 $F_x$ 的情况。

通过以上仿真分析，对研究对象可获得结论如下：

1）栅片离动静触头的距离越近，电弧周围的磁场越强，相应地，电弧所受磁吹力亦增大。

2）在触头附近添加增磁块，能使灭弧室空间的磁场大大增强，使电弧受的磁吹力增加。

3）增磁块对吹弧磁场的影响较栅片位置改变所造成的作用要显著一些。

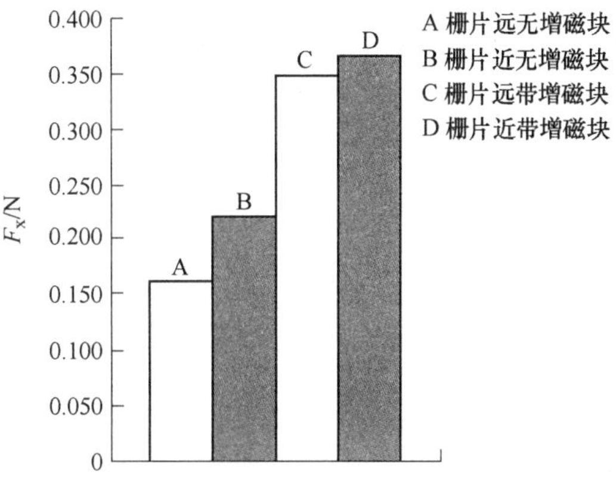


图 6-8　4 种不同结构的触头灭弧系统电弧所受磁吹力情况的对比

## 6.3　电动斥力的分析

### 6.3.1　计算方法与步骤

一般来说，看似平坦光滑的触头表面其实是凹凸不平的，而且覆盖有一层不导电的氧化层。不同的触头材料、不同的加工方法、不同工艺过程所得到的表面微观状态都不相同，它将在很大程度上影响两金属表面相互接触的物理过程和接触表面的物理图景。而在触头压力弹簧的作用下，触头表面将发生塑性变形，绝缘膜破裂后形成分布的尺寸各异的微小导电斑点，从而组成为触头的接触表面。Holm 是电接触领域的开拓者和奠基人，并提出了著名的 Holm 公式。

近年来，人们将有限元方法和积分方程法应用到电动斥力的数值计算中。采用三维有限元方法计算作用在动导电杆上的 Lorentz 力，已在 2.3.2 节中予以详细说明。这里重点介绍引入导电桥模型来模拟触头间的电流收缩，如何统一计算作用在动导电杆上的电动斥力。

如2.3.2节中所述，触头的接触表面由形状各异的导电斑点组成。这样当电流流过触头时，电流线在接触面附近发生收缩，因而在触头间会产生电动斥力，也即Holm力 $F_H$。一般来说，它与电流瞬时数值 $i$，触头间的预压力 $F_K$，触头材料的布氏硬度 $H$，触头形状及触头表面的导电斑点分布情况等有关。可以用式(6-8)所示的Holm公式来描述。其中 $r$ 为导电斑点的半径，$R$ 为触头的等效半径，$\xi$ 用来表征触头的表面接触情况，其范围为0.3~0.6，一般取0.45。

$$F_H = \frac{\mu_0}{4\pi} \times \ln\left(\frac{R}{r}\right) \times i^2 \qquad r = \sqrt{\frac{F_K}{\pi \cdot \xi \cdot H}} \tag{6-8}$$

对于Holm公式的一般工程应用来说，假定接触面中心只有一个导电斑点，或者认为全部的导电斑点集中在中心形成一个大的导电斑点。因此，可以用所谓的导电桥模型来模拟触头间的电流收缩，图6-9为导电桥模型的示意图。导电桥材料属性和触头相同，接触半径 $r$ 可用式(6-8)得到，其高度参数可采用上述方法，过一对孤立触头的电动斥力计算来确定。表6-1和表6-2分别为计算条件和计算结果。可以发现，高度 $h$ 在0.1~0.25mm之间变化时，电动斥力数值变化不大。因此，在下面的计算中，导电桥高度 $h$ 均设定为0.2mm。

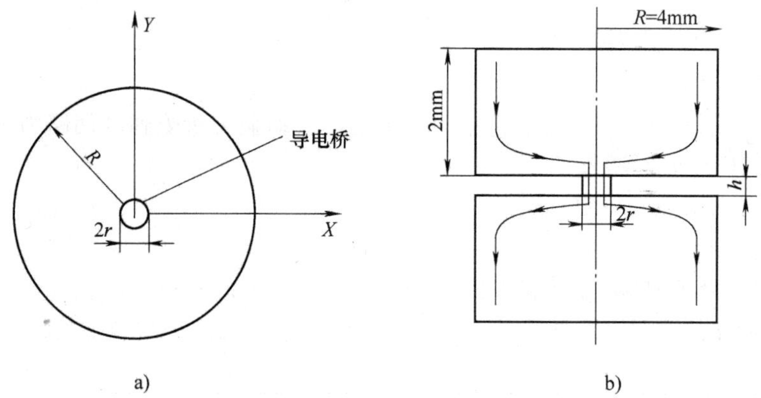


图6-9　导电桥模型示意图

a）正视图　b）前视图

表6-1　仿真条件

| 条件参量 | 取值 |
| --- | --- |
| 电流/kA | 10 |
| 触头半径 $R$/mm | 4 |
| 触头高度/mm | 2 |
| 导电桥半径 $r$/mm | 0.05 |
| 导电桥数目 | 1 |
| 导电桥位置 | 触头中心 |

表6-2　一对孤立触头间的电动斥力分析

| 导电桥高度 $h$/mm | 电动斥力/N |
| --- | --- |
| 0.1 | 37.2 |
| 0.125 | 37.4 |
| 0.15 | 37.8 |
| 0.2 | 37.8 |
| 0.25 | 37.8 |

## 6.3.2　两种 U 形静触头导电回路的电动斥力与吹弧磁场对比的分析

### 1. 两种 U 形静触头导电回路

塑壳断路器的限流作用主要取决于电弧电压 $U_{arc}$，它由两部分组成，包括电弧拉长后的弧柱压降 $U_l$ 和近极压降 $\Delta U$。根据大量实验显示，近极压降 $\Delta U$ 一般为 20～25V 左右。塑壳断路器为了提高电弧电压，一般采用栅片灭弧，若栅片数为 $n$，则把长弧分割成 $n+1$ 个短弧，这样电弧电压可用下式表示：

$$U_{arc} = U_l + (n+1)\Delta U = i\frac{l}{\sigma A} + (n+1)\Delta U \tag{6-9}$$

上式中，$i$ 为电弧电流，$l$ 为弧柱长度，由于电弧的近极区极短，因而可以认为电弧长度即为 $l$，$\sigma$ 为电弧的电导率，$A$ 为电弧的截面积。

因而，对于塑壳断路器，要提高电弧电压 $U_{arc}$ 和限流性能，一方面在电弧能顺利地进入栅片的条件下(即要保证栅片之间的间距足够大)，尽可能地增加栅片数目 $n$；而另一方面通过拉长电弧和充分冷却弧柱，尽可能提高弧柱压降 $U_l$。

触头区由导电回路产生的自励磁场，与动触头导电杆通过电流相互作用会产生电动力，使动触头尽快斥开，并在电动力作用下，动导电杆快速运动，可使电弧电压提前呈现并快速上升，它作为吹弧磁场又使电弧受到冷却并快速驱动，这些都有利于提高断路器开断性能。

塑壳断路器的静导电杆有一个 U 型的回路，这是一种很常用的结构，它能使电流在动静触头回路流动时方向相反，采用这种结构与传统的平板式静导电回路相比有两个优点：

1）增加动触头所受的电动斥力。如图 6-10 所示，图 6-10a 中静导电杆采用下进线 U 型结构，由于电流在静导电杆与动导电杆中流向相反，动触头所受到的回路力 $F_L$ 为向上的斥开的力，加上因电流收缩引起的 Holm 力 $F_H$，动触头所受的总的电动斥力为 $F_H + F_L$；而图 6-10b 中静导电杆采用平板型结构，由于电流在动静导电杆中流向相同，动触头所受到的回路力 $F_L$ 为向下的吸合的力，因而动触头所受的总的电动斥力为 $F_H - F_L$。可以看出 U 型的静导电杆比传统平板型的静导电杆能对动触头提供更大的电动斥力。

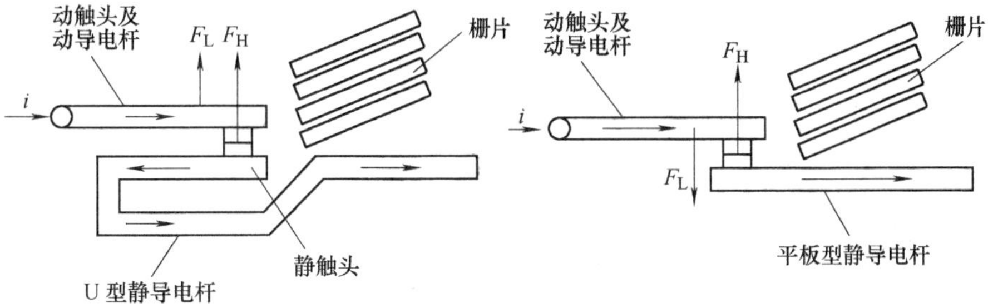


图 6-10　两种不同类型静导电杆的动触头电动斥力对比
a) U 型静导电杆　b) 平板型静导电杆

2）增加电弧向栅片方向的磁吹力。如图 6-11 所示，图 6-11a 中静导电杆采用 U 型结构，当触头导电回路通以电流时，由动导电杆产生的磁场将对电弧提供洛仑兹力 $F_{动}$，其方向为将电弧向栅片方向推动，而静导电回路对电弧的电动力 $F_{静}$ 也同样将电弧推向栅片，所以电弧受到导电回路的磁吹力为 $F_{动}+F_{静}$；而图 6-11b 中静导电杆采用平板型结构，静导电杆对电弧的电动力 $F_{静}$将电弧向栅片相反的方向推动，此时电弧受到导电回路的磁吹力为 $F_{动}-F_{静}$。所以，U 型的静导电杆比传统平板型的静导电杆能对电弧提供更大的磁吹力。

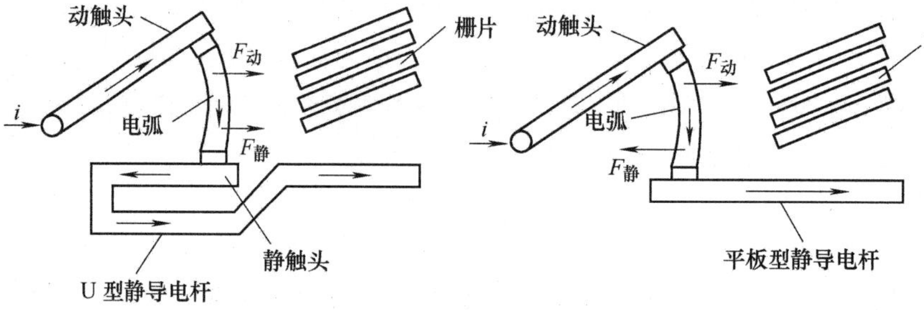


a)　　b)

图 6-11　两种不同类型静导电杆的电弧磁吹力对比

a）U 型静导电杆　b）平板型静导电杆

下进线 U 型静导电回路虽然比传统的平板型静导电回路能提供更大的触头电动斥力和吹弧力，但它也有缺点，就是占用了灭弧室较大的空间，在断路器高度一定的条件下，会使触头开距变小，放置的栅片数也减少，由式(6-9)可知：这会影响电弧电压的提高。为了减小静导电杆占用的空间，并保留电流在动静触头间流动时方向相反的特征，提出一种平行进线 U 型静导电杆结构，如图 6-12 所示，将静导电杆压低，并设置一个带斜坡的导电板来容纳静触头，从而使得在同样断路器高度下，灭弧室能够容纳更多的栅片，并能提高动静触头之间的开距，使电弧被拉得更长。平行进线 U 型静导电杆的电流回路如图 6-13 所示，通过静触头导电板的电流与动导电杆方向相反，然后电流在一个平面内分两路平行汇总于一个出线端，平行进线 U 型静导电杆提供的电动斥力和吹弧力与下进线 U 型静导电回路相近。

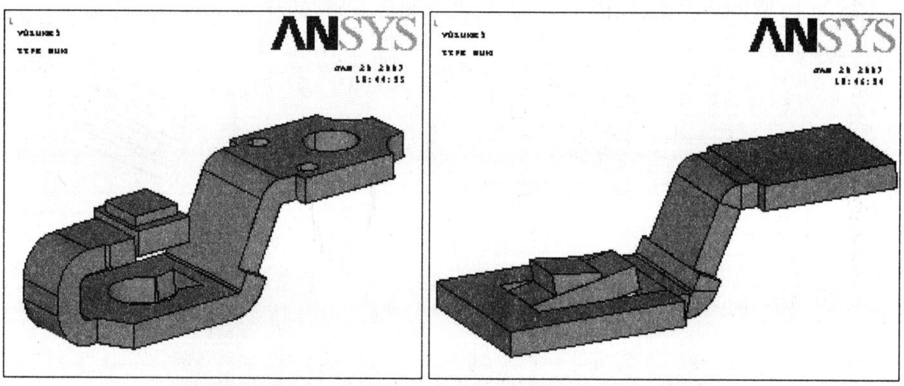


a)　　b)

图 6-12　两种静导电回路形状对比

a）下进线 U 型静导杆　b）平行进线 U 型静导杆

图 6-14 为两种静导电回路结构的灭弧室的 1/2 模型，可以看到，在高度相同条件下，

平行进线 U 型静导杆模型比下进线模型增加了栅片，机构开距也增大，使电弧被拉得更长，从而可以提高断路器的熄弧电压和限流特性。

**2. 计算结果分析**

触头电动斥力、吹弧磁场是影响断路器开断性能的两个重要指标。下面对两种结构触头闭合时电动斥力、触头打开且电弧燃烧时的吹弧磁场进行对比分析。

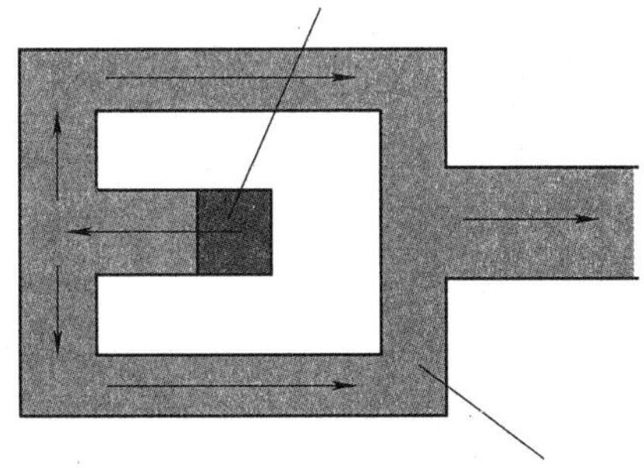


图 6-13　平行进线 U 型静导电杆的电流回路

我们所要计算的电动斥力由两部分组成，包括动导电杆所受的洛伦兹力和动静触头间因电流收缩而产生的 Holm 力。动导电杆所受的洛伦兹力可以利用下面的公式来计算：

$$F_L = \int J_S \times B \mathrm{d}V \tag{6-10}$$

式中　$F_L$——洛伦兹力；

$J_S$——电流密度；

$B$——磁感应强度；

$V$——体积。

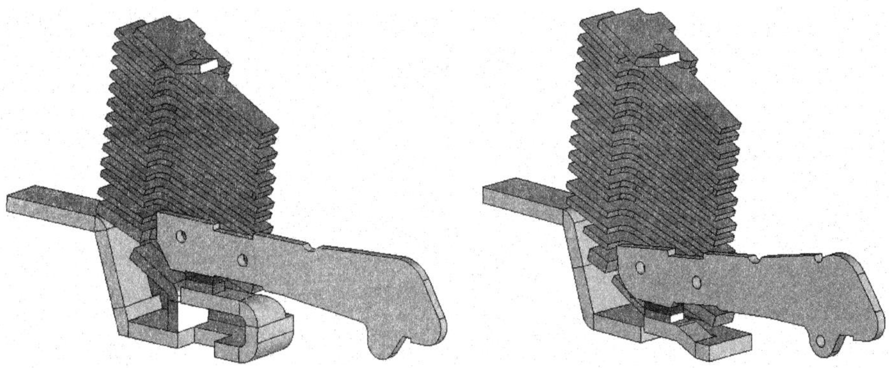

a)　　b)

图 6-14　两种静导电回路模型对比(1/2)

a）下进线 U 型静导杆模型　b）平行进线 U 型静导杆模型

由公式(6-10)可知，要求回路电动斥力 $F_L$，须先求解由动静导电杆和动静触头所组成的载流回路中的电流密度 $J_S$ 分布，以及灭弧室磁感应强度 $B$ 的分布。

在宏观环境下，动静触头的面接触仅是在微观下的点接触，由于这个原因，在这些接触点上就会造成电流收缩集中，从而产生 Holm 力，其本质仍然是电动斥力，该力的计算公式为

$$F_H = \frac{\mu_0}{4\pi} \times i^2 \times \ln \sqrt{\frac{A \times \xi \times H}{F_K}} \tag{6-11}$$

式中　$F_H$——动触头所受 Holm 力；

$\mu_0$——真空中的磁导率；

$A$——动静触头之间的接触面积；

$\xi$——触头接触系数；取值范围为0.3～0.6，通常取0.45；

$H$——触头材料的布氏硬度，一般取900；

$F_K$——触头正压力。

为了比较，下面分别计算额定电流为400A塑壳断路器的不同静导电杆的动触头上电动斥力，三种结构分别是下进线U型静导杆、平板型静导杆和平行进线U型静导杆。

图6-15为不同静导杆结构的灭弧室有限元模型，采用上述计算方法，在不同电流下，利用公式(6-10)、(6-11)计算动导电杆所受的围绕其转轴的回路电动斥力矩、归算到动触头中心的回路电动斥力和Holm力，然后将后两者相加，即为所要求解的总电动斥力。所受的总电动斥力数据制成曲线，如图6-16所示。从图中可以看出，平行进线U型静导杆结构的动触头所受电动斥力最大，下进线U型静导杆结构的次之，平行板静导杆的最小。说明平行进线U型结构的静导杆对动触头的快速斥开是有利的。

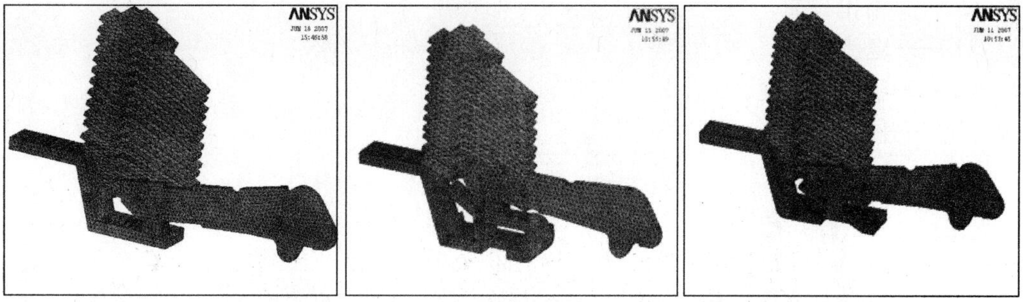


a) b) c)

图6-15 不同静导杆结构的灭弧室有限元模型(1/2)

a) 平板型 b) 下进线U型 c) 平行进线U型

下面对不同静导杆结构下电弧燃烧时的灭弧室模型进行吹弧磁场的对比分析。计算过程依然要分为两步进行，首先进行静态电流传导分析，然后再进行磁场的仿真和计算。本文分析了在通以10kA大小的短路电流时，塑壳断路器在不同静导杆结构下的吹弧磁场。

首先计算得出三种模型在电流10kA时的整体的磁通分布情况，再来求解电弧中心线上的磁感应强度。将电弧的中心线等分为9段，从而得到10个点，编号从下至上依次为1～10，这10个点形成一条路径，情况和图6-

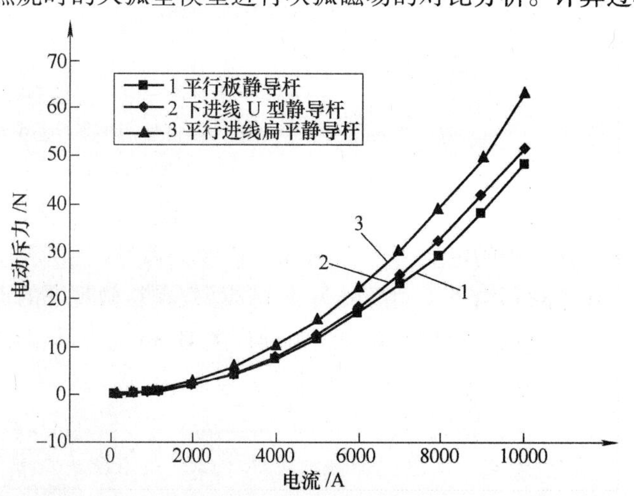


图6-16 不同静导杆结构时动触头所受电动斥力的对比曲线

6 相似。把三种情况下电弧中心 10 个点上的磁感应强度罗列出来，并制成了对比曲线，如图 6-17 所示。

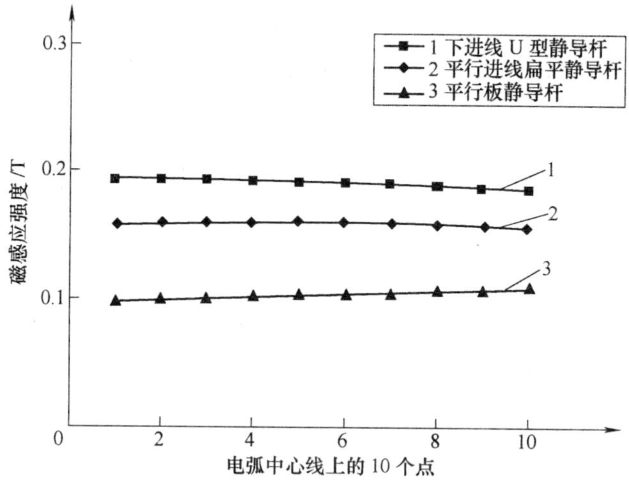


图 6-17　三种结构电弧中心线上的磁感应强度对比曲线

可以看到，下进线 U 型静导杆结构电弧中心线上的吹弧磁场最强，平行进线 U 型静导杆结构次之，而平板型静导电杆结构吹弧磁场最弱，并与前两者差距较大，采用平行进线 U 型静导杆结构虽然吹弧磁场小于下进线 U 型结构，但断路器的开距可增加，电弧被拉得更长，栅片数目可比原来增多，并且由前面分析，它的动触头所受电动斥力是三种结构中最大的，这些都有利于提高断路器的开断性能，因此这种静导电杆结构目前在塑壳断路器中得到广泛的应用。

## 6.4 塑壳断路器中的电动斥力

本节应用上述方法，采用三维有限元非线性分析，首先针对五种塑壳断路器，对比分析触头灭弧系统结构对触头闭合时电动斥力的影响；并计算触头的斥开时间；然后介绍了电动斥力的实验方法，并来验证上述计算方法的正确性。

### 6.4.1 计算模型

CB1 和 CB2 分别是两种额定电流均为 100A 的塑壳断路器产品的触头灭弧系统三维剖分图，由于各个模型均关于中心面对称，这样仅需要一半建模与计算。其中 CB1 静导电杆采用水平面 U 型，而 CB2 采用下进线 U 型，分别如图 6-18a、图 6-18b 所示。为了研究不同的触头灭弧系统对电动斥力的影响，在不改变产品其他形状及尺寸下，将 CB1 的静导电杆改为平板式，形成如图 6-18c 所示的 CB3 模型；将 CB2 的栅片腿长缩短，并加入 U 型电机槽，形成如图 6-18d 所示的 CB4 模型；去掉 CB1 模型的灭弧栅片，形成 CB5 模型。图 6-18a 和图 6-18c 的右下角分别为 CB1 和 CB3 静触头区域的俯视图和电流方向的示意图。

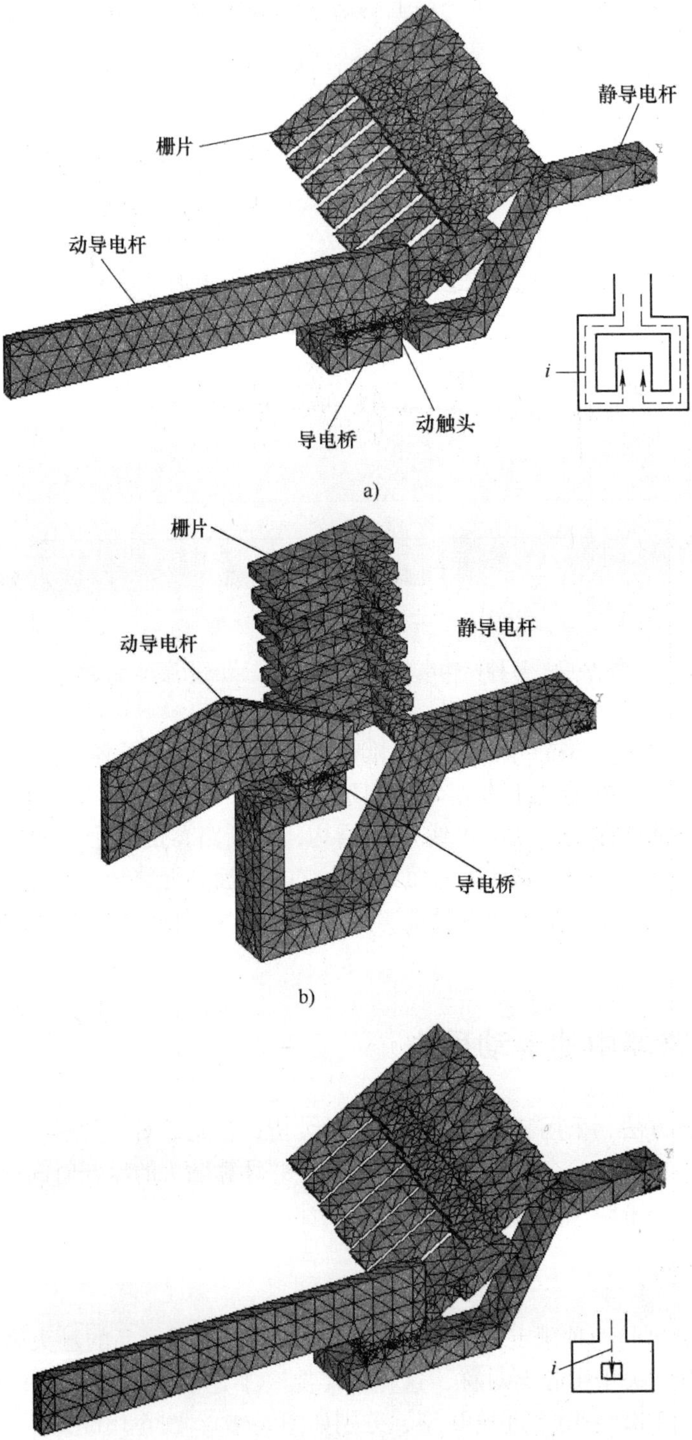


图 6-18 MCCB 模型的剖分图

a) CB1 b) CB2 c) CB3

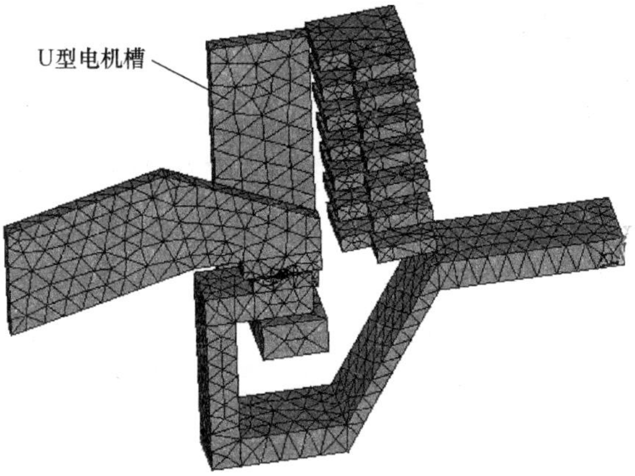


d)

图 6-18　MCCB 模型的剖分图(续)
d) CB4

## 6.4.2　计算结果及分析

图 6-19a，图 6-19b，图 6-19c 分别为当电流为 10kA 时，CB1 和 CB3 动、静导电杆，CB1 动导电杆和动触头上的电流密度分布图。

对应于图 6-18a 右下角的电流方向和图 6-19b 不同，从图 6-19a 所示的 CB1 俯视图可以清晰地看到由于其静导电回路的 U 型弯曲导致图中 1 所示部分的电流方向和动导电杆相反。另外，本章所有分析都是相对于图 6-19a 所示的坐标系进行的，其中 $X$、$Y$ 及 $Z$ 轴正方向符合右手法则，在该图中，$Y$ 轴正方向垂直纸面向外。从 6-19c 可以看出，触头上由于电流收缩，其电流密度最大值比动导杆上高 5 个数量级。

图 6-20a，图 6-20b 分别为沿 CB1 和 CB3 动导电杆上 $z$ 方向的平均磁感应强度 $B_z$ 和 $y$ 方向上的平均力密度 $f_y$ 分布，其原点为动导电杆的左端，也就是图 2-18 中的 A 点。可以发现，靠近触头的区域，磁场和力密度均比较大，而且该区域远离转轴，力臂较大，因而可以认为，回路电动斥力，也就是 Lorentz 力 $F_L$ 主要取决于这部分。同时明显地看到 CB1 的磁场和力密度较 CB3 大。

在统一计算 Holm 力 $F_H$ 和 Lorentz 力 $F_L$ 的数值分析过程中，也可以认为作用在动导电杆上 B 点(见图 2-18)的等效合力由两部分组成，即认为作用在动导电杆上的力为 $F_L$，作用在动触头上的力为 $F_H$。这一点可以通过下面的仿真来验证。对 CB2，10kA 电流时，不考虑触头间的电流收缩时，作用在动导电杆和动触头上的合力为 15.66N；另一方面考虑触头间的电流收缩时，作用在动导电杆上力为 12.34N，而作用在动触头上的力为 30.98N。因此，为了便于接下来的分析，分别用 $F_L$ 和 $F_H$ 来近似描述作用在动导电杆和动触头上的电动斥力。

从表 6-3 中的对 CB1 的计算数据来看，电动斥力和电流的平方近似成正比例关系。表 6-4 所示为 10kA 电流时，5 种模型的电动斥力计算结果。从两个表中可以看出，$F_H$ 占整个电动斥力的 70% 左右。比较 CB3 和 CB1 的计算结果，将静导电杆的形状从水平 U 型改为平板型，电动斥力有所减小，说明水平 U 型通过改变电流的方向，有利于加强触头区域的磁场及相应的电动斥力，这一点也和图 6-20 的结果相一致。对 CB5 来说，由于没有栅片，和 CB1 相比，$F_L$的数值减小了 40% 左右，说明铁磁物质可以有效地加强动导电杆上的磁场。对 CB4 来说，通过改变 CB2 的栅片尺寸并加入 U 型电机槽后，电动斥力也有所增大。同时，这种改进也有利于将产气材料固定在电机槽内侧，利用新的气吹灭弧原理提高 MCCB 的开断性能。

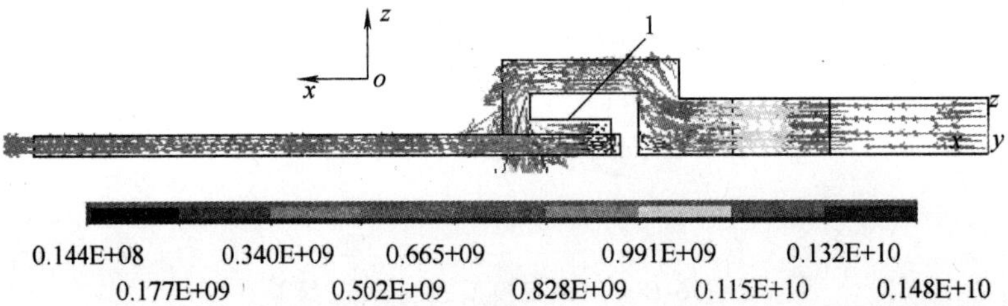


a)

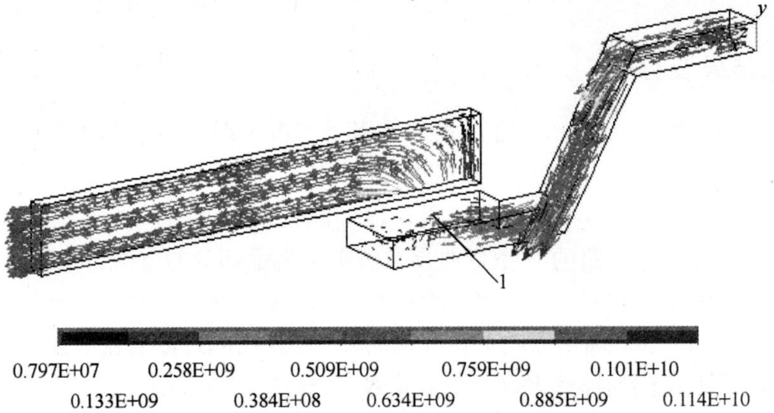


b)

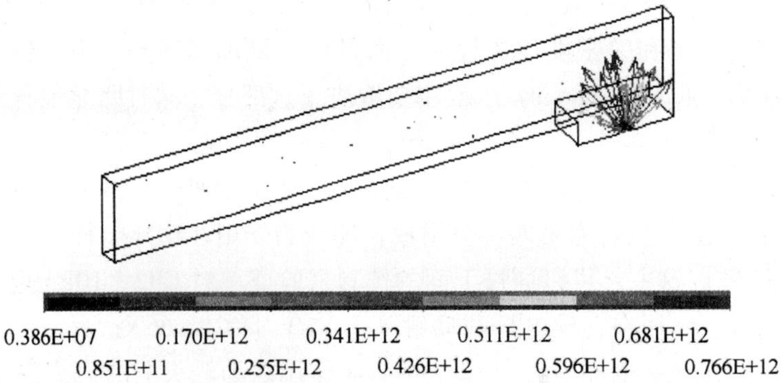


c)

图 6-19　模型电流密度分布

a）CB1 动、静导电杆电流密度分布　b）CB3 动、静导电杆电流密度分布

c）CB1 动导电杆和动触头电流密度分布

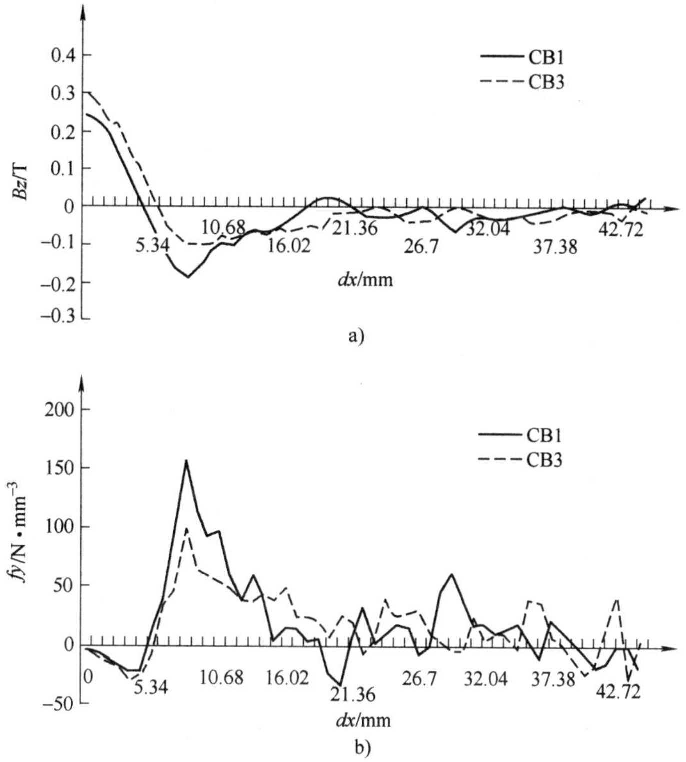


图 6-20　CB1 和 CB3 动导电杆上的磁感应强度和力密度分布

a）动导电杆上沿 $z$ 向磁感应强度分布　b）动导电杆上 $y$ 方向上力密度分布

**表 6-3　CB1 模型的电流和电动斥力之间的关系**

| 电流/kA | $F_L$/N | $F_H$/N | 合力/N |
|---|---|---|---|
| 2.5 | 0.96 | 2.27 | 3.23 |
| 5 | 3.35 | 9.03 | 12.38 |
| 7.5 | 6.63 | 20.24 | 26.87 |
| 10 | 10.71 | 35.88 | 46.59 |

此外，在表 6-4 所示条件下，可以用 Holm 公式来计算作用在动触头上的电动斥力 $F_H$。对 CB1 和 CB2 来说，$F_H$分别为 40.33N 和 38.45N，同表 6-4 的结果相比，有一定的差别，这主要是由于导电回路产生的磁场对动触头上电动斥力的影响引起的。

**表 6-4　5 个模型在 10 kA 电流时的电动斥力计算结果**

| 模型 | 触头预压力/N | 导电桥半径/mm | $F_L$/N | $F_H$/N | 合力/N |
|---|---|---|---|---|---|
| CB1 | 2.5 | 0.0443 | 10.71 | 35.88 | 46.59 |
| CB3 | 2.5 | 0.0443 | 8.54 | 34.49 | 43.03 |
| CB5 | 2.5 | 0.0443 | 6.00 | 35.48 | 41.48 |
| CB2 | 4.4 | 0.0588 | 12.34 | 30.98 | 43.32 |
| CB4 | 4.4 | 0.0588 | 15.04 | 31.10 | 46.14 |

### 6.4.3 实验方法及结果分析

实验采用单频高压振荡回路模拟短路电流，电路的振荡频率为50Hz，充电电压的有效值和放电电流的第一波有效值之比为50:1(V/kA)。通过分流器A来测量电流，电压用高压探头测量。采用石英拉压传感器测量作用在动导电杆上的电动斥力，为了减小外部电场和磁场对测量信号的干扰，将传感器用铜壳屏蔽。

当短路电流到来时，作用在动触头上的等效电动斥力超过触头压力时，动导电杆试图打开并产生电弧。而为了能够测量到电动斥力随电流的变化波形，动触头就不能打开；而且由于实验模型没有操作机构，为了能够进行多次实验，也要避免触头发生熔焊。因此，为了满足上述要求，在实验中将传感器安装在模型上，一个胶木杆一端通过螺纹固定在传感器上，另一端压紧动导电杆，形成一定的预压力，并可旋转它调节作用在动导电杆上的预压力大小。

为了便于用传感器测量电动斥力，加工了一个将产品CB1放大4倍的模型。触头材料为铜，布氏硬度为1000N/mm$^2$。实验中触头预压力$F_K$保持为25.1N。

表6-5为两组实验和仿真的详细结果数据。图6-21为峰值电流为11.3kA时的电流和电动斥力实验波形。从图中可以看出，当电流上升到7.11kA时，电动斥力达到25.1N，即触头预压力的数值；然后，电动斥力随着电流的变化而变化，一直到电流从峰值下降到7.53kA时，电动斥力数值下降到和触头预压力相等；此后电动斥力波形的波动是由于动导电杆和连接杆之间的振动造成的。

**表6-5 实验和仿真结果比较**

| 电流峰值/kA | 相位时间差/ms | $F$计算值/N | $F$实验值/N | 相对误差/% |
|---|---|---|---|---|
| 9.0 | 0.316 | 37.84 | 35.4 | 6.4 |
| 11.3 | 0.506 | 60.81 | 55.9 | 8.1 |

在仿真中，表征触头接触情况的参数$\xi$取值为0.45。而电流峰值为9.0和11.3kA时，对应的触头压力分别为35.4和55.9N。根据式(6-1)，可得导电斑点的半径分别为0.158和0.199mm。从而可得电流峰值时对应的电动斥力分别是37.8N和60.81N。

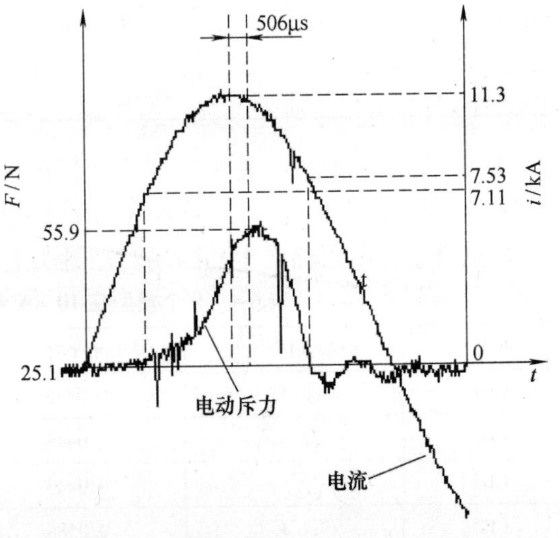


图6-21 电流和电动斥力的实验波形

从以上结果可以看出，电动斥力的计算值和实验值比较吻合。但是电流峰值和电动斥力的峰值有一定的相位差，考虑到传感器和连接胶木杆的响应延迟，涡流对相位差的影响就显得比较小了。因此，引入导电桥模型，采用有限元静态分析的方法计算电动斥力是合理的，也是有效的。采用上述计算电动斥力的方法，按照图6-22所示的计算流程图，计算出触头斥开时间。

### 6.4.4　塑壳断路器触头斥开时间与触头压力的确定

基于 6.2 节中所示的电流-磁场-电动斥力之间的关系，采用三维有限元分析，可以得到作用在动导电杆上和触头上的电动斥力。由于该力和短路电流之间存在单调增的关系，不考虑铁磁物质的影响时，电动斥力与短路电流的平方成正比。而且在特定的短路条件下，短路电流和时间有一定的函数关系。这样就可以通过对上述过程的迭代处理，当电动斥力 $\boldsymbol{F}$ 等于触头预压力 $\boldsymbol{F}_K$ 时，迭代结束，此时对应的时间即为触头斥开的时间。

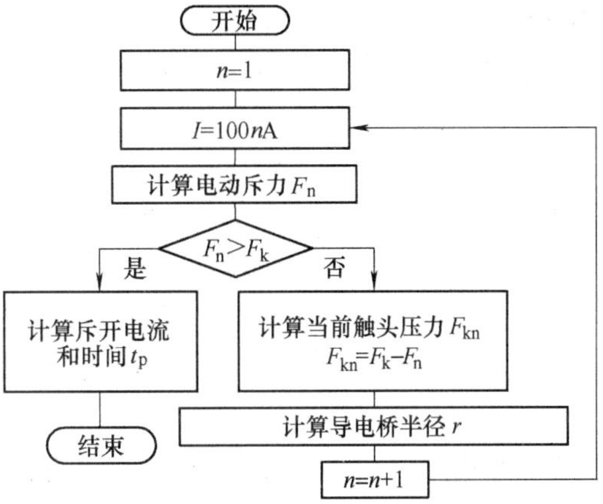


图 6-22　触头斥开时间计算流程图

图 6-22 为计算触头斥开时间的迭代流程图。为了考虑电流对触头压力和相应的导电桥半径的影响，电动斥力、触头压力和导电桥半径每隔 100A 计算一次。

以 6.4.1 节中的 CB2 断路器产品为研究对象，在预期短路电流有效值为 10kA 条件下进行开断实验。图 6-23 为测量到的电弧电流和电弧电压波形。可以明显地看出，当分流器的电压上升到 273mV 时，也就是短路电流达到 273mV/90μΩ = 3 033A 时，时间为 759μs 时，动静触头之间的电压有一个突跳，这说明触头此刻在电动斥力的作用下打开，电弧产生，突跳电压值也就是阳极和阴极的电弧电压降。此时前，电流为正弦波，而且由于触头间接触电阻的存在，电压随着电流上升有一个很小的数值。此时后，由于电弧电压的存在及其限流作用，电流波形不再是正弦波。最后，当电流过零后，电弧熄灭。

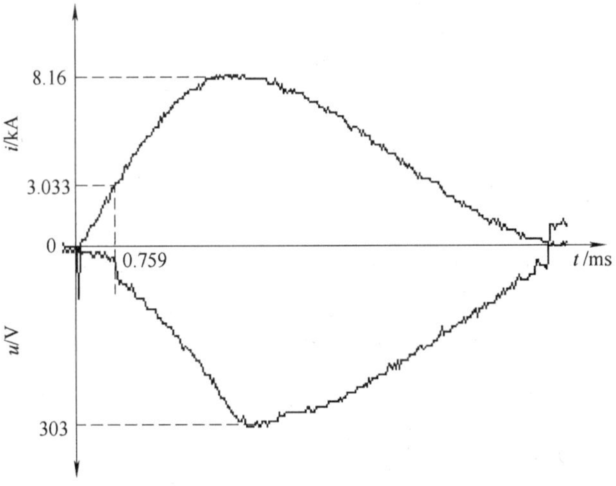


图 6-23　CB2 开断过程的电弧电流和电弧电压波形

对应于图 6-22 所示的迭代计算流程图，当电流达到 2 900A 时迭代结束。这是因为 CB2 的触头预压力为 4. 4N，而当电流为 2 800A 和 2 900A 时，电动斥力分别等于 4. 3N 和 4. 7N。图 6-24 为导电斑点半径随电流的变化关系。这样，就可以得到：当电流为 2 825A，时间为 640μs 时，触头开始斥开。而实验值为电流为 3 033A，时间为 759μs 时，触头斥开。考虑到动触头和主轴之间的摩擦等影响，计算值比实验值略小。

另一方面，忽略电流和电动斥力对导电斑点半径的影响，并认为触头压力保持在 4. 4N，计算结果电流为3 020A，时间为674μs时，触头斥开。这样的计算结果和考虑导电斑点半径随电流变化时的结果较为近似。

因此，对特定的短路条件，可以用上述方法方便地计算出触头的斥开时间，以分析断路器的性能。

此外，如果忽略触头压力和导电斑点半径之间的关系，并假定电动斥力和电流的平方成一比例关系，就可以初步设计出比较理想的触头预压力。一般来说，断路器瞬时脱扣器的动作电流为额定电流的12倍。对CB2来说，预压力的设计值可以通过下式得到：$(12\times 2^{0.5}\times 100)^2\times 4.4/2\,825^2=1.59\text{N}$。在此基础上，考虑到脱扣器的安全裕量以及热动稳定性，就可以设计出一个比较优化的触头预压力数值。

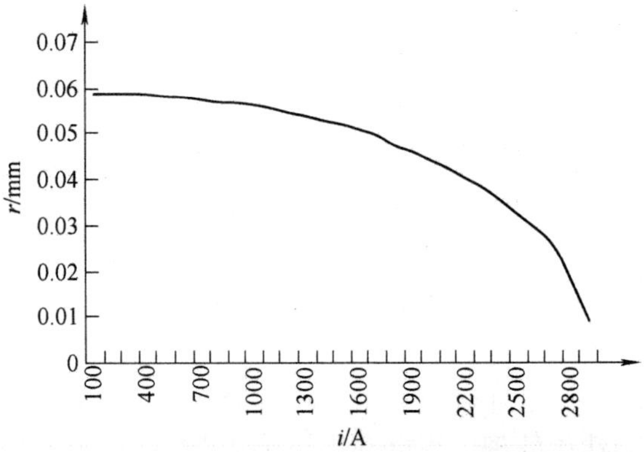


图6-24 导电斑点半径随电流的变化

## 6.5 气动斥力的研究

一旦电动斥力的数值超过触头预压力，动触头即斥开并在触头间产生电弧。此后，Holm力即消失，然而与此同时，由于电弧与电极、器壁等之间的相互作用，会在动触头上作用另外一个力，称之为气动斥力 $F_B$，其方向和动触头的运动方向相同。气动斥力可用式(6-12)所示的简单公式来描述，其中 $\Delta p$ 为净压力，$A_c$ 为动触头的表面积。

$$F_B=\Delta p\times A_c \tag{6-12}$$

Shea[6-1]和Zhou[6-2]结合实验，从理论上给出了气动斥力的分析和计算方法。他们的主要出发点均是电弧能量的70%是辐射耗散掉的，然后各自从能量平衡的角度建立了自己的分析模型。Shea提出方法的理论基础是：由于纯断路器电弧的电导率与压力和温度的关系已确定，只要知道电弧的温度和电导率，就可以通过插值得到电弧的压力。这样，根据*Stefan-Boltzman*公式以及能量平衡，有式(6-13)所示的关系成立。其中 $\eta$ 为通过辐射消耗的能量占总电弧能量的比例，$U\times I$ 为电弧的输入功率，$\varepsilon$ 为辐射散射系数(对空气开关电弧来说，一般为0.1~1)，$a$ 为波尔兹曼常数，$A_s$为电弧的表面积，$T$ 为电弧温度，$L$ 和 $d$ 分别为电弧长度和直径。

$$\eta\cdot U\cdot I=\varepsilon\cdot\alpha\cdot A_s\cdot T^4,\ T=(\eta\cdot U\cdot I/(\varepsilon\cdot a\cdot\pi\cdot L\cdot d))^{1/4} \tag{6-13}$$

然后，根据欧姆公式可以写出电导率 $\sigma$ 的表达式，如式(6-14)所示，其中 $A_x$为电弧的截面积。这样，对一定的电弧电流和电压以及触头间距等条件下，就可以计算出电弧的温度和电导率，从而得到灭弧室内的压力值。

$$\sigma=\frac{I\cdot L}{(U\cdot A_x)} \tag{6-14}$$

然而，Shea利用该方法计算出温度及其对应的电导率值数据点并不能得到合理的压力结果，这直接影响了气动斥力的计算。他认为，这是由多种原因造成的，包括电弧的形状参数、辐射占电弧总能量的百分比以及散射系数的影响等。

针对这种情况，Zhou 对这个模型进行了改进，并提出了式(6-15)的经验公式。其中，$F_B$ 为气动斥力，$\varepsilon_0$为一个大气压下的辐射散射系数，$A_{arc}$为电弧或者灭弧室的截面积，$s$ 为动静触头之间的距离，$A$ 为触头的截面积，$P_0$为一个标准大气压的值。

$$F_B = \frac{\eta \cdot I \cdot U \cdot A}{\varepsilon_0 \cdot A_{arc} \cdot s} P_0 \tag{6-15}$$

可以看出，气动斥力和电弧的输入功率及触头的截面积成正比例，而和灭弧室或者电弧的直径及触头开距成反比。但值得指出的是，在 3 000 ~ 8 000A 电流时，电弧温度一般为 16 500 ~ 18 500K，这时 $\varepsilon_0$这一与压力和温度有关的物理量一般可取为 $3\times10^{11}$ W/m$^3$。

以下主要介绍气动斥力的实验研究结果。

## 6.5.1　实验模型及方法

实验采用对称的双断口结构，图 6-25 所示为实验模型的平面图及相关几何尺寸，单位均为 mm。其中虚线部分所示为灭弧室，每一个灭弧室的尺寸均为 36×32×20，静导电杆的厚度为2.5，动、静导电杆的宽度均为5，动、静触头的大小分别为7×4×2 和7×7×2。出气口的大小为 3×3 和 6×6 两种。

灭弧室采用不饱和聚酯模塑料(DMC)材料，动、静导电杆和动、静触头分别为铜和银氧化锡($Ag/SnO_2$)，产气材料为 POM。

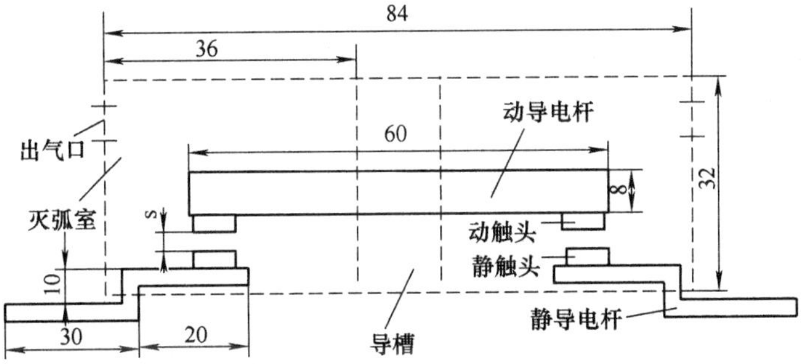


图 6-25　气动斥力实验模型的平面图

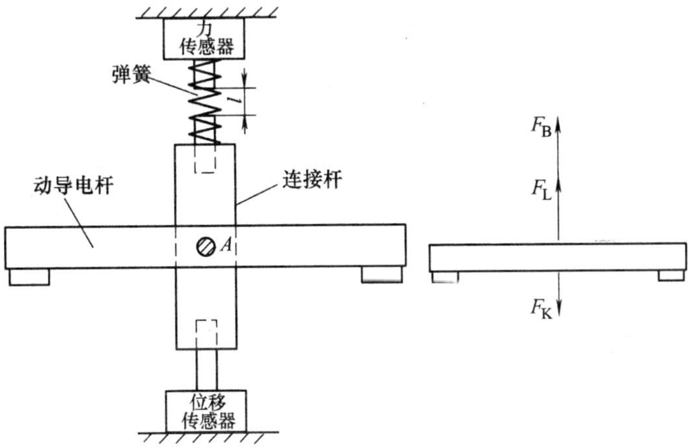


图 6-26　气动斥力测试方法的原理图

测量方法的原理如图6-26所示。动导电杆通过螺钉固定在连接杆上的$A$点，实验时模型水平放置，初始时在一定的弹簧压力作用下，动静触头闭合，当短路电流到来后，在电动斥力$F_L$和气动斥力$F_B$的作用下，动触头开始运动，并带动连接杆在图6-25所示的导槽中滑动，连接杆的一端和电阻式位移传感器的测量杆相固定，以测量动导电杆的运动位移$s$随时间的变化过程，另一端通过弹簧和石英拉压传感器相连接，可测量弹簧作用在其上的力$F_K$，两个连接端有一段距离$l$，这也是留给动导电杆的最大位移量。

这样，作用在动导电杆上力就包括$F_L$、$F_B$和弹簧力$F_K$，且满足式(6-16)所示的关系式，其中$m$为连接杆、动导电杆等可动部分的质量。根据实验中测量到的$s$和$F_K$，求解该方程，就可以得到$F_L$和$F_B$的合力值，也即$F$。此外，由于$F_K$仅与弹簧的刚度系数和长度的变化量有关，因此力传感器并不是必须的。

图6-27为采用上述方法得到的一组电弧电流、电压和动导电杆位移的实验结果，弹簧的预压力为3N，电流峰值$I_m$为5.3kA，电压峰值为76V，最大位移为2.1mm。但是，由于位移传感器的测试精度以及模型中机械摩擦等因素的影响，位移的测量结果明显滞后于电流和电压。除了以上原因之外，电弧的热惯性也可能造成该现象。

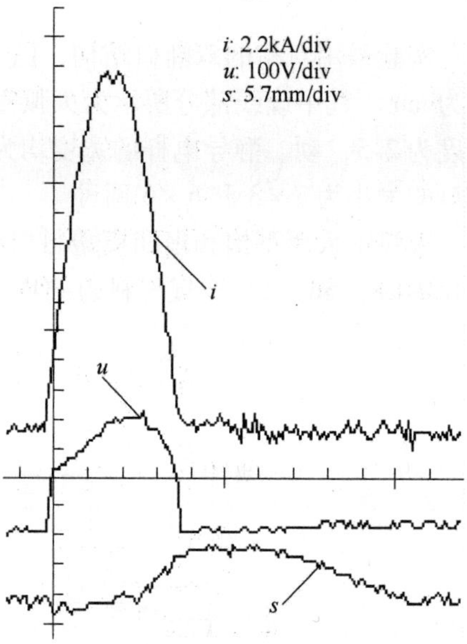


图6-27 $I_m = 5.3$kA时的一组实验结果

为了克服这种问题，实验也可以在固定的动静触头间距条件下，采用熔丝引弧的方法，通过直接测量燃弧期间作用在动导电杆上的$F_L$和$F_B$的合力来完成。此时，只要将连接杆的一端固定在力传感器的测量引出端即可。下面的实验均是采用该方法进行的。

$$F_L + F_B - F_K = m\frac{d^2 s}{dt^2} \tag{6-16}$$

实验同样采用频率为50Hz的大容量振荡回路提供短路电流，由于实验模型不具备开断较大短路电流的能力，在实验电路中串接一个低压塑壳断路器来开断电路，保证燃弧持续时间只有一个半波，以减小短路电流对于模型和触头系统的破坏。

在实验中，除了利用石英拉压传感器测量作用在动导电杆上的力$F$外，还通过分流器得到电弧电流，以及用高压探头测量电弧电压，最后用一台数字式存储示波器记录这些实验波形。

实验条件有以下三种：

1）在不同的预期短路电流（有效值为3～6kA），当出气口3×3时，针对5个不同的动、静触头间距$s$(=2、3、4、5、6mm)进行实验。

2）当$s$=2mm，出气口为3×3时，在灭弧室中两个触头区域均加入19mm×12mm的POM产气材料进行实验。

3）当$s$=2mm时，没有产气材料，仅改变出气口大小为6×6。

根据以上的分析，由于实验中测得的力$F$为作用在动导电杆上的电动斥力$F_L$和气动斥

力 $F_B$的合力，为了得到气动斥力随时间的变化过程，就需要从合力中减掉电动斥力。

从 6.3 节可以看出，采用有限元方法可以对电动斥力进行较为准确的计算。为了便于分析，对电弧进行简化处理，认为电弧是连接动静触头的一段导体，然后利用 ANSYS 有限元分析软件，对图 6-25 所示的实验模型中的电动斥力进行了计算。

图 6-28 所示为当动、静触头的间距 $s=5$mm，电流为 4kA 时 1/4 模型的电流密度分布。

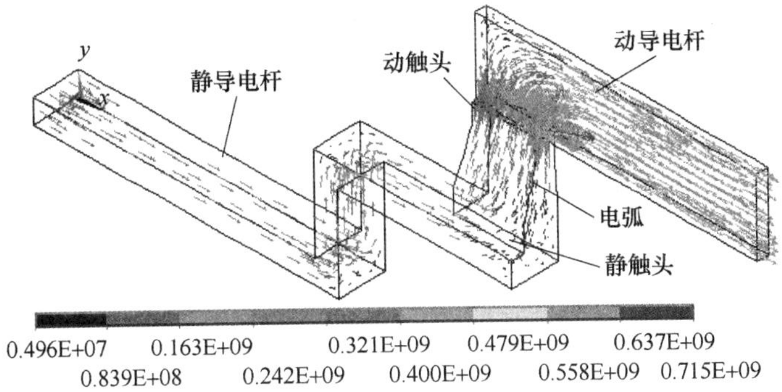


图 6-28　导电回路的电流密度分布

表 6-6 为电流等于 4kA、不同触头间距 $s$ 时的电动斥力的计算结果。由于模型中不存在非线性铁磁物质，这样同一间距时电动斥力和电流的平方成正比例关系。计算结果也说明了这一关系，$s=2$mm，电流为 6kA 时，电动斥力的计算结果为 9.32N，与 4kA 时相比，电流的平方比值为 $6^2/4^2=2.25$，而力的比值为 $9.32/4.14=2.251$。因此，根据表 6-6 的数据以及电动斥力与电流之间的关系，就可得到这些间距时任意电流作用下的电动斥力数值，从而求得作用在动导电杆上的气动斥力数值。

**表 6-6　电流为 4 kA 时的电动斥力的计算结果**

| 间距/($s$/mm) | 2 | 3 | 4 | 5 | 6 |
|---|---|---|---|---|---|
| 电动斥力/N | 4.14 | 5.85 | 6.61 | 4.29 | 4.39 |

图 6-29a 所示为触头间距 $s=2$mm，预期短路电流有效值为 5kA，实际短路电流峰值 $I_m=4.2$kA 时的实验结果，其中 $F$、$u$ 和 $i$ 分别为作用在动导电杆上的力、电弧电压和电流；图 6-29b 为 $F$ 达到峰值之前，$F$、气动斥力 $F_B$、电动斥力 $F_L$随时间的变化曲线。其中 $F_L$曲线是基于表 6-6 的关于电动斥力的计算结果，根据电动斥力与电流的平方成正比例关系得到的。$F_B$ 曲线是测量得到的合力 $F$ 和 $F_L$的差值。应该指出的是，由于电弧电压的作用，使得实际的短路电流总是小于其预期值。

从图中可以看出，由于在实验电路中串接了一个用于开断电路的塑壳断路器，电弧电流只有一个半波。在起弧的时候，电弧电压有一个初始值 $U_0$，随着电流的上升，电弧电压的数值也有一定的提高。在本实验条件下，$U_0$的变化范围为 30 ~ 50V。

而测得的作用在动导电杆上的力同样在起弧时有一个初始值，开始时随着电流的上升而增大，但是很快达到峰值(在本实验的所有结果中，力峰值均在电流峰值之前)。此后，随着作用在动导电杆上斥力的减小，连接杆和保持固定触头间距部分的变形，以及传感器应变片开始恢复反弹，使得作用在传感器上的力有一个反方向的冲击。

本实验目的是分析气动斥力的作用特性，以及各种因素对气动斥力的影响规律。这样，根据实验结果，以下仅对作用在动导电杆上的力达到峰值之前的过程进行分析，并由此对峰值以后的气动斥力作用进行推算。应该指出的是，以上的实验方法分析也提到，测量动导电杆的位移可从动态的角度来分析气动斥力。

此外，需要说明的是，为了更好地对实验结果进行分析，认识气动斥力的特性，以下所有的 $F_B/(ui)$ 随时间的变化曲线都是对根据实验得到的数据曲线采用 FFT 方法进行平滑处理的结果。

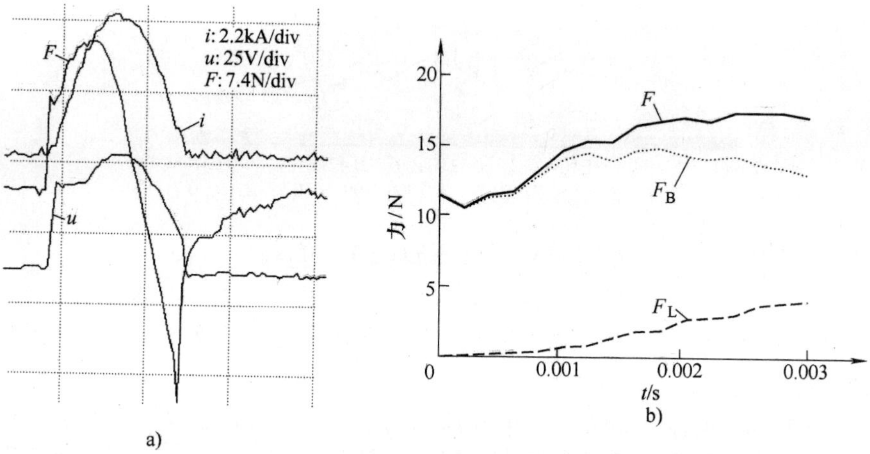


图 6-29 $s=2\text{mm}$，$I_m=4.2\text{kA}$ 时的实验波形及电动斥力、气动斥力随时间的变化曲线

a) 力、电弧电流和电压的实验波形图 b) 合力、电动斥力、气动斥力随时间的变化曲线

### 6.5.2 预期短路电流和触头间距对气动斥力的影响

图 6-30a ~ 图 6-30e 分别为动、静触头间距 $s=2\sim6\text{mm}$ 时，在不同预期短路电流作用下，单位功率产生的气动斥力 $F_B/(ui)$ 随时间的变化过程，$I_m$ 为实际短路电流的峰值。

从图中可以看出：

1) 相同的触头间距和不同的预期电流时，随着短路电流峰值的增大，单位功率产生的气动斥力 $F_B/(ui)$ 随之增加；而且，当 $I_m$ 超过 4kA 后，短路电流的增大对 $F_B/(ui)$ 的影响越来越小。

这表明电流上升速度的提高和相应的电弧输入功率的增加，使得电弧用于灭弧室内部压力升高的能量占电弧总能量的比例加大。而这一比例在一定的预期短路电流(本章为 5kA 预期短路电流有效值)时会达到一个稳定值。

2) $F_B/(ui)$ 是燃弧时间的一个减函数，开始阶段下降速度较快，在 1.0 ~ 1.5ms 后下降速度较缓慢；而且短路电流越大，下降的速度越快。

这是由于在燃弧过程中，电弧的运动使得灭弧室内部的压力不断的平衡，引起作用在动触头两侧的压力差降低。

图 6-31 为 $I_m=4.2$kA、触头间距分别为 2mm 和 3mm，以及 $I_m=4.5$kA、触头间距分别为 4mm 和 5mm，$F_B/(ui)$ 在不同时刻时的数值。从图中可以看出，在短路电流相当的情况下，随着间距的增大，$F_B/(ui)$ 值有所下降，但是同燃弧时间相比，触头间距的影响较小。这也就是说压力的平衡过程对气动斥力的作用起着关键性的作用。

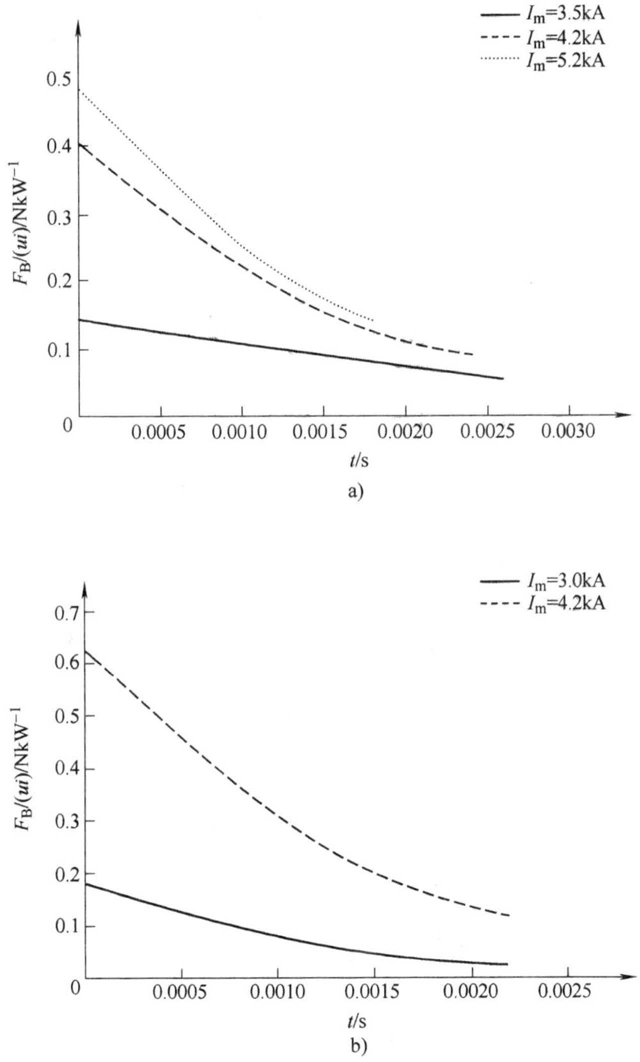


图 6-30　不同电流、不同间距时的 $F_B/(ui)$ 随时间的变化曲线

a) $s=2$mm　b) $s=3$mm

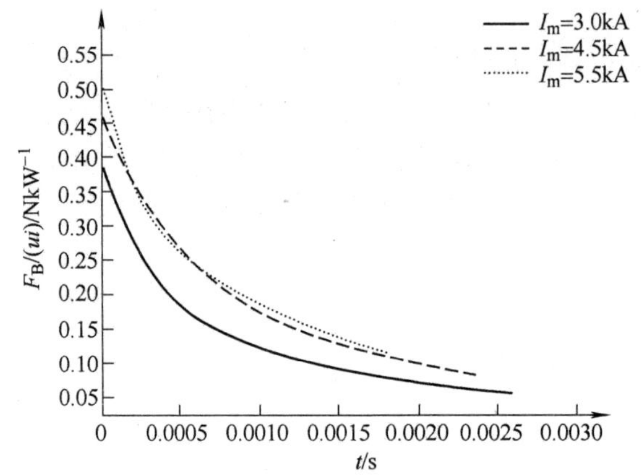


c)

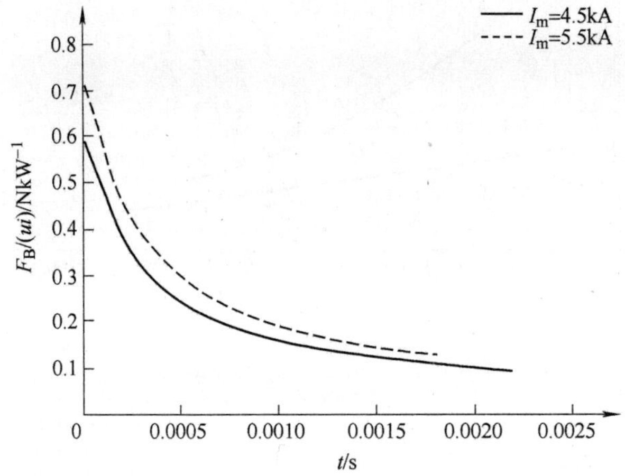


d)

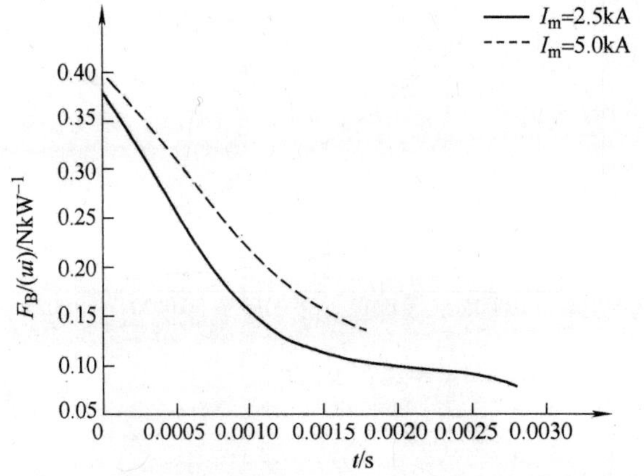


e)

图 6-30 不同电流、不同间距时的 $F_B/(ui)$ 随时间的变化曲线(续)

c) $s=4$mm d) $s=5$mm e) $s=6$mm

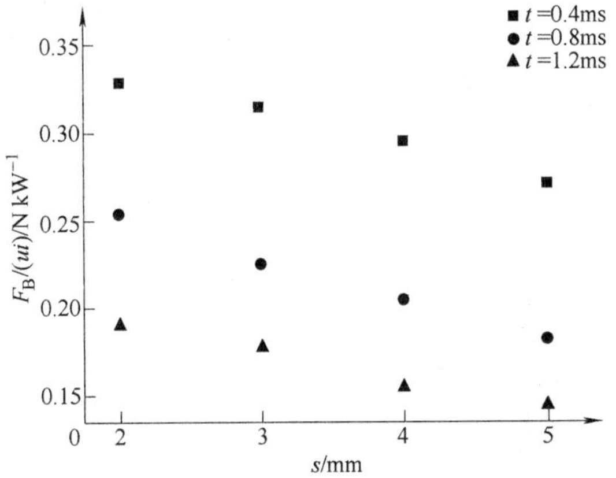


图 6-31　同等电流下、不同时刻的 $F_B/(ui)$ 随触头间距的变化

### 6.5.3　产气材料对气动斥力的影响

图 6-32a、图 6-32b、图 6-32c 分别为预期短路电流有效值为 4kA，触头间距 $s=2$mm 情况下，有、无产气材料时的电弧电流、电压和 $F_B/(ui)$ 随时间的变化过程。

从图中可以看出：

1）和没有产气材料时相比，有产气材料存在时，电弧电流的峰值较小，而电弧电压整体来说较高。

2）加入产气材料后，$F_B/(ui)$ 的值明显较高，比没有产气材料时高 2.5 倍左右。但其变化过程比较接近。

我们知道，在灭弧室中加入产气材料有利于断路器开断性能的提高，其主要原因是产气材料被高温电弧侵蚀后，可以产生具有较高热导率的氢气，从而降低电弧温度，使得电弧电压上升，提高断路器的限流性能；同时，灭弧室内压力的升高有利于电弧进入栅片，从而提高其开断性能。而本实验从气动斥力的角度说明，产气材料的加入也有利于大幅度提高作用在动触头上的气动斥力，从而对动触头的运动状态和过程产生积极的影响，而动触头的高速运动有利于电弧电压的快速上升，从而对断路器性能的提高发挥重要的作用。

### 6.5.4　出气口大小对气动斥力的影响

图 6-33a、图 6-33b、图 6-33c 分别为预期短路电流有效值为 5kA，触头间距 $s=2$mm 情况下，灭弧室的出气口为 $3\times3$ 和 $6\times6$ 两种情况下的电弧电流、电压和 $F_B/(ui)$ 随时间的变化过程。

从图中可以看出：

1）增大出气口，电弧电流的峰值有所减小，而电弧电压有较大提高。

2）增大出气口后，$F_B/(ui)$ 的值也有所提高，但其变化过程比较接近。

这也说明，增大出气口后引起的电弧电压上升及相应的电弧能量的增加，加上灭弧室中压力分布的变化，使得单位功率产生的气动斥力增大。这也从气动斥力的角度出发，表明增大出气口对开断性能的积极影响。

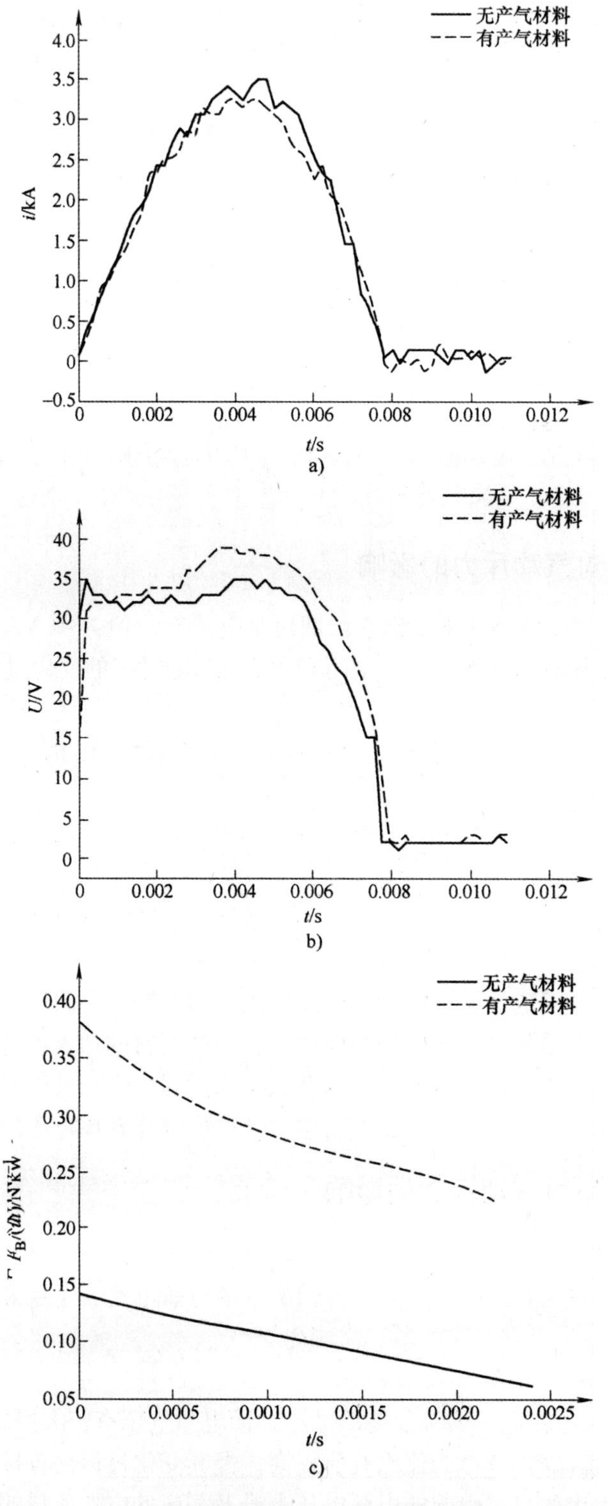


图 6-32 产气材料对电弧电流、电弧电压和气动斥力的影响

a）有、无产气材料时的电流波形 b）有、无产气材料时的电压波形

c）有、无产气材料时的 $F_B/(ui)$ 随时间的变化

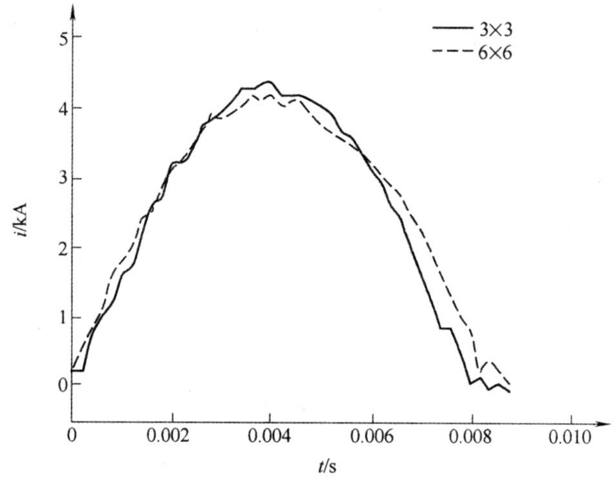


a)

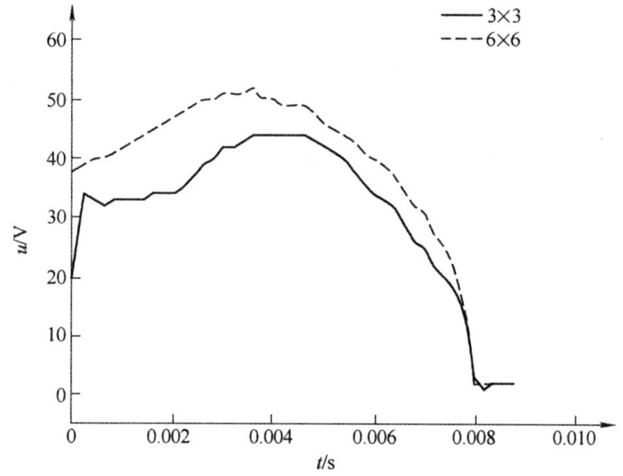


b)

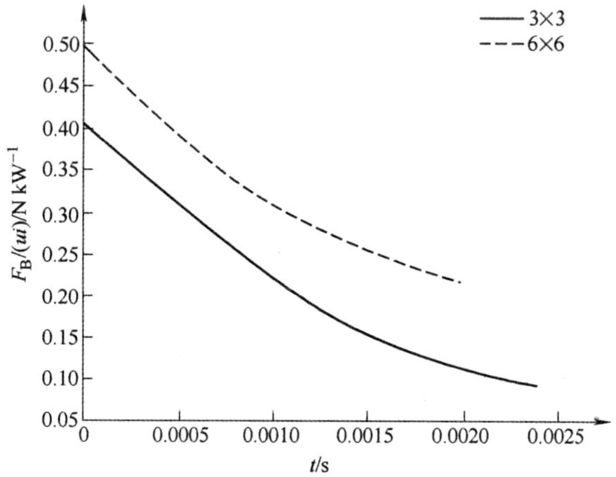


c)

图6-33　出气口大对电弧电流、电弧电压和气动斥力的影响

a）不同出气口时的电流波形　b）不同出气口时的电压波形

c）不同出气口时的 $F_B/(ui)$ 随时间的变化

## 本章参考文献

[1] Shea J, Devault B, Chien Y. Blow-open forces on double-breaker contacts [J]. IEEE Trans. On Comp., Hybrids, Manufact. Techol., 1994, 17(1): 32-38.

[2] Zhou X, Theisen P. Investigation of arcing effects during contact blow open process [C]. $44^{th}$ IEEE Holm Conference on Electrical Contacts, Arlington, USA, 1998: 100-108.

[3] 童争光. 塑壳断路器的触头导电回路和瞬时脱扣器的特性仿真和优化设计[D]. 西安：西安交通大学，2007.

[4] 孙海涛. 低压断路器开断电弧三维动态 MHD 数学模型及影响开断特性因素的研究[D]. 西安：西安交通大学，2002.

[5] 李兴文. 低压断路器开断过程中的动力学问题研究[D]. 西安：西安交通大学，2006.

# 第7章 短时耐受电流的计算

## 7.1 概述

国际电工委员会的IEC标准和我国国家标准按使用类别把断路器分为A类和B类两种。其中A类断路器在短路情况下，无明确指明具有选择性保护功能。而B类断路器则明确指明具有选择性保护功能。为了获得选择性保护，B类断路器具有三段保护特性，即过载、短路短延时和短路瞬时。

如图7-1所示，即与A类相比多了短路短延时的一个特征区间，图中$\Delta t$是其延时时间。表征这个特性的一个重要参数是短时耐受电流$I_{cw}$，它是指在规定的使用和性能条件下，在闭合位置上断路器在指定短时间内所能承受的短路电流，它是考核在此短时间内，断路器是否能承受短路电流的电动应力和热应力所产生的破坏作用。IEC60947-2和国标GB14048.2规定额定短时耐受电流相应的短延时应不小于0.05s，优选值为0.05-0.1-0.25-0.5-1 s。其值不应小于表7-1所示的相应值。

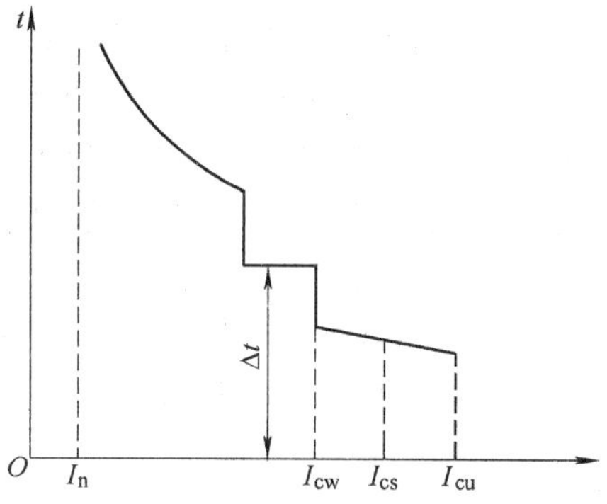


图7-1 B类断路器的保护特性

**表7-1 额定短时耐受电流最小值**

| 额定电流 $I_n$/A | 额定短时耐受电流 $I_{cw}$ 的最小值 |
|---|---|
| $I_n \leqslant 2500$ | $12I_n$ 或5kA取大值 |
| $I_n > 2500$ | 30kA |

一般B类断路器的极限短路分断能力$I_{cu}$大于运行短路分断能力$I_{cs}$，而后者又大于短时耐受电流$I_{cw}$。近年来由于断路器性能的提高，有的B类断路器已能做到$I_{cw}=I_{cu}=I_{cs}$，这样可扩大选择性的区域。由于B类断路器通常作为配电电路的主开关，一般框架断路器(万能式断路器)和大规格塑壳断路器属于B类断路器。

为了保证在短路电流作用下，断路器的动稳定性和热稳定性，IEC60947-2和国标GB14048.2对低压断路器的短时耐受电流试验做了严格规定，例如对$I_{cw}<I_{cs}$的断路器规定了如下试验程序见表7-2。

**表7-2 额定段时耐受电弧试验程序**

| 步骤 | 试验 | 步骤 | 试验 |
|---|---|---|---|
| 1 | 验证过载脱扣器 | 4 | 最大短时耐受电流下的短路分断能力试验 |
| 2 | 短时耐受电流试验 | 5 | 介电耐受能力试验 |
| 3 | 额定电流 $I_n$ 下的温升试验 | 6 | 验证过载脱扣器 |

从上述试验程序来看，断路器在经受短时耐受电流试验后，还要通过温升、绝缘性能，特别是在最大 $I_{cw}$ 条件下的分断能力，这说明被设计的断路器必须具有充分的承受机械和热应力的能力。对于 $I_{cw}=I_{cs}=I_{cu}$ 的 B 类断路器则试验程序更为严格。

为了保证断路器动稳定和热稳定性，必须对 B 类断路器的电动斥力和在电动斥力作用下的瞬态温度场进行仿真，并计算短时耐受电流。这一章以国产 DW45 系列框架断路器为研究对象，介绍动、热稳定的仿真方法和分析结论。

## 7.2 框架断路器触头系统电动稳定性的分析

断路器能承载短路电流电动力的作用而不致被破坏或产生永久变形的能力称为断路器的电动稳定性，对于触头部件来说，就是不应被斥开或发生严重的熔焊。框架断路器触头系统电动稳定性分析主要包括以下几个特点：1）框架断路器常采用多片并联动触头结构，在并联导体间邻近效应的作用下，短路电流在各个动导电杆上分配不相等，而电流较大的动导电杆往往最先被斥开。2）由于各动导电杆呈平行直列布置，并联动导电杆在承载短路电流时存在侧向力，侧向力一旦关于触头转轴分布不对称，将产生拧转力矩，有可能会使得动导电杆发生侧偏或者滑动，破坏触头系统的电接触稳定性。3）框架断路器的软连接较长，在其上电磁力的作用下，可以通过提拉动导电杆后端，起到抵消动导电杆上电动斥力起压紧触头的作用。

### 7.2.1 电动稳定性的计算模型

随着触点温度的升高，导电斑点面积势必会由于触头材料硬度的减小而增大，这会造成动静触头间的 Holm 力减小。但是，为了简化计算以及获得较为严苛情况下的电动斥力，大多研究学者在单触头系统以及多并联触头系统电动斥力分析中，忽略温度的影响，因此本章在计算电动稳定性时也忽略导电斑点温度的影响。

图 7-2 描述了框架断路器多触头并联系统中，导电斑点半径与归算到触头上的总电动力（$F_{mag}$）的相互影响机制：①导电斑点半径 $r$ 的增大，不但会减小触头间接触电阻 $R_e$，还会减小动静触头间的 Holm 力（$F_H$）；②各动导电杆接触电阻的相对大小会影响其上电流 $i$ 的分配；③电流的大小影响动静触头间的 Holm 力、动导电杆上的 Lorentz 力（$F_L$）和软连接上的受力（$F_b$），从而导致归算到触点的总电动力 $F_{mag}$ 的变化；④最终，$F_{mag}$ 通过影响接触压力而改变导电斑点的半径。

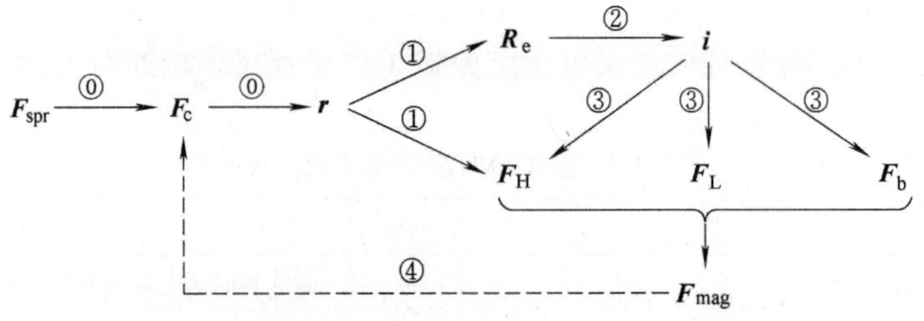


图 7-2 导电桥半径与总电动斥力关系（忽略温度影响）

短时耐受过程中各相总电流 $i$ 是时变的，上述物理量的相互作用过程是瞬时的，这就加剧了计算难度。如果将作用机制④直接纳入到模型中，一方面会增加计算量，延长研发周期；另一方面，目前商业计算软件结合动网格技术，进行电-磁瞬态非线性直接相互耦合模型和收敛难度较大，无疑增大了研发难度，因此非常有必要对作用机理④予以简化。本章采取的策略是在瞬态电磁耦合计算过程中，导电桥半径保持不变；当瞬态电磁耦合计算结束后，各导电桥半径利用各动导电杆总电动斥力的峰值来进行修正，然后重复上述瞬态电磁耦合计算过程，直至导电桥半径达到收敛准则。

具体计算流程如图 7-3 所示，首先，利用初始导电桥模型来建立三相触头系统三维有限元瞬态电磁耦合模型，进行 15ms 瞬态电磁耦合计算；其次，利用计算得到的各动导电杆总电动斥力 $F_{mag}$ 峰值，根据公式(7-1)修正各导电桥半径，重新进行上述电磁耦合计算；若近两次迭代计算各个导电桥半径差都小于 $10^{-5}$m，则认为迭代完成，整理实验结果，获得以各动导电杆电流峰值、总电动斥力矩峰值、侧偏力矩峰值和滑动力矩峰值为主的电动稳定性评价参数组的计算结果。

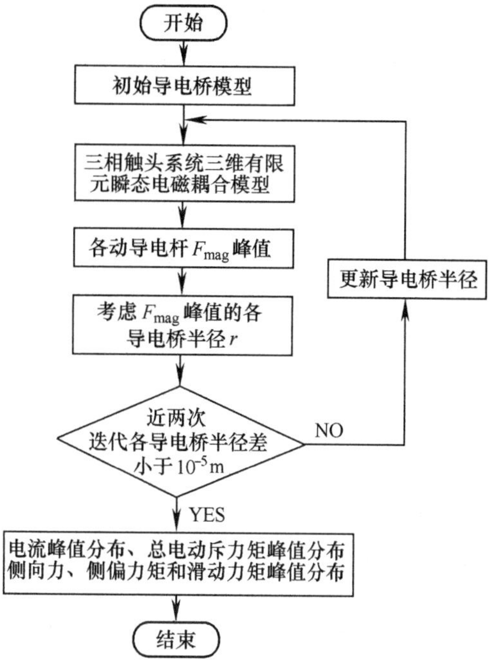


图 7-3 电动稳定性计算流程图

$$r = \sqrt{\frac{F_c}{\pi \xi H}} \tag{7-1}$$

式中 $r$——导电斑点半径(m)；

$F_c$——接触压力(N)；

$\xi$——经验系数，一般为 0.3～0.6；

$H$——触头材料布氏硬度(MPa)，$H = 375$MPa。

上述计算流程在避免求解基于动网格的复杂电-磁瞬态非线性直接耦合模型的同时，可以保证各参数在电流峰值时刻的准确性，这主要是因为各相最大电磁力矩也发生在最大电流时刻附近，而电动稳定性分析主要关注的是电流和各电磁力矩的峰值。

以国产 DW45 系列额定电流为 1600A 三相框架断路器触头系统为分析对象，如图 7-4 所示，每相由 5 个平行并联的动导电杆、一个静触头、一个软连接、两个接线端子、一组灭弧栅片和若干导体组成。触头处于闭合状态，静触头固定不动，动触头可绕其转轴旋转，A 相 5 个动导电杆依次命名为 $A_1$、$A_2$、$A_3$、$A_4$ 和 $A_5$，B 相和 C 相动导电杆的命名规则一致。

框架断路器触头系统的短时耐受电流由外部电源提供，三相瞬态短路电流的表达式为

$$\begin{aligned}
i_A &= \sqrt{2}I\sin(2\pi ft + \psi - \varphi) - \sqrt{2}I\sin(\psi - \varphi)e^{-\frac{R}{L}t} \\
i_B &= \sqrt{2}I\sin(2\pi ft + \psi - \varphi - 120°) - \sqrt{2}I\sin(\psi - \varphi - 120°)e^{-\frac{R}{L}t} \\
i_C &= \sqrt{2}I\sin(2\pi ft + \psi - \varphi - 240°) - \sqrt{2}I\sin(\psi - \varphi - 240°)e^{-\frac{R}{L}t}
\end{aligned} \tag{7-2}$$

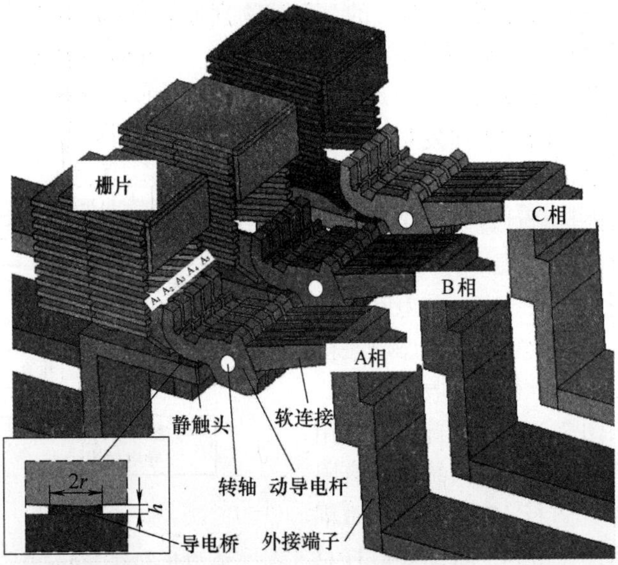


图 7-4　框架断路器的触头及灭弧系统

式中　$I$——短路电流周期分量有效值(A)，其值为 50kA；

$t$——时间(s)；

$\psi$——电压相角(rad)；

$\varphi$——功率因数角(rad)；

$R$——线路等效电阻(Ω)；

$L$——线路等效电感(H)；

$f$——频率(Hz)，无特殊说明，$f=50\text{Hz}$。

根据国标 GB14048.2 规定，当短路电流 $I$ 等于 50kA 时，线路的功率因素取 0.25，即 $R/L=25.8\pi$，此时若令 $\psi-\varphi=\pi/2$，A 相短路电流约在 $t=9.6\text{ms}$ 时达到最大值 103kA，约为周期分量有效值的 2.1 倍，B 相和 C 相短路电流分别约在 $t=6.4\text{ms}$ 和 $t=13.2\text{ms}$ 时，分别达到峰值为 $-91.5\text{kA}$ 和 $-82.8\text{kA}$，如图 7-5 所示。

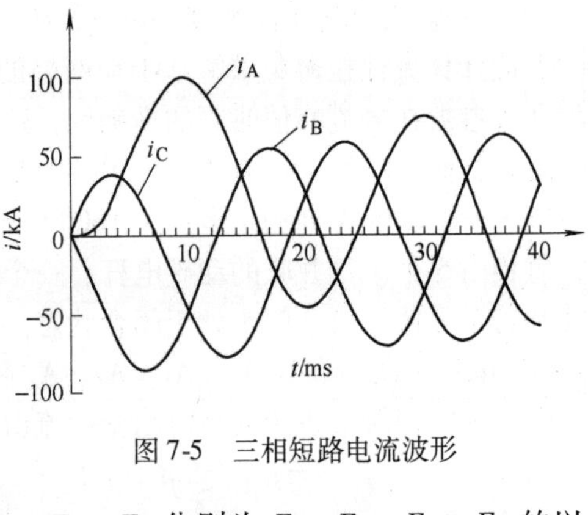


图 7-5　三相短路电流波形

触头系统的电动斥力不但决定了触头是否会斥开，还影响着触头部件承受的机械应力，因而正确计算框架断路器的电动斥力至关重要。动导电杆上的电动斥力 $F_r$ 主要包括回路产生的洛伦兹(Lorentz)力 $F_L$ 和动静触头接触点上电流收缩产生的霍姆(Holm)力 $F_H$；此外，软连接受到电磁力的作用后，会对动导电杆产生提拉作用力 $F_B$，如图 7-6 所示。因而，总电动斥力矩 $T_T=T_r-T_B=T_L+T_H-T_B$，其中 $T_r$、$T_L$、$T_H$、$T_B$ 分别为 $F_r$、$F_L$、$F_H$、$F_B$ 的以触头转轴为中心归算的力矩形式。

利用第 6 章介绍的导电桥模型法，在各动静触头间建立导电桥模型，来描述动静触头间电流线收缩现象，此时模型中动导电杆上洛伦兹力包含了回路产生的洛伦兹力 $F_L$ 和动静触头接触点由于电流收缩产生的霍姆(Holm)力 $F_H$。

软连接受力示意图如图 7-7 所示，主要包含两类型的外力：洛伦兹力 $F_M$ 和两端焊点 A 和 B 沿软连接切线方向的作用力($F_A$，$F_B$)，将上述力按照局部坐标系分解，假设 $F_{A-y}=F_{B-y}$，根据软连接外力平衡，则 $F_{A-y}=-F_{M-y}/2$；基于作用力与反作用力大小相等，软连接对动导电杆作用力 $F_B=-F_{A-y}=F_{M-y}/2$。

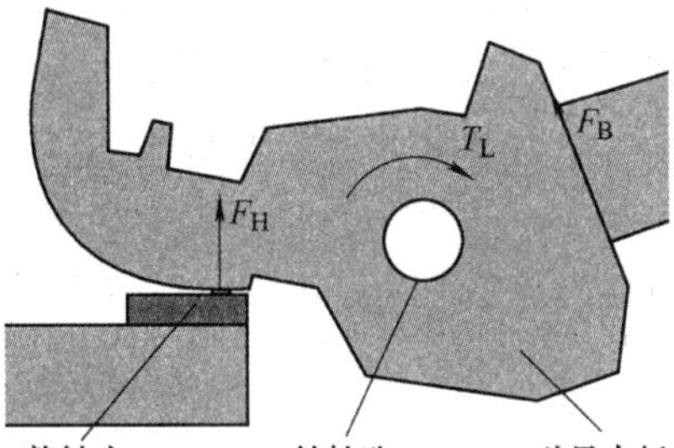


图 7-6　动导电杆电动斥力示意图

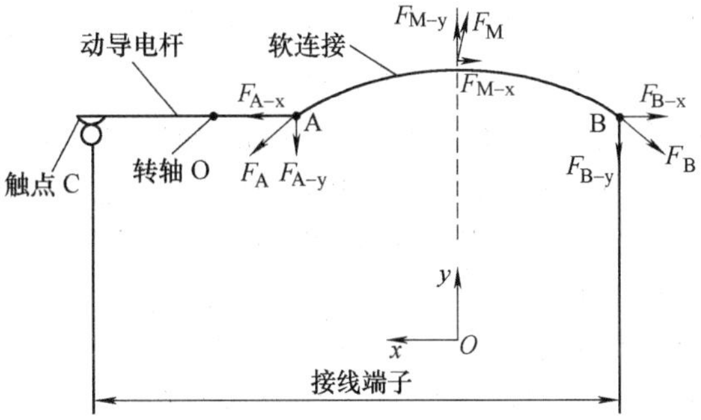


图 7-7　软连接受力示意图

各动导电杆不仅可能会受到电动斥力的作用而发生斥开，还会在侧向电动力的作用下发生触头侧偏和触头滑移等破坏电接触稳定性的现象。触头发生侧偏和滑移现象的原因是动导电杆上存在着侧偏力矩 $T_t$ 和滑动力矩 $T_s$，其产生的原因和大小分布规律将在后文中将详细阐述。

在具体电磁计算中，在各个动导电杆上建立如图 7-8 的局部坐标系，局部坐标系原点位于转轴孔中心 O；$x$ 轴为 $\overrightarrow{OC}$ 向量，其中 C 为动静触头触点；$y$ 轴垂直 $\overrightarrow{OC}$ 并指向上部；$z$ 轴垂直 $x$-$o$-$y$ 平面指向纸面里，令 $F_B$ 关于动导电杆转轴的力臂为 $L$，则动导电杆上的总的电动斥力 $T_T=T_r-T_B=T_z-F_{M-y}/2\times L$，$T_t=T_x$，$T_s=-T_y$ 其中 $T_x$、$T_y$ 和 $T_z$ 分别为动导电杆上的分布电磁力在各个动导电杆局部坐标系的积分。

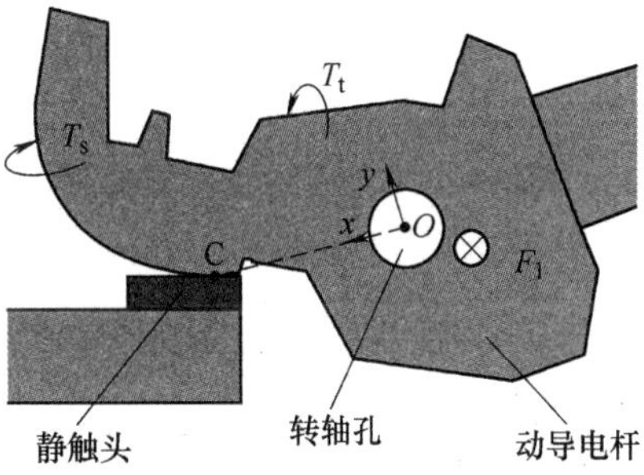


图 7-8　动导电杆侧偏力矩和滑动力矩示意图

由于短路电流暂态分量的缘故，三相断路器电流在 20ms 内相继达到各相最大值，因而短路电流作用的前 20ms 时间内是电动稳定性研究的重点。利用三维有限元瞬态电磁计算方法，求解 20ms 内上述框架断路器三相触头系统的电动稳定性。

### 7.2.2　邻近效应对电流分布的影响

由于框架断路器触头系统采用平行直列布置的多并联动导电杆结构，相内动导电杆和相间动导电杆间的邻近效应使得各动导电杆间电流分配不相等，电流较大的动导电杆稳定性较差，而随着电器小型化的发展，这一现象更加显著。

以动导电杆厚度为 6mm，动导电杆间距为 2mm，相间距离为 31.5mm 的框架断路器 5 并联触头系统为例，忽略电动斥力对导电斑点大小以及触点温度对物性参数的影响，从而保证各并联动导电杆支路电阻相等，研究邻近效应对电流分布的影响。

A 相各动导电杆的电流变化曲线如图 7-9a 所示，可以看出 A 相各并联动导电杆的电流峰值( $|i_p|$ )差异不大，从 $A_1$ ~ $A_5$ 呈凹形分布，且 $A_1$ 电流比 $A_5$ 电流更早到达峰值，此外，A 相各动导电杆最大电流与最小电流相对差异为 3%。上述结果可以利用如图 7-9b 所示的 A 相动导电杆上的感应磁场和感应电流来予以解释：在 A 相电流峰值时刻( $t\approx 9.6$ms)，虽然 $i_B$ 和 $i_C$ 在 A 相导体内的感应磁场方向相同，但 $\mathrm{d}|i_B|/\mathrm{d}t$ 与 $\mathrm{d}|i_C|/\mathrm{d}t$ 正负相反，故其感应电流方向相反，且相互抵消，造成 A 相各并联动导电杆电流峰值差异不大。另一方面，在 $t\approx 9.6$ms 时刻，$\mathrm{d}|i_B|/\mathrm{d}t$ 模值逐渐增大，$\mathrm{d}|i_C|/\mathrm{d}t$ 模值逐渐减小，故 $i_B$ 在 A 相导体内的感应电流逐渐增大，$i_C$ 在 A 相导体内的感应电流逐渐减小，因此较早时刻，$i_C$ 感应电流占据主导，$A_5$ 电流峰值时刻较早，较晚时刻 $i_B$ 感应电流占据主导，$A_1$ 电流峰值时刻相对稍晚。

同理，在 B 相电流峰值时刻( $t\approx 13.2$ms)，$i_A$ 和 $i_C$ 在 B 相导体内的感应电流方向相同，且相互叠加，感应电流增加 $B_1$ 和 $B_2$ 电流幅值，减小 $B_4$ 和 $B_5$ 幅值，如图 7-10b 所示，这就造成 B 相各并联动导电杆峰值电流成斜坡分布，即 $B_1>B_2>B_3>B_4>B_5$，如图 7-10a 所示，B 相各动导电杆最大峰值电流与最小峰值电流相对差异为 29%。

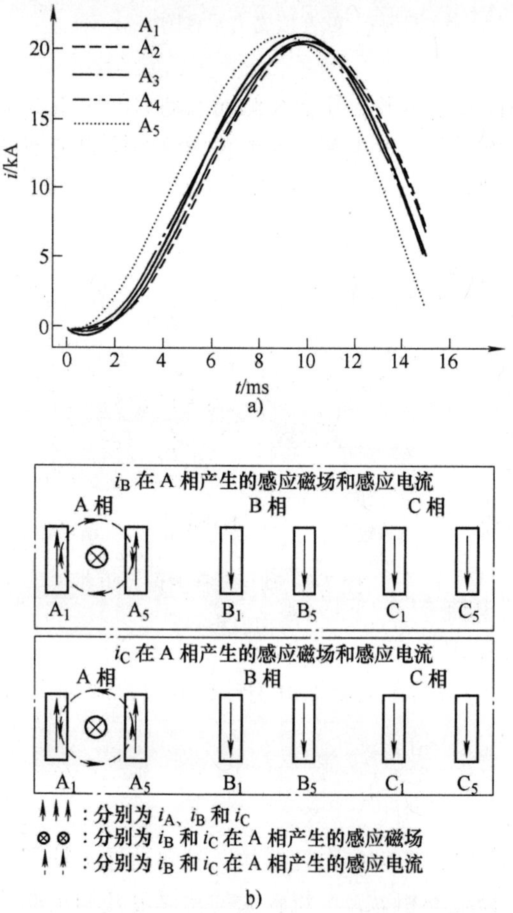


图 7-9 A 相电流变化曲线及其上感应电流示意图

a) A 相各动导电杆电流变化曲线

b) 感应电流示意图( $t\approx 9.6$ms)

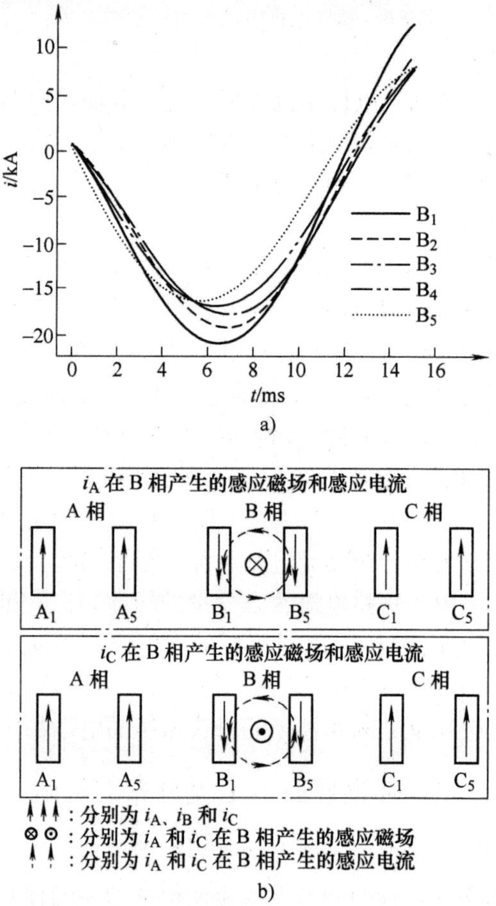


图 7-10 B 相电流变化曲线及其上感应电流示意图

a) B 相电流变化曲线

b) 感应电流示意图( $t=6.5$ms)

同理，在 C 相电流峰值时刻（$t\approx16.5$ms），$i_A$ 和 $i_B$ 在 C 相导体内的感应电流方向相反，但此时 $i_B$ 在 C 相导体内的感应电流较大，占据主导，其增加 $C_1$ 和 $C_2$ 电流幅值，减小 $C_4$ 和 $C_5$ 幅值，如图 7-11b 所示，由此造成 C 相各并联动导电杆峰值电流成斜坡分布（$C_1>C_2>C_3>C_4>C_5$），但这一斜坡分布相较于 B 相平缓一些，C 相各动导电杆最大峰值电流与最小峰值电流相对差异为 19%，如图 7-11a 所示。

### 7.2.3　电动斥力的分布

动导电杆上的电动斥力 $T_r$ 峰值分布如图 7-12a 所示，可以看出其分布规律与电流峰值分布规律接近：A 相呈凹形分布，B 相和 C 相呈斜坡分布。根据已有的研究成果，框架断路器动导电杆上 70% 的电动斥力来自于触头区域电流收缩引起的 Holm 力，其余来自导电回路。根据 Holm 力简化计算公式可知，Holm 力与电流的平方成正比，故动导电杆上 $T_r$ 峰值分布与电流峰值分布规律接近。

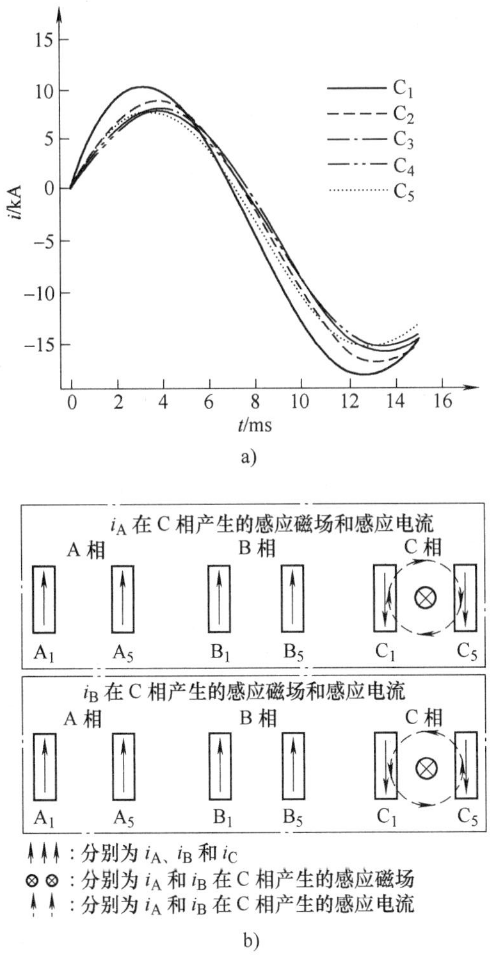


图 7-11　C 相电流变化曲线及其上感应电流示意图

a）C 相电流变化的曲线　b）感应电流示意图（$t=6.5$ms）

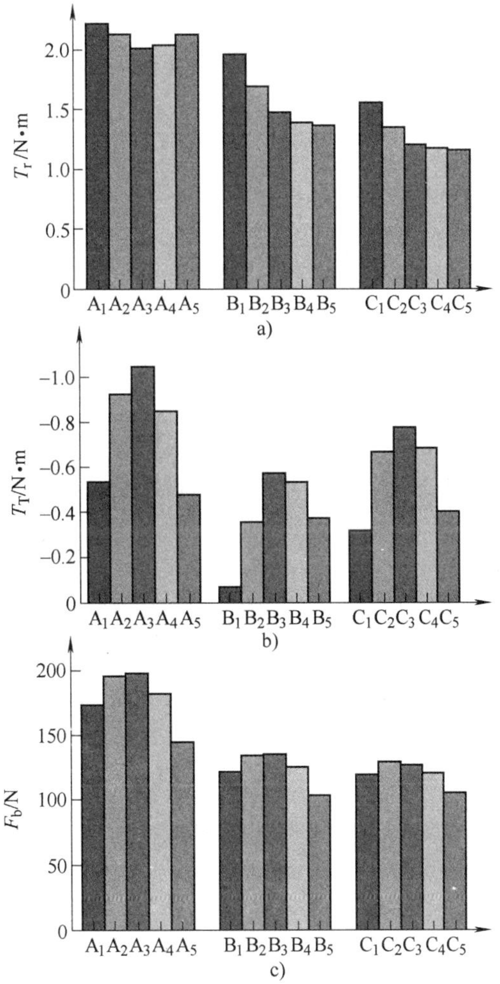


图 7-12　电动斥力矩峰值的分布

a）动导电杆电动斥力矩 $T_r$ 峰值的对比　b）总电动斥力矩 $T_T$　c）软连接作用力 $F_b$

考虑软连接作用力 $F_b$ 后，总电动斥力矩 $T_T$ 的峰值分布如图 7-12b 所示，可以看出 $T_T$ 峰值为负值，即考虑软连接的作用后，$T_T$ 不是斥开触头，而是压紧触头，这也是框架断路器设计中采用长度较长的软连接的一个重要因素；其次 $T_T$ 在各相动导电杆上都呈现凸形分布，这主要是因为 $T_T = T_r - F_b \times L$，相比于 $T_r$，$F_b \times L$ 项占据主导，而各相动导电杆上的软连接补偿力 $F_b$ 呈现凸形分布，如图 7-12c 所示。软连接补偿力 $F_b$ 的分布规律可以根据软连接 *y-o-z* 截面上磁感应强度分布来解释，如图 7-13 所示，电流方向垂直纸面向里，可以看出相对于内侧动导电杆，外侧动导电杆 $B_z$ 分量较小，这就造成靠外侧软连接上的洛伦兹力 *y* 分量 $F_{M-y} = I_x \times B_z$ 较小，而 $F_b = F_{M-y}/2$。换言之：外侧软连接上 $B_z$ 相对较小，造成了其 $F_{M-y}$ 相对较小，以致 $F_b$ 在各相呈凸形分布，从而使得考虑软连接后，各相动导电杆上 $T_T$ 峰值也呈现凸形分布。

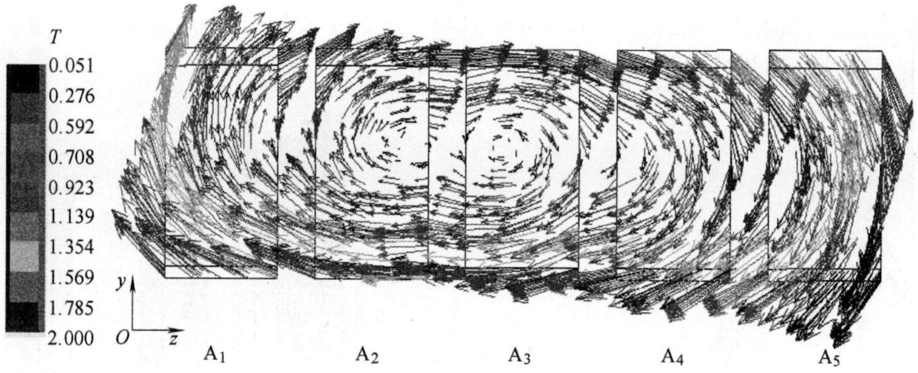


图 7-13　软连接截面磁感应强度的分布（A 相，10ms）

## 7.2.4　考虑电动斥力对导电斑点面积的影响

上述分析中未考虑总电动斥力 $T_T$ 对导电斑点面积的影响，本节主要分析 $T_T$ 对导电斑点面积的影响以及考虑该影响后并联动导电杆的电动稳定性。

如图 7-14 所示，考虑了总电动斥力矩对导电斑点半径的影响后，各相中间动导电杆电流峰值增大，外侧动导电杆电流峰值减小，A 相电流峰值呈不对称凸形分布，B 相和 C 相电流峰值虽仍然呈现斜坡分布，但斜坡斜率变小。这主要是由于中间触头的总电动斥力矩绝对值较大，如图 7-12b 所示，致使中间触头导电斑点半径相对较大，如图 7-15 所示，相对较大的导电斑点上的接触电阻相对较小，从而增大了中间动导电杆电流，减小了外侧动导电杆电流。

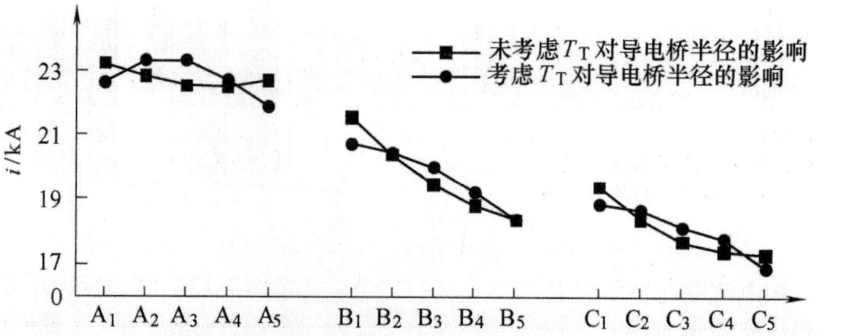


图 7-14　三相电流峰值的对比

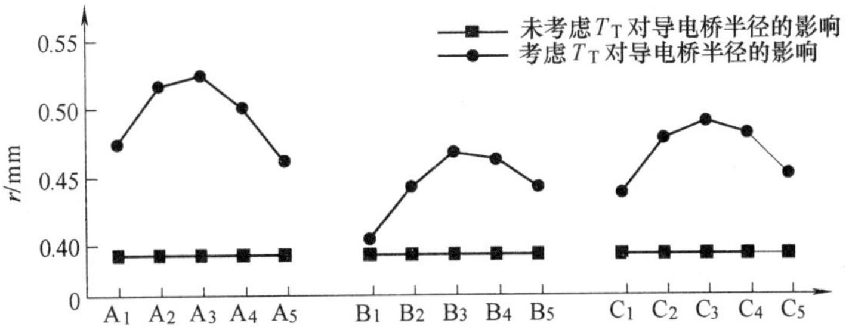


图 7-15　三相动静触头导电斑点的半径

从上述分析结果可以看出，电流邻近效应致使各相电流分布不均衡，A 相电流呈凹形分布，B 相和 C 相电流呈斜坡分布；而由于增大导电斑点半径的 $T_T$ 呈凸形分布，其致使各相导电斑点面积也呈凸形分布，从而通过影响接触电阻使各相外侧动导电杆电流略微下降，内侧动导电杆电流略微上升。

各动导电杆电动斥力矩的变化如图 7-16 所示，外侧动导电杆电流降低，导电斑点半径增大，故其电动斥力矩下降幅度较大；内侧动导电杆虽然导电斑点半径增大较多，但其上电流增大，二者对电动斥力的作用相互抵消，致使动导电杆电动斥力矩略微减小。在电动斥力矩和软连接力的共同作用下，各动导电杆总电动斥力矩普遍增大，如图 7-17 所示。

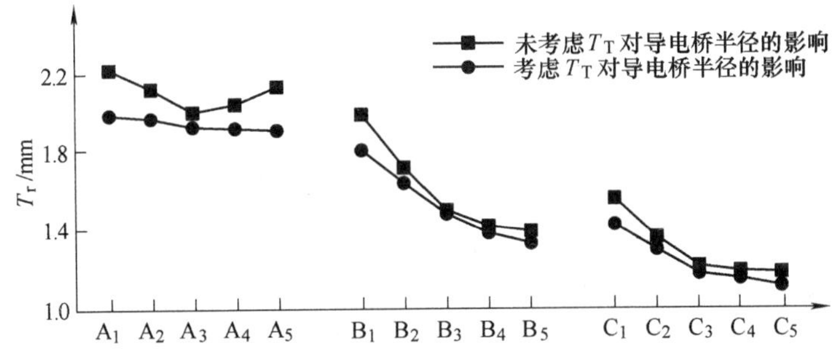


图 7-16　动导电杆电动斥力矩

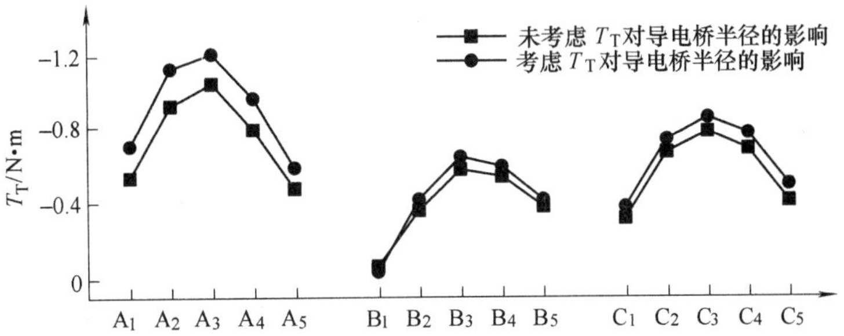


图 7-17　总电动斥力矩

### 7.2.5　侧偏力矩与滑动力矩

对于框架断路器多并联动导电杆触头系统，其电动稳定性不仅受到电动斥力的影响，动导电杆的侧偏和滑动现象同样会影响其电动稳定性，因此深入分析动导电杆侧偏和滑动现象的发生机理具有重要的意义。

在短时耐受过程初始阶段，动导电杆上的侧偏力矩与滑动力矩峰值如图 7-18 所示，可以看出各相 No. 4 和 No. 5 动导电杆的侧偏力矩和滑动力矩峰值为负值（No. 4 动导电杆为 $A_4$、$B_4$、$C_4$ 动导电杆的统称，其余 No. 命名规则相同），与 No. 1 和 No. 2 的方向相反，结合图 7-8 所示的侧偏力矩和滑动力矩方向示意，可以发现：侧偏力矩迫使外侧动导电杆上部向各相中心侧偏，滑动力矩迫使外侧动导电杆头部向各相中心滑动，如图 7-19 所示。由图 7-18 还可以看出，侧偏力矩和滑动力矩的分布一致，都呈不对称凹形分布。这是因为动导电杆厚度较薄，其侧偏力矩和滑动力矩主要是由于侧向力（$F_l$）分别关于图 7-8 所示的各动导电杆局部坐标系的 $x$ 轴和 $y$ 轴分布不平衡造成的。如图 7-20 所示，各动导电杆侧向力峰值分布与侧偏力矩和滑动力矩的相似，呈不对称凹形分布，且侧向力方向为由外向内。

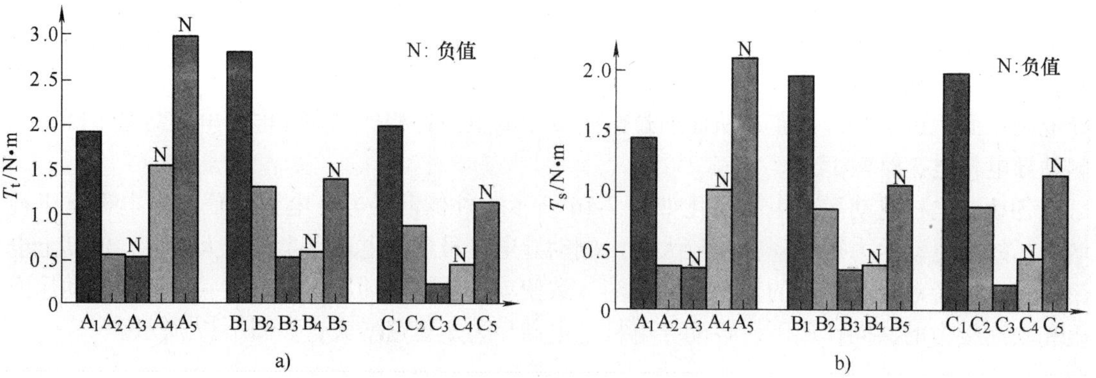


图 7-18　动导电杆上的拧转力矩

a）侧偏力矩 $T_t$　b）滑动力矩 $T_s$

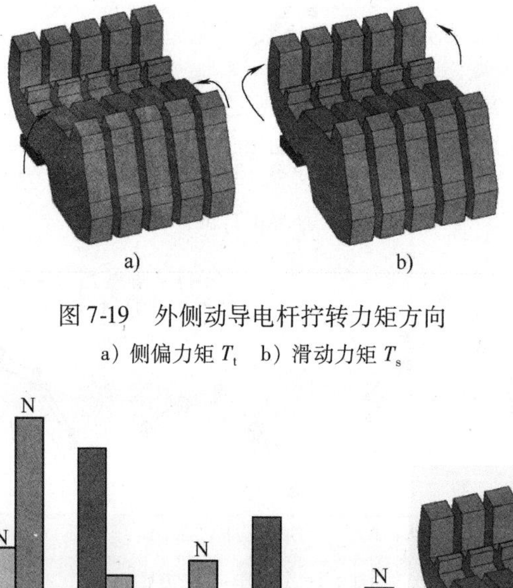


图 7-19　外侧动导电杆拧转力矩方向

a）侧偏力矩 $T_t$　b）滑动力矩 $T_s$

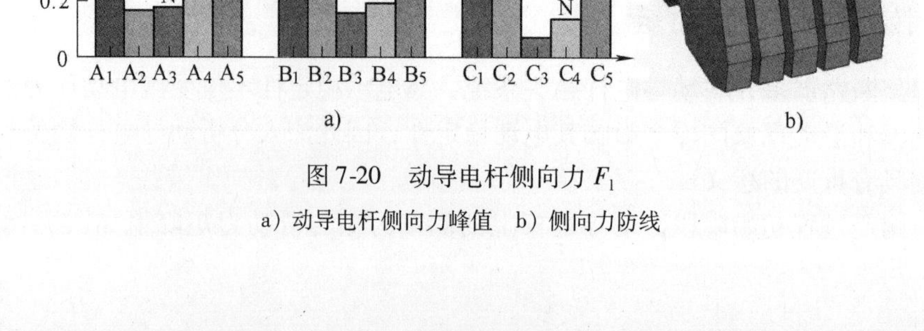


图 7-20　动导电杆侧向力 $F_l$

a）动导电杆侧向力峰值　b）侧向力防线

动导电杆上的侧向力主要是同相其他动导电杆的吸引力和其他相动导电杆的吸引力或者排斥力的叠加(电流同方向时为吸引力，电流方向相反时为排斥力)。同相动导电杆之间距离较近，故来自同相动导电杆的吸引力占据主导；处于相中间动导电杆(如 No. 3)所受两侧动导电杆的吸引力平衡，故其侧向力较小；最外侧的动导电杆(如 No. 1 和 No. 5)所受其余同相动导电杆的吸引力叠加，故其侧向力较大，这就造成侧向力呈凹形分布，且迫使外侧动导电杆侧向力方向为由外向内。其次，叠加来自其他相动导电杆的吸引力或者排斥力以后，侧向力凹形分布呈不对称形态。以 $A_5$ 动导电杆为例，在 A 相电流峰值时刻附近，来自 $A_1 \sim A_4$ 动导电杆的吸引力与来自 $B_1 \sim B_5$ 和 $C_1 \sim C_5$ 动导电杆的排斥力方向相同，相互叠加；对比 $A_1$ 动导电杆，来自 $A_2 \sim A_5$ 动导电杆的吸引力与来自 $B_1 \sim B_5$ 和 $C_1 \sim C_5$ 动导电杆的排斥力方向相反，相互抵消，从而造成 $A_5$ 动导电杆所受到的侧向力比 $A_1$ 动导电杆的大。

## 7.3 短时耐受电流过程热稳定性的分析

在一定时间内电器承受短路电流引起的热作用而不致损伤电器的能力称为电器的热稳定性。对于触头系统来讲，短路电流引起的发热具有三个显著特点：1)通电时间很短(框架断路器短时耐受过程一般为 1s)，导体还来不及向周围介质散热，可假定为绝热升温过程；2)导体温度较高(触点温度逼近熔点)，必须考虑导体电阻率、热容、热导率随温度的变化；3)触点温度较高后，触头布氏硬度降低，引起导电斑点面积增大，必须考虑导电斑点面积随温度的变化。

### 7.3.1 热稳定性的计算模型

一般认为，导电斑点温度会受到瞬态电流的波动影响。如果考虑导电斑点瞬态温度随短路电流变化的影响，进行长达 1s 时间的热稳定性仿真计算，一方面计算量太大，以 50Hz 正弦电流为例，若步长为 0.5ms，计算 1s 时间内短时耐受过程需要 2000 个载荷步，大大延长了计算时间，另一方面基于动网格的电-磁-热瞬态非线性直接耦合模型收敛难度较大，因此，非常有必要从工程角度出发简化上述计算过程。采用图 7-21 所示的计算流程来研究框架断路器触头系统在短时耐受过程中的热稳定性，其主要思路是将上述物理量的瞬时相互作用过程，简化为载荷步内平均值的相互作用。

首先，初始化温度 $T$，时间 $t$ 和迭代步数 $n$，并利用初始导电桥模型建立三相触头系统三维有限元谐波电磁耦合模型，考虑邻近效应和集肤效应，计算得到导体上平均发热功率分布和各个动导电杆归算到触头上电动力在载荷步内的平均值 $F_{\mathrm{mag}}^{(n)}$。

其次，通过三相触头系统三维有限元瞬态热传导模型，计算导体在该载荷步内瞬时温度分布和各个导电斑点表面温度在载荷步内的平均值 $T^{(n)}$；一方面根据各个导电斑点表面温度平均值插值获得导电斑点布氏硬度，另一方面根据总电动斥力矩平均值和触头弹簧力获得接触压力；然后，利用 Holm 公式计算各导电桥在载荷步内的平均半径 $r_{\mathrm{j}}^{(n)}$。

若两次迭代结果各个导电桥半径相差都小于 $10^{-5}$m，且各个导电斑点温度差都小于 1℃，则认为该载荷步计算收敛，并进行下一载荷步的计算；否则更新导电桥半径和导体温度，进行迭代计算。

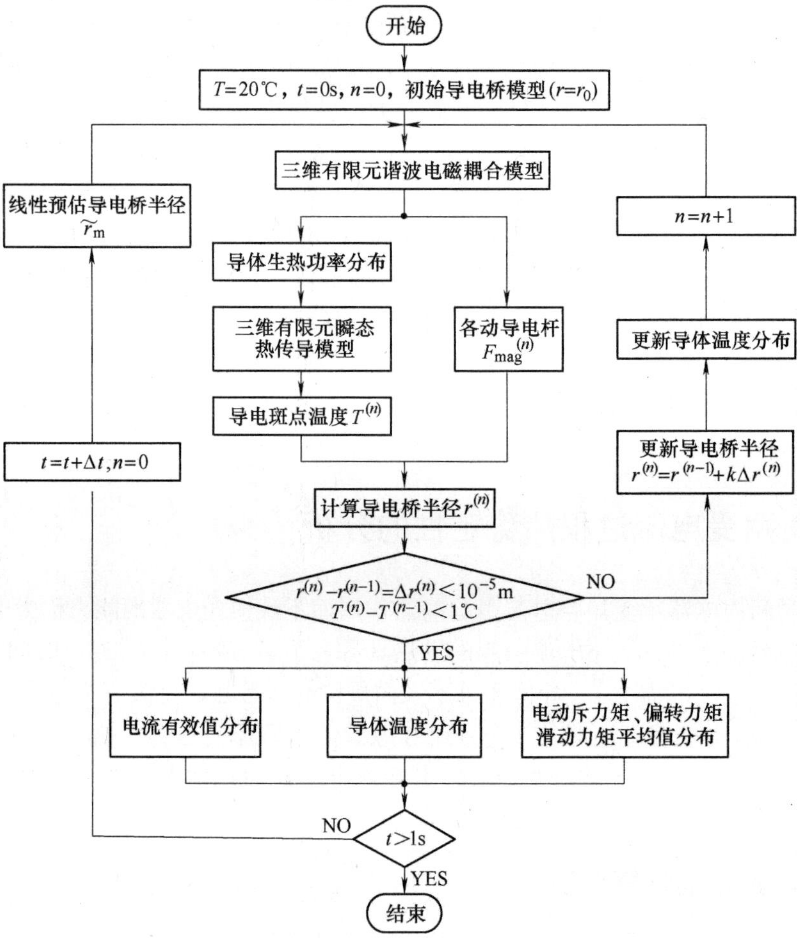


图 7-21 热稳定性计算流程图

最后，总载荷时间超过 1s，计算结束，获得各个载荷步内电流有效值、导体温度、电动斥力矩、侧偏力矩和滑动力矩的分布规律。

在迭代计算中发现导电桥半径对各物理量大小影响较大，是迭代收敛的关键，为了加快收敛速度，在各个载荷步计算开始前，利用前两个已收敛载荷步的导电桥半径，根据式(7-3)线性预测该载荷步的导电桥半径：

$$\frac{\tilde{r}_{(m)}-r_{(m-1)}}{\Delta t_{(m)}}=\frac{r_{(m-1)}-r_{(m-2)}}{\Delta t_{(m-1)}} \tag{7-3}$$

式中 $\tilde{r}_{(m)}$——第 $m$ 个载荷步导电桥半径预测值；

$r_{(m-1)}$，$r_{(m-2)}$——分别为第 $m-1$ 和 $m-2$ 载荷步导电桥半径收敛值；

$\Delta t_{(m)}$，$\Delta t_{(m-1)}$——分别为第 $m$ 个和第 $m-1$ 个载荷步时间步长。

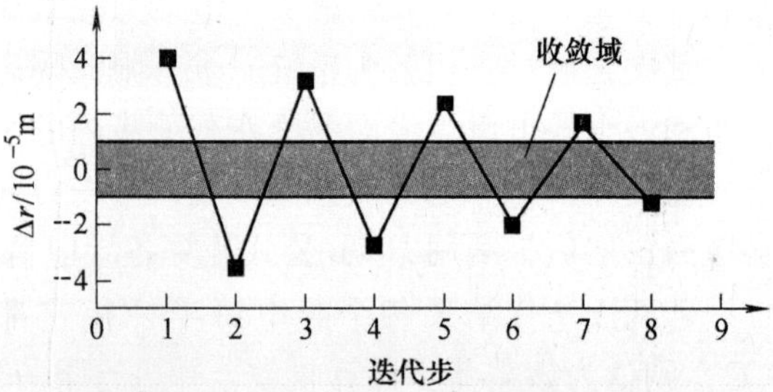


图 7-22 导电斑点半径振荡收敛过程

此外，若某一载荷步内的迭代过程中导电桥半径出现如图 7-22 所示的振荡收敛过程，即 $\Delta r^{(n-1)}\times\Delta r^{(n)}<0$，在更新导电桥半径时，可为导电桥半径变化量添加松弛因子 $k=0.5$，即 $r^{(n)}=r^{(n-1)}+0.5\times\Delta r^{(n)}$，从而加快收敛速度，一般可在 3 个迭代步内收敛。

上述计算过程中的电阻率、热导率、热容都根据迭代过程中温度的变化而进行插值计算。而触头材料布氏硬度随温度的变化，直接影响着导电斑点的大小，可采用以下方法进行近似计算：

框架断路器一般采用非对称配对触头，动触头选用抗熔焊能力较强、耐烧蚀的触头材料，如 AgW 合金，其布氏硬度较高；静触头选用导热和导电能力较强的触头材料，如 AgNi 合金，其布氏硬度较低。导电斑点半径主要与布氏硬度较低的触头材料有关。

利用 HB-3000B-I 型布氏硬度计测得某牌号静触头常温下的硬度为 375MPa。金属硬度随温度变化很大，因此静触头材料硬度的温度系数对计算结果的准确性非常重要，但是公开发表的文献中，关于 AgNi 触头材料在高温下硬度的报道较少。一般认为，大多金属（包括金属 Ag 和金属 Ni）的硬度与温度的关系满足：

$$H=A\exp(-BT) \tag{7-4}$$

式中　$A$——固有硬度（Intrinsic hardness），即 $T$ 为 0 时的硬度（MPa）；

$B$——软化系数（Soften coefficient）（$K^{-1}$）；

上式系数 $A$ 和 $B$ 有两组值，在金属软化温度 $T_s$ 前定义为 $A_1$、$B_1$；在软化温度后定义为 $A_2$、$B_2$，软化温度一般为金属熔点 $T_m$ 的一半。金属 Ag 和金属 Ni 的软化系数见表 7-3，可以看出二者软化系数相近，而且本文实验中的静触头为细晶银，其银含量 >95%，金属维氏硬度与布氏硬度数值差距不大，故以金属 Ag 的维氏硬度软化系数近似静触头的布氏硬度软化系数。同时，细晶银熔点约为 960℃，故本文取静触头软化温度为 480℃，利用式(7-4)拟合得到的静触头近似布氏硬度如图 7-23 所示，计算公式如(7-5)所示。

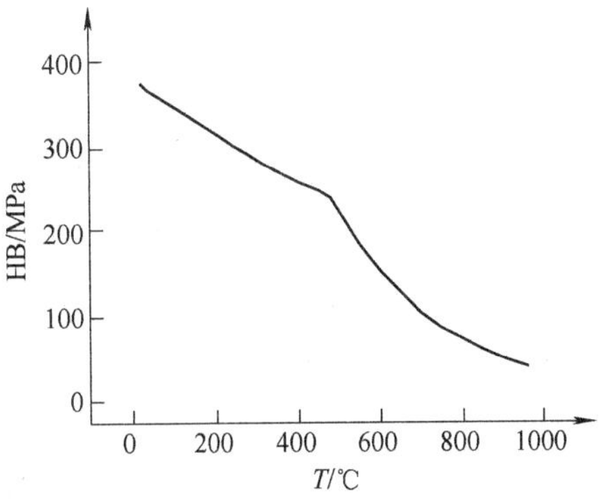


图 7-23　近似的静触头布氏硬度

$$\begin{aligned} H&=375\times\exp(-9.76\times10^{-4}\times(T-20℃)),\quad T\in(20℃-480℃)\\ H&=239\times\exp(-37.6\times10^{-4}\times(T-480℃)),\quad T\in(480℃-960℃)\end{aligned} \tag{7-5}$$

**表 7-3　金属 Ag 和金属 Ni 软化系数**

| | $B_1\times10^4/K^{-1}$ | $B_2\times10^4/K^{-1}$ | $T_m/K$ |
|---|---|---|---|
| Ag | 9.76 | 37.6 | 1234 |
| Ni | 10.0 | 39 | 1728 |

上述计算过程利用谐波电磁场方法计算平均电动斥力和发热功率，即半波平均值，因此瞬态热场分析的最小载荷步为 10ms，载荷步为 10ms 的整数倍。短时耐受过程初期导电斑点温度上升速度较快，故设置最小载荷步，随着时间的推移，导电斑点温度上升速度变慢，载荷步逐渐增大。此外，为了考虑短时耐受过程初始阶段暂态电流对热稳定性的影响，依据三相暂态电流表达式，利用 $\int i^2\mathrm{d}t$ 等效原则，将 60ms 时间内各个载荷步内短路电流换算为正弦

电流进行加载。

### 7.3.2 热稳定性计算结果的空间分布

在 50kA 短时耐受电流作用下，$t=1\text{s}$ 时，各导电斑点电流有效值如图 7-24 所示，可以看出若不考虑温升和总电动斥力对导电桥斑点半径和导体电阻率的影响，在电流邻近效应的作用下，A 相电流呈凹形分布，B 相和 C 相电流呈斜坡分布，与暂态电动稳定性计算结果一致，不过由于短时耐受过程周期阶段，三相短路电流的总电流大小相同，由于 B 相电流分布最不均匀，故 $B_1$ 动导电杆支路电流最大，且 $B_1$ 电流比 $B_5$ 电流大 30%。

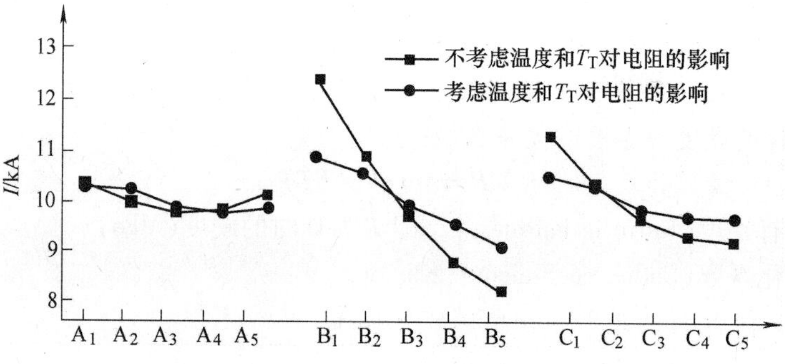


图 7-24　各导电斑点电流的有效值($t=1\text{s}$)

在电动稳定性计算中，已经分析了总电动斥力矩对电流分布的作用，即增大各相中间动导电杆电流，减小各相外侧动导电杆电流的作用；但考虑了温度的影响后，电流较大的动导电杆支路，由于较高的发热功率，其温度较高如图 7-25a 所示，虽然较高温度致使该支路导电斑点面积也较大，如图 7-25b，有降低接触电阻的趋势；但较高的温度致使整个动导电杆尤其是触点附近导体的电阻率较大，有增大接触电阻的趋势，两者相互抵消，但温度增大电阻率的作用更为显著，从而导致温度较高，动导电杆支路的电阻较高，将电流分布“削峰填谷”，其中 B 相各并联动导电杆电流最大相对差异由 30% 下降至 16%。

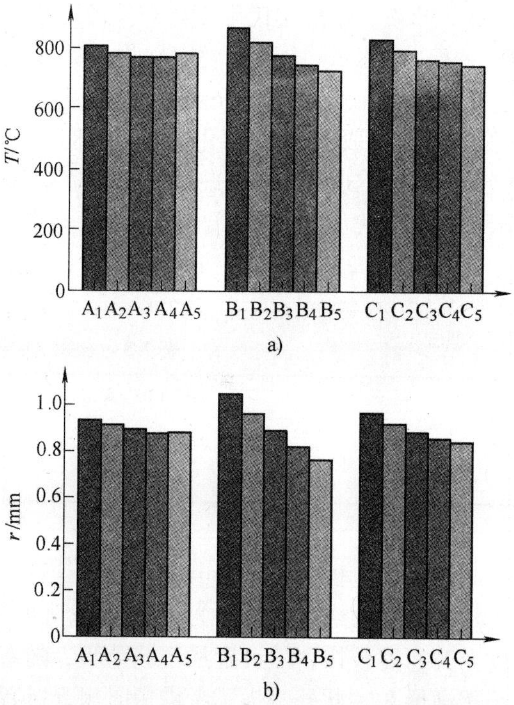


图 7-25　各导电斑点平均温度与导电斑点半径

a) 各触点平均温度　b) 各导电斑点平均半径

综上，影响框架断路器触头系统短时耐受过程中的电流分布机理可以概括为：

1）在邻近效应的作用下，电流分布不均衡，A 相电流呈凹形分布，B 相和 C 相电流呈斜坡分布，且沿着远离 A 相的方向递减。

2）在不均衡电流的作用下，电流较大的并联支路导体温度较高，虽然会增大导电斑点面积，有减小接触电阻的趋势，但较高的温度增大了导体电阻率，使得电流较大并联支路的接触电阻和导体电阻较高，继而减小该支路的电流，从而将不均衡的电流分布“削峰填谷”。

3）总电动斥力矩也会通过影响接触电阻来影响各动导电杆电流的分布：由于总电动斥力呈凸形分布，使得中间支路导电斑点面积较大，接触电阻较小，从而增大各相中间动导电杆电流，减小各相外侧动导电杆电流。

动导电杆上电动斥力 $T_r$ 主要受电流与导电斑点大小的影响：电流越大，电动斥力越大；而导电斑点半径越大，电动斥力越小，两者作用效果相反。对比短时耐受过程结束时，从上述三者的分布可以看出，此时各动导电杆电动斥力主要受其上电流大小的影响。此外，与电动稳定性计算结果类似，由于磁场分布的原因，各相软连接平均作用力呈凸形分布，总电动斥力矩 $T_T$ 主要受软连接作用力的影响。

在短时耐受过程周期性阶段，动导电杆同样存在侧偏和滑动现象，如图 7-26 所示，与初始阶段分布规律一致，侧向力依然呈凹形分布，但区别在于短时耐受初始阶段 $A_5$ 动导电杆较侧向力最大，但在周期性阶段中，各相总电流大小相同，由于 B 相电流分布最不均匀，$B_1$ 电流最大，从而使得 $B_1$ 动导电杆的侧向力最大，侧片力矩与滑动力矩分布规律与侧向力规律一致。

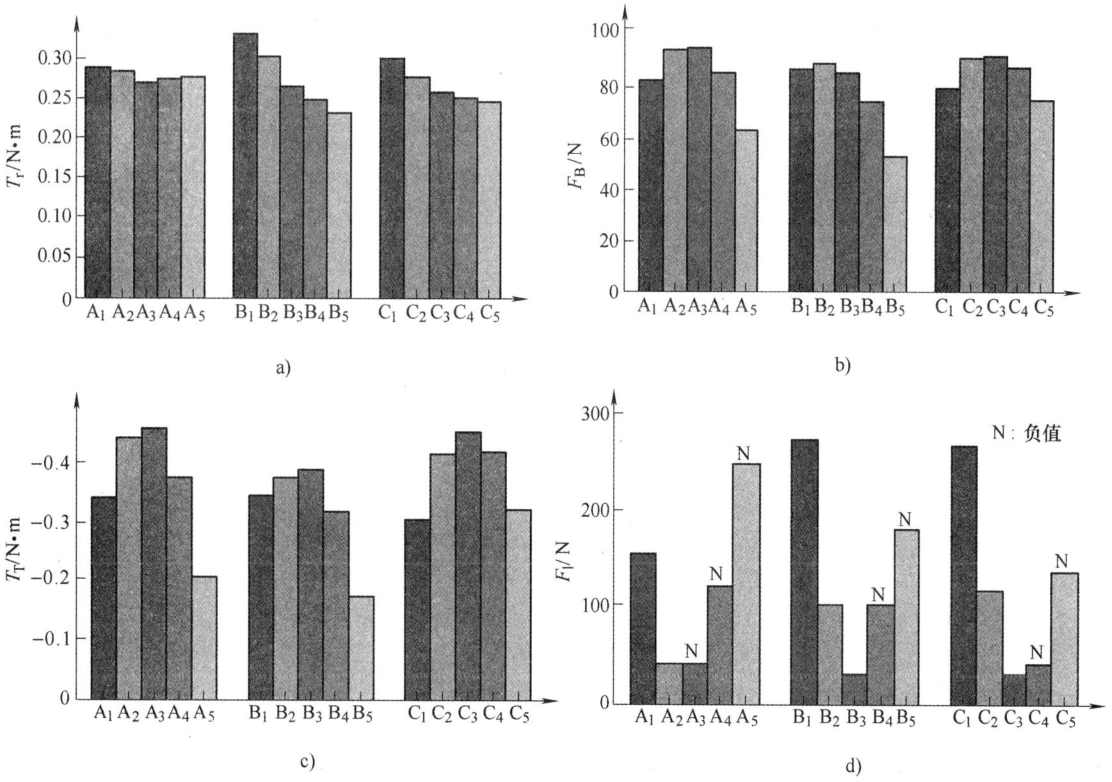


图 7-26　动导电杆与软连接电动力平均值

a）各动导电杆平均电动斥力 $T_r$　b）软连接平均作用力 $F_b$　c）总电动斥力矩　d）侧向力

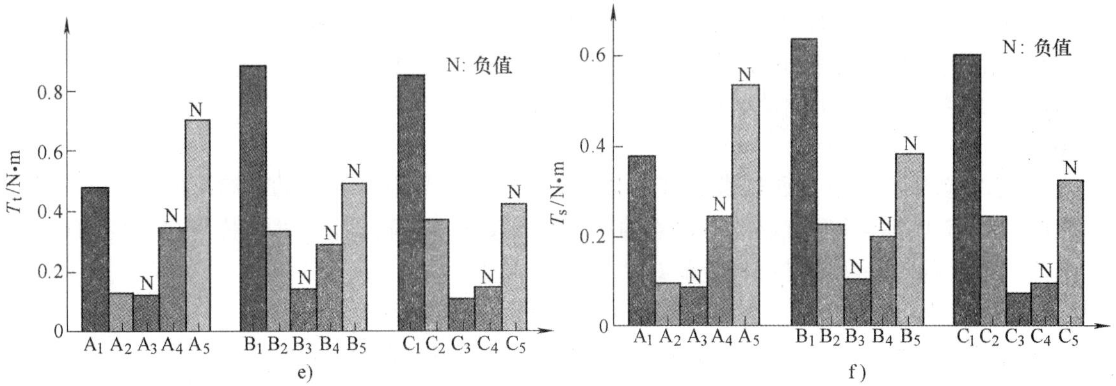


图 7-26 动导电杆与软连接电动力平均值(续)

e) 侧偏力矩 f) 滑动力矩

### 7.3.3 热稳定性计算结果的时间变化

上述分析中可以看出，1s 短时耐受电流结束时，$B_1$ 导电斑点的温度最高，下面着重分析 B 相尤其是 $B_1$ 动导电杆在短时耐受过程中各变量的演变过程。

1）导电斑点温度-时间变化：图 7-27 为 B 相触头温度-时间变化的云图，$B_1$ 导电斑点温度随时间变化曲线如图 7-28 所示，可以看出短时耐受过程初期，各触点温度上升迅速，

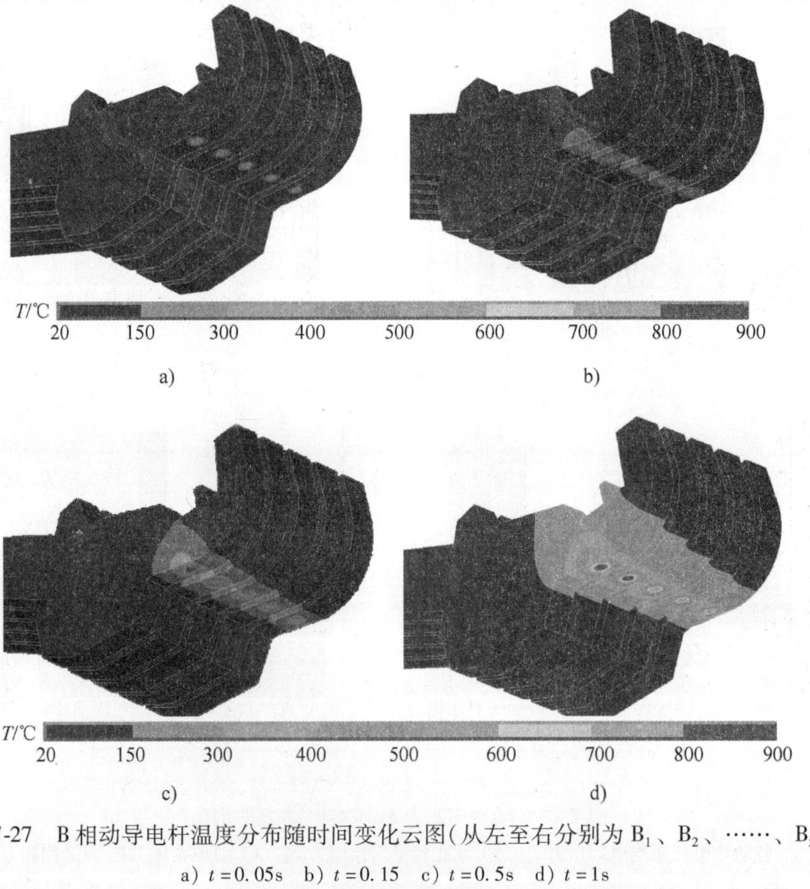


图 7-27 B 相动导电杆温度分布随时间变化云图(从左至右分别为 $B_1$、$B_2$、……、$B_5$)

a) $t=0.05$s b) $t=0.15$ c) $t=0.5$s d) $t=1$s

$t=0.05$s时，各触点温度已达600℃左右；此后各导电斑点温度上升速度变缓，$t=1$s 时，各触点温度大约为 800℃。而当导电斑点半径为百微米量级时，其热时间常数约为微秒量级；而随着温度的上升，导电斑点半径迅速增大（可达毫米量级），热时间常数也相应增大；一般来说，通电时间达到 4 倍热时间常数其温度几乎已达到稳定，从而造成上述计算结果中，$t<0.05$s 时各触点温度上升迅速，随后上升速度变缓，$t=1$s 时，$B_1$ 导电斑点平均温度达到 866℃，小于动静触头熔点。

2）动导电杆电流-时间变化：如图 7-28 所示，短时耐受电流开始时，由于邻近效应的影响，$B_1$ 动导电杆电流（有效值）大于 B 相其余动导电杆电流；这使得 $B_1$ 导电斑点及其周围导体温度相对 B 相其余导电斑点及周围导体温度上升速度快。考虑温度与电阻率的关系，$B_1$ 支路电阻比 B 相其余支路电阻增长速度快，这就使得 $B_1$ 动导电杆电流随着时间降低，而且短时耐受初期下降速度较快，随后下降变缓。需要说明的是，大约 $t=0.04$s 时，$B_1$ 动导电杆温度-时间曲线出现波谷，这主要是因为，$B_1$ 动导电杆大约在这个时间率先达到软化温度，导电斑点半径迅速增大，接触电阻迅速降低，电流快速下降；但是随后随着其余 B 相其余导电斑点温度达到软化温度，使得 $B_1$ 动导电杆电流略有回升，电流-时间波形在这个时段呈现波谷。

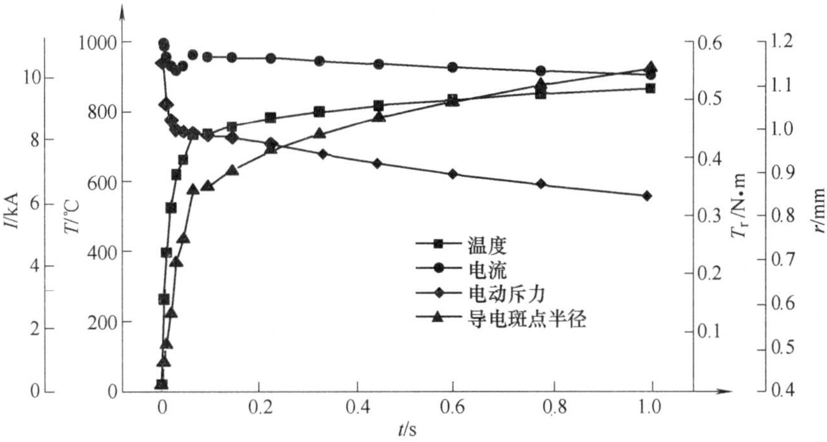


图 7-28 $B_1$ 触点平均温度、电流、半径及 $B_1$ 动导电杆电动斥力变化曲线

3）动导电杆电动斥力-时间变化：随着电流的下降和导电斑点半径的增加，动静触头间的 Holm 力随着时间下降，这使得动导电杆上电动斥力 $T_r$ 随着时间下降，而且起初下降速度较快，随后下降速度较慢，如图 7-28 所示。

4）导电斑点半径-时间变化：由于 $T_r$ 随时间降低，而软连接上的电磁力下降幅度较小（磁感应强度变化不大，电流下降幅度较小），这就使得 $T_T$ 随着时间增大，接触压力也随之增大；另一方面，随着温度的上升，触点硬度下降。这两方面的因素共同作用使得导电斑点半径随着时间上升，而且起初上升速度较快，随后上升速度变缓；$t=1$s 时，$B_1$ 导电斑点载荷步内平均半径达到 1.05mm。

### 7.3.4 短时耐受实验后触头烧蚀斑点形貌的分析

本节拟利用 1s 短路电流耐受实验后三相动触头烧蚀斑点的形貌、位置和大小来验证前文热稳定性仿真模型和计算结果。实验中三台样机触头的烧蚀形貌基本一致，典型烧蚀斑点的形貌如从图 7-29 所示；动触头烧蚀斑点面积大小如图 7-30 所示，其中面积为标幺值，以实验中最小的动触头烧蚀斑点为基准。

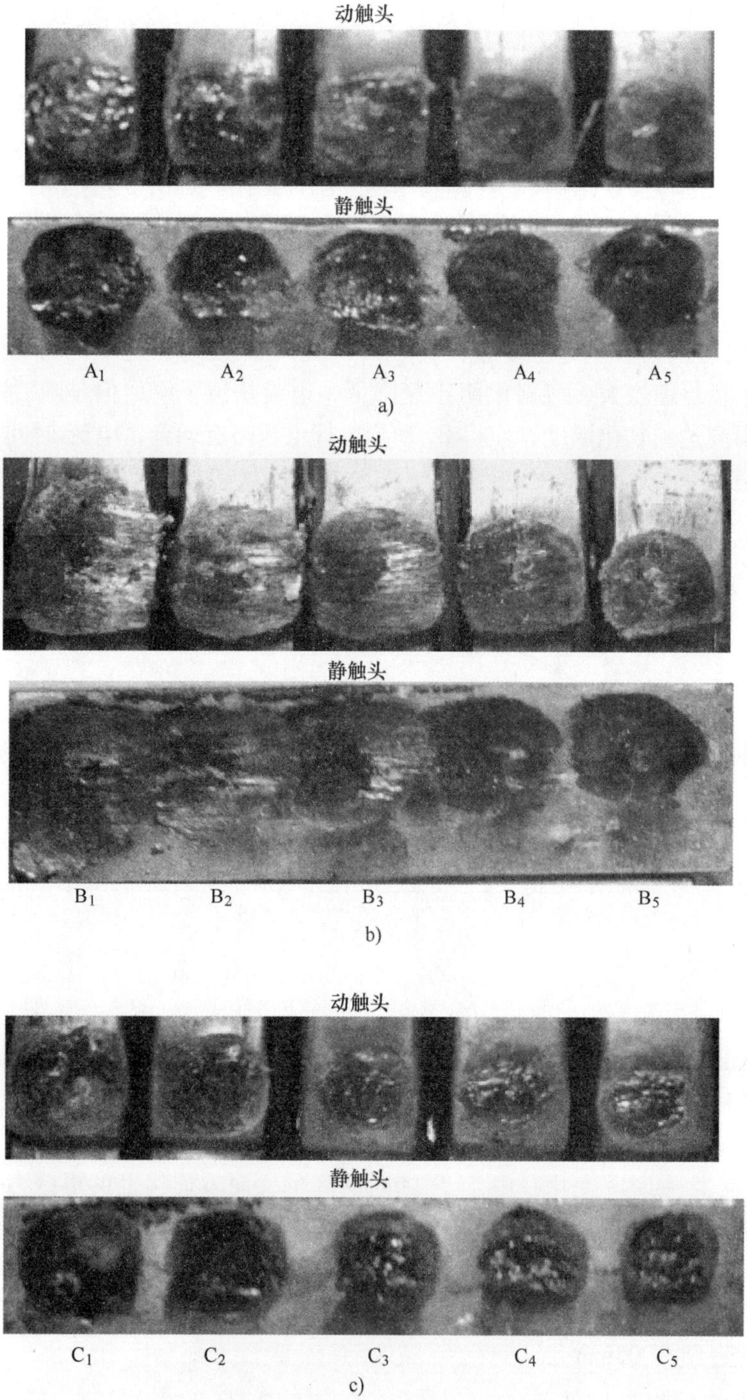


图 7-29 1s 短路电流耐受实验后的 A 相、B 相和 C 相触头烧蚀形貌

a) A 相触头烧蚀形貌 b) B 相触头烧蚀形貌 c) C 相触头烧蚀形貌

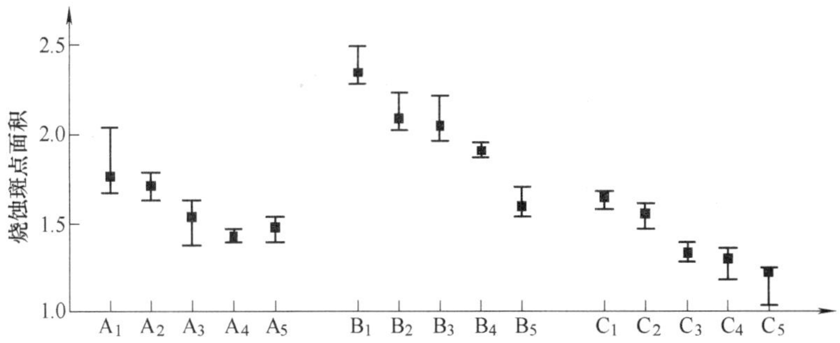


图 7-30　1s 短路电流耐受实验后的 A 相、B 相和 C 相动触头烧蚀斑点面积

1）动触头烧蚀斑点位置：位于各相中间动触头（$A_3$、$B_3$、$C_3$）的烧蚀斑点居中，外侧动触头的烧蚀斑点偏向内侧，而且动触头越靠外，烧蚀斑点的偏移幅度越大。热稳定性仿真结果中图 7-26 所示的三相动导电杆侧偏力矩都呈凹形分布，且方向沿使外侧动导电杆顶部向内侧偏转的方向，可以看出侧偏力矩 $T_t$ 仿真结果与实验中动触头烧蚀斑点位置的分布一致。

2）动触头烧蚀斑点大小：如图 7-30 所示，A 相动触头烧蚀斑点大小呈不对称凹形分布，其 $A_1$ 烧蚀斑点较大；B 相和 C 相烧蚀斑点呈斜坡分布，且沿远离 A 相的方向递减，其中 B 相烧蚀斑点大小差异较大。热稳定性计算结果中图 7-25b 所示的三相导电斑点半径分布中 A 相呈不对称凹形分布，且 $A_1$ 导电斑点半径较大，B 相和 C 相呈斜坡分布，且沿远离 A 相的方向递减，其中 B 相斜坡分布较陡。可以看出热稳定性导电斑点半径 $T_t$ 仿真结果与实验中动触头烧蚀斑点面积的分布一致。

3）烧蚀斑点滑动痕迹：观察三相烧蚀斑点形貌还可以看出，B 相烧蚀斑点（尤其是 $B_1-B_3$）滑动痕迹明显，而 A 相和 C 相几乎看不出滑动痕迹。根据短时耐受过程周期阶段仿真计算结果，在短路电流实验的周期阶段，$B_1$ 动导电杆上的滑动力矩最大，这就造成 $B_1$ 动导电杆最易发生滑动，实验后 $B_1$ 烧蚀斑点有明显的滑动痕迹。此外，$B_2$ 和 $B_3$ 烧蚀斑点上同样也有滑动痕迹，这主要是由于 B 相触头都通过触头转轴相连，B 相触头转轴在 $B_1$ 和 $B_2$ 动导电杆的带动下，驱使滑动力矩较小的 $B_3$ 动导电杆也发生了滑动。

4）触头质量转移：从图 7-29 还可以看出，静触头烧蚀斑点呈现凹坑，动触头表面附着有静触头烧蚀产物，这说明触头系统在经历 1s 短时耐受过程中，还存在有从动触头至静触头的质量转移现象，这主要是由于静触头的熔点较低，且其抗拉强度较差，当烧蚀斑点出现局部熔焊时，往往在静触头侧断开。

## 7.4　合闸相角和频率对电动稳定性的影响

### 7.4.1　合闸相角对电动稳定性的影响

GB14048.2 仅对短时耐受实验中不同电流下的功率因数、冲击系数等进行了要求，并未对合闸相角进行规定。改变合闸相角，可以在保证冲击系数的前提下，决定具体哪一相承受最大电流，由（7-1）可知，当合闸相角 $\psi$ 分别为 $\varphi-\pi/2$、$\varphi+\pi/6$、$\varphi+5\pi/6$ 时，A 相、B

相、C 相分别约在 9.6ms 时，达到 2.2 倍短路电流周期分量有效值(55kA)。虽然，这三种情况下，短路电流最大值相等，但是邻近效应会影响各相总电流在各动导电杆上分布规律，继而影响短时耐受过程初始阶段的电动稳定性。为了突出邻近效应的作用，计算中忽略总电动斥力和温度对导电斑点半径的影响，本节研究内容中如无特殊说明，则短路电流为 55kA。

如图 7-31 所示，合闸相角对短时耐受过程初始阶段动导电杆电流峰值分布的形态影响不大，A 相电流峰值呈凹形分布，B 相和 C 相电流峰值呈斜坡分布，相较而言，B 相电流峰值分布更不均匀些。这主要是因为电流相间邻近效应主要体现在某相电流峰值时其他两相电流在该相导体内的感应电流方向，而合闸相角的改变不影响三相电流的相序，故其不影响某相电流峰值时其他两相电流在该相导体内的感应电流方向。但是合闸相角决定了哪一相耐受最大短路电流，由于 B 相电流分布最不均匀，这就造成 $\psi=\varphi+\pi/6$ 时 $B_1$ 动导电杆的电流峰值最大，约为 $2.5I_M$，其中 $I_M=55kA/5$，表示动导电杆平均短路电流周期分量有效值，即此时 $B_1$ 瞬时电流峰值的冲击系数为 2.5，该值大于总短路电流的冲击系数 2.2。此外，$\psi=\varphi-\pi/2$ 时，$A_1$ 动导电杆瞬时电流峰值的冲击系数为 2.3；$\psi=\varphi+5\pi/6$ 时，$C_1$ 动导电杆瞬时电流峰值的冲击系数为 2.4。

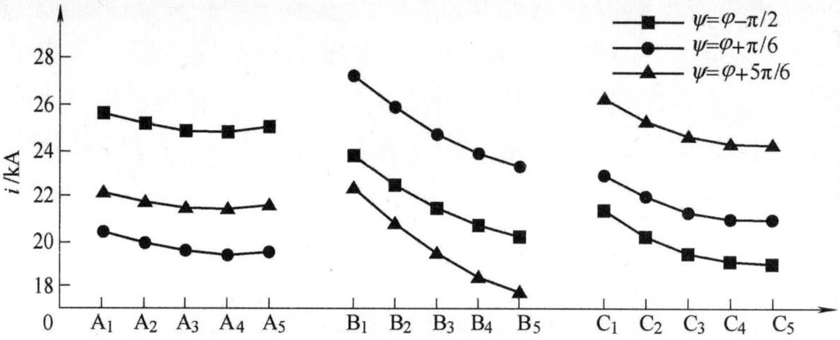


图 7-31 合闸相角各动导电杆峰值电流的影响

由于电动斥力与电流平方的相关性，合闸相角对动导电杆上电动斥力峰值 $T_r$ 的影响与其电流峰值分布影响类似，如图 7-32 所示，当合闸相角分别为 $\varphi-\pi/2$、$\varphi+\pi/6$ 和 $\varphi+\pi/6$ 时，动导电杆上最大电动斥力矩分别为 $2.23N\cdot m(A_1)$、$2.60N\cdot m(B_1)$和 $2.38N\cdot m(C_1)$。

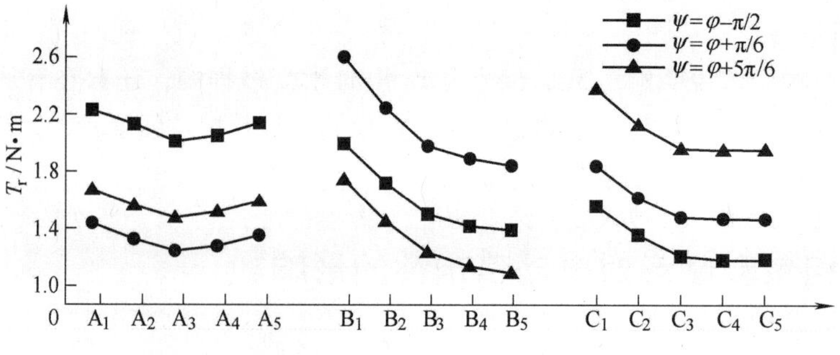


图 7-32 合闸相角各动导电杆电动斥力峰值的影响

合闸相角对动导电杆侧偏力矩峰值和滑动力矩峰值的影响如图 7-33 和图 7-34 所示，同样地，合闸相角不影响其分布形态，只影响其具体数值大小。可以看出 $\psi=\varphi+\pi/6$ 时，$A_5$ 动导电杆的拧转力矩最大；$\psi=\varphi+\pi/6$ 时，$B_1$ 动导电杆拧转力矩最大；$\psi=\varphi+\pi/6$ 时，$C_1$

动导电杆的拧转力矩最大。对比这三种合闸相角下的最大拧转力矩，其值相当，最大侧偏力矩约为 3N · m，最大滑动力矩约为 2N · m。

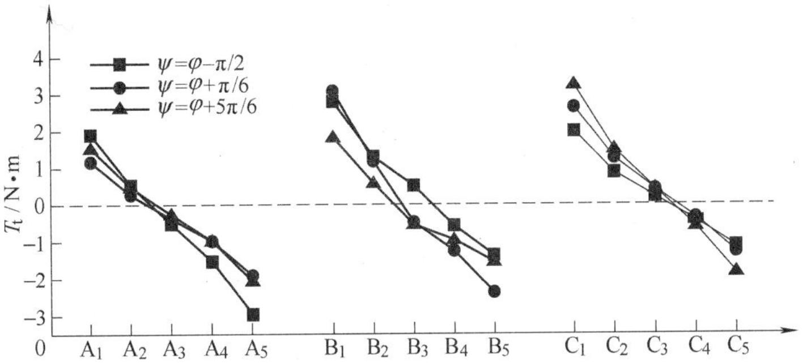


图 7-33　合闸相角各动导电杆侧偏力矩峰值的影响

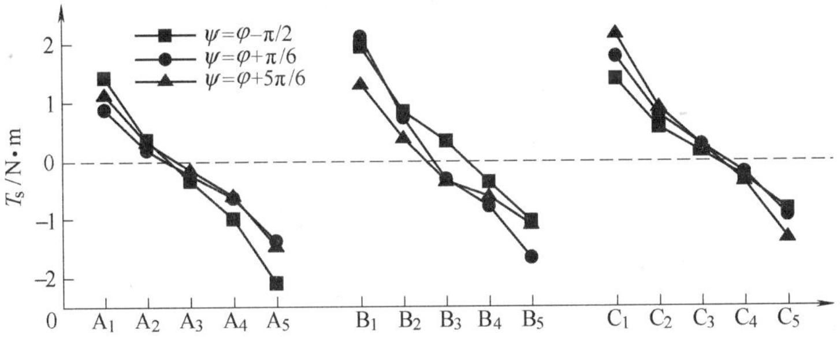


图 7-34　合闸相角各动导电杆滑动力矩峰值的影响

目前，GB14048. 2 仅对短耐实验中不同电流下的功率因数、冲击系数等提出了要求，并未对合闸相角进行规定。

通过上述框架断路器三相触头系统电动稳定性模型研究发现：虽然合闸相角不影响三相多并联动导电杆电流的分布规律，但改变合闸相角，可以在保证冲击系数的前提下，决定具体哪一相承受最大电流，合闸相角为 $\varphi+\pi/6$，即当 B 相承载最大电流时，$B_1$ 动导电杆上的电流峰值、电动斥力峰值和拧转力矩峰值最大，故其电动稳定性最差。根据系统稳定性短板效应，短时耐受实验时，选取合闸相角为 $\varphi+\pi/6$ 时，使中间相承受最大电流的试验条件最为严酷。

### 7. 4. 2　频率对电动稳定性的影响

永磁同步风力发电机与全功率双 PWM 变流器相结合的先进技术以其对电网优越的动态调节特性、高可靠性、运行效率高等优点，将成为未来大功率、并网型风力发电机组的发展方向。然而，与传统的带增速齿轮箱的双馈感应异步发电机组出口频率(50/60Hz)较为稳定不同的是，其发电机侧的工作频率变化范围大，即考虑到风速的变化和系统控制的需要，现有商用低速直驱和中高速(可达 2000r/min)混合传动两种类型发电机组的工作频率范围一般分别为 2 ~20Hz 和 30 ~180Hz。根据 ABB 公司产品性能对比可以看出，其非工频产品的短时耐受能力约为同电流产品的 1/5。因此，这就需要对框架断路器非工频短路电流下耐受特性进行深入研究。

(1)短路电流初始阶段

根据上一小节分析可知，合闸相角为 $\varphi+\pi/6$ 时，触头系统电动稳定性最差，故本节主要分析合闸相角为 $\varphi+\pi/6$ 时频率对电动稳定性的影响。由式(7-1)可知，频率对短路电流暂态分量没有影响，但是频率提高后，会使得短路电流峰值时刻提前，致使峰值时刻的暂态分量变大。见表7-4，频率增大至100Hz和200Hz时，短路电流最大值由50Hz时的 $2.2I$ 分别增加了12.7%和20.9%，大约达到 $2.4I$ 和 $2.6I$。增大的冲击系数，势必会对短耐过程中电动稳定性造成影响。

**表7-4 频率对各相短路电流峰值的影响**($I=55\text{kA}$，$\psi-\varphi=\pi/6$)

| 频率/Hz | 短路电流峰值/kA | | |
| --- | --- | --- | --- |
| | A相 | B相 | C相 |
| 50 | -94.4 | 119.2 | -103.3 |
| 100 | -103.2 | 134.4 | -109.3 |
| 200 | -109.2 | 144.1 | -112.7 |

频率对短耐初始阶段动导电杆电流峰值分布的影响如图7-35所示，可以看出频率提高后电流的集肤效应变得更为显著，A相电流凹形分布的陡度增大，B相和C相电流由50Hz时的斜坡分布转变为不对称凹形分布。尤其是当频率由50Hz增大到100Hz和200Hz时，$B_1$ 动导电杆的峰值电流分别达到了 $3.00I_M$ 和 $3.46I_M$，即分别增加了20.0%和38.6%，可以看出由于更为显著的集肤效应，使得 $B_1$ 动导电杆上电流峰值的增幅大于B相总电流的增幅。

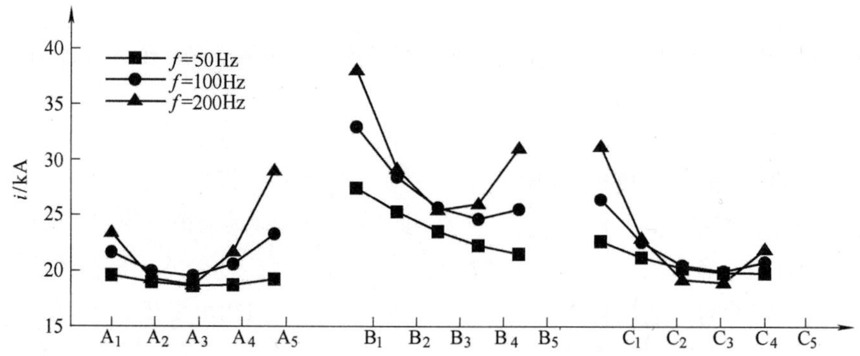


图7-35 频率对短耐初始阶段动导电杆电流峰值的影响

由于电动斥力与电流平方的相关性，频率对动导电杆上电动斥力矩 $T_r$ 的影响与其对电流的影响一致。当频率由50Hz增大到100Hz和200Hz时，$B_1$ 动导电杆的峰值动斥力分别增加了51.0%和114.9%。

频率增大对短耐初始阶段动导电杆侧向力峰值分布的影响如图7-36所示，可以看出频率增大后，靠近其他相的动导电杆(即 $A_5$、$B_1$、$B_5$ 和 $C_1$)上的侧向力显著增大，其余动导电杆上的侧向力变化不大。当频率由50Hz增大到100Hz和200Hz时，$B_1$ 动导电杆的侧向力峰值分别增加了35.3%和63.3%。由于侧偏力矩和滑动力矩的相关性，频率对侧偏力矩和滑动力矩的影响与其对侧向力的影响一致，在此不再赘述。

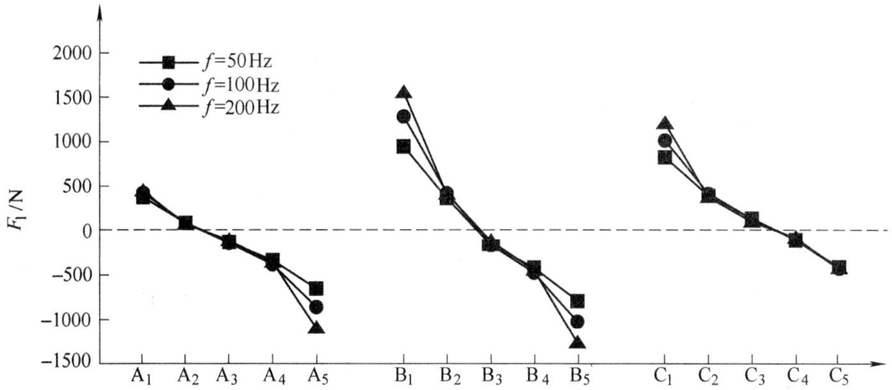


图 7-36　频率对短耐初始阶段动导电杆侧向力峰值的影响

(2)短路电流的周期阶段

如图 7-37 所示，当周期阶段短路电流的频率升高时，虽然各项总电流相等且不变，但由于集肤效应的影响，A 相峰值电流凹形分布的陡度增大，B 相和 C 相峰值电流由 50Hz 时的斜坡分布转变为不对称凹形分布。尤其是当频率由 50Hz 增大到 100Hz 和 200Hz 时，$B_1$ 动导电杆的峰值电流分别达到了 2.00$I_M$ 和 2.4$I_M$，即分别增加了 12.5% 和 26.4%；动导电杆电动斥力 $T_r$ 峰值分别增大了 36.4% 和 86.2%。

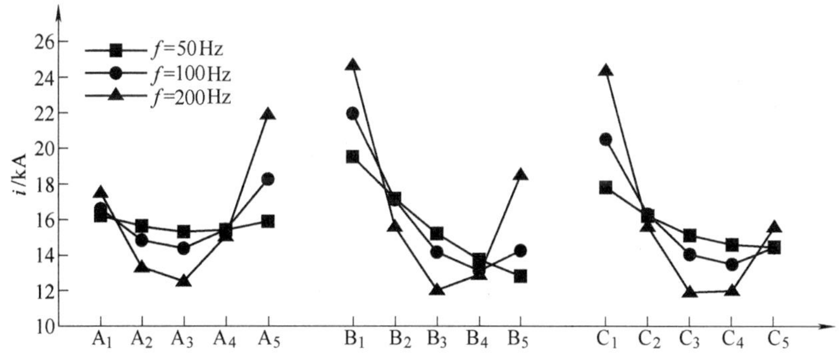


图 7-37　频率升高对短时耐受过程周期阶段电流峰值分布的影响

根据 7.3 节的分析结果，虽然电流不均性会随着 $B_1$ 导电斑点温升的上升而得到缓解，但这是以提高 $B_1$ 导电斑点的温升为代价的。因此，可以推断：当频率升高后，$B_1$ 动导电杆电流增大，将使得 $B_1$ 动导电杆的温度增大，影响触头系统的热稳定性。

频率对周期阶段侧向力的影响如图 7-38 所示，可以看出随着频率升高，靠近其他相的动导电杆(即 $A_5$、$B_1$、$B_5$ 和 $C_1$)上的侧向力增大，其余动导电杆上的侧向力变小。当频率由 50IIz 增大到 100IIz 和 200Hz 时，周期阶段 $B_1$ 动导电杆侧向力峰值分别增加了 11.5% 和 19.9%。

综上，频率升高至 100Hz 和 200Hz 后，由于电流峰值时刻提前，短时耐受初始阶段三相短路电流总电流的冲击系数提高；另一方面，由于更加显著的集肤效应和邻近效应，A 相峰值电流凹形分布的陡度增大，B 相和 C 相峰值电流的斜坡分布转变为不对称凹形分布，这使得 $B_1$ 动导电杆上的电流占 B 相总电流的比重增大；上述两方面因素使得 $B_1$ 动导电杆上的电流在初始阶段电流峰值显著增大。由于频率对三相短路电流周期分量大小没有影响，因此，上述第一个影响 $B_1$ 动导电杆电流的因素在周期阶段不存在，只有第二个因素作用，这使得在周期阶段 $B_1$ 动导电杆电流虽然增大，但幅度比初始阶段小。

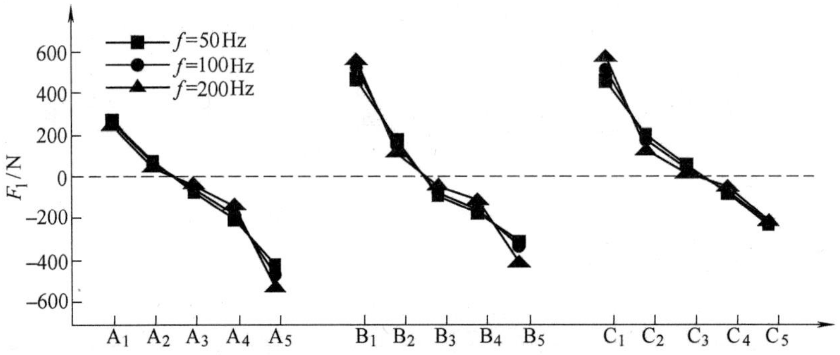


图 7-38　频率升高对短时耐受过程周期阶段侧向力峰值分布的影响

通过上述分析可以看出，频率升高对框架断路器短时耐受性能的影响主要体现在其使得外侧动导电杆电流显著增大，使得外侧动导电杆电动斥力增大。因此，如何采取措施抑制频率升高后电流的不均匀性，以及提高外侧动导电杆的动热稳定性是提高非工频框架断路器短时耐受能力的关键点之一。

## 本章参考文献


[1] 向洪岗. 单/双断点框架断路器短时耐受性能的研究[D]. 西安：西安交通大学，2009.

[2] 陈轲娜. 1600A 框架断路器短时耐受性能的仿真分析与优化设计[D]. 西安：西安交通大学，2012.

[3] 屈建宇. 框架断路器中多并联触头系统动热稳定性和短路开断能力研究[D]. 西安：西安交通大学，2016.

# 第 8 章　低压断路器开断过程的仿真分析

## 8.1　概述

前面各章节论述了能使断路器每一个部件的设计达到最佳的目标，但断路器最终的考核还是需要依靠综合性的开断试验。长期以来，人们都在探索如何利用计算机仿真来取代成本高，周期长的重复开断性能试验。随着计算机仿真技术的发展和电弧等离子体物理研究的深入，从 20 世纪 70 年代末，人们开始研究低压断路器开断过程的仿真技术。若用限流断路器分断一负载为 $R$、$L$ 的单相回路，则可用下述微分方程来描述电流、电压关系

$$U_{\mathrm{m}}\sin(\omega t+\psi)=L\frac{\mathrm{d}i}{\mathrm{d}t}+Ri+(iR_{\mathrm{c}}+U_{\mathrm{arc}}) \tag{8-1}$$

式中　$U_{\mathrm{m}}$——电源电压幅值；

$\psi$——短路合闸相角；

$R_{\mathrm{c}}$——断路器内阻，包括瞬时脱扣器和热脱扣器电阻等。

低压限流断路器的开断过程可由 4 个时间段来描述，如图 8-1 所示，它们是：

1）触头开始分离时间。这段时间从短路电流出现瞬间 $t=0$ 到触头开始分离时刻 $t_0$。

这段时间为限流机构的动作时间，对塑壳断路器来说，是指动触头上的电动斥力随短路电流增长，至电动斥力等于触头压力，而使触头开始斥开所需时间。这段时间内触头尚未分开，因而触头两端电弧电压 $U_{\mathrm{arc}}=0$。

2）电弧停滞阶段。动触头在 $t_0$ 时刻开始打开，触头上出现电弧，由于电弧停滞现象，电弧在触头上保持不动，这段时间 $t_{\mathrm{i}}=t_1-t_0$。关于电弧停滞时间的机理见参考文献[1]，这段时间电弧电压接近极间压降，几乎不变。

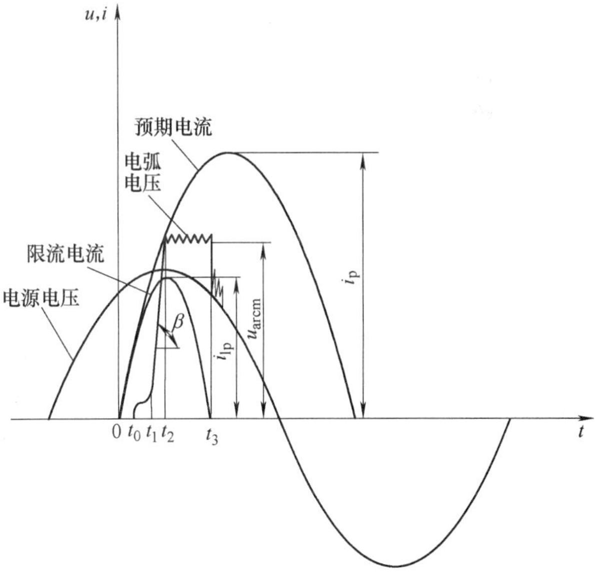


图 8-1　低压限流断路器的开断过程

3）电弧运动时间。当 $t=t_1$ 时，由于操作机构带动动触头运动，电弧拉长到一定长度，电弧开始运动，到 $t=t_2$ 时，电弧进入灭弧栅片，电弧运动时间 $t_2-t_1$ 的长短决定于电弧运动速度，也即电弧电压增长速度 $\beta$。

4）电弧熄灭时间。电弧进入栅片后，由于近极压降，使电弧电压迅速增长到电弧电压峰值 $U_{\mathrm{arcm}}$，此时电弧电压已大于电源电压瞬时值，电流被强制减小，到 $t=t_3$ 瞬间电流降低

到零，电弧熄灭。

可以看出，在电压的作用下，与预期短路电流的峰值 $i_p$ 相比，实际短路电流峰值 $i_{lp}$ 得到了有效的限制。

微型断路器通常靠冲击电磁铁来带动动触头，而塑壳断路器则主要依靠短路电流产生的触头电动斥力来斥开触头系统，这两种情况当动触头和静触头被冲击电磁铁推开或电动斥力斥开后，动触头继续运动要依靠操作机构。当短路电流来到时，首先使断路器的瞬时脱扣器动作，扣锁机构解锁，然后操作机构才开始运动，所以操作机构的动作对塑壳断路器来说，一般迟于冲击电磁铁或电动斥力使触头分离的时间，但对微型断路器来说，由于机构质量轻，动作快，不采用特殊限流机构，按传统方式也能达到限流效果。

对框架断路器来说，它没有限流机构，动触头依靠操作机构来带动，框架断路器的触头分离时间决定于瞬时脱扣器动作时间，扣锁机构解锁时间和操作机构由四连杆变成五连杆的时间，加上框架断路器可动部分质量大，所以一般框架断路器开断时间较长，电流过零后介质恢复是它能否提早熄弧的重要条件。

从以上低压断路器的开断过程来看，它是多种物理过程的耦合，包括瞬时脱扣器的动作（对微型断路器是冲击电磁铁），操作机构及整个可动部分的机械运动，触头上的电动斥力，吹弧磁场，电弧的动态数学模型等。特别是电弧的数学模型涉及电弧等离子体物理，一方面它在开断过程仿真中起重要作用，另一方面它的建立和求解难度也较大，所以国内外开始以简化的电弧数学模型从事这方面研究，1979 年瑞士 ABB 公司的 L. Niemeyer 提出了第一个低压断路器分断过程的数学模型[1]，用经验公式和简化的电弧动态模型实现对低压断路器开断过程的模拟。接着法国的 E. M. Belbel 和 G. Meunier、荷兰的 J. G. J. Sloot 以及原西德的 F. Pohl 也相继提出了自己的模型[2~6]。这些模型重点在于电弧的外部特性，而对电弧等离子体内部特性缺乏描述。与此同时，J. P. Novak[7]等人提出了考虑弧柱能量平衡的简单电弧模型，比较上述基于实验的经验公式有所进展，将电弧描述为一个在平行电极间移动的直棒导体，电弧的半径根据柯西的能量平衡公式确定，电弧的运动速度根据经验数据拟合得到。为了克服采用直棒导体模型带来的误差，W. Tarczynski[8]和 K. Horinouchi[9]从电弧的实际形态出发，将电弧假定为一条由若干电弧片段连接而成的链条，电弧片段的个体运动决定了整个电弧链的整体运动。两者的不同之处在于 W. Tarczynski 研究的是平行导轨间在磁场力作用下运动的电弧，因此他将电弧片段假定为具有方形截面的导电棒，而 K. Horinouchi 则研究了位于固定电极间受磁场力作用拉长、弯曲的电弧，电弧片段被假定为圆柱体状可变长的导体。

20 世纪 90 年代以后，由于磁流体动力学 MHD（Magntic Hydrokinetics）数值分析的进展，人们探索用电弧的物理-数学模型分析灭弧室内的电弧等离子体微观参数。由于磁流体动力学在建立电弧模型时是以场域为研究对象，更符合电弧在开断时充满灭弧室的实际情况，并且符合电弧的物理特性，因此能较好地模拟出电弧的物理性质；而且随着计算机的发展，解决这类大型的场域数值计算也成为可能。荷兰的 Merck W. F. H.[10]运用二维动态 MHD 方程组计算了一个限流断路器的电弧停滞过程，模型中在磁流体质量、动量和能量守恒的方程式基础上，结合了描述气体组游离与复合过程的热化学模型，借助这一模型可以分析停滞时期灭弧室内的电弧等离子体微观参数，计算结果同试验结果相当符合。澳大利亚 J J Lowke 研究了自由燃烧的电弧理论，分析阴极的电流密度分布[11]。法国施耐德电气研究中心

C. Fievet 采用实验和二维动态 MHD 方法研究低压断路器开断电弧背后击穿现象，分析了弧后剩余电流和背后转移现象的机理。法国施耐德电气研究中心 E Domejean 建立了电弧和器壁相互作用的二维磁流体动力学数学模型，这个模型耦合了断路器中气流场，并通过实验证实了灭弧室中压力、辐射率、导通区域的剩余电流和仿真结果相一致，同时对器壁侵蚀有了深刻的认识[12~14]。

90 年代中期至今，三维 MHD 动态电弧数学模型的建立成为研究的热点，其中 M. Lindmayer，Lei Z，A. Gleizes 等人都作了不少的工作，研究了出气口、产气材料、电极形状和栅片对电弧特性的影响，也研究了电弧被栅片分割的过程[15~17]。另外，MHD 电弧动态数学模型与其他物理方程耦合问题也开始有人做这方面的探索，德国金钟-默勒(Klocknor-Moeller)公司在低压断路器开断特性的计算机仿真开发中，采用拟合经验公式的方法来探索开断特性仿真中的 MHD 数学模型与其他物理方程的耦合求解，该公司从三个途径建立低压断路器故障开断过程的计算机模拟和仿真系统[18]：针对断路器开断过程的特点，用 ANSYS 有限元分析软件进行触头灭弧系统和脱扣器的磁场分析及电器外壳的强度分析；用 ADAMS 软件进行机构的动态特性分析；以 CFX-F3D 三维流体计算软件建立灭弧过程中电弧等离子体微观模型，在此基础上，K-M 公司建立了一套软件系统 USAN 来解决断路器开断过程中各个子系统的耦合求解，如图 8-2 所示。

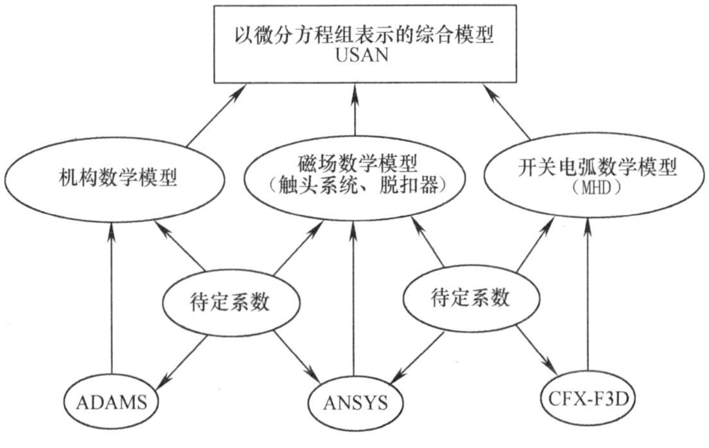


图 8-2　K-M 公司低压断路器开断特性的计算机仿真过程

该系统利用各个子系统仿真结果可拟合出一些简化的经验公式，后者带有一批待定系数，需依靠各子系统仿真结果，用最小二乘法来确定，然后可得到一组线性和非线性方程组，这些方程组中包括主电路方程，求解这些方程组就可实现低压断路器开断过程仿真，当然这种方法还不是真正意义上的物理过程耦合。

近 10 年来，三维 MHD 仿真模型得到了很大的完善，逐步开始应用到实际断路器产品开断过程的仿真中。典型的有西门子公司采用三维 MHD 仿真模型，利用 CFX 与 ANSYS 有限元分析软件相结合，仿真了实际产品 Siemens 3VL 250 断路器的电弧运动过程，在 ANSYS 有限元分析软件中计算各个时刻的电磁场，在每一个迭代步 CFX 通过接口读取电磁场数据，计算电弧在电磁场下的运动，CFX 又将温度场的分布回传给 ANSYS 有限元分析软件，在 ANSYS 有限元分析软件中根据温度场的分布计算得到电导率的分布，重新为下一步计算电磁场数据[19]；同样 Rümpler Ch 等人[20]提出了采用 ANSYS 有限元分析软件与 FLUENT 软件相结合的仿真方式，采用第三方接口软件 MPCCI 传递数据，这样在 ANSYS 有限元分析软件中可以考虑栅片的非线性的影响，同时在 FLUENT 软件中可以采用动网格技术来模拟动触头的运动，这样使得断路器仿真模型更加完善，仿真结果更接近实验结果。

西安交通大学低压电器研究小组在 20 世纪 80 年代结合当时高分断微型断路器的研发，在国内首先建立了微型断路器开断特性的仿真系统，采用了基于 Niemeyer 方法的电弧数学模型，20 世纪 90 年代中期又提出了具有三层物理结构的链式电弧动态模型，链式模型能详细描述电弧在磁吹和气吹作用下运动的形态和过程，并且由弧柱能量平衡建立的三层物理结构，能计及电弧温度的径向分布，有利于确定电弧的各种物理参数，基于这种电弧模型还进一步开发了低压断路器三相电路开断过程仿真系统[21]。MHD 电弧数学模型与多种物理过程的耦合求解一直是难以解决的问题，20 世纪 90 年代末，研究小组采用电导计算简化 MHD 模型的求解，使二维 MHD 电弧模型与多种物理过程的耦合得以解决，提出基于二维 MHD 模型的微型断路器开断过程仿真，并仿真了开断过程中电弧背后击穿现象[22]。进入新世纪更在二维 MHD 的应用和三维 MHD 电弧动态模型的完善进行了大量工作。

本章着重介绍：基于尼迈亚(Niemeyer)电弧模型的微型断路器开断过程仿真与分析，以及电弧磁流体动力学动态模型及其应用。

## 8.2 简单的尼迈亚电弧数学模型

简单的尼迈亚(Niemeyer)模型是一种经验公式类型的电弧数学模型，按图 8-1 所示，断路器开断过程可分成 4 个过程，它们是 1)瞬动电磁铁动作过程；2)电弧停滞过程；3)电弧运动过程；4)电弧进入电弧栅片熄灭过程。

在电弧停滞阶段，一定要当电弧拉长到极限长度 $x_{crit}$，电弧才开始运动，根据 J. G. J. Sloot 等人的试验[4]，这一长度一般为 $x_{crit}=2\text{mm}$。由于这时电弧虽已产生，但是不运动，因而出现了电弧电压 $U_{arc}$，由于弧柱压降很小，因而可近似认为 $U_{arc}$ 等于极间压降 $\Delta U$，一般 $\Delta U=20\sim25\text{V}$。

经过停滞阶段后，电弧开始运动，迅速从动触头转移到导弧板，并在磁场力的作用下向栅片运动，计算这一阶段的电弧电压 $U_{arc}$ 需要建立电弧动态数字模型，这里介绍尼迈亚模型，它由 L. Niemeyer 博士于 1984 年提出[1]。电弧运动所受电动力为

$$F_m = gli^2 \tag{8-2}$$

式中 $g$——比例常数；

$l$——电弧平均长度，对微型断路器来说，可取导弧片之间距离；

$i$——电弧电流。

另一方面电弧受到质量 $M$ 惯性力的减速，假定这一惯性力与电弧开始运动瞬间的电流 $i_s$ 有关，即

$$F_R = M\frac{dv}{dt} = Ci_s^2\frac{dv}{dt} \tag{8-3}$$

式中 $v$——电弧运动速度；

$C$——与结构有关的常数。

取 $F_m = F_R$ 可得

$$gli^2 = i_s^2 C \frac{dv}{dt} \tag{8-4}$$

令

$$\beta_v = \frac{Cx_{ch}}{gl} \tag{8-5}$$

式中　$x_{ch}$——由触头到电弧栅片的距离；

将式(8-5)代入式(8-4)，可得

$$\frac{\beta_v}{x_{ch}} \frac{d^2x}{dt^2} = \left(\frac{i}{i_s}\right)^2 \tag{8-6}$$

求解(8-6)微分方程，可得电弧运动距离 $x$ 与时间的关系，即 $x = f(t)$。若认为电弧电压 $U_{arc}$与电弧运动距离 $x$ 成正比，则

$$U_{arc} = \left(\frac{x}{x_{ch}}\right)(U_{arcm} - \Delta U) + \Delta U \tag{8-7}$$

而

$$U_{arcm} \approx (n+1)\Delta U \tag{8-8}$$

式中　$U_{arcm}$——电弧电压峰值；

$n$——栅片数。

式(8-6)中常数 $\beta_v$ 系按样机开断试验的数据计算，对式(8-6)求积分得

$$\beta_v = \frac{1}{i_s^2}\int_{t_s}^{t_{hd}}\int_{t_s}^{t} i^2(t)\,dt\,dt \tag{8-9}$$

上式中 $t_s$ 和 $i_s$ 分别为电弧结束停滞阶段开始运动的时刻和该瞬间的电流，$t_{hd}$为电弧通过导弧板开始进入栅片的时刻。

电弧进入灭弧栅片后，依靠栅片把电弧分割成许多短弧而使电弧熄灭，这阶段电弧电压达最大值 $U_{arcm}$，在这一电压作用下，电流被限制直至到零而熄弧。

## 8.3　微型断路器开断过程的仿真分析[23,24]

### 8.3.1　开断特性的仿真

图8-3为额定电流为16A的微型断路器，当短路电流通过瞬动电磁铁线圈时，铁心向左移动，顶动脱扣杆，使机构脱扣。动触头在分断弹簧作用下绕轴转动，当触头刚打开时，电弧有一个停滞过程，然后在电动力作用下，电弧由动触头转移到导弧板，并在吹弧线圈产生的磁场作用下使电弧在陶瓷隔弧片形成的缝中快速移动，进入灭弧栅片而熄灭。

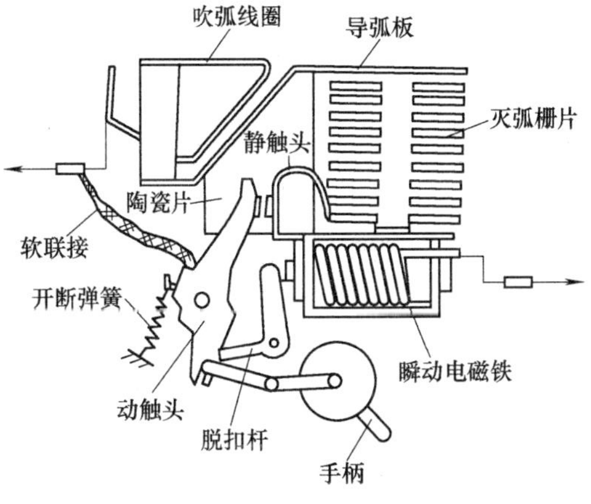


图8-3　微型断路器

现对上述微型断路器描述其仿真过程。

**1. 瞬动电磁铁动作过程**

微型断路器动态特性计算和前述第4章

的磁脱扣器动特性计算相似，首先用磁路或磁场方法计算并求得不同工作气隙 $\delta$ 和不同线圈安匝 $iN$ 下瞬动电磁铁的静态吸力特性 $F=f(\delta,\ iN)$，如图 8-4 所示。瞬动电磁铁的反力特性由反作用弹簧产生，如图 8-5 所示，其初始反力为 $f_0=2.94\text{N}$。

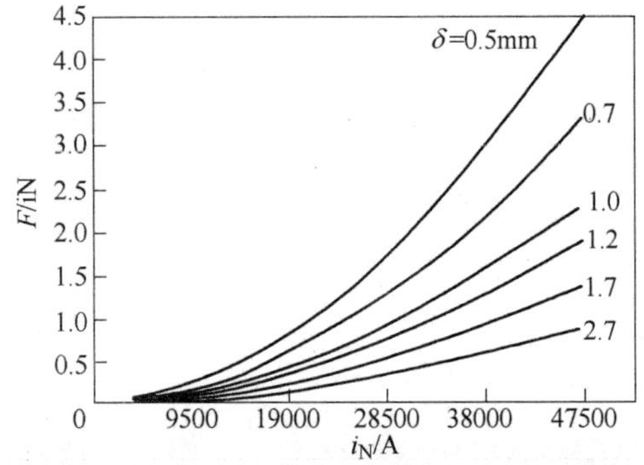


图 8-4　瞬动电磁铁的吸力特性 $F=f(\delta,\ iN)$

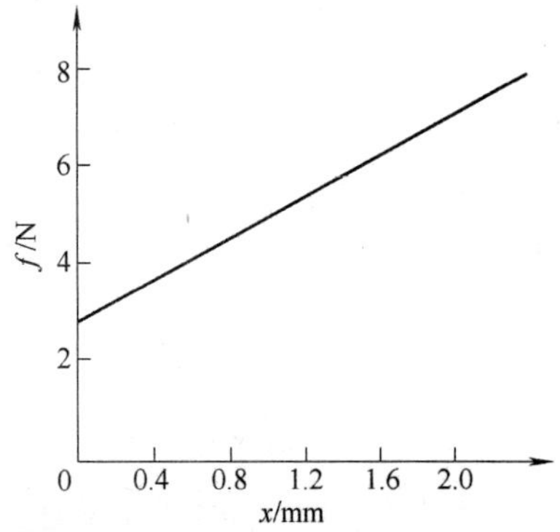


图 8-5　瞬动电磁铁反力特性

式(8-1)中 $U_{\text{arcm}}$，根据每一时间步长计算电流 $i$，并在图 8-4 中 $\delta=\delta_0$ 的 $F=f(iN)$ 曲线上，用插值法求得 $F$，计算进行到

$$F-f_0-f_{\text{m}}\geqslant\varepsilon \tag{8-10}$$

则停止。上式中 $f_0$ 为电磁铁初始反力，$f_{\text{m}}$ 为摩擦力，$\varepsilon$ 为判断收敛的一个小数。这一过程计算结束时，$t=t_{\text{c}}$ 即为电磁铁触动时间，对应的电流 $i=i_{\text{c}}$ 为触动电流。

从 $t=t_{\text{c}}$ 开始，电磁铁铁心开始运动，铁心运动方程为

$$\begin{cases} m\dfrac{\mathrm{d}v}{\mathrm{d}t}=F-f-f_{\text{m}} \\ v=\dfrac{\mathrm{d}x}{\mathrm{d}t} \\ v\big|_{t=t_{\text{c}}}=x\big|_{t=c}=0 \end{cases} \tag{8-11}$$

式中 $m$ 为动铁心质量，$f$ 和 $f_{\text{m}}$ 分别为反力和摩擦力，$v$ 和 $x$ 分别为铁心运动速度和行程。电路微分方程仍为式(8-1)，$U_{\text{arc}}=0$，初始条件 $i\big|_{t=t_{\text{c}}=i_{\text{c}}}$，用数值方法求解式(8-11)时，吸力 $F$ 为电流 $i$ 和铁心行程 $x$ 的函数，而反力 $f$ 根据瞬动电磁铁的反力特性确定。上述计算当铁心行程 $x=d=0.8\text{mm}$ 时，机构脱扣，铁心运动阶段结束，此时 $t=t_{\text{d}}$，$i=i_{\text{d}}$。

**2. 电弧停滞阶段**

取电弧极限长度 $x_{\text{crit}}=2\text{mm}$，从动触头开始运动至电弧拉长到极限长度 $x_{\text{crit}}$ 为止，这一阶段称为电弧停滞阶段。这一阶段电弧虽已产生，但并不运动，其电弧电压 $U_{\text{arc}}$ 等于极间压降，这里取 $\Delta U=23\text{V}$。这一阶段使动触头部分发生转动的力矩已是动触头上拉力弹簧产生的转矩(见图 8-6)加上触头间电动斥力产生的转矩。

电动斥力 $F_{\text{d}}$ 用下式计算：

$$F_{\text{d}}=ki^2 \tag{8-12}$$

式中　$k$——为一常数，由触头系统结构决定。$k$ 值可用计算或试验求得，对样机的 $k$ 值，$k=5.793\times10^{-7}$。这里 $F_{\text{d}}$ 的单位为 N。

动静触头间的开断距离决定于动触头部分的运动方程，可写为

$$\begin{cases}\dfrac{\mathrm{d}v}{\mathrm{d}t}=\dfrac{l_2}{J}(F_e l_1+F_d l_2)\\ \dfrac{\mathrm{d}x}{\mathrm{d}t}=v\\ x\big|_{t=t_d}=v\big|_{t=t_d}=0\end{cases}\tag{8-13}$$

式中　$v$、$x$——分别为动触头打开速度和打开距离；

$l_1$、$l_2$——分别为拉力弹簧和电动斥力的力臂，如图 8-6 所示；

$J$——动触头杆的转动惯量；

$F_e$、$F_d$——分别为拉力弹簧作用力和电动斥力。

这一阶段电路方程根据式(8-1)为

$$\begin{cases}\dfrac{\mathrm{d}i}{\mathrm{d}t}=\dfrac{1}{L}[U_m\sin(\omega t+\psi)-i(R+R_c)+U_{arc}]\\ U_{arc}=\Delta U\\ i\big|_{t=t_d}=i_d\end{cases}\tag{8-14}$$

当触头之间开距 $x=x_{crit}$时，这一阶段结束，此时 $t=t_s$，$i=i_s$。

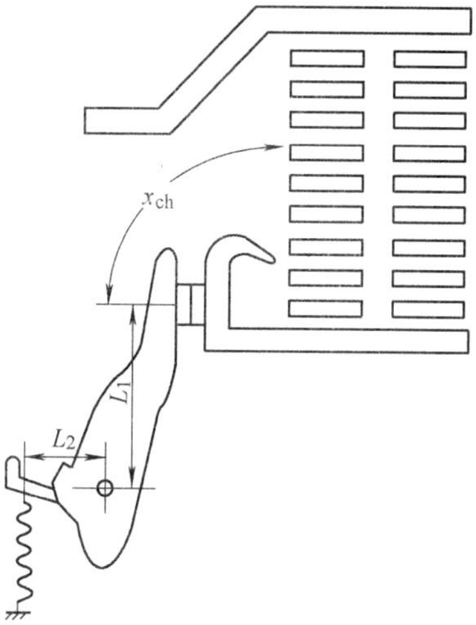

图 8-6　作用在动触头上的力矩

### 3. 电弧运动阶段

经过停滞阶段后，电弧开始迅速从动触头转移到导弧板，并在磁吹线圈产生的磁场作用下，向灭弧栅片运动。

综合式(8-6)、(8-7)和电路方程(8-1)可写出描述这一阶段的微分方程组：

$$\begin{cases}\dfrac{\beta_v}{x_{ch}}\dfrac{\mathrm{d}^2x}{\mathrm{d}t^2}=\left(\dfrac{i}{i_s}\right)^2\\ \dfrac{\mathrm{d}i}{\mathrm{d}t}=\dfrac{1}{L}[U_m\sin(\omega t+\psi)-i(R+R_c)-U_{arc}]\\ U_{arc}=\left(\dfrac{x}{x_{ch}}\right)(U_{arcm}-\Delta U)+\Delta U\\ i\big|_{t=t_s}=i_s\\ x\Big|_{t=t_s}=\dfrac{\mathrm{d}x}{\mathrm{d}t}\Big|_{t=t_s}=0\end{cases}\tag{8-15}$$

这里 $x$ 为电弧运动位移，电弧到达栅片入口处的距离 $x_{ch}$ 如图 8-6 所示，常数 $\beta_v$ 按样机开断试验的数据和波形由式(8-9)计算。根据对样机所做的开断试验波形，在预期短路电流为 14.4kA，$U=232\text{V}$，$\cos\varphi=0.4$，合闸相角 $\psi=0°$条件下，测得 $i_s=2796.54\text{A}$，$t_s=1.9\text{ms}$。在 $t_s\sim t_{hd}$时间内，再利用试验测得的波形 $i=f(t)$上的数据，按公式(8-9)用数值积分求得 $\beta_v=4.5257\times10^{-7}$。当电弧运动位移达 $x=x_{ch}=23.42\text{mm}$，电弧运动阶段结束，此瞬间 $t=t_{hd}$，

$i = i_{hd}$。

**4. 熄弧阶段**

电弧进入灭弧栅片后，依靠灭弧栅片把电弧分割成许多短弧而使电弧熄灭，此时电弧电压达到峰值 $U_{arcm}$，按式(8-8)计算其值。该阶段仅需求解电路微分方程式(8-1)，取初始条件 $i|_{t=t_{hd}} = i_{hd}$即可，这一过程进行到 $i = 0$ 即电弧熄灭。

为了验证计算准确性，在预期电流 $I_p = 10.2\text{kA}$，$U = 232\text{V}$，$\cos\varphi = 0°$，$\beta_v = 4.5257 \times 10^{-7}$条件下进行了开断试验，试验结果与计算机仿真进行了对比，如图 8-7 所示。对比结果，说明仿真已满足工程实用需要。

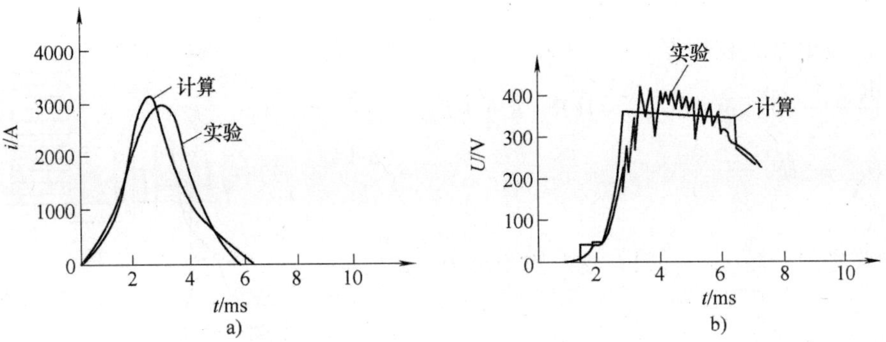


图 8-7　计算与实测对比

a）电流波形　b）电压波形

## 8.3.2　不同开断条件下的样机限流特性的仿真和分析

上述的简单仿真方法，尽管尚需样机的部分试验数据和经验，但已可应用这种技术仿真在不同开断条件下样机的限流特性，代替过去只能通过费用昂贵的短路试验才能获得的结果，以下为不同开断条件下样机限流特性的计算和分析。

**1. 限流特性与预期短路电流的关系**

当 $U = 232\text{V}$，$\cos\varphi = 0.4$，合闸相角 $\psi = 60°$(即电流过零时合闸)，在不同预期短路电流 $I_p$ 条件下，计算样机的开断特性，获得限流电流峰值 $i_{lp}$、允通焦耳积分 $\int i^2 \mathrm{d}t$ 和电弧能量 $\int ui\mathrm{d}t$ 与预期短路电流 $I_p$ 的关系如图 8-8a、图 8-8b、图 8-8c 所示，三者都随 $I_p$ 的增加近乎线性上升。

**2. 限流特性与合闸相角 $\psi$ 的关系**

当预期短路电流 $I_p = 14.4\text{kA}$，$U_e = 232\text{V}$，$\cos\varphi = 0.4$ 峰值 $i_{lp}$、$\int i^2 \mathrm{d}t$ 和 $\int ui\mathrm{d}t$ 与合闸相角 $\psi$ 的关系如图 8-9 所示。由图 8-9 中可以看出，最大限流峰值出现于 $60° < \psi < 90°$，而最大 $\int ui\mathrm{d}t$ 则出现于 $45° < \psi < 75°$。因而可认为若取电流过零时合闸，即 $\psi = 60°$(对应 $\cos\varphi = 0.4$)，则可获得对样机最苛刻的开断条件。

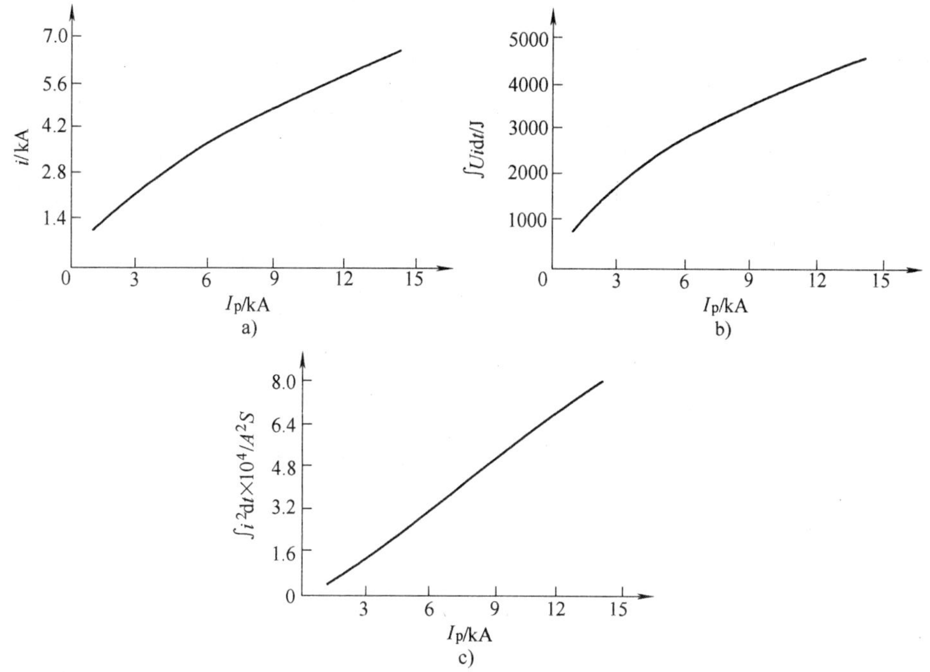


图 8-8　限流特性与预期短路电流关系

a) $i_{lp}=f(I_p)$　b) $\int i^2 dt = f(I_p)$　c) $\int uidt = f(I_p)$

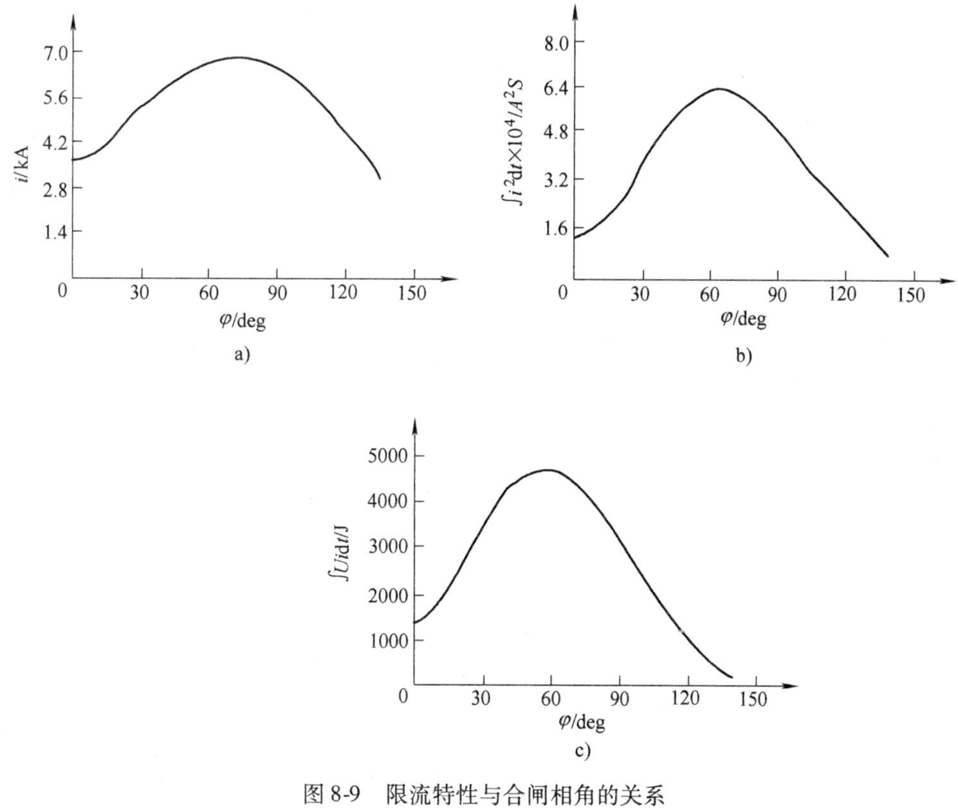


图 8-9　限流特性与合闸相角的关系

a) $i_{lp}=f(\psi)$　b) $\int i^2 dt = f(\psi)$　c) $\int uidt = f(\psi)$

**3. 结构参数与样机限流特性的关系**

应用仿真技术，当改变样机的某些结构参数，即可预测其限流特性的变化，利用这种技术可选择断路器的最佳结构参数。以下分析是当改变灭弧栅片数 $n$ 时，样机限流特性的变化。

在预期短路电流 $I_p=14.4\text{kA}$，$U_\delta=232\text{V}$，$\cos\varphi=0.4$，$\psi=60°$条件下改变样机的灭弧栅片数 $n$，通过仿真，计算限流特性，获得限流峰值 $i_{lp}$，允通焦耳积分 $\int i^2 \mathrm{d}t$，电弧能量 $\int ui\mathrm{d}t$ 与灭弧栅片数 $n$ 的关系如图 8-10 所示。必须指出计算是在栅片间距和其他结构工艺条件都能保证电弧顺利进入每个栅片情况下进行。图 8-10 结果表明，栅片数的增加，将使限流峰值 $i_{lp}$、$\int i^2 \mathrm{d}t$、$\int ui\mathrm{d}t$ 几乎成线性地减少，尤其是对减少允通焦耳积分 $\int i^2 \mathrm{d}t$ 效果特别显著，这是由于增加栅片数 $n$，明显地改善了限流电流波形如图 8-11 所示。由图 8-11 可以看出，当不同栅片数时，限流波形出现大小不同的尾巴，由于这一尾巴是在电流峰值后出现的，这意味着电弧已进入栅片，由下式决定电流波形

$$\frac{\mathrm{d}i}{\mathrm{d}t}=\frac{1}{L}[U_m\sin(\omega t+\psi)-iR-iR_c-U_{arcm}] \tag{8-16}$$

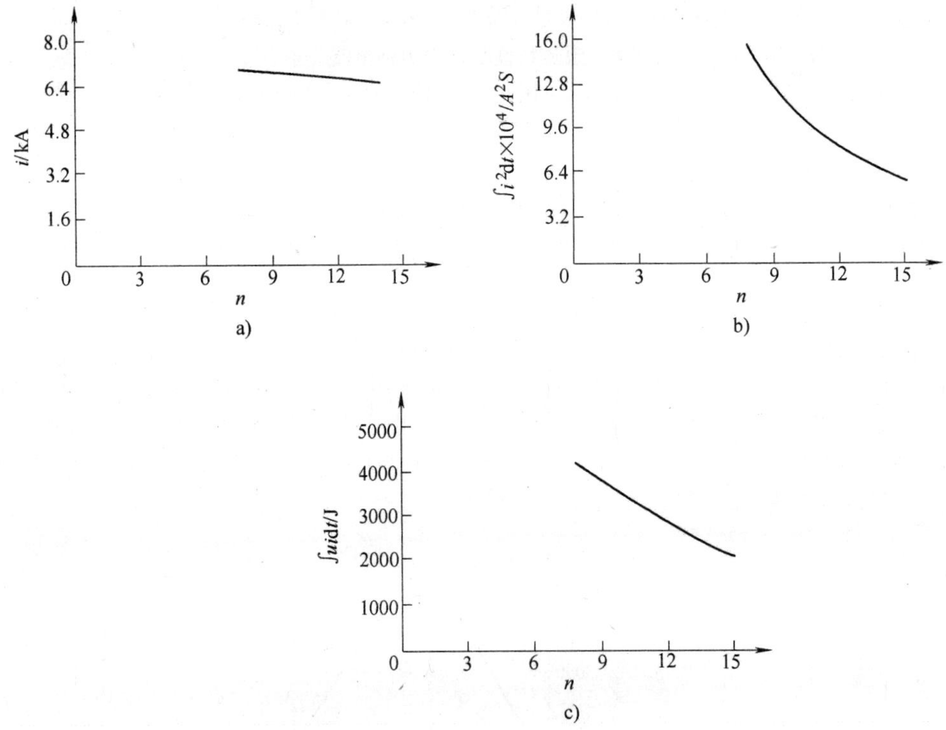


图 8-10 灭弧栅片数与限流特性的关系

a) $i_{lp}=f(n)$ b) $\int i^2\mathrm{d}t=f(n)$ c) $\int ui\mathrm{d}t=f(n)$

可见，进入灭弧片后，电流波形是否出现尾巴，和尾巴的大小决定于电弧电压 $U_{arcm}$ 与电源电压 $U$ 之间的竞争，若电弧电压峰值较电源电压大，则电流被迅速降至零，使电流波形尾巴很短或没有尾巴，否则会出现较大的尾巴。

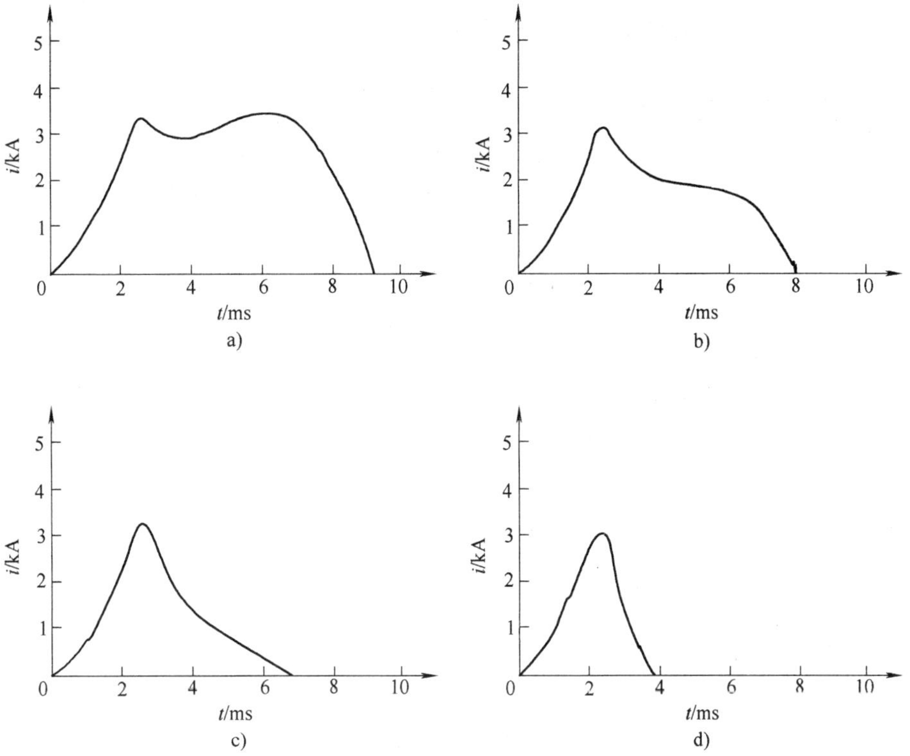


图 8-11　不同灭弧栅片数时的限流电流波形

a) $n=8$　b) $n=10$　c) $n=12$　d) $n=15$

开断条件：$I_p=14.4\text{kA}$，$U_\delta=232\text{V}$，$\cos\varphi=0.4$，$\psi=0°$，$\beta_v=4.19\times10^{-7}$

## 8.4　SMCB 开断过程的仿真方法

与普通的 MCB 相比，在保护特性上 SMCB（Selective Miniafure Circuit Breaker，选择性微断路器）的主要特征就在于限流选择性（current-limiting selectivity）；如图 8-12 所示，在结构上 SMCB 的主要特征就是并联辅助回路，包括限流电阻、选择性双金属片和辅助触头，而主回路与普通的 MCB 类似，由主触头、过载保护用双金属片以及磁脱扣器组成。

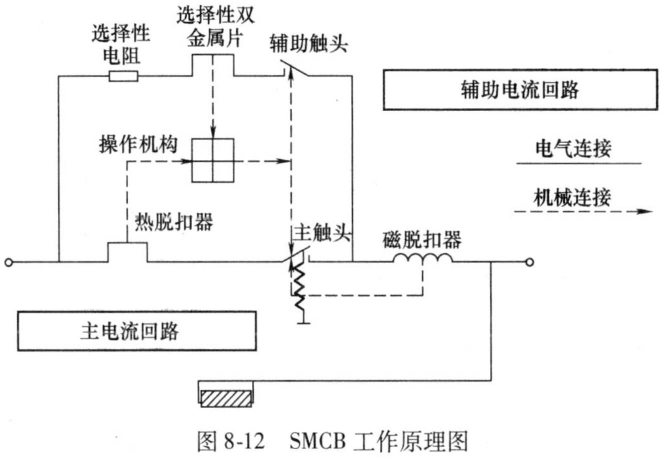


图 8-12　SMCB 工作原理图

正常工作时，由于辅助电流回路限流电阻的存在，负载电流主要通过主电流回路；短路开断过程中，其限流性能主要是通过主动触头的快速打开后电流迅速向辅助回路转移，并依靠限流电阻的作用来实现。当短路电流出现并且其预期有效值达到设定值(如 $10I_n$)时，磁脱扣器将动作并带动推杆推开主动触头，这样主动、静触头间将产生电弧；同时，在电弧电压的作用下，部分电流将分流至辅助回路，直到主触头之间的电弧熄灭后，全部负载电流将流经辅助回路。

短延时选择性主要是依靠辅助回路的选择性双金属片来实现。具体来说，当短路电流出现时，伴随着主触头分离、电弧产生与熄灭等过程，流过主回路的电流将被开断，但是在设定的短时范围内，辅助回路的辅助触头仍然可以保持闭合状态以保证供电的连续性；同时，在短路电流的作用下，下级 MCB 将保护动作并开断短路电流，此时流经磁脱扣器励磁线圈的电流将恢复正常的额定电流，作用在磁脱扣器动铁心上的电磁力将不足以使主动触头保持在打开位置，这样主动、静触头重新闭合，SMCB 又恢复正常的工作状态。

而当短路发生在 SMCB 和下级 MCB 之间时，主回路和辅助回路的双金属片均可能在短延时后动作，从而使机构解锁并实现短路分断。

## 8.4.1 数学模型

SMCB 的开断过程可以分为以下三个阶段，1)主触头间产生(即主动触头和静触头分离)电弧之前；2)电流转移过程；3)主触头间电弧熄灭之后。

图 8-13a ~ 图 8-13c 是分别对应于上述三个阶段的等效电流图，其中 $L$ 和 $R$ 分别为实验回路的电感和电阻，$u$ 为实验电源电压，$i$ 为总的回路短路电流，$u_{arc}$ 和 $i_{arc}$ 分别为主触头间的电弧电压和流过主回路的电弧电流，$i_1$ 是流经辅助回路的电流，$L_1$ 和 $R_1$ 分别为辅助回路等效电感和限流电阻。

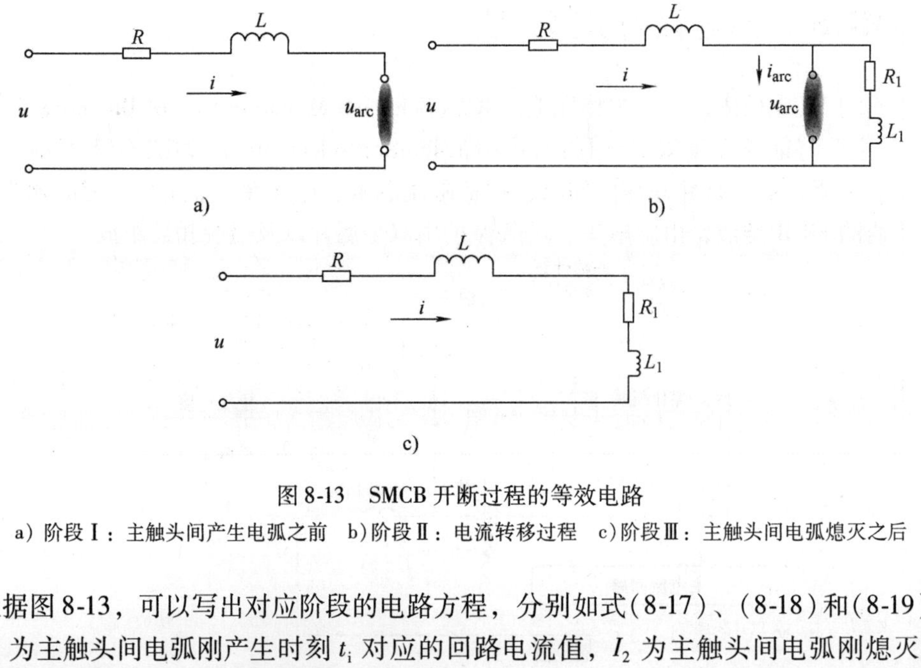


图 8-13 SMCB 开断过程的等效电路

a) 阶段Ⅰ：主触头间产生电弧之前 b)阶段Ⅱ：电流转移过程 c)阶段Ⅲ：主触头间电弧熄灭之后

根据图 8-13，可以写出对应阶段的电路方程，分别如式(8-17)、(8-18)和(8-19)所示。其中 $I_1$ 为主触头间电弧刚产生时刻 $t_i$ 对应的回路电流值，$I_2$ 为主触头间电弧刚熄灭时刻 $t_e$ 对应的回路电流值，$\psi$ 为合闸相角。

$$L\frac{\mathrm{d}i}{\mathrm{d}t}=\sqrt{2}U\sin(\omega t+\psi)-R\cdot i,\ i|_{t=0}=0 \tag{8-17}$$

$$\begin{cases}L\dfrac{\mathrm{d}i}{\mathrm{d}t}=\sqrt{2}U\sin(\omega t+\psi)-R\cdot i-u_{\mathrm{arc}}\\L_1\dfrac{\mathrm{d}i_1}{\mathrm{d}t}=u_{\mathrm{arc}}-R_1\cdot i_1\\i=i_1+i_{\mathrm{arc}}\\i_1|_{t=t_{\mathrm{i}}}=0,\ i|_{t=t_{\mathrm{i}}}=I_1\end{cases} \tag{8-18}$$

$$L\frac{\mathrm{d}i}{\mathrm{d}t}=\sqrt{2}U\sin(\omega t+\psi)-(R+R_1)\cdot i,\ i|_{t=t_{\mathrm{e}}}=I_2 \tag{8-19}$$

### 8.4.2　计算方法

通过求解上述方程(8-17)、(8-18)和(8-19)，就可以获得 SMCB 开断过程的电参数，图 8-14 给出了相应的计算流程图。

具体计算方法如下：

1）首先确定输入参数，包括实验电源电压有效值、预期短路电流有效值、合闸相角和功率因数，然后根据低压电器国家试验标准规定的预期短路电流有效值与功率因数之间的关系，以及电源电压数值，即可确定 $L$ 和 $R$。这样应用龙格-库塔法求解方程(8-17)，即可得到预期短路电流随时间的变化。

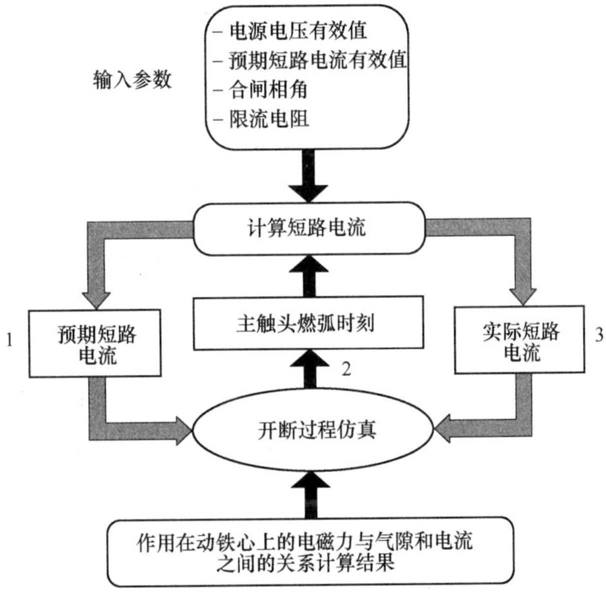


图 8-14　SMCB 开断过程的计算方法

2）上述预期短路电流同时为流过磁脱扣器线圈的电流，随着该电流的增大，其励磁后作用在动铁心上的电磁力也随之增大，当电流达到一定值时，动铁心将克服永久磁铁的反力而开始向静铁心运动，并带动推杆在 $t_{\mathrm{i}}$ 时刻驱使主动、静触头分离而在其间产生电弧。

要获得 $t_{\mathrm{i}}$ 值时需要进行开断过程仿真，首先要计算出磁脱扣器的静态特性，即作用在动铁心上的电磁力与气隙和电流之间的关系数据，然后基于多体动力学软件 ADAMS，并进行二次开发，实现电磁-机械过程的耦合仿真，建立开断过程的动力学模型，得到主动、静触头的分离时刻 $t_{\mathrm{i}}$ 和电流 $I_1$。

至此开断过程中的阶段 Ⅰ 结束。

3）一旦主动、静触头间产生电弧，那么实际的短路电流将与电流转移过程相关，而当 $i_{\mathrm{arc}}$ 为零时开断过程的阶段 Ⅱ 也随之结束，此时对应的时刻即为 $t_{\mathrm{e}}$、对应的电流为 $I_2$。在求解对应的方程(8-18)时，有以下两点需要特别指出：

①辅助回路等效电感 $L_1$ 的取值问题。对于 125A 壳架的 SMCB 典型产品来说，$L_1$ 的值约为 0.003mH，而辅助回路的限流电阻 $R_1$ 的值一般为 0.1～0.5Ω，可以明显地看出，与 $R_1$ 相比，$L_1$ 的作用较小，因此在下面的分析中忽略 $L_1$ 的影响。

② 如何描述电弧电压。一般来说，低压断路器的电弧电压可以分为三个阶段，分别对应于电弧停滞、电弧拉长并向栅片中运动以及电弧进入栅片三个过程。针对 SMCB 的电流转移阶段，由于主动触头是被推杆快速推开，因此电弧停滞时间非常短。根据微型断路器的理论分析和短路开断实验结果来看，在电弧拉长过程中电弧电压基本上是线性增长，而且对于双断点结构来说，电弧电压的上升率一般在 80～120V/ms 范围内，这主要取决于灭弧室结构和短路电流的大小。当电弧进入栅片后，电弧电压将主要取决于进入栅片的数目，并可近似用 $U_e \times n$ 来表达，其中 $n$ 为进入栅片的数目，$U_e$ 表示近极压降，一般可取 20V；也就是说，当电弧进入栅片后，栅片的近极压降将起决定性作用，而使得电弧电压能够保持在一个相对稳定的数值上。按照上述方法，即可确定出电弧电压值随时间的变化。在下面的分析中，由于短路电流较小，电弧在拉长阶段即完成了电流转移过程，因此可用斜率一定的直线来描述电弧电压。

4）当主动、静触头间的电弧熄灭，也即电流转移过程结束后，通过求解方程(8-18)即可获得开断过程中的阶段 III 对应的短路电流随时间的变化。

在计算出 SMCB 开断过程中短路电流随时间的变化后，再重新将其带入开断过程的多体动力学模型中，就可以获得开断过程中各机械运动相关参数，如动铁心行程、主动触头角位移等随时间的变化。

## 8.4.3 额定电流 35A 的 SMCB 开断过程仿真及实验结果

### 1. 预期短路电流 $I_e = 644$A

图 8-15a 和图 8-15b 分别为额定电流 35A 的 SMCB(配 MR-35 磁脱扣器)在预期短路电流 $I_e = 644$A、$\psi = 0°$时短路电流和 SMCB 两端电压的仿真和实验结果。

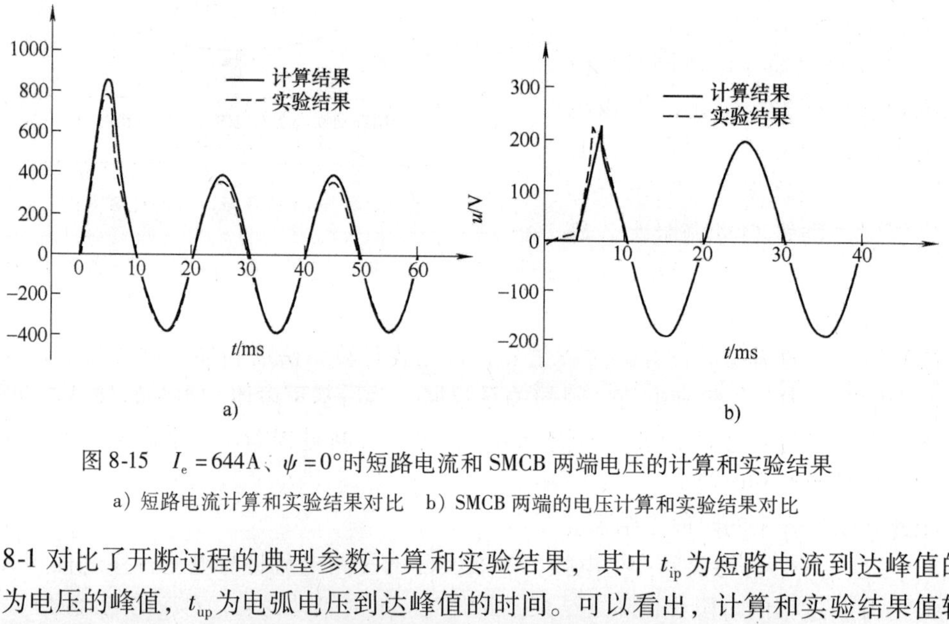


图 8-15 $I_e = 644$A、$\psi = 0°$时短路电流和 SMCB 两端电压的计算和实验结果

a）短路电流计算和实验结果对比 b）SMCB 两端的电压计算和实验结果对比

表 8-1 对比了开断过程的典型参数计算和实验结果，其中 $t_{ip}$ 为短路电流到达峰值的时间，$u_p$ 为电压的峰值，$t_{up}$ 为电弧电压到达峰值的时间。可以看出，计算和实验结果值较为接近，这也在一定程度上验证了上述开断过程仿真方法的正确性。

表 8-1　典型开断参数的计算和结果对比（$I_e$ = 644A 和 $\psi$ = 0°）

| | $t_i$/ms | $t_a$/ms | $i_p$/A | $t_{ip}$/ms | $u_p$/V | $t_{up}$/ms |
|---|---|---|---|---|---|---|
| 计算结果 | 4.512 | 2.788 | 840 | 5.01 | 205 | 2.786 |
| 实验结果 | 4.33 | 2.74 | 812 | 4.91 | 225.2 | 2.33 |

图 8-16a、图 8-16b、图 8-16c 分别为实验回路额定电压 $U$ = 230V，预期短路电流有效值 $I_e$ = 644A、合闸相角 $\psi$ = 45°时的 SMCB 两端电压、流过主回路和辅助回路的电流、回路总电流的计算结果，在主回路电流励磁作用下气隙 1 和作用在 MR-35 磁脱扣器动铁心上的电磁力计算结果，开断过程中系统电压、短路电流和 SMCB 两端电压的实验结果。

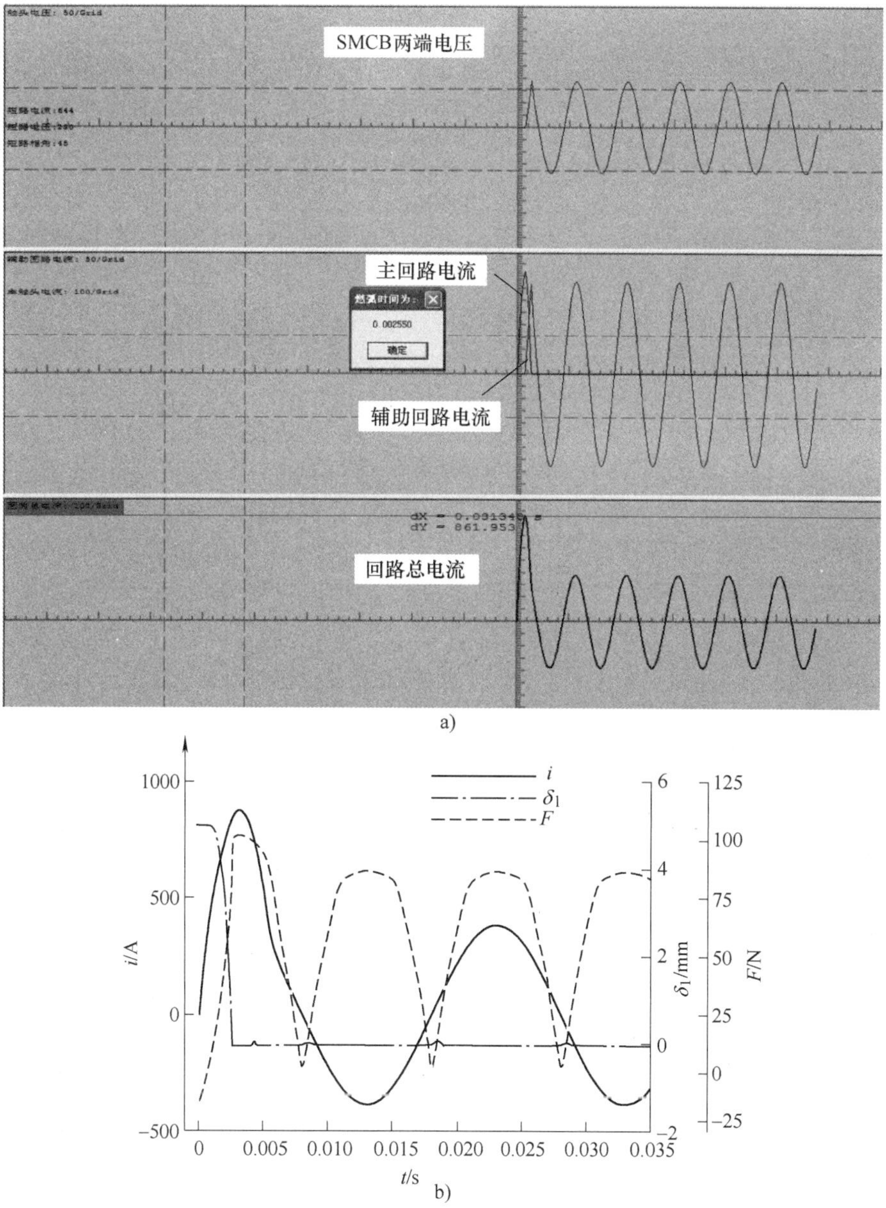


图 8-16　预期短路电流有效值为 644A、合闸相角为 45°的开断过程仿真和实验结果

a）SMCB 两端电压、主回路电流、辅助回路电流和回路总电流的计算结果　b）短路电流、气隙 1、作用在动铁心上的电磁力随时间变化的计算结果

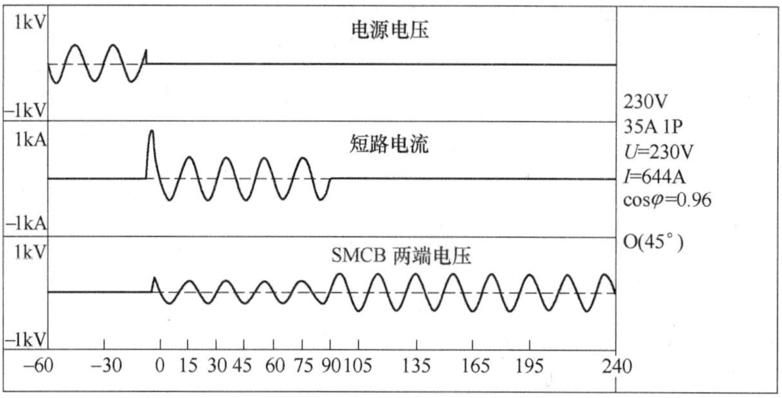


c)

图 8-16 预期短路电流有效值为 644A、合闸相角为 45°的开断过程仿真和实验结果(续)

c) 短路开断过程的实验结果

图 8-17a、图 8-17b、图 8-17c 分别为实验回路额定电压 $U=230\text{V}$，预期短路电流有效值 $I_e=644\text{A}$、合闸相角 $\psi=90°$时的 SMCB 两端电压、流过主回路和辅助回路的电流、回路总电流的计算结果，在主回路电流励磁作用下气隙 1 和作用在 MR-35 磁脱扣器动铁心上的电磁力计算结果，开断过程中系统电压、短路电流和 SMCB 两端电压的实验结果。

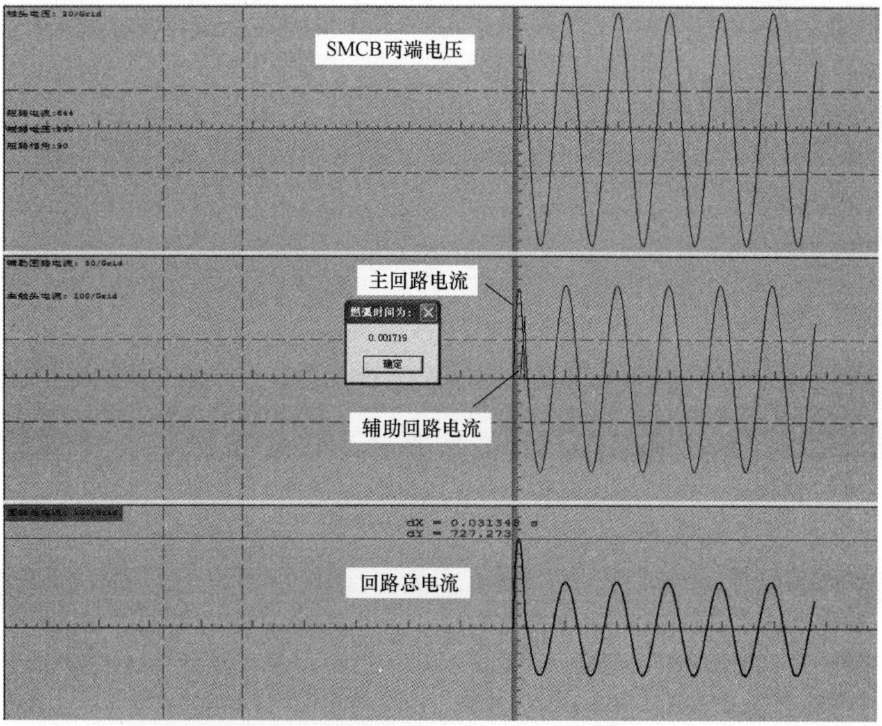


a)

图 8-17 预期短路电流有效值为 644A、合闸相角为 90°的开断过程仿真和实验的结果

a) SMCB 两端电压、主回路电流、辅助回路电流和回路总电流的计算结果

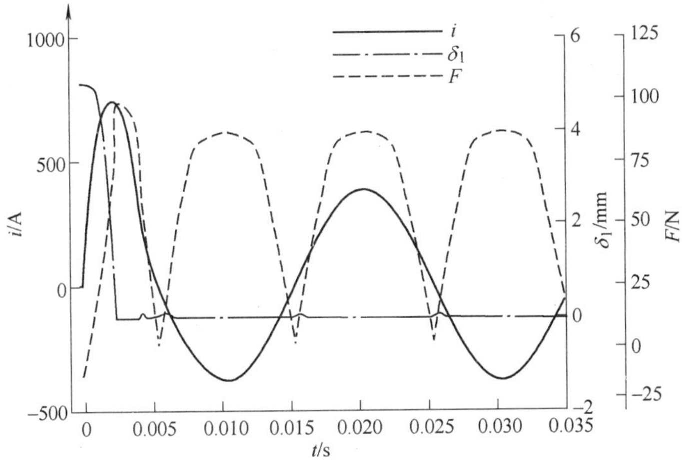


b)

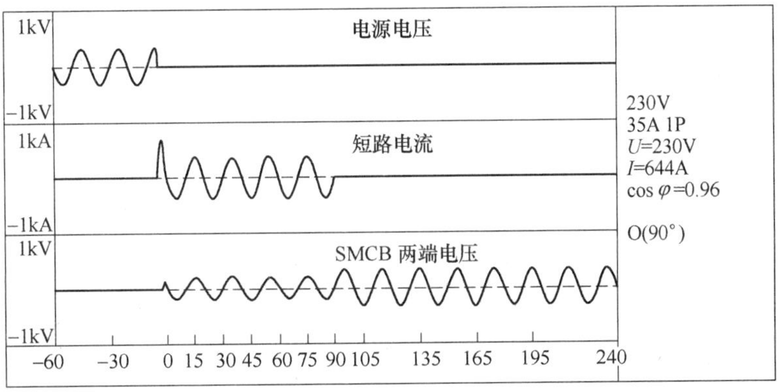


c)

图 8-17　预期短路电流有效值为 644A、合闸相角为 90°的开断过程仿真和实验的结果(续)

b) 短路电流、气隙 1、作用在动铁心上的电磁力随时间变化的计算结果　c) 短路开断过程的实验结果

表 8-2 对比上述 SMCB 开断过程的部分典型参数的计算和实验结果。可以看出，计算结果和实验结果值比较符合。

**表 8-2　典型开断参数的计算和结果对比($I_e$ = 644A，$\psi$ = 45°和 90°)**

| | $\psi$/° | $t_i$/ms | $t_a$/ms | $i_p$/A |
|---|---|---|---|---|
| 计算结果 | 45 | 2.850 | 2.55 | 861.953 |
| 实验结果 | | 2.51 | 2.83 | 834 |
| 计算结果 | 90 | 2.581 | 1.719 | 727.273 |
| 实验结果 | | 2.42 | 1.15 | 682 |

同时，结合表 8-1 所示的结果，可以看出：随着合闸相角的增大，主动、静触头开始分离的时间 $t_i$ 逐渐减小，这主要是由于短路电流上升更快、作用在脱扣器动铁心上电磁力也相应地增长较快；同时燃弧时间也越来越短，相应地电弧电压也越来越低。

**2. 预期短路电流 $I_e$ = 1.5kA**

图 8-18a、图 8-18b、图 8-18c 分别为实验回路额定电压 $U$ = 230V，预期短路电流有效值 $I_e$ = 1.5kA、合闸相角 $\psi$ = 0°时的 SMCB 两端电压、流过主回路和辅助回路的电流、回路总电流的计算结果，在主回路电流励磁作用下气隙 1 和作用在 MR-35 磁脱扣器动铁心上的电磁力计算结果，开断过程中系统电压、短路电流和 SMCB 两端电压的实验结果。

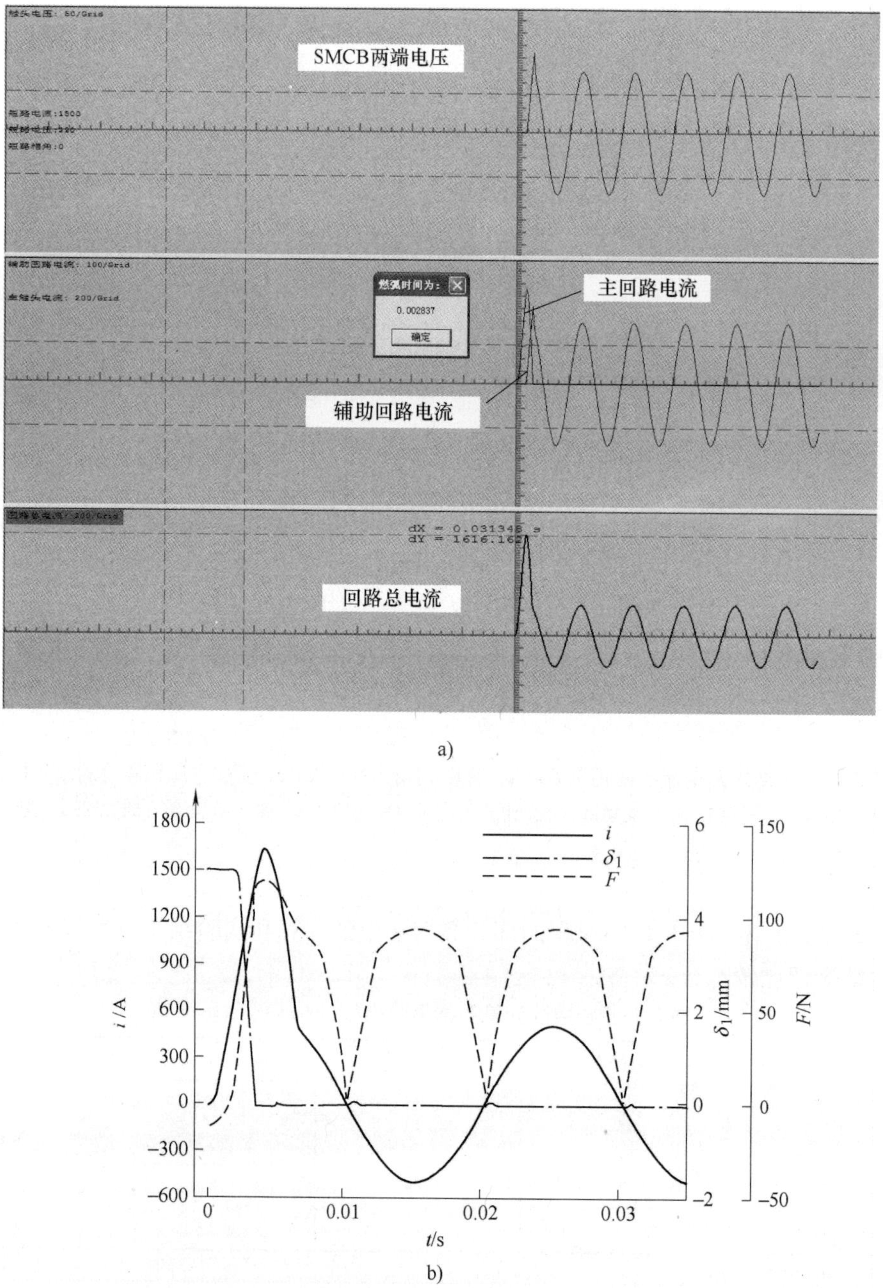


图 8-18　预期短路电流有效值为 1.5kA、合闸相角为 0°的开断过程仿真和实验的结果

a）SMCB 两端电压、主回路电流、辅助回路电流和回路总电流的计算结果　b）短路电流、气隙 1、作用在动铁心上的电磁力随时间变化的计算结果

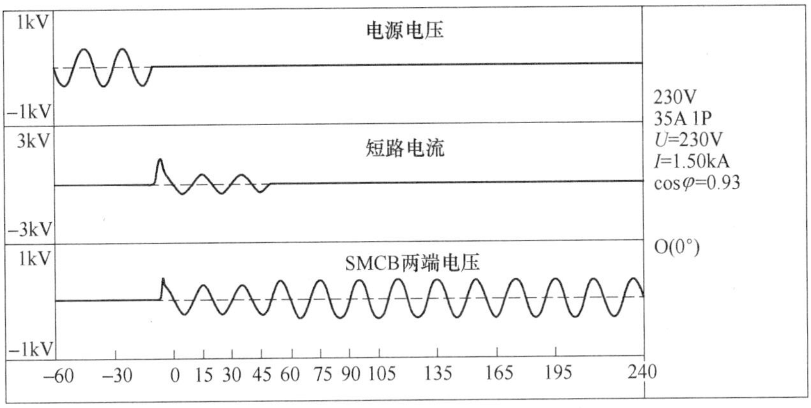


c)

图 8-18　预期短路电流有效值为 1.5kA、合闸相角为 0°的开断过程仿真和实验的结果(续)

c) 短路开断过程的实验结果

图 8-19a、图 8-19b、图 8-19c 分别为实验回路额定电压 $U=230\mathrm{V}$，预期短路电流有效值 $I_e=1.5\mathrm{kA}$、合闸相角 $\psi=90°$时的 SMCB 两端电压、流过主回路和辅助回路的电流、回路总电流的计算结果，在主回路电流励磁作用下气隙 1 和作用在 MR-35 磁脱扣器动铁心上的电磁力计算结果，开断过程中系统电压、短路电流和 SMCB 两端电压的实验结果。

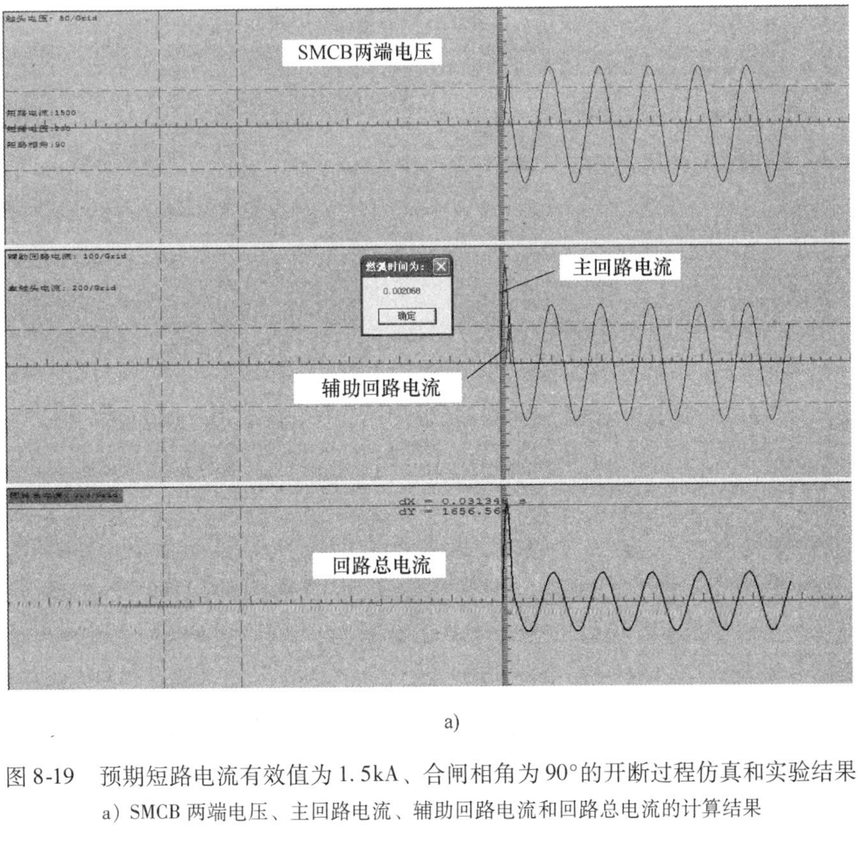


a)

图 8-19　预期短路电流有效值为 1.5kA、合闸相角为 90°的开断过程仿真和实验结果

a) SMCB 两端电压、主回路电流、辅助回路电流和回路总电流的计算结果

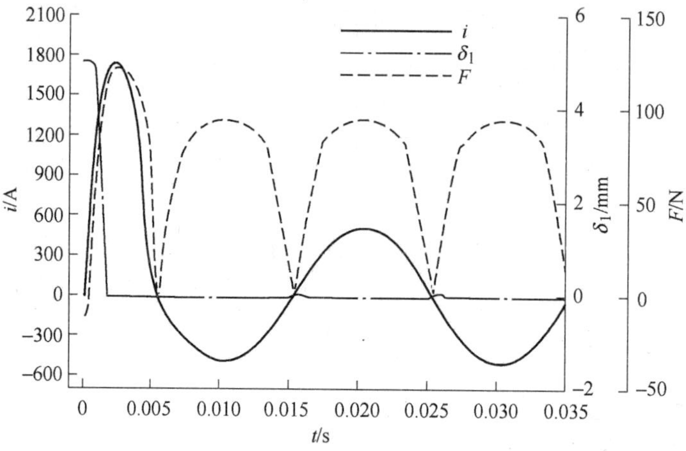


b)

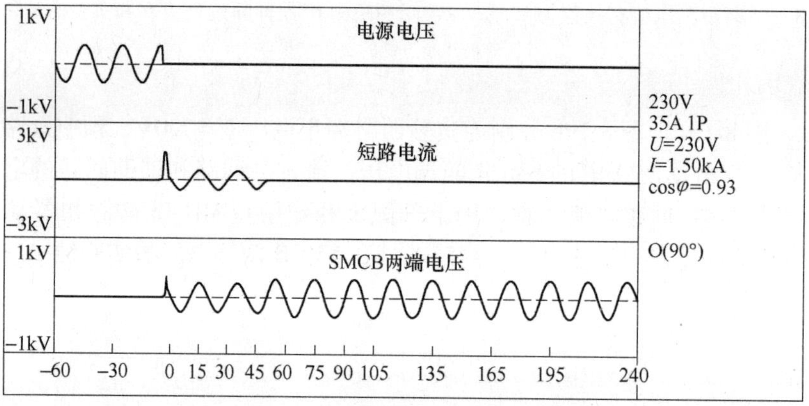


c)

图 8-19 预期短路电流有效值为 1.5kA、合闸相角为 90°的开断过程仿真和实验结果(续)
b) 短路电流、气隙 1、作用在动铁心上的电磁力随时间变化的计算结果 c) 短路开断过程的实验结果

表 8-3 对比上述 1.5kA 短路电流时的 SMCB 开断过程的部分典型参数的计算和实验结果。可以看出，计算结果和实验结果值也较为接近。同样地，随着合闸相角的增大，主动静触头开始分离的时间 $t_i$ 和燃弧时间 $t_a$ 越来越短。

**表 8-3 典型开断参数的计算和结果对比($I_e=1.5$kA，$\psi=0°$和 90°)**

| | $\psi$/° | $t_i$/ms | $t_a$/ms | $i_p$/A |
|---|---|---|---|---|
| 计算结果 | 0 | 3.463 | 2.837 | 1616.2 |
| 实验结果 | | 3.75 | 2.58 | 1370 |
| 计算结果 | 90 | 1.732 | 2.068 | 1656.6 |
| 实验结果 | | 1.68 | 2.41 | 1470 |

## 8.5 磁流体动力学电弧数学模型

近 20 年以来，伴随着计算机科学和数值计算方法等的进步，电弧动态数学模型也从最初的克西和麦也尔模型、黑盒模型发展到磁流体动力学模型。磁流体动力学是研究导电流体在电磁场中运动规律的一门学科，其理论基础是流体力学和电磁学。基于对断路器电弧基本属性的研究，研究者逐步建立并不断完善电弧的磁流体动力学数学模型，使得数值仿真已经成为一种研究电弧的有效手段。

尤其是近年来，随着计算机科学、数值传热学等相关学科的发展，也涌现出了很多优秀的计算流体力学（Computational Fluid Dynamics，CFD）软件，如 Phoenics、Fluent、CFX、FLOW3D 等。这些软件本身是为解决流体力学和燃烧问题而开发的，但是随着其程序开放程度的不断提高，也为分析电弧这一高温、瞬变问题提供了条件，极大地促进了断路器电弧仿真技术的进步和发展。

由于在燃弧阶段，电弧等离子体处于 LTE 状态，考虑电弧产生的焦耳热和辐射的影响，用 Navier-Stokes 控制方程就可以建立断路器电弧的二维、三维磁流体动力学数学模型。为了更好地仿真得到电弧弧根的运动以及在栅片区域电弧的弯曲和切割等现象，在电极和栅片周围用厚度为 0.1mm 的鞘层包围，在电极鞘层区使用非线性的电阻或有效电导率来模拟，能够很好地得到电弧弧根的运动过程。

## 8.5.1　弧柱区物理过程及其控制方程

电弧运动是电流、电磁场、气流场及热辐射等之间相互作用的结果。图 8-20 给出了它们之间的相互作用过程。初始温度和压力分布决定了等离子体中的电导率，通过施加合理的电位边界条件，求解电磁场方程，便可确定出电位分布；结合电导率分布，就决定了电弧中的电流密度分布。同时，电弧作为载流体，一方面将产生一定的焦耳热，该值由电导率和电流密度分布决定；另一方面在自身及外加磁场的共同作用下会受到电磁力的作用，从而使电弧运动；这样最终导致等离子体内部的能量传输。从而引起了新的温度和压力分布及与温度、压力有关的等离子体参数的变化。

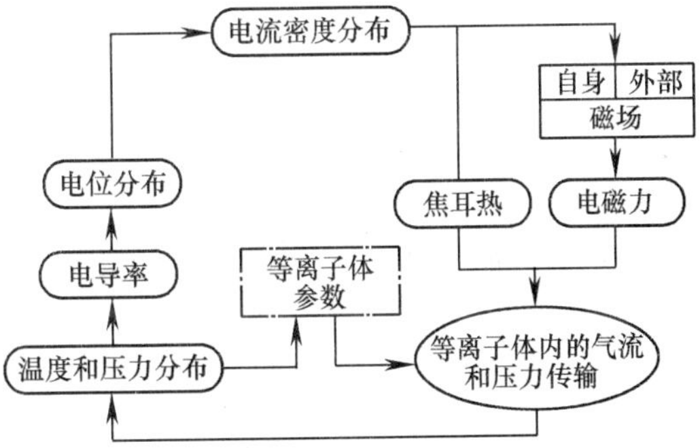


图 8-20　弧柱中气流场与电磁场之间的相互作用过程

为了简化开关电弧中的复杂物理化学过程，忽略电弧与电极之间的相互作用，而仅对与电弧特性及开断性能关系更为密切的弧柱部分进行分析。通常情况下，在断路器电弧建模时，需要做出了以下假设：

1）电弧等离子体满足局部热平衡条件，并认为流动是层流。

2）电弧等离子体被看作是气体混合物，其物理参数（热导率、粘度系数、密度、比热、电导率等）是温度和压力的函数。

3）忽略了电弧与电极之间的作用，对于弧柱部分来说，电弧等离子体处于电中性。

4）忽略传导电流的影响，这是因为和注入的电流相比，传导电流非常小。

基于以上的假设，可以用 Navier-Stokes 控制方程来描述电弧等离子体运动的质量、动量及能量守恒过程，用 Maxwell 方程来描述其中的电磁过程。此外，为了反映弧柱中的焦耳热和辐射冷却过程，以及在自身/外部磁场作用下的电磁力作用，特别是引入器壁侵蚀作用后对电弧特性的影响，N-S 方程中需要加入一些对应的源项，如式(8-20)～(8-28)所示。这些就构成了磁流体动力学基本方程组。

1）质量守恒方程

$$\frac{\partial\rho}{\partial t}+\mathrm{div}(\rho\vec{v})=m \tag{8-20}$$

2）动量守恒方程

$$\frac{(\partial\rho v_{\mathrm{i}})}{\partial t}+\mathrm{div}(\rho v v_{\mathrm{i}})=-\frac{\partial p}{\partial x_{\mathrm{i}}}+\sum_{k=1}^{3}\frac{\partial}{\partial x_{\mathrm{k}}}\left[\eta\left(\frac{\partial v_{\mathrm{i}}}{\partial x_{\mathrm{k}}}+\frac{\partial v_{\mathrm{k}}}{\partial x_{\mathrm{i}}}\right)\right]+(\boldsymbol{J}\times\boldsymbol{B})_{\mathrm{i}} \tag{8-21}$$

3）能量守恒方程

$$\frac{\partial(\rho H)}{\partial t}+\mathrm{div}(\rho v H)-\mathrm{div}(\lambda\,\mathrm{grad}T)=\frac{\partial p}{\partial t}+V-S_{\mathrm{R}}+\frac{1}{\sigma}\boldsymbol{J}^2 \tag{8-22}$$

以上三个方程可以写成统一的形式

$$\frac{\partial(\rho\phi)}{\phi t}+\mathrm{div}(\rho V\phi)=\mathrm{div}(\Gamma_{\phi}\mathrm{grad}\phi)+S_{\phi} \tag{8-23}$$

4）电流连续方程

$$\mathrm{div}(\sigma\mathrm{grad}\phi)=0 \tag{8-24}$$

$$\boldsymbol{J}=-\sigma\mathrm{grad}\phi \tag{8-25}$$

5）磁场方程

$$B=B_{\mathrm{ext}}+\frac{\mu_0}{4\pi}\iiint_{V'}J(r')\times\frac{r-r'}{|r-r'|^3}\mathrm{d}V' \tag{8-26}$$

$$\mathrm{div}(\mathrm{grad}A_{\mathrm{i}})=-\mu_0 J_{\mathrm{i}} \tag{8-27}$$

$$B=\nabla\times\vec{A} \tag{8-28}$$

其中 $t$ 为时间，$x_{\mathrm{i}}$ 和 $x_{\mathrm{k}}$ 为笛卡儿坐标，$v$ 为电弧运动速度，$v_{\mathrm{i}}$ 为 $i$ 方向上的速度分量($i=x$、$y$、$z$)，$p$ 和 $T$ 分别为灭弧室内压力和温度，$H$ 为动态热焓，$\boldsymbol{J}$ 为电流密度，$\boldsymbol{B}$ 为磁感应强度，$V$ 为耗散函数，$S_{\mathrm{R}}$ 表示辐射冷却，$\rho$、$\eta$、$\lambda$ 和 $\sigma$ 分别为等离子体的密度、粘度系数、热导率和电导率，$\phi$ 为电位，$m$ 为单位时间进入到灭弧室中单位体积内的器壁蒸汽质量。

此外，对于电弧自身磁场的计算，如果场域中不存在铁磁物质，考虑外部磁场的影响，场域中任一点 $r$ 的磁感应强度可以用式(8-26)所示的 Biot-Savart 方程来计算；如果场域中存在铁磁栅片等时，就需要采用式(8-27)和(8-28)所示的磁矢位法来计算。

值得指出的是，空气开关电弧是电磁场和气流场耦合作用下的物理系统，因此上述磁流体动力学基本方程组必须同步耦合求解。

以下主要介绍目前电磁场的几种计算以及边界条件的处理方法。

(1) 电磁场求解方法

目前，求解电弧自身产生磁场的方法主要有 FLUENT 中自定义方程以及采用 ANSYS Emag 模块进行求解，然后和流体计算软件 FLUENT 或者 CFX 耦合求解。

1）FLUENT 中采用 UDS 自定义方程求解电磁场　FLUENT 软件求解方程是基于有限容积法，因此各求解变量方程可采用式(8-23)统一表示。因此，任何物理量只要能表示成(8-23)的形式，即可在 FLUENT 软件中采用 UDS 自定义扩散系数和源项的方法方便求解得到，鉴于此，电流密度可以采用公式(8-24)和(8-25)求解得到。

式(8-24)和(8-23)对比可以看出，自定义的电位方程中，扩散系数为电导率，源项为0。

目前，计算磁场的方法主要有安培环路定律、磁矢位法、毕奥-萨伐定理，其中安培环路定律方法简单，但适用于计算轴对称模型，不适用于复杂模型中；毕奥-萨伐定律计算准确，但在仿真计算中计算时间过长，尤其对于三维仿真；磁矢位法由于矢量磁位在恒定磁场下满足泊松方程，而在低频的交流场合，可以用似稳场来近似，磁矢位方程如式(8-27)，得到磁矢位后，通过式(8-28)即可求解得到磁通密度。

式(8-27)中下标 $i$ 代表 $x$，$y$，$z$ 三个坐标分量，矢量磁位分解在三个坐标轴上后，每个分量均为标量，对比式(8-27)和式(8-23)可以看出，式(8-27)中对应的扩散系数为1，因此也可以在 FLUENT 中通过自定义方程求解得到电弧自身产生的磁通密度。但是采用磁矢位法计算磁场方程的难点在于边界条件的确定，因为按照电磁场理论，在距离电流无限远处磁矢位等于0，但是如果扩大计算区域，这无疑会增加计算所需时间，针对这一问题，目前广泛采用的方法是在壁面处，磁矢位的三个分量在垂直方向的梯度为0，即设置零通量(PVNF)，也有文献设置边界处磁矢位数值为0(PVNV)，但这两种方法的计算结果并不准确，对于此，文献[26]对比分析了这两种方法的结果，并提出了混合(MF)方法，MF 方法就是磁矢位方法和毕奥-萨伐定律的结合，即在边界处采用毕奥萨伐定律计算磁场作为边界，其他区域则采用磁矢位法，这种方法一方面减少了全部区域采用毕奥-萨伐定律的计算时间，另一方面使磁矢位计算方法有较为准确的边界条件，兼顾了准确性和计算时间两方面。文献[26]中对几种计算方法求解得到的磁通密度分布如图 8-21 所示。

图 8-21 中 case1-1 为 MF 方法的计算结果，由图 8-21a 可以看出，MF 方法计算的结果和毕奥-萨伐定律的计算结果非常接近，根据图 8-21c 和图 8-21d 可以看出，采用 PVNF 和 PVNV 方法求解得到的磁场均存在较大的误差，图 8-21b 和图 8-21c 对比可以看出，在磁场的计算中，如果不考虑电极产生的磁场会使区域磁场结果不准确，因此在电弧仿真中，对于磁场的计算必须求解电极中由于电流的存在产生的磁场，对低压断路器更是如此，因为低压断路器动静触头中电流密度很大，产生的磁场在电弧区域也较大，不能够忽略。同时，采用 FLUENT 自定义方程求解磁场时，很难求解铁磁栅片的涡流和非线性的影响。

2）FLUENT + ANSYS Emag　电磁场的计算除了在 FLUENT 中采用自定义方程求解之外，文献[20]提出在 ANSYS Emag 中求解电磁场，然后和 FLUENT 软件进行耦合迭代求解，ANSYS Emag 将计算得到的焦耳热和洛伦兹力传递给 FLUENT 软件，FLUENT 软件将电导率传递给 ANSYS，但是这两个软件之间的连接最常用的是使用第三方软件 MpCCI，或者需要自己编写接口程序实现两个软件之间的双向耦合。

3）CFX + ANSYS Emag　另外一个常用的计算流体的软件 CFX 也被用来仿真电弧，CFX 中集成了求解电磁场的方法，内部求解磁场也采用了磁矢位法，但是磁场的求解中，材料的磁导率也只能使用常数，无法考虑铁磁材料的非线性[27]，因此使用 CFX + ANSYS Emag 两个软件的耦合仿真电弧，在 ANSYS Emag 中求解得到焦耳热和洛伦兹力，传送给 CFX，在 CFX 中仿真得到温度场的分布，将温度分布传送给 ANSYS Emag 中，在 ANSYS 有限元分析软件中通过温度插值得到电导率的分布，然后求解下一步的焦耳热和洛伦磁力，依次循环迭代。使用 CFX 和 ANSYS Emag 两个软件的耦合求解，由于两个软件求解时使用不同的网格，在数据传递过程中，会存在一定的误差。

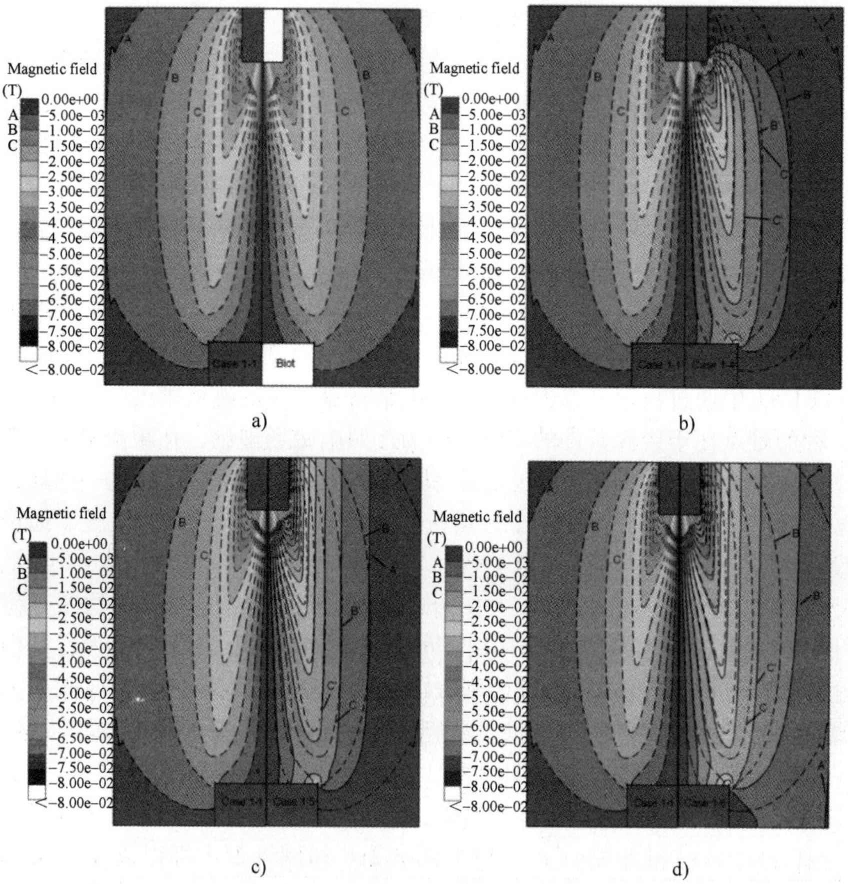


图 8-21 不同方法求解得到的磁场

a）MF b）PVNF c）PVNF（考虑阴极磁场） d）PVNV（考虑阴极磁场）

在电弧 MHD 仿真中，为了更好地描述弧根在电极和跑弧道上的运动以及进入栅片后在栅片上新弧根的形成现象，需要对电极与弧柱区接触区域进行特殊处理，因为在这一区域内，等离子体并不满足 LTE 状态，所以文献[27]提出采用鞘层来进行描述。

（2）鞘层处理方法

文献[27]提出采用鞘层对弧根的运动进行准确的模拟，即在对电极以及栅片和电弧区域的交界面处设置 0.1mm 的鞘层，而鞘层并不满足 LTE，所以准确地处理鞘层区域，能够得到更接近于实验的仿真结果。

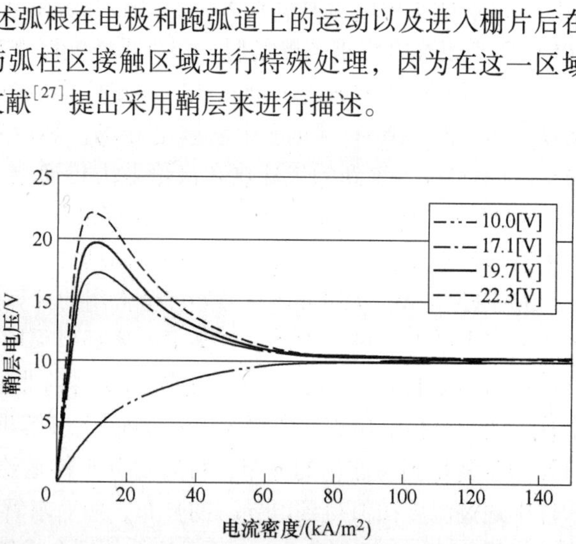


图 8-22 非线性电阻特性

使用非线性电阻对鞘层区域进行描述的方法是采用一组电流密度-电压特性曲线[14]，如图 8-22 所示，这组特性曲线与初始电压有关，即在新弧根形成之前在不同的电弧电压下，电阻值也不同；

在仿真过程中，根据不同的电流密度-电压特性曲线，得到鞘层的电阻，以模拟弧根的形成。

采用非线性电阻的方法建立了栅片周围鞘层模型，对简化灭弧室模型进行了仿真计算，计算中电流为直流 100A。

Lindmayer[28] 等人研究了图 8-22 中不同电压峰值对栅片上新弧根形成位置的影响，图 8-23 为仿真得到的一组电流密度分布，图 8-24 为仿真得到的电弧电压和流过栅片的电流随时间的变化曲线，图 8-25 为实验得到的电压和电流曲线，实验中电流为 1kA。由图可以看出，在 210～450μs 时，电弧到达栅片前端后开始弯曲，电弧电压从 44V 增加到 53V，在 473μs 时，栅片上形成两个新的弧根，新弧根形成后，电弧电压进一步增加了 1.6V，在新的弧根形成以后，电流通道分为两部分，一部分通过栅片，另一部分在栅片下边的等离子体中流通，随后流过栅片的电流增加，等离子体中的电弧通道逐渐消失，随着流过栅片的电流通道变长，电弧电压进一步增加，在 645μs 时达到 59V，在 660μs 时，在栅片上边缘形成另外两个弧根，此时由于弧柱等效半径增减，所以电弧电压降低，在 690μs 时，在栅片上端形成一个新的电流通道，而栅片下端的电流通道基本完全消失，最终所有电流都通过栅片上端的通道流通。计算结果和实验结果的电压电流曲线的趋势一致。

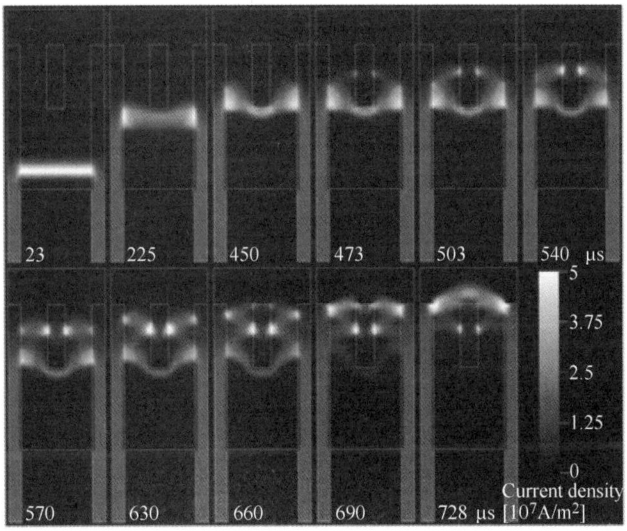


图 8-23　不同时刻电流密度的分布图

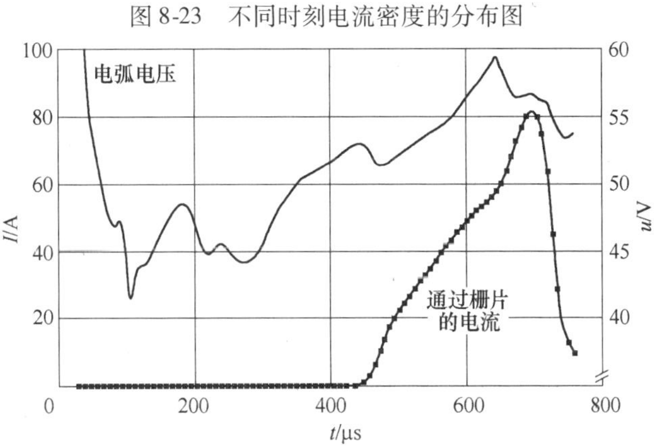


图 8-24　电弧电压和流过栅片的电流随时间变化曲线

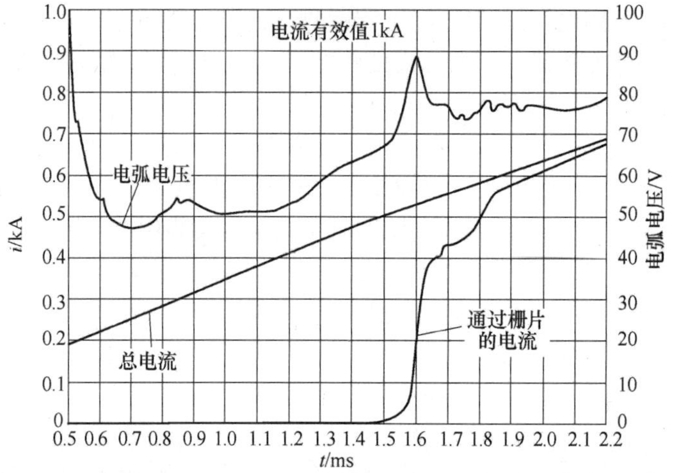


图 8-25 实验波形

在新弧根形成前，只有当鞘层压降达到 10～20V 时，新的弧根才会形成，较大的电流才会通过栅片，所以新弧根一般出现在栅片 1/3 以上的位置，而不会在栅片前端形成新的弧根。

## 8.5.2 代表性断路器电弧模型

(1) Fievet 等人的二维 MHD 电弧数学模型[12～14]

施耐德公司的 Fievet 和 Chevrier 等人采用氮气的物性参数描述电弧属性，建立了一个封闭区域中的二维断路器电弧 MHD 数学模型，利用该模型，分析了粘度等多种因素对电弧运动的影响，阐述了电弧停滞时间的机理，尤其是对电弧背后击穿现象进行了深入的研究，认为电弧后方剩余电流密度大小决定了是否会发生背后击穿，并给出电流密度的临界值为 5 $A/cm^2$。电弧背后击穿现象的发生，会严重影响低压断路器的限流性能和开断能力，同时也会加剧触头的侵蚀。20 世纪 90 年代中期，该问题是低压电器的一个研究热点，这也促进了电弧模型的发展。西安交通大学低压电器科研组也通过建立二维 MHD 数学模型，仿真分析了电弧背后击穿现象，并能够同步模拟电弧运动过程中电弧电流、电压的变化。在此基础上，提出了在灭弧室中加入产气材料是抑制该现象的一个有效措施。

(2) Lindmayer 等人的三维 MHD 电弧数学模型[15]

1998 年，Lindmayer 基于 Flow3D 软件，首次建立了较为完整的断路器电弧三维 MHD 数学模型。其计算模型为具有平行跑弧道的 8mm × 42mm × 4.5mm 封闭方盒，电流为直流 1000A，电位边界为 Neumann 条件，采用 Biot-Savart 方程来计算电弧自身产生的磁场，结果给出了在磁场作用下，电弧的位置、电弧电压、灭弧室内气压随时间的变化过程。接着，在已有模型的基础上，Lindmayer 接着考虑非线性铁磁物质的影响，由于 Biot-Savart 方程仅适用于磁导率为常数的情况，这样就提出用向量位的方法计算区域内的磁场，进一步建立了可考虑铁磁栅片存在时的电弧模型，并分析了不同大小的铁片对电弧运动速度的影响。在其最新的研究中，仿真了电弧在栅片中的运动与分割过程，从理论上描述了电弧在栅片中的燃烧规律，指出电弧能否在栅片中产生新的弧根而形成一系列的短弧要满足一定的电弧电压条件。

近几年，Rümpler Ch. 等人[29]利用三维 MHD 数学模型，采用 ANSYS 和 FLUENT 软件相结合的方式，建立了较为全面的仿真分析模型，在 FLUENT 软件中，利用动网格技术来模拟动触头的运动过程，对实际双断点 MCCB（塑壳断路器）的整个电弧运动过程进行了仿真计算，在模型中，考虑了铁磁栅片非线性的影响；他们还采用三维 MHD 数学模型仿真分析了器壁产气材料烧蚀后，产气材料对空气物性参数的影响以及对电弧运动过程的影响。Dongkyu 等人[30]也采用三维 MHD 的方法，在 CFX 软件中采用动网格技术对微型断路器电弧整个运动过程进行了仿真，包括电弧被栅片的切割过程。

（3）器壁侵蚀型电弧（Wall ablation controlled arc）数学模型[16,31,32]

器壁侵蚀型电弧的概念最早起源于 $SF_6$ 高压断路器，通常在断路器的喷口区域布置 PTFE 材料，以提高断路器的开断能力。近年来，由于发现在低压断路器的灭弧室中布置产气材料，有利于抑制电弧背后击穿现象，提高断路器的限流性能和弧后介质恢复强度，从而提高其开断能力。这使得器壁侵蚀型电弧成为当前低压电器领域的一个热点问题。

Andre、Murphy 和 Gleizes 在器壁侵蚀型电弧的理论研究方面做了一些有意义的工作。Andre 主要研究了电弧对材料的作用，即产气材料高温分解后的化学组成及热动属性。和 Andre 的研究不同，Murphy 进一步研究了器壁材料对电弧特性的研究，即考虑器壁材料分解和电极蒸发的影响，分析了混合气体的热动属性及传输参数。Gleizes 在计算出不同比例的空气和 PA6-6 混合气体的物性参数的基础上，建立了三维电弧模型，分析了外部磁场和等离子体输运特性对于电弧运动过程的影响，该模型没有考虑器壁产气对质量、动量和能量守恒方程的影响。Schlitz 从能量平衡的角度来考虑了器壁产气，并分析了吹弧磁场对于电弧形状和运动的影响，但其依然采用空气的物性参数来建立电弧模型。

### 8.5.3　电弧等离子体的基本物性参数

要研究空气电弧的磁流体动力学数学模型，首先必须掌握电弧的基本物性参数，包括：电弧等离子体平衡态化学组成、热动属性及传输参数；辐射特性及辐射数学模型等。

断路器电弧的基本特征是：电场强度相当低（低于数 kV/m），但电子和离子数密度非常高（大于 $10^{23}\ m^{-3}$）；一般满足局部热动平衡（Local Thermodynamic Equilibrium，LTE）条件，且温度一般为 10000K 量级，也就是 1eV 数量级，最高可达 25000K。

一般来说，局部热动平衡必须满足以下 4 个条件[33]：

1）等离子体中所有粒子的速度分布函数满足麦克斯韦分布；

2）等离子体中所有处于激发态的粒子数密度满足玻尔兹曼分布；

3）等离子体中所有粒子的浓度可以在化学平衡的条件下计算；

4）分别对应于以上 3 个条件的运动温度、激发温度和反应温度必须相等。

LTE 状态下，等离子体的局部化学组成仅仅取决于局部温度，压力和化学要素的浓度，通常基于质量守恒法则可求得平衡态化学组成。计算断路器电弧等离子体的化学组成，不仅是计算电弧属性必要的第一步，也是认识等离子化学过程的重要一环。计算温度从等离子体的边缘温度，即接近室温，到中心区域约 30000K 以上。在这个温度范围内，根据不同的化学反应，需要考虑很多不同的物质种类。在空气电弧中，$N_2$、$N_2^+$、N、O、$O^+$ 和电子等占重要的浓度。图 8-26 为空气电弧等离子体平衡态下的化学组成，其中 $n$ 为粒子数密度，$T$

为温度。

一旦等离子的化学组成确定后，利用各种粒子的质量、焓和数密度等数据，就可以计算出其热动属性，即焓、比热和密度参数。而求解描述电子能量分布的波尔兹曼方程，可得到等离子体的扩散系数、粘度、热导率和电导率等传输参数。

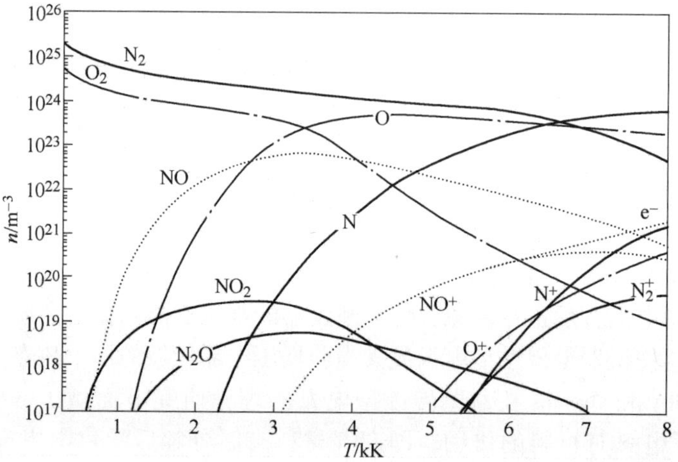


图 8-26 空气(78.86%的氮气，21.14%氧气)等离子体的平衡态化学组成

辐射是热等离子体中的一个重要现象和研究内容，尤其是对于开关电弧来说，辐射是能量传递最主要的方式。一般来说，辐射的影响表现在以下 3 个方面：1)在温度最高的区域，辐射常常是最重要的能量耗散方式；2)辐射热传递是等离子体内部的一种有效能量交换方式；3)等离子体辐射出的能量可以加热周围的气体或者侵蚀外部材料。

在 LTE 条件下，式(8-29)所示的基尔霍夫(Kirchhoff)公式描述了热等离子中的辐射规律[33]。其中 $\varepsilon_v$ 和 $K_v$ 分别为发射和吸收系数，$B_v$ 表示普朗克函数，$\nu$ 为频率，$h$ 为普朗克常数，$c$ 为光速，$T$ 为温度。

$$\frac{\varepsilon_v}{K_v}=B_v(T,\ v)=\frac{2h\nu^3}{c^2[e^{hv/kT}-1]} \tag{8-29}$$

尽管式(8-29)所示的关系比较简单，但是在热等离子体的辐射建模中，需要大规模的迭代运算，因此要严格计算等离子体的辐射是非常困难的。这是因为：一方面需要在整个光谱范围内对每一个单元的发射和吸收进行计算；另一方面光谱是由连续光谱和线光谱组成，而谱线取决于等离子体中的离子能量水平。此外，压力和温度对辐射有直接的影响。

下面简要介绍了几种目前常用的辐射数学模型，包括净发射系数模型(Net Emission Coefficient，NEC)，P1 模型，局部特性法(Method of Partial Characteristics，MPC)，灰体辐射模型，离散坐标法(Discrete Ordinate，DO)等。

净发射是指一个等温球中发射和吸收能量之间的差值。式(8-30)给出了净发射系数 $\varepsilon_N$ 的表达式，其中 $R_P$ 为球半径。图 8-27 为断路器电弧中不同等离子体半径 $R_P$ 时净发射系数 $\varepsilon_N$ 随温度的变化规律[16]。可以看出，随着 $R_P$ 的减小，$\varepsilon_N$ 的数值越大。当 $R_P=0$ 时，也就是对应于光学薄层等离子体，大约有 90% 的辐射能量被发射点 1mm 内的等离子体吸收。

$$\varepsilon_N=\int_0^\infty B_v K_v e^{(-K_v R_P)}\mathrm{d}v \tag{8-30}$$

值得指出的是，很多学者对 NEC 方法进行了深入的研究，并得到了很有价值的数据，他们已经将 $\varepsilon_N$ 与温度、压力和平均等离子半径的关系做成了表格，以便于对等离子体的进一步研究。然而，从本质上讲，NEC 方法可以比较理想地分析电弧中心区域的温度分布，而对温度较低的电弧边缘区域并不能得到较好的结果。

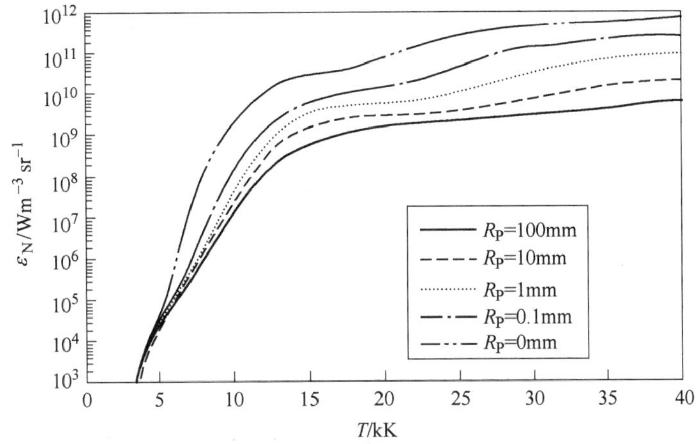


图 8-27　断路器电弧中等离子体半径对净发射系数的影响

P1 模型最早应用于燃烧系统的数值模拟中。和 NEC 模型相比较，P1 模型更适合于考虑等离子体边缘区域和器壁对辐射的影响。P1 模型的一个基本假定就是：在一个给定的温度下，平均吸收系数在频域内是一个常数。该方法基本原理是基于求解式(8-31)所示的辐射热传导方程，其中 $I_v$ 为 $\hat{s}$ 方向上的光谱辐射强度，$K_v$ 和 $\sigma_{sv}$ 分别为光谱吸收和散射系数，$I_{bv}$ 为黑体辐射强度，$\phi_v$ 为光谱散射强度函数，$\Omega_v$ 为空间角[33]。

$$\hat{s}\cdot\nabla I_v = K_v I_{bv} - (K_v+\sigma_{sv})I_v + \frac{\sigma_{sv}}{4\pi}\int_{4\pi} I_v(\hat{s}_i)\phi_v(\hat{s}_i,\hat{s})\,\mathrm{d}\Omega_i \tag{8-31}$$

在 P1 模型中，辐射强度可由式(8-32)来表示，其中 $G_v$ 为入射辐射，$q_v$ 为辐射通量。对开关电弧来说，可以忽略式(8-31)中的散射项，这样将式(8-32)带入式(8-31)，然后对整个空间角进行积分运算，就可以得到式(8-33)所示的 P1 模型控制方程。

$$I_v(r,\hat{s}) = \frac{1}{4\pi}(G_v + 3q_v\cdot\hat{s}),G_v = \int_{4\pi} I_v(r,\hat{s})\,\mathrm{d}\Omega, q_v = \int_{4\pi} I_v(r,\hat{s})\hat{s}\,\mathrm{d}\Omega \tag{8-32}$$

$$\nabla G_v = -3K_v q_v,\ \nabla\cdot q_v = K_v(4\pi I_{bv} - G_v) \tag{8-33}$$

MPC 方法早在 1979 年时被 Sevast' yanenko 提出，但一直到近 10 年才应用到电弧等离子体的研究中，其主要的优点是可以更为精确地考虑电弧边缘较冷的区域对电弧中心区域辐射的吸收作用[34]。MPC 方法的最基本原理是认为辐射的源点 $X$ 和辐射路径上的任意点 $\eta$ 之间的温度变化总是线性的，以源点温度 $T_X$，积分路径上的任一点温度 $T_\eta$，$\eta$ 和两点之间的距离 $|X-\eta|$ 为变量，可以计算出式(8-34)和(8-35)所示局部特性函数的 Som 和 ΔSim 随这些量变化的数据表格，然后采用插值的方法就可以求得任意组合的 $T_X$、$T_\eta$、$\eta$ 和 $|X-\eta|$ 时对应的函数值，其中 $Y$ 表示等离子体的边缘。局部特征函数与两点的温度及间距有关，因此 MPC 方法能够考虑边缘区域对于能量辐射的自吸收。而且在等离子体建模时，可以与流场解耦而提前计算出辐射参数，这也是 MPC 方法的最大特点。

$$\mathrm{Som}(T_X,T_Y,|Y-X|) = \int_0^{\infty} B_v(X)K_v(X)e^{-\int_X^Y K_v(\eta)\mathrm{d}\eta}\mathrm{d}v \tag{8-34}$$

$$\Delta\mathrm{Sim}(T_X,T_Y,|Y-X|) = \int_0^{\infty}[B_v(X)-B_v(Y)]K_v(X)K_v(Y)e^{\int_X^Y K_v(\eta)}\mathrm{d}v \tag{8-35}$$

这样，根据辐射热传递方程，辐射通量的散度可以用式(8-36)来表示。在进行热等离子体建模时，就可以将该式带入能量守恒方程进行求解。

$$\nabla\cdot q^R = \int_{4\pi}\mathrm{Som}(T_X,T_Y,|Y-X|)\mathrm{d}\Omega - \int_{4\pi}\int_X^Y \Delta\mathrm{Sim}(T_X,T_Y,|\eta-X|)\mathrm{d}\eta\mathrm{d}\Omega \tag{8-36}$$

此外，Lindmayer 也提出了断路器电弧的灰体辐射模型[15]。该模型认为每一个控制体积均是一个独立的辐射发射源，并给出了单位体积发射功率 $S_R$ 的表达式，如式(8-37)所示，其中 $T_0$ 为环境温度。这样，将式(8-37)带入能量守恒方程，就可以考虑辐射对电弧运动和特性的影响。

$$S_R = 4\alpha k(T^4 - T_0^4)，其中 k = 13\cdot\frac{P}{P_0} \tag{8-37}$$

DO 法是一种基于坐标离散的方法，将辐射密度在不同的方向进行离散分解，设将其分解在 $n$ 个不同的方向 $\vec{s}_j$ 上，则方程如下：

$$\vec{s}_j\cdot\vec{\nabla}I_{v,j}(\vec{r},\vec{s}_j) = B_v\alpha_v - I_{v,j}(\vec{r},\vec{s}_j)\alpha_v,\ j=1、2、\cdots、n \tag{8-38}$$

以上方程在每一个波带都需要求解，设有 $i$ 个波带，则能量方程中的辐射源项如下：

$$\vec{\nabla}\cdot\vec{q}_r = \sum_{i=1}^{N}\vec{\alpha}_i\left(4\pi B_i - \sum_{j=1}^{n}\omega_j I_{ij}\right) \tag{8-39}$$

其中，$\omega_j$ 为在方向 $\vec{s}_j$ 上的正交权重。

以上几种辐射计算模型中，灰体辐射模型简单易实现，NEC 方法由于没有考虑低温区域的重吸收，计算结果不是十分准确，P1 模型考虑了低温区的重吸收，因此计算结果相较 NEC 准确。但是 P1 模型在光学厚度薄层时，计算受到限制；DO 模型计算辐射最为准确，但是计算复杂，花费时间很长；针对此，文献[35]提出了辐射的混合计算方法，即采用 P1 + DO 的模型，在 1-3 条谱线时使用 P1 模型，4-7 条谱线使用 DO 模型。计算结果如图 8-28 所示。由图可以看出，HY 混合辐射模型的计算结果和 DO 模型计算的结果吻合的很好，由

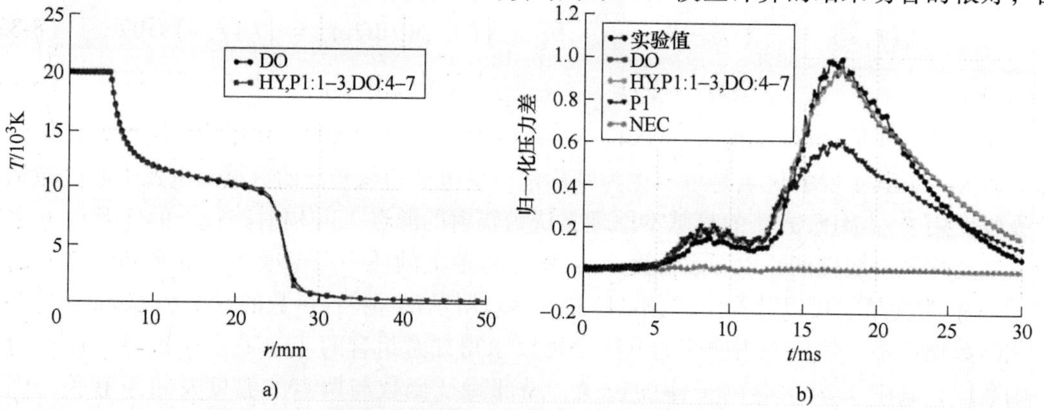


图 8-28 不同辐射计算方法的结果对比

a）温度随半径的变化曲线 b）压力差对比

图8-28可以看出HY和DO辐射模型的计算结果更接近于实验结果，但HY相比DO模型耗时较少，因此HY的方法兼顾了准确性和耗时两方面，是仿真中较好的选择。

### 8.5.4　灭弧室结构参数对空气介质开关电弧特性的影响

如前所述，Fievet、Lindmayer、Gleizes、Murphy等人利用各自建立的电弧模型，分析了多种因素对空气介质开关电弧特性的影响。在此基础上，本书进一步论述了外施磁场大小、灭弧室内电弧初始燃烧位置，或者说是电弧后方体积对电弧特性的影响。同时，采用二维光纤测试系统，在振荡回路条件下，针对一实验模型，通过测量电弧平均运动速度，来验证仿真结果的正确性。

**1. 计算模型及边界条件**

低压断路器的灭弧室结构非常复杂，为了便于分析弧柱区电弧的物理特性，节约时间开销，对灭弧室进行了简化处理。计算模型的基本结构如图8-29所示，计算平面平行于电极，也就是垂直于弧柱，区域大小为80mm×14mm，计算网格大小为0.2mm×0.2mm，时间步长根据计算收敛情况，在1～5μs范围内调整。

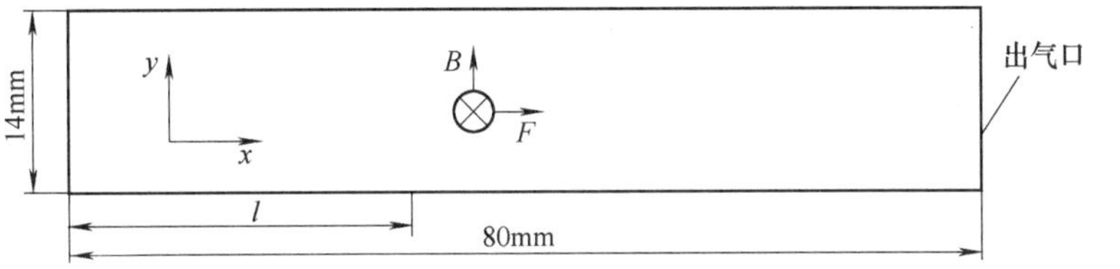


图8-29　分析模型

边界条件为：对温度来说，除灭弧室右侧出气口外均为绝热边界条件，出气口温度设为300K；对压力来说，出气口的压力等于外部气压，即1个大气压；对速度来说，灭弧室器壁满足无滑移边界条件。此外，电弧的初始燃弧位置可以沿$x$轴变化。

假定电弧电流垂直纸面向内，磁场方向沿$y$正方向，这样电弧将受到一个沿$x$正方向的电磁力，在该力和气流场的共同作用下，电弧向出气口方向运动。

此外，设定初始电流为100A，首先进行气流场的静态分析，将得到的场分布结果作为初始条件，然后电流按照$i=200\sin(100\pi t+\pi/6)$的规律变化，也就是电流为峰值200A，合闸相角为30°的正弦波形。

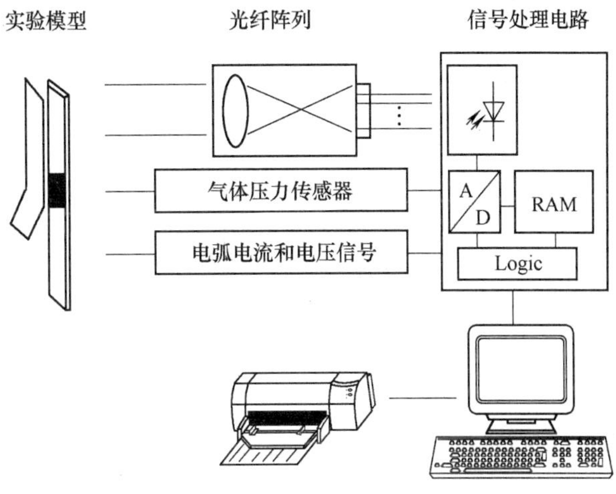


图8-30　二维光纤阵列测试系统

**2. 实验方法及模型**

图8-30为二维光纤测试系统结构图，其由4个主要部分组成：

1）光纤阵列采集电弧光信号，其最大采样频率为$10^6$幅/s。另外，在每个光纤的顶端加入非均匀介质纤维透镜，以提高空间分辨率。此外，光强分 8 个等级。

2）MPM 480 型压阻差分式压力传感器测量灭弧室中的气压；通过分流器和高压探头（Tektronix 6015A）可测得电弧电流和电压信号。这些模拟信号可以通过 4 个数据通道以 15.625 kHz 的采样频率送入信号处理电路中。

3）信号处理电路用于完成光电转换，A-D 转换和读/写等功能。

4）上位机用于管理和分析实验数据。软件系统可完成以下主要功能：电弧运动和电流、电压、气压等信号同步模拟；分析不同位置的光强信号；测量信号特征参数，如峰值、燃弧时间、相位差等。

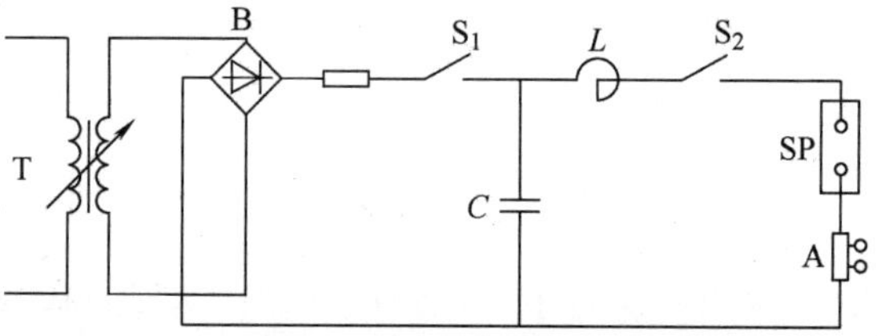


图 8-31 振荡回路原理图

实验在振荡回路条件下进行，图 8-31 为其原理图。其中 T 为变压器，B 为整流器，$S_1$ 和 $S_2$ 为开关，$C$ 为电容器组，$L$ 为电抗器，SP 为实验样品，A 为分流器。闭合 $S_1$，断开 $S_2$，就可以给电容器组 $C$ 充电；一旦电容器组上的充电电压达到要求值时，立即断开 $S_1$；然后闭合 $S_2$，C、L、SP 和 A 组成一个典型的单频振荡回路。其中电容和电感分别为 1509μF 和 6.88mH，电路的振荡频率为 50Hz，充电电压有效值和放电电流第一波有效值之比为 2∶1（V/A）。分流器 A 是一个经过严格标定的无感采样电阻，其阻值为 1mΩ，用于测量电流。

图 8-32 为实验模型示意图，其几何尺寸为 80mm×35mm×14mm，灭弧室材料为不饱和聚酯模塑料（DMC）材料，触头为铜。在灭弧室的侧面布有光纤观测孔，孔径为 2mm，孔心距为 6mm。

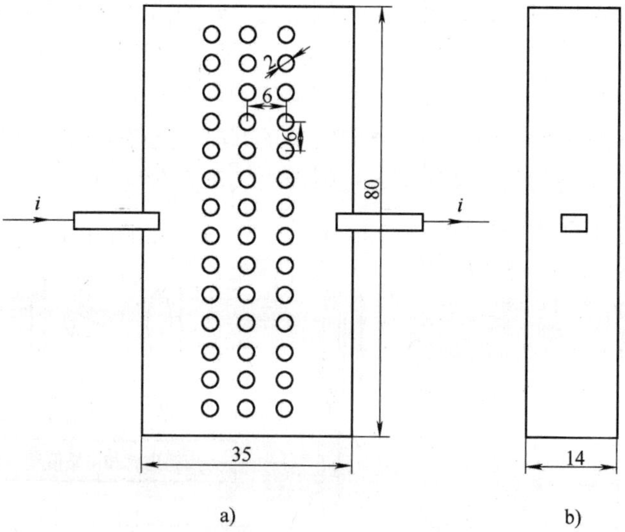


图 8-32 灭弧室后方体积对电弧运动影响的实验模型图

a）正视图 b）侧视图

**3. 外加磁场对电弧运动的控制**

在设计低压断路器产品时，人们总是试图利用灭弧室、触头导电回路结构上的特点以增加灭弧室区域的磁场，加强磁吹效果和增大电动斥力的数值，从而加速电弧的运动以及触头的运动速度，显著提高电弧电压的上升速度和数值，这样可改善断路器的开断能力和限流性能。

基于图 8-29 所示的分析模型和边界条件，并采用式(8-38)所示的灰体辐射模型，设定电弧的初始燃弧位置处于灭弧室中央，图 8-33 给出了外加磁场分别为 1mT、5mT、10mT 和 15mT 时电弧位移随时间 $t$ 的变化过程，其中电弧位置定义为电弧的最高温度所在处。可以看出，增加外加磁场可以有效地提高电弧的运动速度，其本质上是由于吹弧磁场的增加，引起动量守恒方程中 $\vec{J}\times\vec{B}$ 项的增加，而这正是驱使电弧向前运动的源泉。

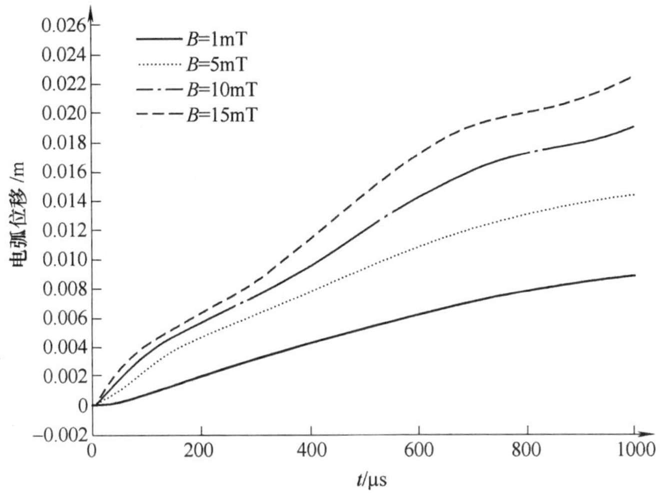


图 8-33　磁场对电弧运动的影响

图 8-34 为 5mT 的磁场作用下，时间为 0.1ms 时电弧中的速度场分布，其单位为 m/s。可以看出，此时电弧的最大运动速度为 44m/s，由于磁场的作用，在电弧的高温区域会产生一个双涡旋，将电弧中心的高温气体向外扩散，从而冷却电弧。

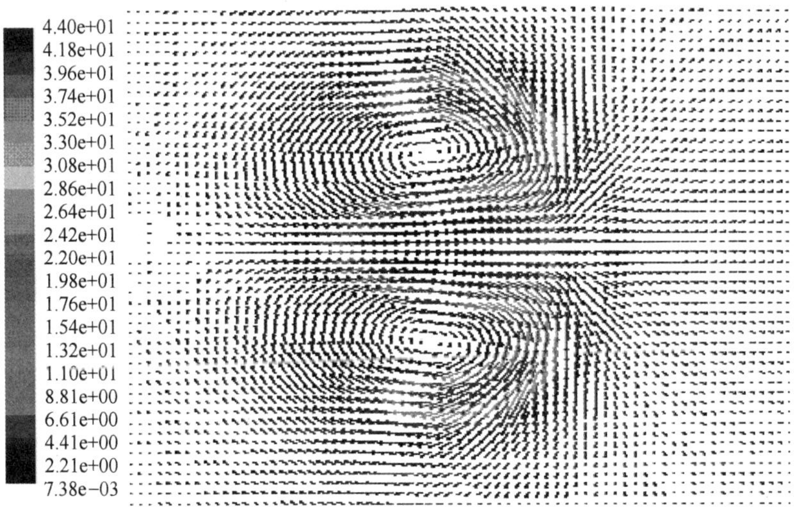


图 8-34　磁场为 5mT，$t=0.1$ms 时的速度场分布

**4. 灭弧室后方体积对电弧运动过程的影响**

同样基于图 8-29 所示的分析模型和边界条件，并采用式(8-38)所示的灰体辐射模型，当初始燃弧位置分别在模型中央和从中央向后移动 15mm 时，以改变灭弧室后方的体积，仿真分析了电弧运动情况。

图 8-35a，图 8-35b 分别为电弧初始燃弧位置在模型中央和后移 15mm，吹弧磁场为 5mT 时电弧运动过程的仿真结果，图 8-35c 为电弧初始燃弧位置后移 15mm，$t=0.5\text{ms}$ 时灭弧室内部的压力分布。图 8-36 为两种情况时的电弧位移，也即电弧中心最高温度，随时间的变化过程。

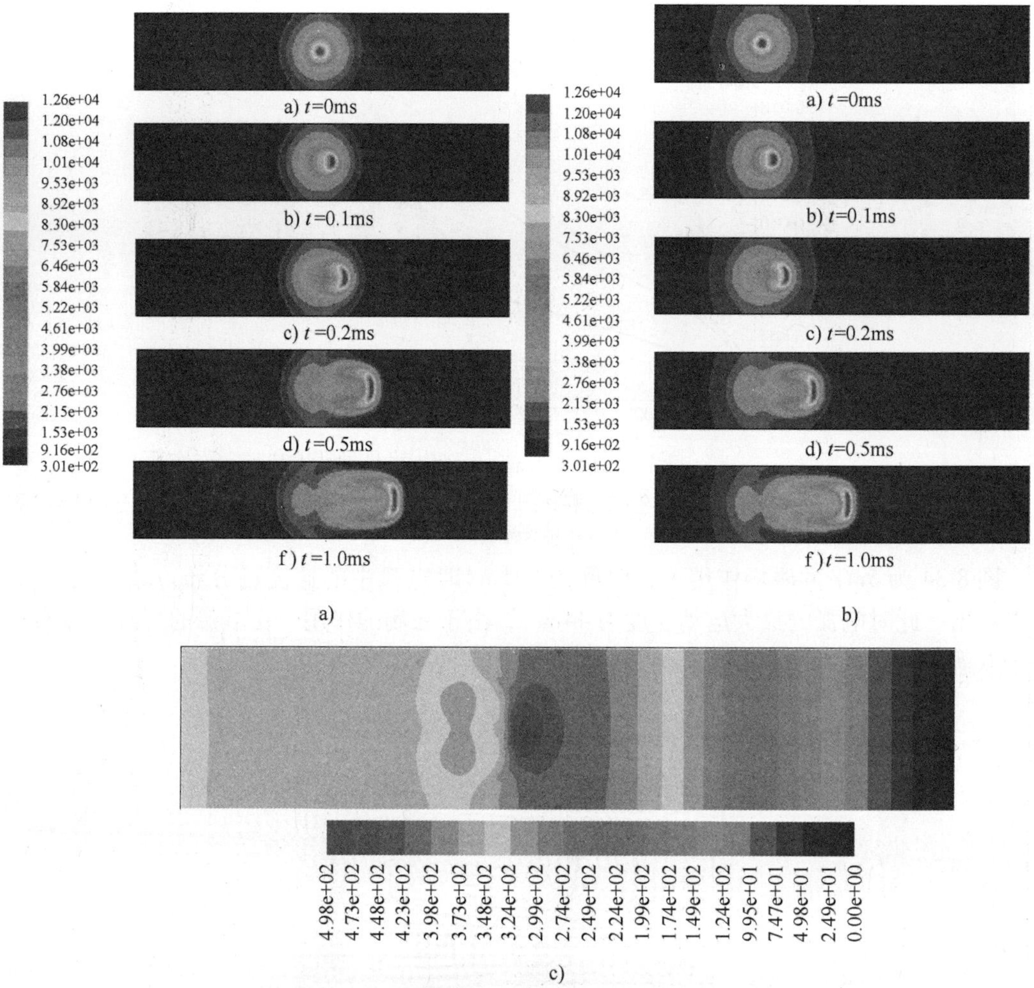


图 8-35 不同初始燃弧位置时的电弧运动形态

a）初始燃弧位置在中央 b）初始燃弧位置从中央后移 15mm

c）初始燃弧位置从中央后移 15mm，$t=0.5\text{ms}$ 时灭弧室内的压力分布

从图中可以看出，电弧初始燃弧位置后移，也就是缩小灭弧室后方体积，可以加速电弧的运动。这是由于燃弧初期，起弧后产生的压力向两侧传播，当压力波到达左侧后即反射，从而加速了电弧的运动。这样，缩小灭弧室后方体积，使得反射过来的压力波到达电弧高温

区域的时间缩短，速度也相应地增加较快。在电弧运动期间，由于压力总是和体积成反比关系，在较小的体积情况下，压力上升也就越快，从而使得电弧的运动速度较高。

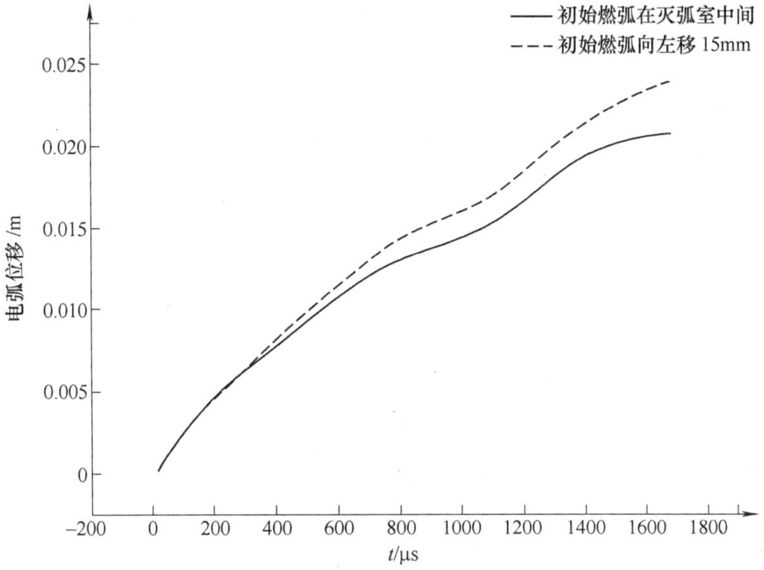


图 8-36　不同初始燃弧位置时的电弧位移随时间的变化过程

此外，从图 8-35 中也可以看出，在外部磁场的作用下，电弧高温区域不断被压缩、集中，从而导致图 8-35c 所示的高温区域压力升高，这也就是所谓的“磁压”作用。

在相应的实验中，灭弧室下方完全封闭，上方完全打开，分别针对触头处于模型中央和下移 15mm 进行实验。

图 8-37a、图 8-37b 分别为初始燃弧位置在灭弧室中央和从中央下移 15mm 时的实验结果。图中的色条分 8 个等级，从左到右表示光强依次增大，也就是说，红色表示电弧光强最大。竖线为同步模拟电弧运动和电弧电流、电弧电压变化时的时间标志，图中所示时刻分别为 $t=3.32$ms 和 3.90ms。

从图 8-37a 中可以看出，电弧在 $t=2.60$ms 时开始起弧，其光强最大、也就是温度最高的区域，分别在 $t=3.06$ms 和 3.32ms 时向前运动了 1 格和 2 格，也即分别用 0.46ms 和 0.72ms 的时间走过了 6mm 和 12mm 的距离。其平均运动速度为 6/0.46 = 13.04m/s 和 12/0.72 = 16.67m/s。

而从图 8-37b 中可以看出，电弧在 $t=3.04$ms 时开始起弧，其光强最大、也就是温度最高的区域，分别在 $t=3.34$ms、3.58ms 和 3.90ms 时向前运动了 1 格、2 格和 3 格，也即分别耗时 0.3ms、0.54ms 和 0.86ms 的时间运动了 6mm、12mm、18mm 的位移。其平均运动速度为：6/0.3 = 20.0m/s、12/0.54 = 22.22m/s 和 18/0.86 = 20.93m/s。

仿真结果表明：当电弧起始燃弧位置在灭弧室中央，$t=0.681$ms 时，电弧温度最高的区域运动过 12mm 的位移，其平均运动速度为 12/0.681 = 17.62m/s；当电弧起始燃弧位置后移 15mm，$t=0.618$ms 时，电弧温度最高的区域运动过 12mm 的位移，其平均运动速度为 12/0.618 = 19.42m/s。而两种情况下，运动同样 12mm 位移时的电弧平均速度实验值分别为 16.67m/s 和 22.22m/s，可以看出实验和仿真的结果比较吻合。

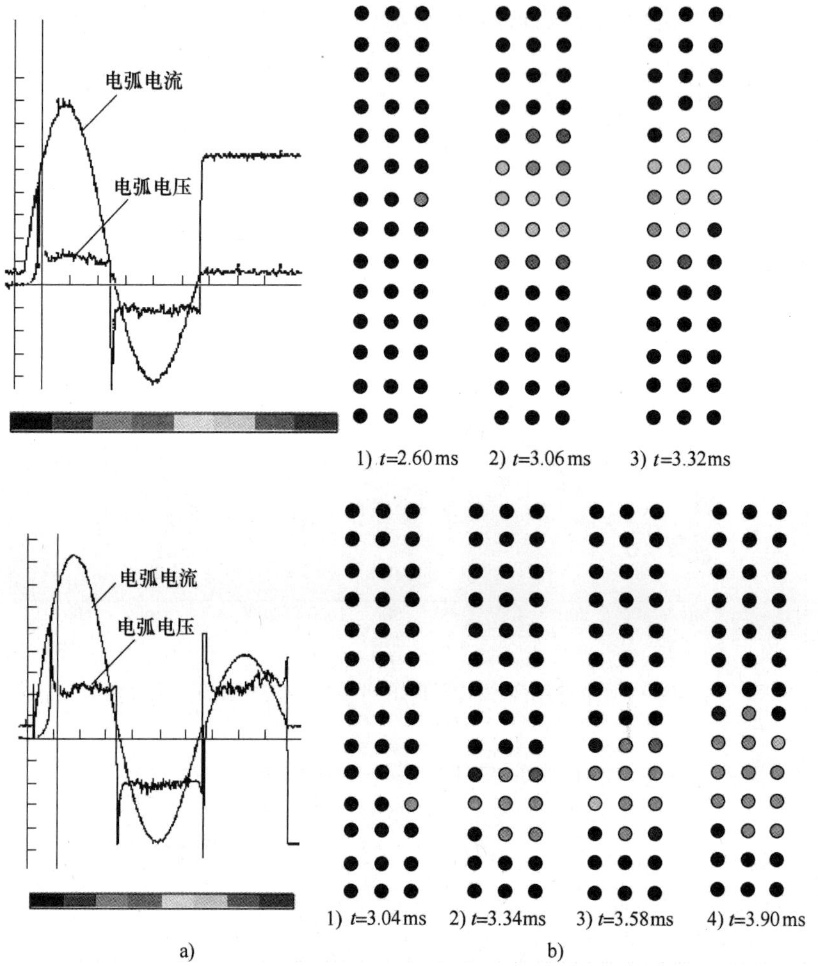


图 8-37 灭弧室后方体积对电弧运动影响的实验结果

a）初始燃弧位置在灭弧室中央时的实验结果 b）初始燃弧位置从灭弧室中央下移 15mm 时的实验结果

因此，以上的研究表明，缩小灭弧室后方的体积可以提高电弧的运动速度。而对于低压断路器来说，电弧运动速度的提高，有利于电弧电压的上升和限流性能的增强，在进行产品设计时，可以采取该措施改善其性能。

**5. 出气口结构及位置对电弧运动过程的影响**[36]

基于三维 MHD 模型，仿真计算了图 8-38 所示模型不同出气口结构及出气口位置对电弧运动过程的影响，此计算主要目的是对比在出气口附近，出气结构的变化对电弧形态的影响，由于电弧从起弧到运动到出气口时间的差异，交流电流会导致电弧运动到出气口处的时刻对应的电流值不同，为了减小电

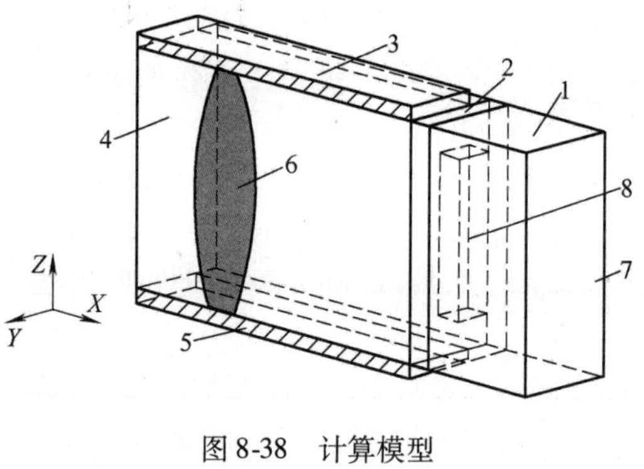


图 8-38 计算模型

1—外部流体区域 2—出气挡板 3—阳极电极 4—灭弧室流体区域 5—阴极电极 6—电弧弧柱 7—大气边界 8—出气孔

流变化因素对仿真结果的影响，计算中采用 400A 直流电流为电流边界条件。灭弧室施加外加驱弧磁场 $B_{ey}$ 为 $-5\text{mT}$。

图 8-39 所示为 $z=0.45\text{mm}$ 处 $x$-$y$ 平面上电弧温度分布随时间变化的仿真计算结果。计算结果表明，起弧阶段弧柱形态差异不大。在 $t>0.3\text{ms}$ 时，不同出气结构明显的影响着电弧的动态过程，尤其在电弧弧柱运动到出气口附近电弧的形态。传统中间出气口电弧前端呈尖形，并主要集中在灭弧室中间区域，这是由于在出气口处流体受到压缩作用尤为明显；两侧出气结构，由于气流场的作用，动态过程中电弧弧柱呈方柱形，并在出气口处电弧呈现“月牙”形。电弧弧柱沿出气口两侧分化，有利于增大电弧与灭弧栅片接触面积，增加电弧在灭弧栅片“腹部”的运动路径，进而增强灭弧栅片对电弧的冷却及消游离作用。

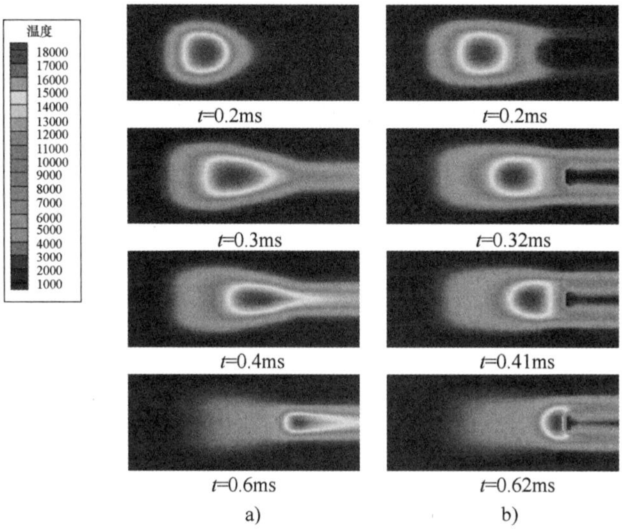


图 8-39　两种出气结构电弧运动形态
a）中间出气　b）两侧出气

电弧动态仿真过程中电极设为等电位，对电极两端的电压降进行记录，认为电极间电压降为电弧电压。图 8-40 给出两种出气方式电弧电压随时间变化的曲线，电弧电压曲线变化可以分为 3 个阶段：在 0～0.1ms 时间段内，由于电弧仿真初始化电弧弧柱为直径 2mm、温度为 18000K 的圆柱体，因此在计算开始过程中电弧弧柱扩散和在磁场作用下起始运动的一个初始化过程，这个过程随着电弧弧柱直径的增加及形状的变化电弧电压会由初始的峰值下降。如图所示在初始化过程中两种出气结构电弧电压趋势基本一致，因为此时弧柱中心距离出气口较远，气流场作用不明显。在 0.1～0.45ms 时间段内，电弧从起弧位置运动到出气口位置，这个阶段电弧电压变化剧烈，在 0.1～0.2ms 时间内电弧电压相差不大。0.25ms 后电弧弧柱运动受到出

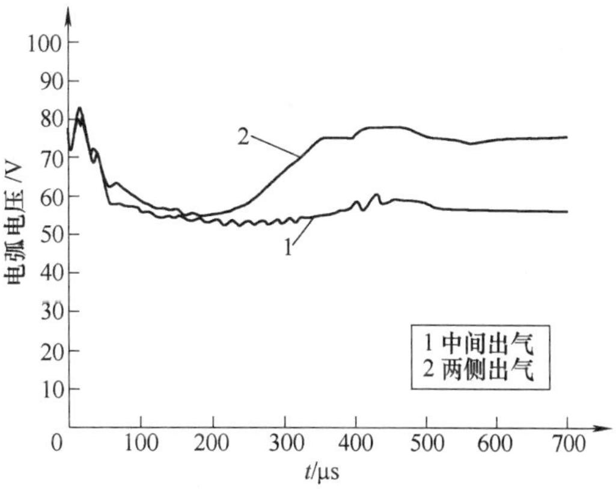


图 8-40　不同出气结构电弧电压对比

气口位置的影响，电弧电压区别逐渐明显，在 0.45ms 电弧电压差别达到最大值 19.92V。在 0.45 ~0.7ms 时间段内电弧弧柱运动到出气口附近，电弧电压差稳定在 20V 左右。

计算结果表明两侧出气结构在出气口区域，电弧在气流场作用下的形态变化使得电弧电压较中间出气结构电弧电压提高近 30%。获得更高的电压对灭弧室的限流性能及电流过零后的介质恢复强度提高有积极作用。

基于三维 MHD 模型，同时对图 8-41 所示不同出气口位置对电弧运动形态的影响进行了仿真计算，计算主要研究出气面积相同，但出气孔位置不同对电弧动态特性和气吹作用的影响。数值计算中，出气面积均为 3 ×1mm ×6mm，分为前方为 2 出气孔、后方为 1 出气孔，前方为 3 出气孔的两种情况。为了叙述方便，采用 $F_xB_x$ 形式表示，F 表示前方(Front)，B 表示灭弧室后方(Back)；x 表示出气状况，c 表示封闭，2 表示两个出气孔，3 表示 3 个出气孔。图 8-41 给出两种模型示意图，出气情况分别为 $F_2B_1$、$F_3B_c$。电流为交流电流 $i = 300\sqrt{2}\sin(100\pi t + 0.4\pi)$，外加磁场 $B_{ey} = 1\text{mT}$。

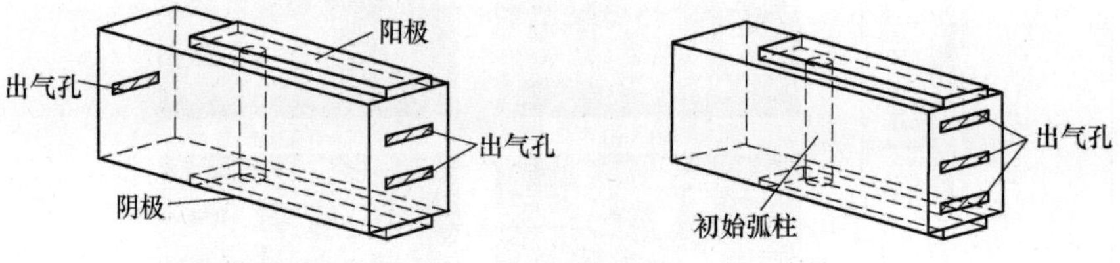


图 8-41　不同出气口位置计算模型示意图

a) $F_2B_1$　b) $F_3B_c$

图 8-42 给出了不同时刻三维电弧弧柱温度分布计算结果。为了更清晰和直观地显示弧柱状态的变化，图中只显示温度大于 3000K 的弧柱部分。其中图 8-42a 为前方 2 出气孔，后方 1 出气孔的不同时刻电弧弧柱温度场分布图，图 8-42b 为前方 3 出气孔不同时刻的电弧温度场分布图。

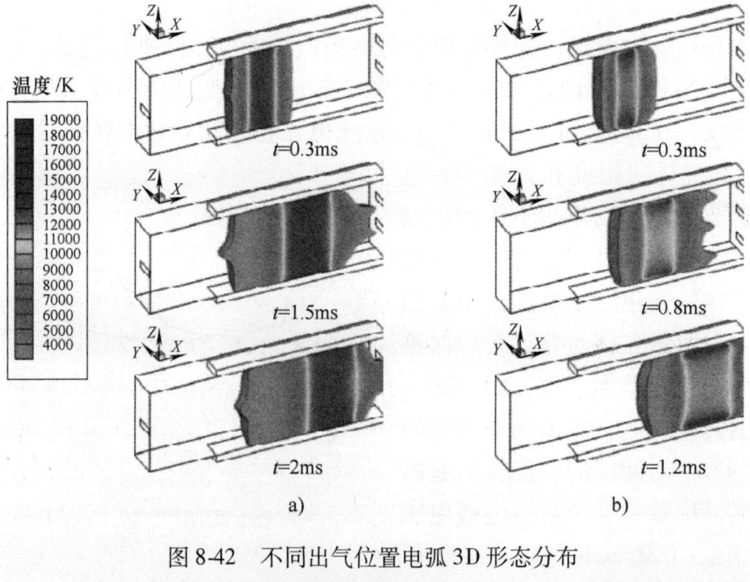


图 8-42　不同出气位置电弧 3D 形态分布

a) $F_2B_1$　b) $F_3B_c$

计算结果表明，在相同出气面积下，开孔位置变化对电弧弧柱动态特性有明显的影响。$F_2B_1$ 开孔方式电弧运动速度明显降低，弧根从起弧位置运动到出气口的时间为 3.3ms，是 $F_3B_c$ 开孔方式的 2 倍。

图 8-43a、图 8-43b 分别给出具有相同出气面积的 $F_2B_1$ 和 $F_3B_c$ 开孔方式的封闭端和电弧起弧位置的气压波形对比。图 8-43a 说明灭弧室后方如果有出气孔存在，使电弧产生后的左行激波在封闭端发生反射时受到膨胀波作用，反射回左行压缩波系，在封闭端反射后的气压峰值下降，这与灭弧室封闭端完全封闭的情况发生了本质的变化，并且直到灭弧室内气压梯度建立，$F_2B_1$ 封闭端气压值低于 $F_3B_c$ 气压值。同样情况，在电弧起弧的位置，$F_2B_1$ 气压值也低于 $F_3B_c$ 气压值，如图 8-43b 所示。这表明虽然出气口面积一样，后方出气将降低灭弧室内的气吹作用。

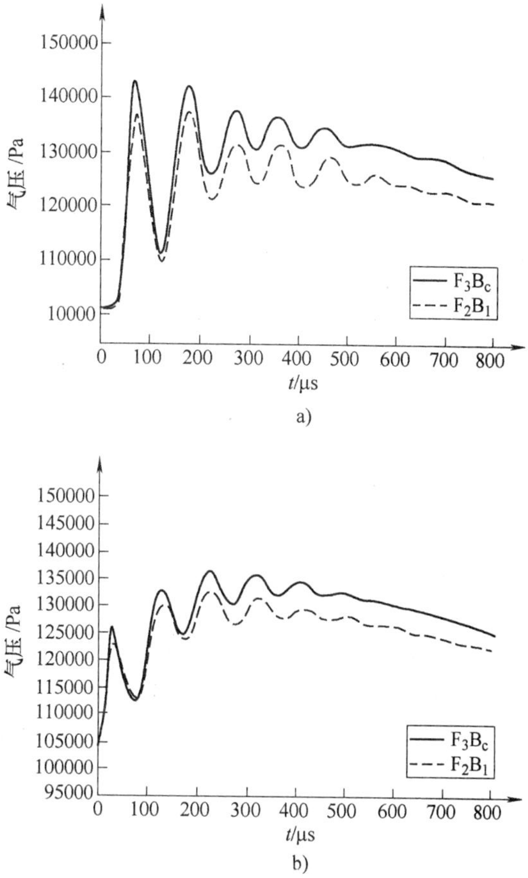


图 8-43　$F_2B_1$ 和 $F_3B_c$ 开孔方式的封闭端和电弧起弧位置的气压波形对比
a）封闭端　b）电弧起始端

由于灭弧室左右两侧均有出气口，导致灭弧室向右方向的气流减弱，使气流对弧柱的冷却作用减弱，也对电弧弧柱的形态产生了明显的影响，如图 8-42a 中 $F_2B_1$ 开孔方式的电弧直径大于 $F_3B_c$ 开孔方式。因此可以理解的极端情况为如果灭弧室出气口端无出气口，而封闭端有出气口则灭弧室内气压波动过程结束后建立的气压梯度方向将指向左方，与电弧运动的方向相反，此时的气吹作用将不利于电弧的运动，甚至当气吹作用克服洛伦兹力的作用时，电弧将向左运动。

图 8-44 给出了 $F_2B_1$、$F_3B_c$ 及 $F_2B_c$ 开孔方式的电弧弧根位移曲线。灭弧室后方封闭如 $F_3B_c$ 与 $F_2B_c$ 出气方式，随出气面积增大电弧弧根运动速度加快，而灭弧室后方出气如 $F_2B_1$ 出气方式，电弧弧根运动速度明显减慢。

计算结果表明：电弧动态过程中，沿运动方向弧柱后方会有上千 K 的高温区域存在，形象地称为“拖尾”现象。如果灭弧室后方存在出气口，由于弧柱受到后方出气的气流因素影响，弧柱“拖尾”现象将更为明显。当气流场的方向与电弧运动方向一致时，气吹作用才有助于提高弧根运动速度，从而增加电弧进入灭弧栅片的驱动力，反之气吹作用不利于灭弧。灭弧室后方出气的存在，导致气流场沿起弧位置向出气口方向的气流减弱，不利于提高弧根的运动速度；在带有栅片的灭弧室中，开断过程中电弧会因为后方区域的高温易于发生背后击穿，影响灭弧室的开断性能。

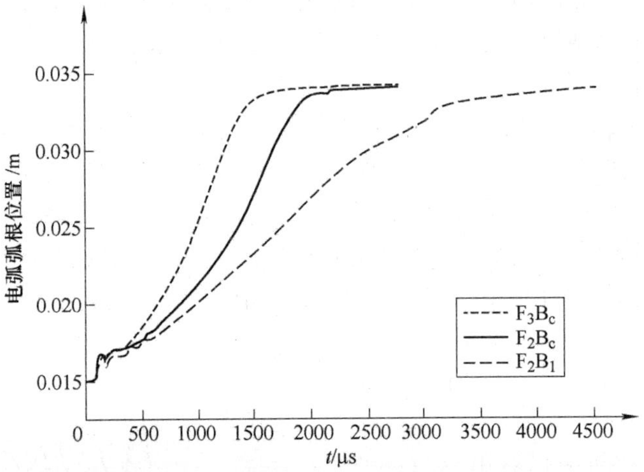


图 8-44 不同出气方式电弧弧根位移曲线

## 8.5.5 产气材料和金属蒸汽对空气介质开关电弧特性的影响

### 1. 空气和 PA6-6 混合气体电弧的热动参数及传输特性[16]

图 8-45 给出了 90% 空气-10% PA6-6 混合电弧等离子体的热动参数和传输特性。其中图 8-45a 为等离子体中各种粒子的数密度 $n$ 随温度的变化规律，图 8-45b ~ 图 8-45e 分别为 90% 空气-10% PA6-6 以及纯空气时的比热 $C_p$、电导率 $\sigma$、热导率 $\lambda$ 和粘度系数 $\eta$ 随温度的变化过程。

从图 8-45a 中可以看出，当温度在 300 ~ 5000K 范围内时，等离子体中含有多种碳化合物，如 CO、$CO_2$、CHN、$C_2H_2$ 和 $CH_4$ 等；而当温度超过 5000K 时，这些碳化合物均完全分解成单原子 O、C、N、H 及相应的离子。

对图 8-45b 所示的比热 $C_P$ 来说，纯空气电弧等离子体时，$C_P$ 的 4 个峰值出现在温度为 3500K、7000K、15000K 和 30000K，分别对应于 $O_2$、$N_2$ 的分解和 N、O 的一次和二次电离。而对 90% 空气-10% PA6-6 混合气体来说，首先在 900K 和 1300K 时出现两个峰值，对应于 $CO_2$ 和 $CH_4$ 的分解；接下来在 3700K 和 6800K 时，分别由于 $H_2$ 的分解，$N_2$ 和 CO 的分解而形成另两个峰值；最后在两个峰值的出现时，由于 C 和 N 原子的一次和二次电离导致的。

从图 8-45c 所示的电导率 $\sigma$ 计算结果可以看到，纯空气与 90% 空气-10% PA6-6 混合气体相比，主要的差别出现在 7000K 温度以下。这是由于在此温度范围内，纯空气中含有 NO 分子，混合气体中的 O 原子全部被 C 原子捕获生成 CO 分子，没有 NO 分子存在。而 NO 分子的电离能较低，为 9.3eV，这就导致了电子密度的增加和相应的电导率升高。

从图 8-45d 所示的热导率 $\lambda$ 随温度的变化可以看出，其出现峰值的温度和比热是相一致的。对混合气体来说，3000 ~ 4000K 范围内，由于混合气体中有大量的 $H_2$，使得碰撞积分值较大，从而提高了 $\lambda$ 的数值；7000K 左右时，由于 $N_2$ 和 CO 的碰撞积分值相当，因此对 $\lambda$ 的影响不大；但是，当温度超过 15000K 时，由于 C 和 H 物种之间的碰撞，使得 $\lambda$ 的值有较大的增加，这同时也引起了在 14000K 峰值处，混合气体和纯空气相比，粘度系数 $\eta$ 较低，如图 8-45e 所示。

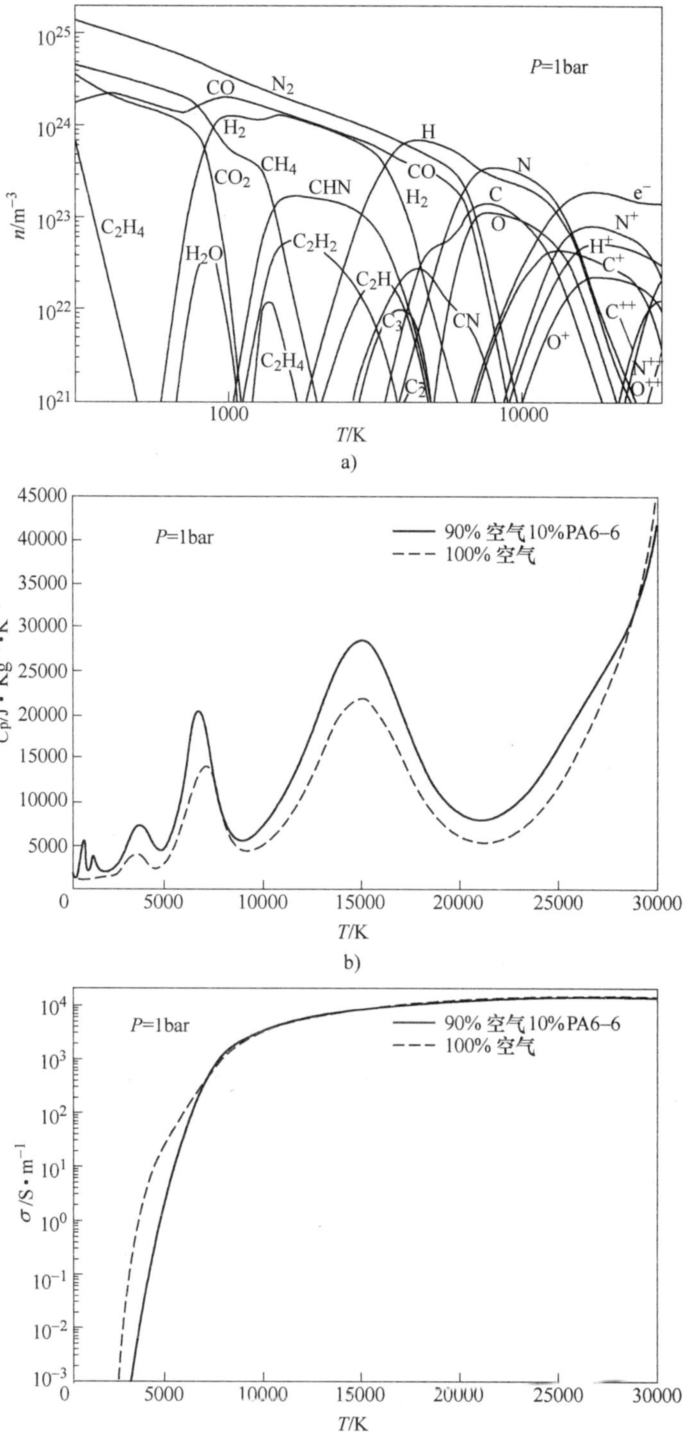


图 8-45　空气及 90% 空气-10% PA6-6 混合气体的物性参数

a）平衡态化学组成　b）比热 $C_p$ 随温度的变化　c）电导率 $\sigma$ 随温度的变化

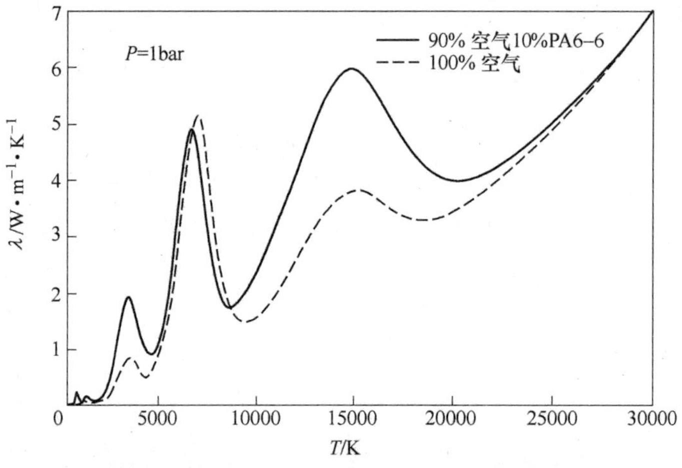


d)

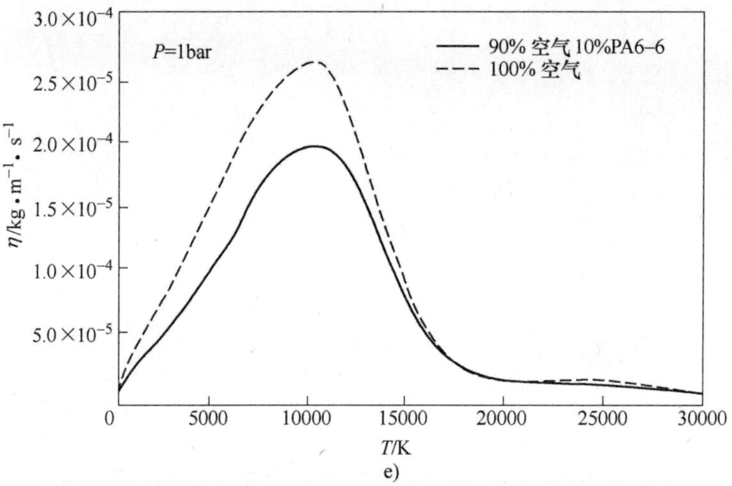


e)

图 8-45 空气及 90% 空气-10% PA6-6 混合气体的物性参数(续)

d) 热导率 $\lambda$ 随温度的变化 e) 粘度系数 $\eta$ 随温度的变化

**2. 产气材料对断路器电弧特性的影响**

电弧半径和电场强度与电弧电压特性和限流性能直接相关，因此是表征弧柱区的两个重要参数。

同样基于图 8-29 所示的分析模型和边界条件，并设定电弧初始燃烧位置处于灭弧室中央，应用第 1 点中的 90% 空气-10% PA6-6 的物性参数，表 8-4 给出了不同电流下产气材料对电弧半径和电场强度的影响，其中 $r_1$ 和 $E_1$ 是纯空气介质时的电弧半径和电场强度，$r_2$ 和 $E_2$ 是 90% 空气-10% PA6-6 介质时的电弧半径和电场强度。可以看出，有产气材料存在时，电弧半径较小，这有利于提高电弧电压；同时，电流对电场强度的影响较小，而对于纯空气和 90% 空气-10% PA6-6，电场强度分别在 4. 10 ~ 4. 22 kV/m 和 4. 17 ~ 4. 29 kV/m 范围内变化。因此，从电弧半径和电场强度的角度来看，产气材料的存在，有利于提高电弧电压，从而提升开断性能，见表 8-4。

表 8-4　产气材料对电弧半径和电场强度的影响

| $I$/A | 200 | 600 | 1000 | 2000 | 5000 |
|---|---|---|---|---|---|
| $r_1$/mm | 2.20 | 3.20 | 4.00 | 5.40 | 8.40 |
| $r_2$/mm | 2.20 | 3.00 | 3.80 | 5.20 | 8.00 |
| $E_1$/kV m$^{-1}$ | 4.22 | 4.15 | 4.13 | 4.10 | 4.10 |
| $E_2$/kV m$^{-1}$ | 4.29 | 4.22 | 4.20 | 4.17 | 4.17 |

图 8-46 对比了 5mT 外施磁场条件下、电流为 $i=200\sin(100\pi t+\pi/6)$ 时纯空气和 90% 空气-10% PA6-6 介质时电弧位移的计算结果。可以看出，有产气材料存在时，电弧的运动速度较高，这主要是由于像 PA6-6 这类产气材料，在电弧的作用下，会释放出大量的氢气，而氢气具有较高的热导率，这有利于增强电弧周围的热传递，从而减小电弧的半径，在同样的电流条件下，高温区的电弧电流密度更加集聚，这样作用在电弧上的 Lorentz 力相应地增加，从而提高电弧的运动速度。此外，可以从图 8-45e 所示的纯空气和 90% 空气-10% PA6-6 介质的粘度系数看出，在 15000K 以下，90% 空气-10% PA6-6 的粘度系数较小，这也有利于提高电弧的运动速度。

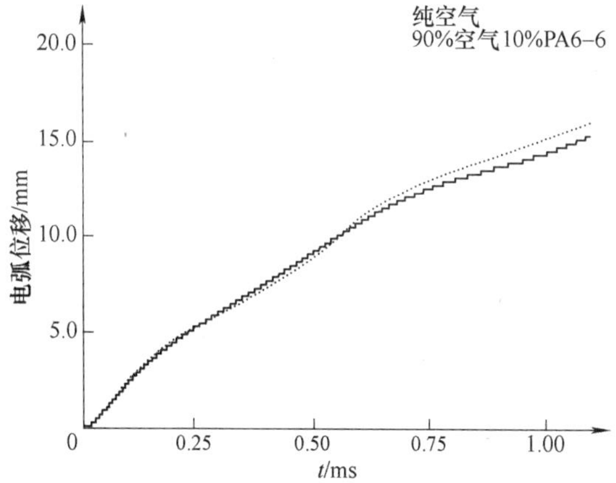


图 8-46　产气材料对电弧运动过程的影响

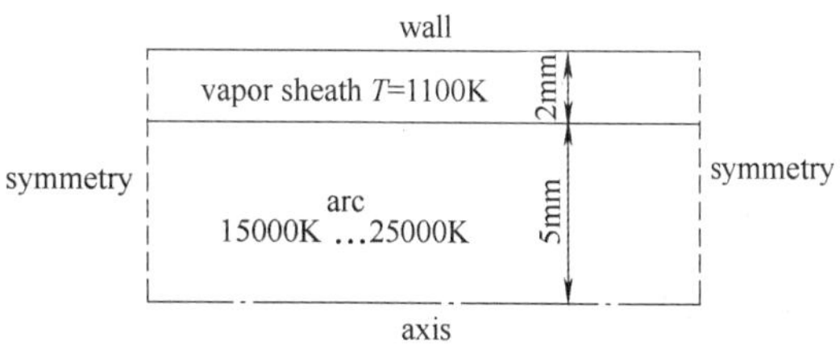


图 8-47　含有蒸汽层的二维模型

文献[37]采用三维 MHD 模型同样对器壁产气材料(PMMA)对电弧运动形态的影响进行了研究，考虑产气材料烧蚀影响时，计算模型中在壁面内侧建立了一层冷的蒸汽层，如图 8-47 所示。在此模型的基础上研究了蒸汽层对辐射能量重吸收的影响，不同温度下、不同材料组合的辐射热通量密度如图 8-48 所示，由图对比可以看出，在烧蚀过程中，当弧柱和蒸汽层均为空气时，由于在高温时，辐射作用增强，所以注入弧柱区的热通量也增加，而蒸汽层为 PA66 时，由于 PA66 的吸收特性，大量的辐射能量在蒸汽层被 PA66 吸

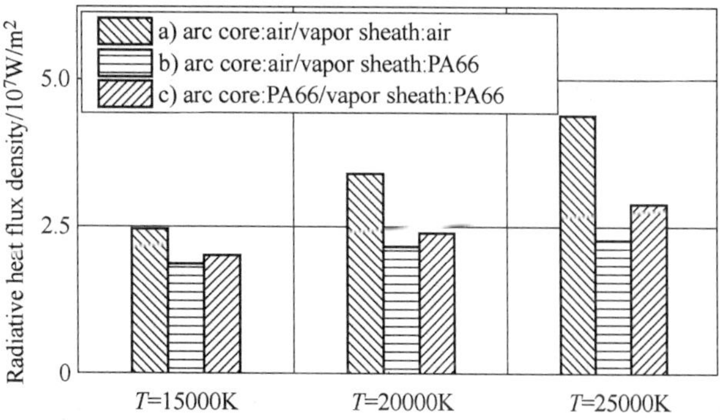


图 8-48　不同弧柱温度和材料组合下辐射热通量密度

收，到达壁面的辐射通量减小，而弧柱区材料也为 PA66 时，由于 PA66 的高发射率，所以相比空气弧柱，到达壁面的热通量较大。

同时对比分析了微型断路器侧壁有无产气材料时电弧运动情况，图 8-49 所示为计算得到的温度场分布情况，由图两种情况的对比可以看出，由于器壁产气材料的存在，加快了电弧进入栅片的速度，这和图 8-47 得到的结论是一致的。

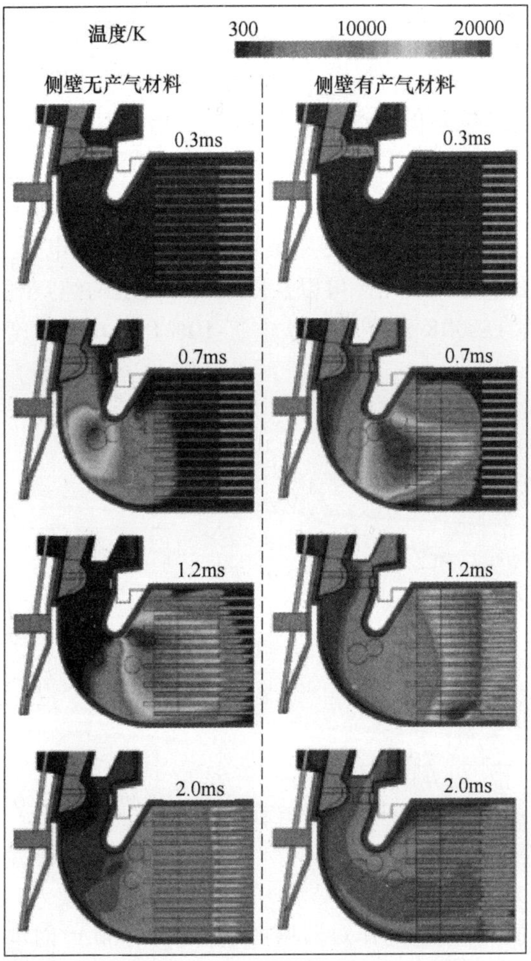


图 8-49 有无产气材料温度场的分布对比

**3. 空气和 Cu、Ag、Fe 等金属蒸汽混合电弧的热动参数及传输特性**[38]

图 8-50 给出了一个大气压条件下，混入不同金属蒸汽时，断路器电弧等离子体电导率随温度的变化。可以看出，当电弧温度低于 10000K 时，混入各种金属蒸汽后，断路器电弧的电导率均有所增加，这是由于 Cu、Ag、Fe 的电离能较 O 和 N 低造成的。

图 8-51 给出了一个大气压条件下，混入不同金属蒸汽时，电弧半径为 1mm 的断路器电弧等离子体静辐射系数(NEC)随温度的变化。可以看出，同样当电弧温度低于 16000K 时，由于金属蒸汽的存在，等离子体的静辐射系数均有所增加。

此外，从图 8-50 和图 8-51 可以发现，Fe 蒸汽的存在对于等离子体电导率和静辐射系数的影响最大。

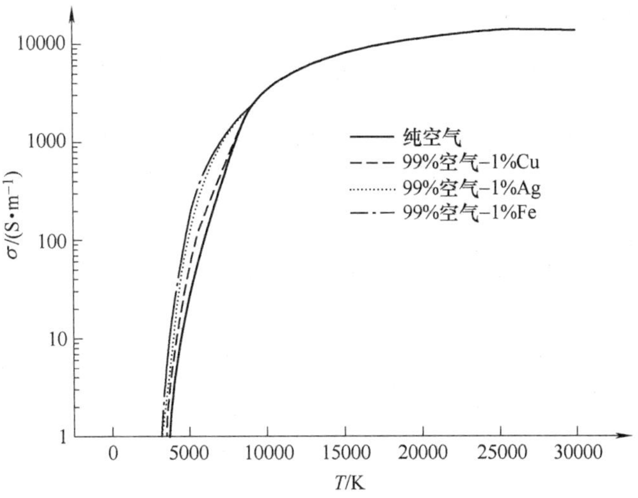


图 8-50　不同金属蒸汽对空气电弧等离子体电导率的影响

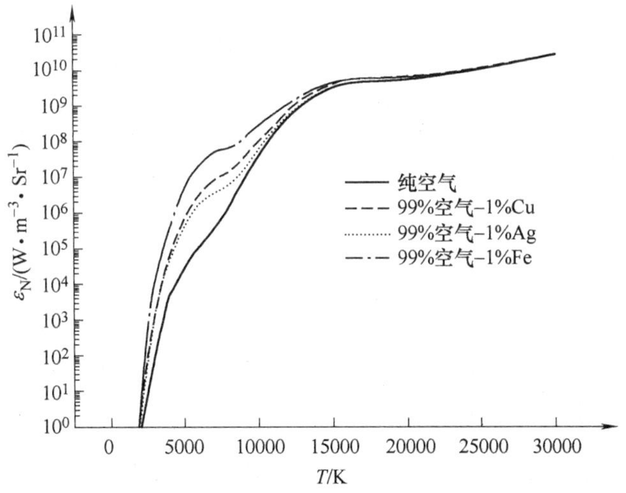


图 8-51　不同金属蒸汽对空气电弧等离子体净辐射系数的影响

**4. 金属蒸汽对电弧特性的影响**

针对图 8-29 所示的分析模型，图 8-52 所示为电弧电流为 100A，纯空气、99% 空气-1% Cu、99% 空气-1% Ag 和 99% 空气-1% Fe 不同介质时电弧温度沿 $y$ 轴变化的计算结果。可以看出，金属蒸汽对电弧中心有强烈的冷却作用，电弧温度分布也较为平坦。

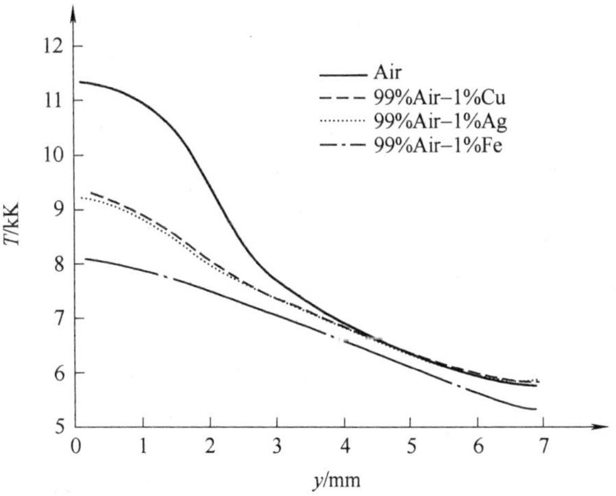


图 8-52　不同金属蒸汽对电弧温度沿 $y$ 轴分布的影响

由于金属蒸汽的存在，较高的电弧等离子体的静辐射系数会引起辐射能量的增加，而且较高的电导率使得电弧产生的焦耳热减少，从而使得电弧温度降低。同时，由于铁蒸汽对电弧等离子体静辐射系数和电导率的影响最为明显，这样对电弧温度分布的影响也最大。

图 8-53 对比了 5mT 外施磁场条件下、电流为 $i = 200\sin(100\pi t + \pi/6)$ 时纯空气、99% 空气-1% Cu、99% 空气-1% Ag 和 99% 空气-1% Fe 不同介质时电弧位移随时间变化的计算结果。可以看出，Fe 蒸汽对电弧运动的阻碍作用最大，Cu 蒸汽最小。这同样可以从电弧电流密度分布来解释。

图 8-54 为上述不同介质电弧 $t$ = 0.5ms 时的电弧电流密度分布。可以看出，和纯空气相比，金属蒸汽的存在使得电弧温度较低，这样造成电流密度的最大值也相应减小。在同样的外施磁场作用下，作用在电弧上的 Lorentz 力密度较小，从而阻碍了电弧向前运动。

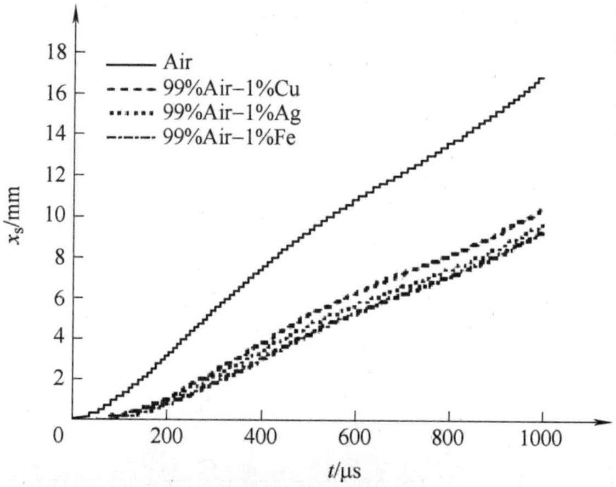

图 8-53 不同金属蒸汽对电弧运动速度的影响

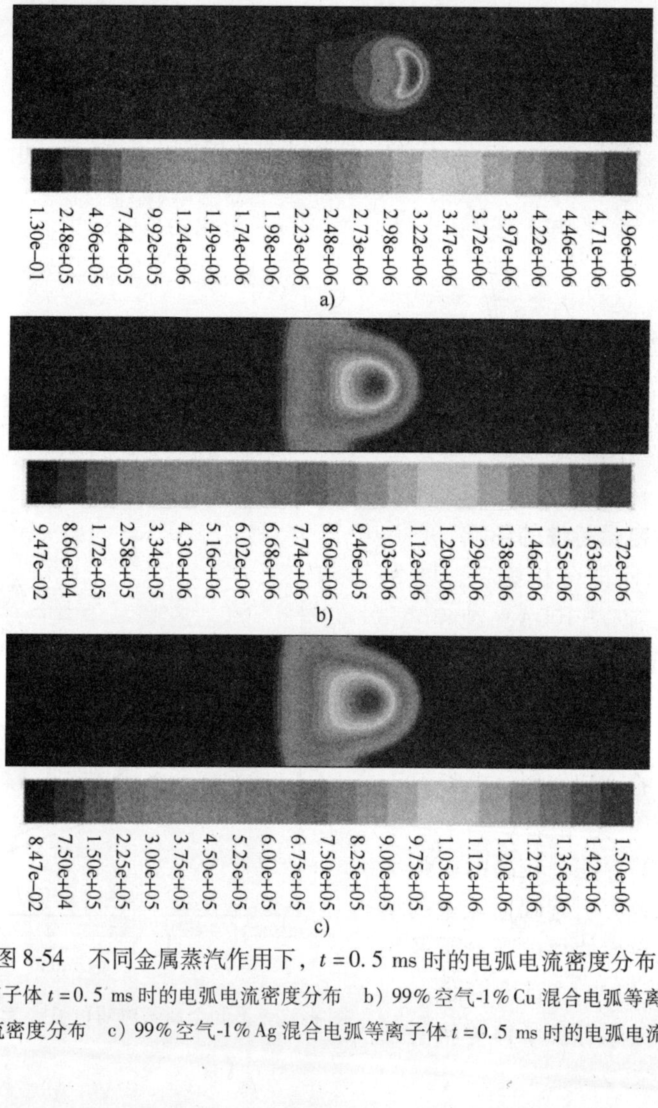

图 8-54 不同金属蒸汽作用下，$t$ = 0.5 ms 时的电弧电流密度分布

a）纯空气电弧等离子体 $t$ = 0.5 ms 时的电弧电流密度分布 b）99% 空气-1% Cu 混合电弧等离子体 $t$ = 0.5 ms 时的电弧电流密度分布 c）99% 空气-1% Ag 混合电弧等离子体 $t$ = 0.5 ms 时的电弧电流密度分布

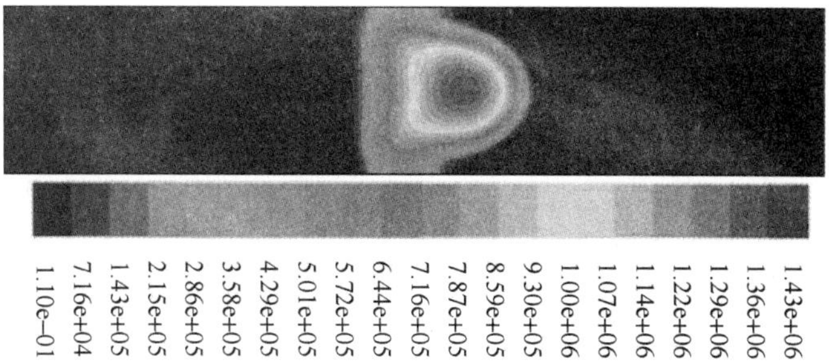


d)

图 8-54　不同金属蒸汽作用下，$t=0.5$ ms 时的电弧电流密度分布(续)

d) 99% 空气-1% Fe 混合电弧等离子体 $t=0.5$ ms 时的电弧电流密度分布

## 8.6　基于磁流体动力学电弧模型的低压断路器开断特性的仿真与分析[29,30]

### 8.6.1　MCCB 的仿真分析

文献[29]基于三维 MHD 模型，对 630A 双断点 MCCB 真实断路器的电弧运动过程进行了仿真，仿真系统如图 8-55 所示，用 ANSYS 软件求解电磁场方程，用 FLUENT 软件计算流场，采用 MpCCI 软件进行参数传递，ANSYS 软件计算得到的洛伦磁力和焦耳热传递给 FLUENT 软件做为动量和能量方程的源项，FLUENT 软件将电导率传递给 ANSYS 软件，进行下一步电磁场计算，从而完成两个软件之间的双向数据传递，同时在软件中采用动网格技术来模拟动触头的运动过程。整个仿真过程较完整的考虑了铁磁栅片，动触头打开后运动过程以及电弧的整个演变过程。

图 8-56 为仿真模型，图 8-57 为不同时刻的温度场分布，由图可以看出，随着动触头的运动，电弧逐渐进入栅片，电弧电压增大，2.7ms 时，电弧被栅片完全切割，电压达到最大，图 8-58 为仿真电压、实验电压、动触头位置以及电弧电流随时间的变化，在仿真中考虑了动触头的运动过程，在时间 0 点，电流通过动静触头，由于动触头此时未打开，电弧电压为 0，直到 0.7ms 时，动触头打开，动静触头之间出现电弧，电弧电压开始上升，之后随着动触头的不断运动，电弧电压一直上升，到 2.6ms 时，动触头运动到最大位置，电弧完全进入栅片，并被切割成许多段短弧，由于每一段短弧都有一个近极压降，因此此时电弧电压达到最大值；之后电弧由于栅片的冷却作用，在电流过零时，电弧熄灭，电弧电压为 0。而且从图中可以看出，仿真电压和实验电压结果基本一致，吻合很好。图 8-59 中显示了仿真中不考虑动触头的运动过程，动触头始终处于打开位置时，仿真电压和实验电压对比

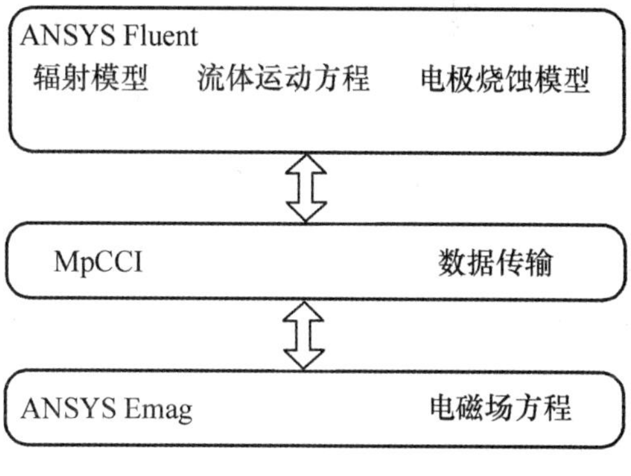


图 8-55　仿真系统

曲线，从图可以看出，仿真得到的电弧电压和实验得到的电弧电压数值上相差较大，仿真结果准确度较差，因此在 MCCB 的仿真过程中，动触头的运动对电弧电压的影响较大。

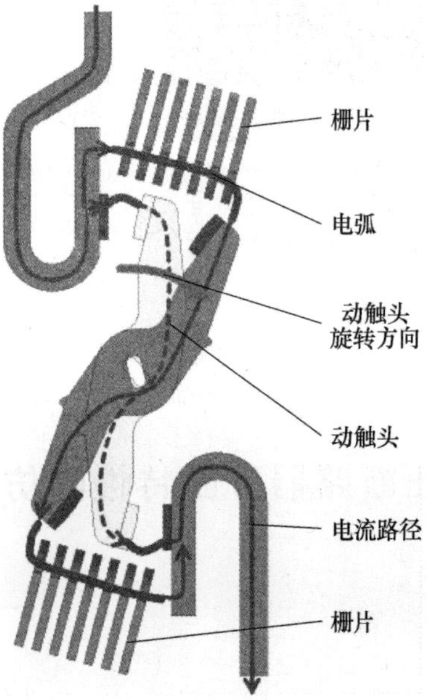


图 8-56　双断点 MCCB 模型示意图

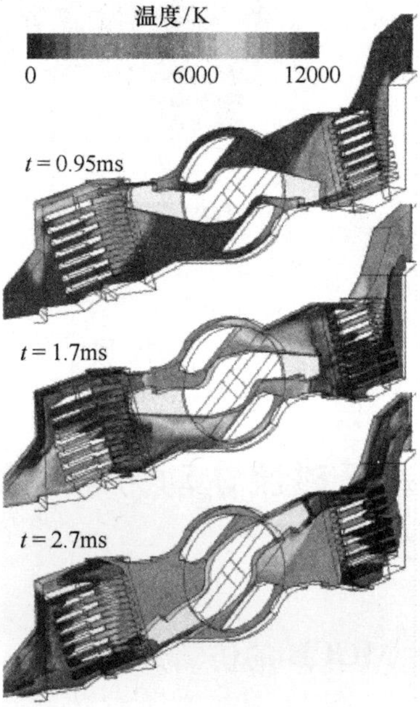


图 8-57　不同时刻温度的分布

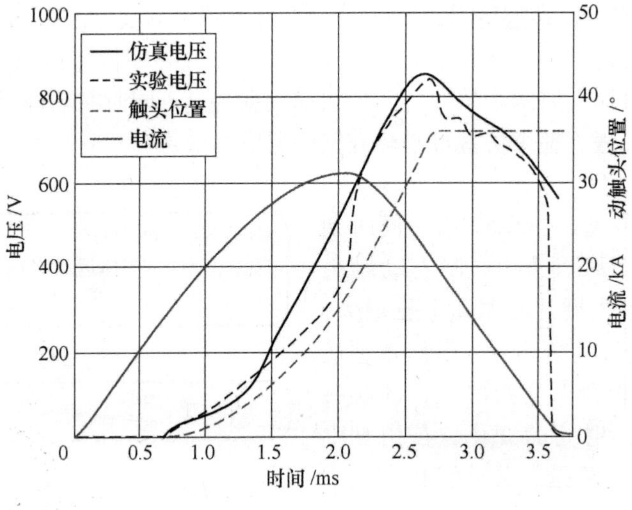


图 8-58　考虑动触头运动过程计算和实验电弧电压对比的曲线

图 8-60 表示的是仿真中和实验中电弧能量随时间的变化曲线，由图可以看出，在 0. 7ms 之前，由于触头闭合，没有电弧，电弧电压为 0，因此电弧能量也为 0，在约 0. 7ms 时触头动作，电弧电压开始不为 0，随着动触头的运动，电弧拉长，电弧电压升高，电弧能量上升速率较快，在大约 2. 6ms 以后，电弧电压达到最大值，随后电弧电压开始减小，因此电弧能量上升速率减缓。仿真中不考虑动触头运动过程时，电弧能量的变化趋势和实验一致，但是同一时刻电弧能量数值相差较大，而在仿真中考虑动触头运动过程时，电弧能量数

值和实验数值非常接近；为了进一步对比分析仿真计算中动触头运动过程对电弧能量以及能量峰值的影响，图 8-61 给出了考虑动触头运动过程和动触头处于完全打开，不考虑其运动过程以及实验所得到的电弧能量和能量峰值的直方图，由图 8-61 可以看出，在计算时，考虑动触头的运动过程时，能量峰值比实验数值超出 4%，电弧能量超出 13%；而触头静止模型能量峰值则高出实验值 36%，电弧能量超出 85%。

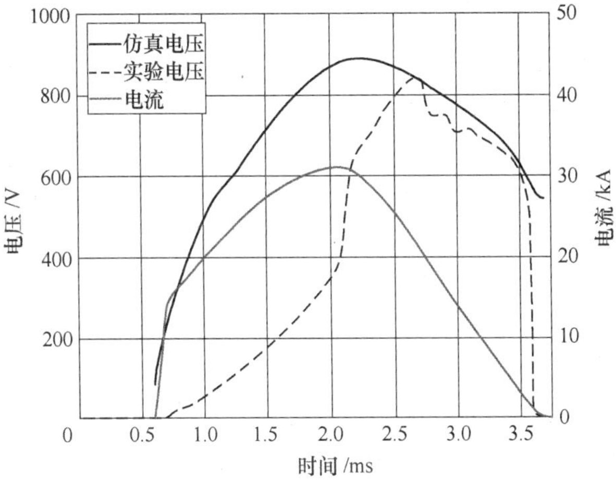


图 8-59　动触头处于打开位置时的仿真电弧电压和实验电压随时间变化曲线

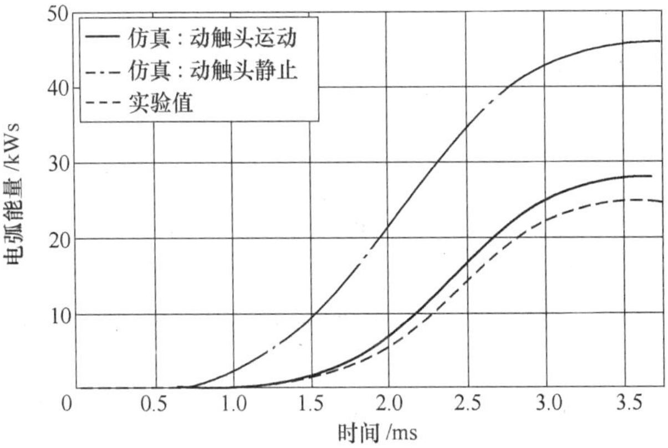


图 8-60　电弧能量随时间变化的曲线

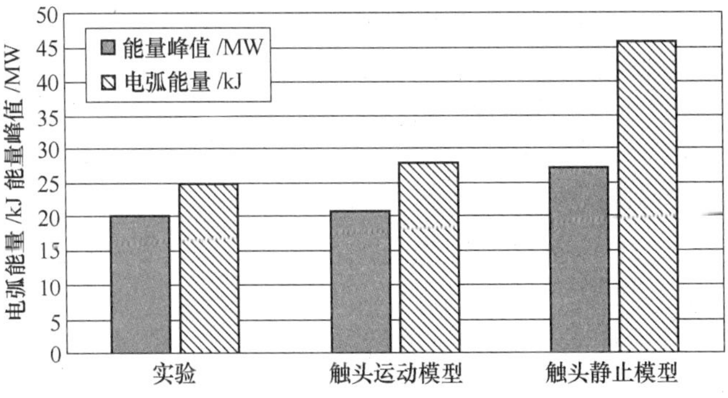


图 8-61　能量对比图

图 8-62 给出了仿真中动触头连续位置曲线以及代表动触头网格的位置和电弧电压随时间的变化曲线，在仿真中，由于采用动网格技术，代表动触头的网格在每个时间步运动一次，并不是连续运动，因此网格的位置曲线是台阶状的，电弧电压也是记录了每个时间步的电压，所以呈台阶状，在实验中，动触头运动是按照某一速度连续运动的，因此位置曲线是连续的。由图可以看出，随着动触头运动角度的增大，电弧被拉长，因此电弧电压也随之增大。

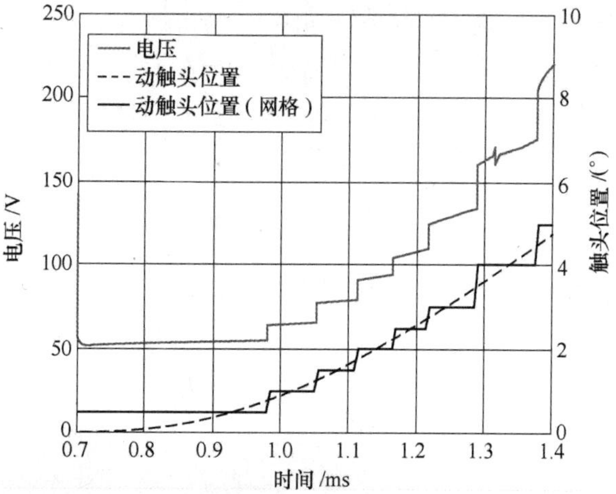

图 8-62 动触头位置和电弧电压随时间变化的曲线

由以上仿真结果和实验结果对比可以看出，用 MHD 仿真 MCCB 的模型中，动触头的运动过程对电弧电压以及电弧能量的准确性影响非常重要，同时，通过实验验证了在仿真中采用 ANSYS Emag 软件计算电磁场，用 FLUENT 计算流场的耦合方法的有效性和准确性，因此在低压断路器的仿真中，为了得到更为准确的计算结果，动触头的运动过程必须在仿真模型中予以考虑。

## 8.6.2 MCB 的仿真分析

文献[30]基于三维 MHD 方法，对真实 MCB 产品进行了仿真计算，预期短路电流 10kA，为了简化计算，缩短计算时间，在计算过程中对模型做了一定的假设和简化处理，假设电弧处于 LTE 状态，并为层流，铁磁栅片认为是线性的铁磁材料，起弧过程不包括在计算模型中，电弧起始时刻，在动静触头之间有很小的间隙，并设一均匀分布的高温条，从而使电流在动静触头之间流通。在仿真中，采用动网格技术模拟动触头的运动过程，为了考虑栅片切割电弧后近极压降，模型中在栅片周围包含一层 0.1mm 厚度的鞘层，鞘层模型采用图 8-22 所示的非线性电阻。

图 8-63 所示为仿真计算流程图，初始化电弧时，在动静触头之间初始化一个半径为 1mm，温度为 10000K 的圆柱状温度条，然后求解 MHD 模型中描述流体运动的质量守恒方程、动量守恒方程和能量守恒方程以及描述电磁场的麦克斯韦方程、辐射模型。在求解这些方程的过程中，各参数是相互耦合的，通过求解电位方程可以得到电弧电压值，然后判断电流是否过零，如果电流还未过零，则计算时间增加一个时间步长 $dt$，随后动触头根据设定运动一定的角度，在动触头的这一位置处，继续求解 MHD 方程，直到电流过零，计算停止。

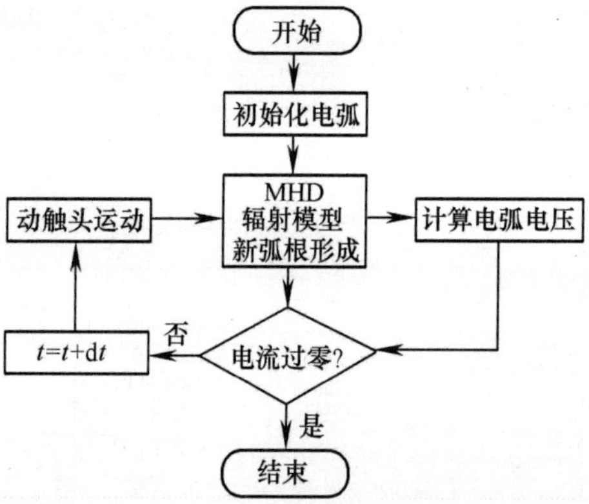

图 8-63 计算流程图

图 8-64 为计算得到不同时刻断路器中温度的分布图像，图 8-65 为仿真得到的电弧电压和实验得到的电弧电压随时间变化的曲线，由图可

以看出，随着动触头的打开，电弧在气吹和洛伦磁力的作用下向栅片运动，电弧电压开始上升，由于电弧还没有进入栅片，故电弧电压较小，在0.5ms时，电弧开始进入栅片，电弧电压进一步升高；在3.5ms时，电弧充满整个栅片区域，被栅片完全切割冷却，电弧电压达到200V左右，随后电弧在栅片中运动，被栅片冷却，电弧温度下降，电流过零前，电弧电压维持在一个较高的数值，从而降低了弧后重燃的可能性。由于MCB中，当电弧电压大于系统电压时，由于限流作用，电弧电流减小，因此最大电流为8kA，小于预期短路电流。此计算模型针对实际断路器产品，虽然计算模型有一定的简化，并未考虑电极和栅片的烧蚀，但也能反映出整个电弧的运动过程，尤其是较好的模拟了电弧被栅片切割成多段短弧的过程，对优化断路器的设计提供了参考。

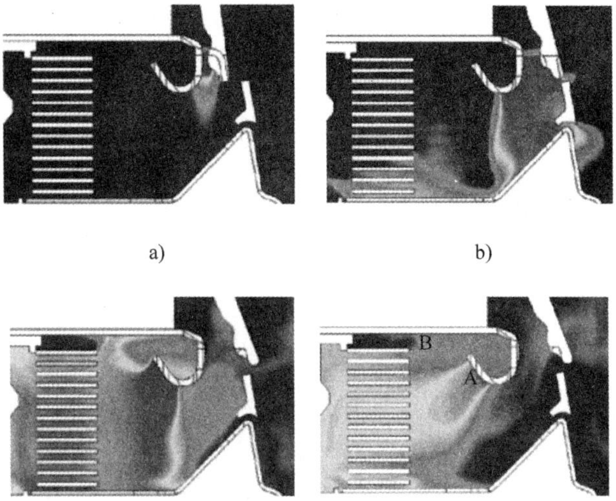


图8-64　MCB灭弧室内温度的分布

a) 0.05ms　b) 0.5ms　c) 3.5ms　d) 6.5ms

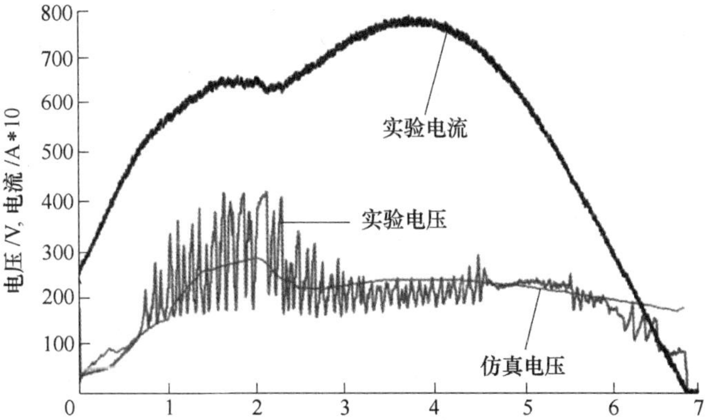


图8-65　MCB电弧电压随时间变化的曲线

## 本章参考文献

[1] Niemeyer L. Berechnung des Schaltverhaltens von Strombegrenzenden Selbstschaltern[J]. ETZ, 1979, 1(6): 191-196.

[2] Meunier G, Abri A. A model for the current interruption of an electric arc[J]. IEEE Trans on MAG. 1984, 20(5): 1956-1958.

[3] Belbel E M, Lauraire M. Behavior of switching arc in low-voltage limiter circuit breakers[J]. IEEE Trans on CHMT. 1985, 8(1): 3-12.

[4] Smeets R P P, Sloot J G J, R. D. Damstra, et. al. Computer simulation of the operation of a low_ voltage miniature circuit breaker[C]. Proc. 1st Int. Conf. on ECAAA, Xi'an (China), 1989.

[5] Sloot J G J, Smeets R P P. The simulation of a new type MCB in a low-voltage network[C]. Proc. 6th Int. Conf. on Switching Arc Phenomena, Lodz (Poland), 1989: 62-65.

[6] Pohl F. Simulation of short circuit interruption with dynamic opening, low voltage power circuit breakers[C]. Proc. 6th Int Conf. on Switching Arc Phenomena, Lodz (Poland), 1989.

[7] J P Noack, M Sc, V Fuchs. Dynamic Equation and Characteristics of a Short Arc Moving in a Transverse Magnetic Field[C]. Proc. IEE. 1974, 121(1): 81-84.

[8] W Tarczynski, B Bolanowski, T Hejman. Simulation of Arc Motion in Rail Electrode System[C]. Proc 7th Int Conf on Switching Arc Phenomena, Lodz (Poland), 1993: 58-63.

[9] K Horinouchi, Y Nakayama, H Kohyama, et. al. Practical Simulation Method for Magnetically Driven Arc in a Gas[C]. Proc 11th Int Conf on Gas Discharges and Their Applications, Tokyo (Japan), 1995: 102-105.

[10] W F H Merck, V N Zatelepin. MHD Effects during Immobility Time in Current Limiting Devices[C]. In. Proc 8th Int Conf on Switching Arc Phenomena, Lodz (Poland), 1997: 48-52.

[11] J J Lowke. Simple theory of free-burning arcs [J]. J Phys D: Appl Phys, 1979, 12(11): 1873-1886.

[12] C Fievet, M Barrault, P Chevrier, et al. Experimental and numerical studies of arc restrikes in low voltage circuit breakers[J]. IEEE Trans Plasma Sci . 1997, 25(5): 954-960.

[13] P Chevrier, M Barrault, C Fievet. Hydrodynamic model for electrical arc modeling[J]. IEEE Trans. Power Delivery. 1996, 11(4): 1824-1829.

[14] H Rachard, P Chevirer, D Henry, et al. Numerical study of coupled electromagnetic and aerothermodynamic phenomena in a circuit breaker electric arc[J]. Int. J Heat Mass Transfer. 1999, 42(10): 1723-1734.

[15] Karetta F and Lindmayer M. Simulation of the gasdynamic and electromagnetic processes in low voltage switching arcs[J]. IEEE Trans Compon Packag Maunf Technol, 1998, 21(1): 96-103.

[16] B Swierczynski, J J Gonzalea, P Teulet, et al. Advances in low voltage circuit breaker modeling[J]. J Phys D: Appl Phys, 2004, 37(4): 595-609.

[17] L Z. Schlitz, S V. Garimella and S. H. Chan. Gas dynamics and electromagnetic processes in high-current arc plasmas[J]. J Appl Phys, 1999, 85(5): 2540-2555.

[18] Anheuser M. Simulation verification and validation of the short-circuit switching behavior of low voltage power circuit breakers[C]. Proc 8th Int Conf on Switching Arc Phenomena, Lodz (Poland), 1997: 38-42.

[19] Anheuser M., Lüders C. Numerical arc simulations for low voltage circuit breakers[C]. Proc. XVIIIth Symposium on Physics of Switching Arc, Brno, Czech Republic, September 7-11, 2009: 1-11.

[20] Rümpler Ch., Narayanan V. R. T. Arc Modeling Challenges[J]. Plasma Physics and Technology, 2015, 2(3): 261-270.

[21] 张晋，陈德桂，付军. 低压断路器电弧动态数学模型及开断特性可视化仿真技术的研究[J]. 西安交通大学学报，1999(1)：10-14.

[22] 陈旭，陈德桂. 低压限流断路器背后击穿现象的数值模拟研究[J]. 中国电机工程学报，2000，20(3)：16-19.

[23] Chen D G, Cao Q R, et. al. Numerical method to simulate the interrupting process of current limiting circuit breaker and its application[C]. Proc 7th Int Conf on Switching Arc Phenomena, Lodz (Poland), 1993：5-8.

[24] 曹庆荣. 低压限流断路器开断特性的数值计算方法及其应用[D]. 西安：西安交通大学，1992.

[25] 汪倩. 面向选择性保护的低压限流断路器优化设计研究[D]. 西安：西安交通大学，2013.

[26] P Fretonl, J J Gonzalezl, M Masquère, et al. Magnetic field approaches in dc thermal plasma modelling [J]. Journal of Physics D：Applied Physics, 2011, 44.

[27] A Iturregi, B Barbu, E Torres, F Berger and I Zamora. Electric arc in low-voltage circuit breakers：experiments and simulation [J]. IEEE Transactions on Plasma Science, no. 12, vol. 44, 2016：1-8.

[28] Alexandra Mutzke, Thomas Rüther, Michael Kurrat, et al. Modeling the arc splitting process in low-voltage arc chutes[C]. Proc. 53rd IEEE Holm Conference on Electrical Contacts, Pittsburgh, USA, 16-19 Sept. 2007：175-182.

[29] Christian Rümpler, Albert Zacharias. Low-voltage circuit breaker arc simulation including contact arm motion[C]. Proc. 27th International Conference on Electrical Contacts. Dresden, Germany , June 22 - 26, 2014, 290-294.

[30] Dongkyu Shin, Igor O. Golosnoy, John W. McBride. Arc modeling for switching performance evaluation in low-voltage switching devices[C]. Proc. 28th International Conference on Electric Contacts. Edinburgh, UK, 6-9 June 2016, 41-46.

[31] A B Murphy. Thermal plasma in gas mixture[J]. J Phys D：Appl Phys, 2001, 34(20)：151-173.

[32] P Andre. The influence of graphite on the composition and thermodynamic properties of plasma formed in ablated vapour of PMMA, PA6-6, PETP, POM and PE used in circuit-breakers [J]. J Phys D：Appl Phys, 1997, 30(3)：475-493.

[33] Fauchais P, Boulos M I and Pfender E. Thermal plasmas-fundamentals and applications [M]. New York：Plenum, 1994.

[34] V Aubrechtt and J J Lowke. Calculations of radiation transfer in SF6 plasmas using the method of partial characteristics[J]. J Phys D：Appl Phys, 1994, 27(10)：2066-2073.

[35] Frank Reichert, Jean-Jacques Gonzalez, Pierre Freton. Modelling and simulation of radiative energy transfer in high-voltage circuit breakers[J]. Journal of Physics D：Applied Physics, 2012, 45：375201(文章编号).

[36] 戴瑞成. 低压灭弧室中电弧动态特性的仿真分析与实验研究[D]. 西安：西安交通大学，2009.

[37] Christian Rümpler, Hartwig Stammberger, Albert Zacharias. Low-voltage arc simulation with out-gassing polymers[C]. Proc. 57th IEEE Holm Conference on Electrical Contacts, Minneapolis, USA, 11-14 Sept. 2011：1-8.

[38] Y Cressault, R Hannachi, Ph Teulet, et al. Influence of metallic vapours on thermal plasmas properties：Application to Air - Fe/Cu/Ag mixtures[C]. Proc. 16th International Conference on Gas Discharges and their Applications. Xi'an, China, 11-15 Sept. 2006, 133-136.